普通高等教育"十一五"国家级规划教材

Microcomputer Interface Techniques & Application

微型计算机
接口技术及应用（第三版）

主编 刘乐善

编者 刘乐善　李　畅　刘学清

华中科技大学出版社
http://www.hustp.com
中国·武汉

版权声明

本书内容已申请技术专利，未经授权，不得擅自摘录，特此声明！

图书在版编目(CIP)数据

微型计算机接口技术及应用(第三版)/刘乐善主编. —武汉：华中科技大学出版社，2011.7
(2025.1 重印)

ISBN 978-7-5609-7006-6

Ⅰ.①微… Ⅱ.①刘… Ⅲ.①微型计算机-接口技术 Ⅳ.①TP364.7

中国版本图书馆 CIP 数据核字(2011)第 050998 号

微型计算机接口技术及应用(第三版)   刘乐善   主编

策划编辑：周芬娜	
责任编辑：王汉江	
封面设计：潘　群	
责任校对：张　琳	
责任监印：张正林	
出版发行：华中科技大学出版社(中国•武汉)	电话：(027)81321913
武汉市东湖新技术开发区华工科技园	邮编：430223
录　　排：武汉市洪山区佳年华文印部	
印　　刷：武汉市洪林印务有限公司	
开　　本：787mm×1092mm　1/16	
印　　张：25	
字　　数：651 千字	
版　　次：2025 年 1 月第 3 版第 32 次印刷	
定　　价：59.00 元	

本书若有印装质量问题，请向出版社营销中心调换
全国免费服务热线：400-6679-118　竭诚为您服务
版权所有　侵权必究

内 容 简 介

本书以微机接口为对象,深入地阐述了现代微机接口技术的原理及应用。全书共13章,前10章为接口技术的基本内容,集中介绍与分析了用户设备接口的共性技术,分别详细讨论了各种传统常用接口的电路设计及控制程序编写。后3章是接口技术新发展的内容,对PCI总线接口(桥)和WDM设备驱动程序的设计进行了深入具体讨论。

本书内容全面,具有较好的可操作性、可用性及可读性。在内容的组织与安排等方面具有特色。本书适用面宽,既可作为高等院校工科所有专业研究生、本科、专科教材或专业技术培训教材,也是广大从事微型计算机应用与开发人员值得一读的自学参考书。

前　　言

在微机系统中,微处理器的强大功能必须通过外部设备(简称外设)才能实现,而外设与微处理器之间的信息交换及通信又是靠接口来实现的,所以,微机应用系统的研究和微机化产品的开发,从硬件角度来讲,就是接口的研究和开发,接口技术已成为直接影响微机系统的功能和微机推广应用的关键之一,也是新发展起来的嵌入式微机应用的基础技术。根据接口在微机系统中的作用和接口技术的基本任务,可以说接口技术是一门遍及微机应用各个领域的通用技术。因此,微机接口技术已成为当代理工科大学生必须学习的一种基本知识和科技与工程技术人员必须掌握的基本技能。而接口技术所涉及的知识面广泛,技术层次越来越深,而且实践性很强,这给学习和掌握微机接口技术带来一定的困难,因此需要相关的教材提供帮助,本书就是为此而编写的。

由刘乐善教授主编的微型计算机接口技术系列教材,从1993年正式出版发行至今已有7个版本,其中有3个版本的国家规划教材,第1版《微型计算机接口技术及应用》是九五规划教材(蓝色封面),第2版《32位微型计算机接口技术及应用》是十五规划教材(黄色封面),第3版《微型计算机接口技术及应用》是十一五规划教材(黄色封面),在编写第3版时,将书名改回第1版的名称是因为'32位微型计算机接口技术'的提法欠妥,并没有反映接口技术自身发展的规律(具体理由见第3版的第1章)。第3版的内容是前两版内容的精炼与综合以及对接口新技术的提升。使用过第1,2版的读者,再看第3版就会有一种既"熟悉"又"新鲜"的感觉。

教材的创新思维

本版教材与1,2版相比,在接口技术的基本概念、所采用的技术及处理问题的方法都有很大的变化与发展,概括起来,有如下3个方面。

- **新概念**

第3版的最大特点是提出接口分层次的新概念,把接口整体内容分为上层设备接口与下层总线接口,即接口的基本内容与接口新发展的内容两个层次,理顺了接口技术的系统,形成了接口技术自己的体系结构,为全面学习与掌握微机接口技术指明了方向与目标。

- **新技术**

教材采用PCI总线技术与设备驱动程序设计技术,为培养学生研究与开发现代微机接口应用系统打下高起点的基础,为实际从事PCI总线接口设计与设备驱动程序设计提供有益的参考。

- **新方法**

教材引入软件模型法,在分析与设计接口技术的硬件时,采用软件模型法(程序设计模型法)进行处理,这样既可简化对硬件内部细节的了解,又不影响用户对计算机硬件资源的开发与应用。

以上的新概念与新方法是在微机接口技术教材中首次提出与应用,是作者对微机接口技术课程多年教学研究与教材建设所获得的成果,已申请技术专利,属于作者的权益加以保留,愿与广大读者共享。

教材的使用特点　在上述创新思维的指导下,教材形成自己的的特色,主要有如下几点。

1. 教材反映接口技术发展的主流，技术先进

本书是讨论在以 PCI 为中心的多总线结构和 Windows 系统下的微机接口技术及应用。内容涉及现代微机 PCI 总线接口设计技术和 Windows 操作系统内核设备驱动程序设计技术，教材反映了当前微机接口技术发展的主流。

2. 教材层次分明，结构清晰，可操作性强

书中既有传统的常用外设接口，也有新型接口；既考虑了接口技术的共性，也考虑了各类接口的特点；既有上层设备接口，又有下层总线接口；既有用户态的接口应用程序，又有核心态的设备驱动程序，内容丰富、结构清晰。按照接口分层次的概念，全书分为基本内容和新发展的内容两个层次，层次分明，便于根据不同教学要求具体组织与安排教学内容，操作方便。

3. 教材实例丰富，方法具体，可用性好

教材从实际应用出发，在讲清楚基本原理和概念的基础上，配合大量的应用实例，展示接口的设计原理、设计方法和设计步骤。这些实例来自科研与教学实践的成果，实用性强，具有较好的参考意义与可用性。通过把基本理论应用于解决实例中的一些问题可以训练与培养读者的实际工作能力。

4. 教材由浅入深，概念清晰，可读性好

对新概念、新技术、新方法的切入，从初学者的立场出发，由浅入深，从已知到未知的对比分析中，逐步提升。同时通过各种举例帮助化解一些难以理解的问题。再加上教材概念清晰，语言通俗，图文相映，使教材有较好的可读性，便于自学。

教材内容的安排　根据接口技术内容划分为设备接口和总线接口两个层次，内容安排是：第 2～10 章为设备层接口，这是任何一种机型，包括单片机都有的，因此其内容与早期 PC 微机接口一样，没有什么差别。第 11～13 章为总线层接口，是微机接口的下层，包括 PCI 总线接口、接口设备驱动程序及 USB 接口等。这是从 32 位微机开始发展起来的接口技术新内容。各教学单位，可根据教学计划和培养目标及学时的长短，选取不同的内容进行教学。如果只学习上层接口，就选 10 章以前的设备接口；若希望深入了解现代微机接口的新内容，就可以选 10 章以后的章节。

教材的配套实验设备　微机接口技术是一门实践性很强的课程，除了课堂理论学习之外，还需要强有力的实践性环节与之配合。为此，我们编写了实验教材，研制并推出了"32 位微机接口与原理实验平台"和"32 位微机应用与开发实训平台"。前者适于配合课堂教学实验，后者用于课程设计、毕业设计、实习和实际动手能力的实训等多种实践环节。实验系统和本教材的内容紧密配合，相互补充，教材中举出的接口实例，可以通过实验平台进行实际操作和实验，真正做到课堂原理讲授和实践环节一脉相承。

本书由刘乐善主编，李畅编写了第 13 章和第 11 章及第 12 章的程序，刘学清编写第 3 章和第 10 章，其余章节由刘乐善编写。全书由刘乐善统稿。本书的出版得到了全国高校计算机专业教学指导委员会和华中科技大学计算机科学与技术学院的大力支持，华中科技大学出版社为本书的出版付出了辛勤的劳动，在此一并表示衷心地谢意。同时要特别感谢参考文献的作者。

由于编者水平有限，对书中错误和不足之处，望读者及专家赐正。

作　者

2012 年 8 月于喻园

目 录

第 1 章 概述 ··· (1)
 1.1 微机接口技术的作用与基本任务 ·· (1)
 1.2 微机接口技术的层次 ·· (2)
 1.3 微机接口技术内容的划分 ·· (2)
  1.3.1 接口技术的基本内容 ·· (3)
  1.3.2 接口技术的新内容 ··· (3)
 1.4 微机接口技术的基本概念 ·· (3)
  1.4.1 设备接口与总线桥 ··· (3)
  1.4.2 设备接口 ··· (4)
  1.4.3 总线桥 ·· (6)
 1.5 微机接口技术的发展概况 ·· (7)
 1.6 分析硬件的软件模型方法 ·· (8)
 1.7 本书的重点与内容安排 ··· (9)
  1.7.1 本书内容的重点 ·· (9)
  1.7.2 本书内容的安排 ·· (10)
 习题 1 ·· (10)

第 2 章 总线技术 ··· (11)
 2.1 总线的作用 ·· (11)
 2.2 总线的组成 ·· (11)
 2.3 总线标准及总线的性能参数 ··· (12)
 2.4 总线传输操作过程 ··· (13)
 2.5 总线与接口的关系 ··· (13)
 2.6 ISA 总线 ··· (14)
  2.6.1 ISA 总线的特点 ·· (14)
  2.6.2 ISA 总线的信号线定义 ·· (14)
  2.6.3 ISA 总线与 I/O 设备接口的连接 ·· (16)
 2.7 现代微机总线技术的新特点 ··· (16)
  2.7.1 多总线技术 ··· (17)
  2.7.2 总线的层次化结构 ·· (17)
  2.7.3 总线桥 ··· (18)
  2.7.4 多级总线结构中接口与总线的连接 ··· (18)
  2.7.5 层次化总线结构对接口技术的影响 ··· (19)
 习题 2 ·· (19)

第 3 章 I/O 端口地址译码技术 ·· (21)
 3.1 I/O 地址空间 ·· (21)

3.2　I/O 端口 …………………………………………………………………… (21)
　　3.2.1　I/O 端口 ……………………………………………………………… (21)
　　3.2.2　I/O 端口共用技术 …………………………………………………… (22)
　　3.2.3　I/O 端口地址编址方式 ……………………………………………… (22)
　　3.2.4　独立编址方式的 I/O 端口访问 ……………………………………… (23)
3.3　I/O 端口地址分配及选用的原则 ………………………………………… (24)
　　3.3.1　PC 微机 I/O 地址的分配 …………………………………………… (25)
　　3.3.2　现代微机 I/O 地址的分配 …………………………………………… (25)
　　3.3.3　I/O 端口地址选用的原则 …………………………………………… (26)
3.4　I/O 端口地址译码 ………………………………………………………… (26)
　　3.4.1　I/O 地址译码的方法 ………………………………………………… (26)
　　3.4.2　I/O 地址译码电路的输入与输出信号线 …………………………… (27)
3.5　I/O 端口地址译码电路设计 ……………………………………………… (27)
　　3.5.1　I/O 端口地址译码电路设计的几个问题 …………………………… (27)
　　3.5.2　I/O 地址译码电路设计举例 ………………………………………… (28)
习题 3 …………………………………………………………………………… (33)

第 4 章　定时/计数技术 ……………………………………………………… (34)

4.1　定时与计数 ………………………………………………………………… (34)
4.2　微机系统中的定时类型 …………………………………………………… (34)
4.3　外部定时方法及硬件定时器 ……………………………………………… (35)
4.4　可编程定时/计数器 82C54A ……………………………………………… (36)
　　4.4.1　82C54A 的外部连接特性与内部结构 ……………………………… (36)
　　4.4.2　82C54A 的命令字 …………………………………………………… (37)
　　4.4.3　82C54A 的工作方式 ………………………………………………… (39)
　　4.4.4　82C54A 的计数初值计算及装入 …………………………………… (44)
　　4.4.5　82C54A 的初始化 …………………………………………………… (45)
4.5　定时/计数器的应用 ………………………………………………………… (45)
　　4.5.1　82C54A 在微机系统中的应用设置 ………………………………… (46)
　　4.5.2　微机系统的 82C54A 初始化程序段 ………………………………… (47)
　　4.5.3　定时/计数器 82C54A 的应用举例 ………………………………… (47)
习题 4 …………………………………………………………………………… (58)

第 5 章　中断技术 ……………………………………………………………… (60)

5.1　中断 ………………………………………………………………………… (60)
5.2　中断类型 …………………………………………………………………… (60)
　　5.2.1　硬中断 ………………………………………………………………… (60)
　　5.2.2　软中断 ………………………………………………………………… (61)
5.3　中断号 ……………………………………………………………………… (62)
　　5.3.1　中断号与中断号的获取 ……………………………………………… (62)
　　5.3.2　中断响应周期 ………………………………………………………… (62)
　　5.3.3　中断号的分配 ………………………………………………………… (63)

- 5.4 中断触发方式与中断排队方式 (64)
- 5.5 中断向量与中断向量表 (64)
  - 5.5.1 中断向量与中断向量表 (65)
  - 5.5.2 中断向量表的填写 (66)
- 5.6 中断处理过程 (66)
  - 5.6.1 可屏蔽中断的处理过程 (67)
  - 5.6.2 不可屏蔽中断和软件中断的处理过程 (67)
- 5.7 中断控制器 (67)
  - 5.7.1 82C59A 外部特性和内部寄存器 (67)
  - 5.7.2 82C59A 端口地址 (69)
  - 5.7.3 82C59A 的工作方式 (69)
  - 5.7.4 82C59A 的编程命令 (70)
  - 5.7.5 82C59A 对中断管理的作用 (74)
- 5.8 可屏蔽中断系统 (75)
  - 5.8.1 可屏蔽中断系统的组成 (75)
  - 5.8.2 中断系统的初始化 (75)
- 5.9 用户对系统中断资源的使用 (77)
  - 5.9.1 修改中断向量 (78)
  - 5.9.2 发中断屏蔽/开放和中断结束命令 (79)
  - 5.9.3 编写中断服务程序 (80)
- 5.10 中断服务程序设计 (80)
- 习题 5 (87)

第 6 章 DMA 技术 (89)

- 6.1 DMA 传输 (89)
  - 6.1.1 DMA 传输的特点 (89)
  - 6.1.2 DMA 传输的过程 (89)
- 6.2 DMA 操作 (90)
  - 6.2.1 DMA 操作类型 (90)
  - 6.2.2 DMA 操作方式 (91)
- 6.3 DMA 控制器与 CPU 之间的总线控制权转移 (91)
  - 6.3.1 DMA 控制器的两种工作状态 (91)
  - 6.3.2 DMA 控制器与 CPU 之间的总线控制权转移 (92)
- 6.4 DMA 控制器 82C37A (93)
  - 6.4.1 DMA 控制器的外部特性 (93)
  - 6.4.2 内部寄存器及编程命令 (94)
  - 6.4.3 DMA 控制器的工作时序 (100)
- 6.5 微机中 DMA 系统的组成与初始化 (101)
  - 6.5.1 DMA 系统组成 (101)
  - 6.5.2 DMA 系统初始化 (102)
- 6.6 用户对系统 DMA 资源的使用 (103)

6.6.1 DMA 传输参数设置 (103)
6.6.2 传输参数设置举例 (103)
习题 6 (105)

第 7 章 并行接口 (106)

7.1 并行接口的特点 (106)
7.2 并行接口电路结构形式 (106)
7.3 可编程并行接口芯片 82C55A (107)
 7.3.1 82C55A 外部特性 (107)
 7.3.2 82C55A 内部结构 (108)
 7.3.3 82C55A 的端口地址 (108)
 7.3.4 82C55A 工作方式 (108)
 7.3.5 82C55A 编程命令 (109)
7.4 82C55A 的 0 方式及其应用 (113)
7.5 82C55A 的 1 方式及其应用 (122)
 7.5.1 1 方式下联络信号线的设置 (123)
 7.5.2 1 方式的工作时序 (124)
 7.5.3 1 方式的状态字 (125)
 7.5.4 1 方式并行接口设计 (126)
7.6 82C55A 的 2 方式及其应用 (130)
 7.6.1 2 方式下联络信号的设置及时序 (130)
 7.6.2 2 方式的状态字 (131)
 7.6.3 2 方式并行接口设计 (131)
习题 7 (134)

第 8 章 串行通信接口 (136)

8.1 串行通信的基本概念 (136)
 8.1.1 串行通信的基本特点 (136)
 8.1.2 串行通信传输的工作方式(制式) (136)
 8.1.3 串行通信中的差错检测 (137)
 8.1.4 串行通信的同步方式 (138)
 8.1.5 串行通信中的调制与解调 (139)
8.2 串行通信中的传输速率控制 (140)
 8.2.1 数据传输速率控制的实现方法 (140)
 8.2.2 波特率与发送/接收时钟 (140)
 8.2.3 波特率时钟发生器设计 (142)
8.3 串行通信中的数据格式 (146)
 8.3.1 起止式异步通信数据格式 (146)
 8.3.2 面向字符的同步通信数据格式 (147)
8.4 串行通信接口标准 (147)
 8.4.1 RS-232C 接口标准 (147)
 8.4.2 RS-485 接口标准 (151)

		8.4.3　RS-232C 与 RS-485 的转换 ……………………………………… (154)
　8.5　串行通信接口电路 ……………………………………………………………… (154)
		8.5.1　串行通信接口的基本任务 ………………………………………… (155)
		8.5.2　串行通信接口电路的组成 ………………………………………… (155)
　8.6　基于 8251A(USART)用户扩展串行通信接口 ……………………………… (155)
		8.6.1　8251A 的外部特性 ………………………………………………… (156)
		8.6.2　8251A 内部寄存器及编程命令 …………………………………… (156)
		8.6.3　8251A 的初始化内容与顺序 ……………………………………… (160)
		8.6.4　基于 8251A 的串行通信接口设计 ………………………………… (160)
　8.7　基于 16550(UART)的微机系统串行通信接口 ……………………………… (168)
		8.7.1　16550 的外部引脚特性 …………………………………………… (169)
		8.7.2　16550 的内部寄存器及端口地址 ………………………………… (170)
		8.7.3　16550 的编程 ……………………………………………………… (174)
		8.7.4　基于 16550 的串行通信接口设计 ………………………………… (178)
　习题 8 ……………………………………………………………………………………… (184)

第 9 章　A/D 与 D/A 转换器接口 ………………………………………………… (186)

　9.1　模拟量接口 ……………………………………………………………………… (186)
　9.2　A/D 转换器 ……………………………………………………………………… (186)
		9.2.1　A/D 转换器的主要技术指标 ……………………………………… (186)
		9.2.2　A/D 转换器的外部特性 …………………………………………… (187)
　9.3　A/D 转换器与 CPU 接口的原理和方法 ……………………………………… (188)
		9.3.1　A/D 转换器与 CPU 的连接 ………………………………………… (188)
		9.3.2　A/D 转换器的数据传输 …………………………………………… (188)
		9.3.3　A/D 转换器接口控制程序中的在线数据处理 …………………… (189)
　9.4　A/D 转换器接口设计 …………………………………………………………… (189)
		9.4.1　A/D 转换器接口设计方案的分析 ………………………………… (189)
		9.4.2　A/D 转换器接口设计 ……………………………………………… (190)
　9.5　D/A 转换器 ……………………………………………………………………… (204)
		9.5.1　D/A 转换器的主要技术指标 ……………………………………… (204)
		9.5.2　D/A 转换器的外部特性 …………………………………………… (204)
　9.6　D/A 转换器与 CPU 接口的原理和方法 ……………………………………… (205)
		9.6.1　D/A 转换器与 CPU 的连接 ………………………………………… (205)
		9.6.2　D/A 转换器接口的主要任务 ……………………………………… (205)
		9.6.3　D/A 转换器接口设计方案的分析 ………………………………… (205)
　9.7　D/A 转换器接口电路设计 ……………………………………………………… (206)
　习题 9 ……………………………………………………………………………………… (210)

第 10 章　基本人机交互设备的接口 ……………………………………………… (211)

　10.1　键盘接口 ………………………………………………………………………… (211)
		10.1.1　键盘的类型 ………………………………………………………… (211)
		10.1.2　键盘的结构与工作原理 …………………………………………… (211)

10.1.3　非编码键盘接口设计 ……………………………………………… (214)
　10.2　LED数码显示器接口 …………………………………………………………… (218)
　　　10.2.1　LED显示器的结构与原理 ………………………………………… (218)
　　　10.2.2　LED显示器的字形码 ………………………………………………… (219)
　　　10.2.3　LED显示器的显示方式 ……………………………………………… (219)
　10.3　可编程键盘/LED接口芯片82C79A ………………………………………… (220)
　　　10.3.1　外部特性与内部模块 ………………………………………………… (220)
　　　10.3.2　编程命令与状态字 …………………………………………………… (223)
　　　10.3.3　数码显示器接口设计 ………………………………………………… (226)
　10.4　打印机接口 ……………………………………………………………………… (231)
　　　10.4.1　并行打印机接口标准 ………………………………………………… (232)
　　　10.4.2　并行打印机接口设计 ………………………………………………… (234)
　习题10 ……………………………………………………………………………………… (236)

第11章　PCI总线接口 …………………………………………………………………… (237)

　11.1　PCI总线的特点 …………………………………………………………………… (237)
　11.2　PCI总线的信号定义 ……………………………………………………………… (238)
　11.3　PCI总线命令 ……………………………………………………………………… (241)
　11.4　PCI总线数据传输 ………………………………………………………………… (242)
　　　11.4.1　PCI总线数据传输协议 ……………………………………………… (242)
　　　11.4.2　PCI总线数据传输过程 ……………………………………………… (243)
　11.5　PCI总线的三种地址空间 ………………………………………………………… (245)
　11.6　PCI设备 …………………………………………………………………………… (246)
　11.7　PCI总线配置空间 ………………………………………………………………… (247)
　　　11.7.1　PCI配置空间的作用 ………………………………………………… (247)
　　　11.7.2　PCI配置空间的格式 ………………………………………………… (247)
　　　11.7.3　PCI配置空间的功能 ………………………………………………… (247)
　　　11.7.4　PCI配置空间的映射关系 …………………………………………… (252)
　　　11.7.5　PCI配置空间的访问 ………………………………………………… (254)
　11.8　PCI接口卡的设计 ………………………………………………………………… (263)
　　　11.8.1　PCI接口卡设计要求 ………………………………………………… (264)
　　　11.8.2　PCI总线接口卡的设计方案 ………………………………………… (264)
　　　11.8.3　PCI总线接口芯片PLX9054 ………………………………………… (264)
　　　11.8.4　PCI总线接口卡电路设计 …………………………………………… (265)
　　　11.8.5　PCI接口卡配置空间初始化 ………………………………………… (267)
　　　11.8.6　基于PCI总线的接口程序设计 ……………………………………… (268)
　11.9　PCI中断 …………………………………………………………………………… (279)
　　　11.9.1　PCI中断的特点 ……………………………………………………… (279)
　　　11.9.2　PCI中断共享 ………………………………………………………… (280)
　　　11.9.3　PCI中断响应(回答)周期 …………………………………………… (281)
　　　11.9.4　PCI设备的中断申请 ………………………………………………… (281)

　　　　11.9.5　PCI 中断程序举例 ……………………………………………………………(283)
　11.10　PCI 总线 DMA 传输 ……………………………………………………………………(288)
　　　　11.10.1　PCI DMA 传输的特点 …………………………………………………………(288)
　　　　11.10.2　PCI DMA 传输过程 ……………………………………………………………(289)
　　　　11.10.3　PCI DMA 控制器 ………………………………………………………………(289)
　　　　11.10.4　PCI DMA 的初始化流程 ………………………………………………………(289)
　　　　11.10.5　PCI DMA 程序举例 ……………………………………………………………(289)
　习题 11 …………………………………………………………………………………………(295)

第 12 章　微机接口技术中 PCI 设备驱动程序设计 ……………………………………………(296)

　12.1　为什么要使用设备驱动程序 ………………………………………………………………(296)
　12.2　Windows 体系结构下程序的分类 ………………………………………………………(296)
　12.3　Windows 的驱动程序类型 ………………………………………………………………(298)
　12.4　驱动程序的主要例程 ………………………………………………………………………(298)
　12.5　设备驱动程序与用户应用程序有哪些不同 ………………………………………………(300)
　12.6　编写设备驱动程序需要了解的几个技术问题 ……………………………………………(300)
　12.7　PCI 接口卡驱动程序设计要求与程序结构 ………………………………………………(302)
　　　　12.7.1　设计要求 ……………………………………………………………………………(302)
　　　　12.7.2　PCI 接口卡的程序结构 …………………………………………………………(302)
　12.8　访问 PCI 配置空间的驱动程序 ……………………………………………………………(303)
　　　　12.8.1　驱动程序对配置空间的访问方法 ………………………………………………(303)
　　　　12.8.2　访问配置空间的驱动程序设计要点 ……………………………………………(303)
　　　　12.8.3　从 PCI 卡配置空间读取的信息举例 ……………………………………………(304)
　12.9　访问 I/O 设备端口的驱动程序 ……………………………………………………………(304)
　　　　12.9.1　驱动程序对 I/O 端口的访问方法 ………………………………………………(304)
　　　　12.9.2　访问 I/O 端口的驱动程序设计要点 ……………………………………………(305)
　　　　12.9.3　驱动程序中创建一个 I/O 映射实例并进行 I/O 操作过程的程序段
　　　　　　　　………………………………………………………………………………………(305)
　　　　12.9.4　访问 I/O 设备端口的驱动程序设计举例 ………………………………………(306)
　12.10　访问存储器的驱动程序 …………………………………………………………………(314)
　　　　12.10.1　Windows 下存储器读写的方法 ………………………………………………(314)
　　　　12.10.2　访问存储器的驱动程序设计要点 ……………………………………………(314)
　　　　12.10.3　驱动程序中创建一个存储器映射对象并进行
　　　　　　　　存储器读写操作过程的程序段 …………………………………………………(315)
　　　　12.10.4　访问存储器的驱动程序设计举例 ……………………………………………(316)
　12.11　处理中断的驱动程序 ……………………………………………………………………(323)
　　　　12.11.1　处理 Win32 程序硬件中断的方法 ……………………………………………(323)
　　　　12.11.2　处理 Win32 程序硬件中断的驱动程序设计要点 ……………………………(324)
　　　　12.11.3　处理 Win32 程序硬件中断的过程 ……………………………………………(324)
　　　　12.11.4　处理 Win32 程序硬件中断的驱动程序设计 …………………………………(324)
　12.12　处理 MS-DOS 程序硬件中断的驱动程序 ……………………………………………(330)

12.12.1 处理 MS-DOS 程序硬件中断的方法 ……………………………… (330)
12.12.2 处理 MS-DOS 程序硬件中断的驱动程序设计要点 ………………… (331)
12.12.3 处理 MS-DOS 程序硬件中断的过程 ……………………………… (331)
12.12.4 处理 MS-DOS 程序硬件中断的驱动程序设计 …………………… (331)
12.13 处理 DMA 传输的驱动程序 ……………………………………………… (336)
12.14 Win32 应用程序对驱动程序的调用 ……………………………………… (338)
12.14.1 Win32 程序对驱动程序的调用过程 ……………………………… (339)
12.14.2 调用过程中所使用的相关 API 函数与例程 ……………………… (339)
12.14.3 Win32 应用程序对驱动程序的调用举例 ………………………… (341)
12.15 MS-DOS 程序对驱动程序的调用 ………………………………………… (341)
12.15.1 MS-DOS 程序对驱动程序的调用过程 …………………………… (341)
12.15.2 虚拟设备驱动程序 VDD 的内容 ………………………………… (342)
12.15.3 MS-DOS 程序调用驱动程序举例 ………………………………… (343)
12.16 采用 DDK 编写驱动程序 ………………………………………………… (345)
12.16.1 开发工具 DDK …………………………………………………… (345)
12.16.2 采用 DDK 编写驱动程序举例 …………………………………… (345)
12.17 驱动程序的开发 …………………………………………………………… (354)
12.17.1 开发驱动程序的工具软件 ………………………………………… (354)
12.17.2 驱动程序的安装和调试 …………………………………………… (356)
习题 12 ……………………………………………………………………………… (358)

第 13 章 USB 通用串行总线 ……………………………………………………… (359)
13.1 通用串行总线概述 ………………………………………………………… (359)
13.1.1 USB 的发展过程 …………………………………………………… (359)
13.1.2 USB 的设计目标及特点 …………………………………………… (360)
13.1.3 USB 物理接口与电气特性 ………………………………………… (361)
13.1.4 USB 信号定义 ……………………………………………………… (362)
13.1.5 USB 数据编码与解码 ……………………………………………… (363)
13.2 USB 系统组成和拓扑结构 ………………………………………………… (364)
13.2.1 USB 系统组成 ……………………………………………………… (364)
13.2.2 USB 系统拓扑结构 ………………………………………………… (367)
13.3 通用串行总线的通信模型与数据流模型 ………………………………… (368)
13.3.1 通信模型 …………………………………………………………… (368)
13.3.2 数据流模型 ………………………………………………………… (369)
13.4 USB 传输类型 ……………………………………………………………… (370)
13.5 USB 交换包格式 …………………………………………………………… (371)
13.5.1 标志包 ……………………………………………………………… (372)
13.5.2 数据包 ……………………………………………………………… (373)
13.5.3 握手包 ……………………………………………………………… (374)
13.5.4 预告包 ……………………………………………………………… (374)
13.6 USB 设备状态和总线枚举 ………………………………………………… (374)

  13.7 USB 设备设计 ………………………………………………………………… (376)

  13.8 USB 总线接口芯片 PDIUSBD12 ………………………………………………… (376)

    13.8.1 PDIUSBD12 外部特性及内部结构 ……………………………………… (376)

    13.8.2 PDIUSBD12 命令字 ……………………………………………………… (379)

    13.8.3 PDIUSBD12 的典型连接方式 …………………………………………… (380)

 习题 13 ………………………………………………………………………………… (381)

参考文献 ……………………………………………………………………………… (382)

第1章 概　　述

在微机系统中,微处理器的强大功能必须通过外部设备(简称外设)才能实现,而外设与微处理器之间的信息交换及通信又是靠接口来实现的,所以,微机应用系统的研究和微机化产品的开发,从硬件角度来讲,就是接口电路的研究和开发,接口技术已成为直接影响微机系统的功能和微机推广应用的关键之一,特别是嵌入式微机应用的基础技术。微机的应用是随着外设不断更新和接口技术的发展而深入到各个领域的。因此,微机接口技术已成为当代理工科大学生必须学习的一种基本知识和科技与工程技术人员必须掌握的基本技能。

现代微机接口技术增加了许多新功能,采用了许多新技术,引入了许多新概念、新名词,需要逐步了解与学习。本书是讨论在以 PCI 为中心的多总线结构和 Windows 系统下的微机接口技术及应用。

1.1　微机接口技术的作用与基本任务

1. 接口在微机系统中的作用

在微机系统中,接口处于微机总线与设备之间,进行 CPU 与设备之间的信息交换。接口在微机系统所处的位置决定了它在 CPU 与设备之间的桥梁与转换作用,接口与其两侧的关系极为密切。因此,接口技术是随 CPU 技术及总线技术的变化而发展的(当然,也与被连接的设备密切相关),尤其与总线的关系密不可分。也就是说,微机系统的总线结构不同,与其相连的接口层次就不同。

2. 接口技术的基本任务

设置接口的目的有两条:通过接口实现设备与总线的连接;连接起来以后,CPU 通过接口对设备进行访问,即操作或控制设备。

因此,接口技术的内容就是围绕设备与总线如何进行连接及 CPU 如何通过接口对设备进行操作展开的。这涉及接口两端的连接对象及通过什么途径去访问设备等一系列的问题。

例如,对设备的连接问题,涉及微机的总线结构是单总线还是多总线;对设备的访问问题,涉及微机的运行环境操作系统是 DOS 还是 Windows 或 LINUX。这些都是接口技术需要进行分析和讨论的内容。

3. 变化中的不变

接口连接设备的任务不会改变。不管是单级总线,还是多级总线;不管是 ISA 总线,还是 PCI 总线;不管是并行方式,还是串行方式;不管是中小规模的接口芯片,还是 VLS 接口芯片;不管是高速设备还是低速设备;不管是标准设备,还是非标准设备。即不分总线结构、数据的宽度、接口电路结构形式、设备的类型,最后都要落实到把外部设备连接到微机系统中去,不会因为上述种种的不同而有所改变,这一点是十分明确的,只是连接的层次、方法、步骤或使用的接口芯片有所不同而已。

同样,通过接口操作设备的任务不会改变。不管是上层应用程序,还是底层驱动程序;不管是 MS-DOS 程序,还是 Win32 程序;不管是实模式程序,还是保护模式程序;不管是 ISA 总线程序,还是 PCI 总线程序;不管是直接访问程序,还是间接访问程序;不管是汇编语言程序,还是 C 语言程序;不管是中小规模的接口芯片程序,还是 VLS 接口芯片程序。即不分操作系统、处理器的工作方式、总线结构层次、设备资源分配方式、不同的编程语言、接口电路结构形式,最后都要落实到对外部设备的访问,不会因为上述种种的不同而改变,这一点是十分明确的,只是访问的方法、途径、步骤或使用的工具有所不同而已。

1.2 微机接口技术的层次

从早期 PC 微机发展到现代微机,影响接口变化的主要有两大因素。一是总线结构不同,属于硬件上的变化。PC 微机是单总线,只有一级总线,即 ISA 总线;现代微机是多总线,有三级总线,即 Host 总线、PCI 总线、ISA 总线。二是操作系统不同,属于软件上的变化。PC 微机上运行的是 DOS 系统,现代微机上运行的是 Windows 系统,嵌入式微机上一般是运行 LINUX 系统。这种变化使现代接口在完成连接设备和访问设备的任务时产生了根本不同的处理方法,形成了接口分层次的概念,大大促进了接口技术的发展,丰富了接口技术的内容。

接口分层次是微机接口技术在观念上的改变,是接口技术随总线技术的发展而提升的新概念。在考虑设备与 CPU 连接时,不能停留在过去单级总线的接口形态和接口不分层次的传统观念上。

1. 总线结构的改变,使得接口在连接设备时在硬件上要分层次

PC 微机采用单级总线——ISA 总线,设备与 ISA 总线之间只有一层接口。现代微机采用多级总线,总线与总线之间用总线桥连接,例如,PCI 总线与 ISA 总线之间的接口称为 PCI-ISA 桥。因此,除了设备与 ISA 总线之间的那一层接口之外,还有总线与总线的接口——总线桥。在这种情况下,作为连接总线与设备之间的接口就不再是单一层次的,就要分层次了。把设备与 ISA 总线之间的接口,称为设备接口;把 PCI 总线与 ISA 总线之间的接口,称为总线接口。与 PC 微机相比,现代微机的外部设备进入系统需要通过两级接口才行,即通过设备接口和总线接口把设备连接到微机系统。

2. 操作系统的改变,使得通过接口访问设备时在软件上也要分层次

早期微机采用 DOS 操作系统,应用程序享有与 DOS 操作系统同等的特权级,因此,应用程序可以直接访问和使用系统的硬件资源,毫无阻碍。现代微机在使用 Windows 操作系统时,由于保护机制,不允许应用程序直接访问硬件,在应用程序与底层硬件之间增加设备驱动程序,应用程序通过调用驱动程序去访问底层硬件,把设备驱动程序作为应用程序与底层硬件之间的桥梁。因此,访问设备时除了写应用程序之外,还要写设备驱动程序。在 Windows 操作系统下,作为操作与控制设备的接口程序就不再是只有单一的应用程序了,程序也要分层次。把访问设备的 MS-DOS 程序和 Win32 程序称为上层应用程序,把直接操作与控制底层硬件的程序称为核心层驱动程序。与 16 位机相比,现代微机对外部设备的操作与控制需要通过两层程序才行,即通过应用程序和设备驱动程序才能访问设备。

1.3 微机接口技术内容的划分

按照接口分层次的概念,不难把接口技术的内容分为两部分:一部分是接口的上层,包括设备接口及应用程序,构成接口的基本内容;另一部分是接口的下层,包括总线接口及设备驱动程序,构成接口的新内容(或叫高级内容)。这两部分是现代微机接口技术的整体内容,或者说一个完整的接口是由基本内容和高级内容构成的。

1.3.1 接口技术的基本内容

基本内容包括设备接口设计和应用程序设计,实现把设备连接到用户总线(ISA)和完成对设备在应用层的访问。其中,设备接口是把用户的设备连接到用户总线的接口,也是设备进入系统的第1层接口,一般用户所用到的低速设备都通过它进行连接,因此也叫做用户接口。用户接口是所有微机系统都必须具有的接口层次,单片机、8位机、16位机、32位机都有用户接口,并且工作原理、基本组成与设计方法基本相同,因此,即使是在现代微机中也有这一层次的接口,并与早期微机一样,是接口技术的基本内容。

应用程序是在应用层对用户设备进行访问的程序,包括 MS-DOS 程序和 Win32 程序两种形式。其中,MS-DOS 程序是大家都很熟悉的,可用汇编语言或 C++语言编写。一般用户都要遇到这一层次的程序设计,也是学习接口技术最基本的要求。Win32 应用程序的结构和设计方法,与 MS-DOS 程序有较大的差别,但还是对端口进行操作。

1.3.2 接口技术的新内容

接口技术的新内容包括总线接口设计和设备驱动程序设计,实现把用户总线(ISA)连接到 PCI 总线和完成对设备在 Windows 操作系统核心层的访问。其中,总线接口是把用户总线(ISA)连接到 PCI 总线的接口,也叫做总线桥,它是设备进入系统的第2层接口,也是为了适应现代微机多总线结构的要求而增加的接口层次。其接口功能、所涉及的技术、设计理念和设计方法与设备接口完全不同,是现代微机接口技术的新内容。当然也就与早期微机接口完全不同。

设备驱动程序是在 Windows 操作系统核心层对设备进行直接访问的程序,是直接操作与控制设备的软件,属于 Windows 操作系统的核心层。它是为了满足 Windows 操作系统不允许用户直接访问硬件设备而增加的软件层次。其程序结构、编程语言、开发工具和程序设计、调试、安装方法与应用程序完全不同,是现代微机接口技术的新内容。

总线接口和设备驱动程序的开发技术要求高,难度较大,故叫做接口技术的高级内容。从事接口技术开发的人员应该面向总线接口和驱动程序,想要了解和掌握现代微机接口全貌与整体技术的人员也应该深入到这一层次的接口与驱动程序。

下面先讨论微机接口技术的基本概念,然后在此基础上介绍对微机接口技术中硬件的处理方法——软件模型方法。

1.4 微机接口技术的基本概念

1.4.1 设备接口与总线桥

设备接口(Interface),是指 I/O 设备与本地总线(如 ISA 总线)之间的连接电路并进行信息(包括数据、地址及状态)交换的中转站。比如:源程序或原始数据要通过接口从输入设备送进去,运算结果要通过接口向输出设备送出来;控制命令通过接口发出去,现场状态通过接口取进来,这些来往信息都要通过接口进行变换与中转。这里的 I/O 设备包括常规的 I/O 设备及用户扩展的应用系统的接口。可见，I/O设备接口是微机接口中的用户层的接口。

总线桥(Bridge)，是实现微处理器总线与PCI总线，以及PCI总线与本地总线之间的连接与信息交换(映射)的接口。这个接口不是直接面向设备，而是面向总线的，故称为总线桥，例如，CPU总线与PCI总线之间的Host桥(北桥)、PCI总线与ISA之间的Local桥(南桥)等。系统中的存储器或高速设备一般都可以通过自身所带的总线桥挂到Host总线或PCI总线上，实现高速传输。

早期的PC微机采用的是单级总线，只有一种接口，即I/O设备接口，所有I/O设备和存储器，也不分高速和低速，一律都通过设备接口挂在一个单级总线(如ISA总线)上。

现代微机采用多总线，有I/O设备接口和总线桥两种接口，外部设备分为高速设备和低速设备，分别通过两种接口挂到不同总线上。

正是因为现代微机采用了多总线技术，引起不同总线之间的连接问题，使得现代微机系统的I/O设备和存储器接口的设计变得复杂起来。

1.4.2 设备接口

一、为什么要设置I/O设备接口

为什么要在ISA总线与I/O设备之间设置接口电路呢？有这样几个方面的原因：其一，微机的总线与I/O设备两者的信号线不兼容，在信号线的功能定义、逻辑定义和时序关系上都不一致；其二，CPU与I/O设备的工作速度不兼容，CPU速度高，I/O设备速度低；其三，若不通过接口，而由CPU直接对I/O设备的操作实施控制，就会使CPU穷于应付与I/O设备打交道，从而大大降低CPU的效率；其四，若I/O设备直接由CPU控制，也会使I/O设备的硬件结构依赖于CPU，对I/O设备本身的发展不利。因此，有必要设置具有独立功能的接口电路，以便协调CPU与I/O设备两者的工作，提高CPU的效率，并有利于I/O设备按自身的规律发展。

二、I/O设备接口的功能

I/O设备接口是CPU与外界的连接电路，并非任何一种电路都可以叫做接口，它必须具备一些条件或功能，才称得上是接口电路。那么，接口应具备哪些功能呢？从解决CPU与外设之间进行连接和传递信息的观点来看，一般有如下功能。

1. 执行CPU命令

CPU对被控对象外设的控制是通过接口电路的命令寄存器解释与执行CPU命令代码来实现的。

2. 返回外设状态

接口电路在执行CPU命令过程中，外设及接口电路的工作状态是由接口电路的状态寄存器报告给CPU的。

3. 数据缓冲

在CPU与外设之间传输数据时，主机高速与外设低速的矛盾是通过接口电路的数据寄存器缓冲来解决的。

4. 信号转换

微机的总线信号与外设信号的转换是通过接口的逻辑电路来实现的，包括信号的逻辑关系、时序配合及电平匹配的转换。

5. 设备选择

当一个 CPU 与多个外设交换信息时,通过接口电路的 I/O 地址译码电路选定需要与自己交换信息的设备端口,进行数据交换或通信。

6. 数据宽度与数据格式转换

有的外设(如串行通信设备)使用串行数据,且要求按一定的数据格式传输,为此,接口电路就应具有数据并-串转换和数据格式转换的能力。

上述功能并非是每种接口都要求具备,对不同用途的微机系统,其接口功能不同,接口电路的复杂程度也大不一样,应根据需要进行设置。

三、I/O 设备接口的组成

一个能够实际运行的 I/O 设备接口,由硬件和软件两部分组成。其中,硬件电路一般包括接口逻辑电路(由可编程接口芯片实现)、端口地址译码电路及供选择的附加电路等部分;软件编程主要是接口控制程序,即上层用户应用程序的编写,包括可编程接口芯片初始化程序段、中断和 DMA 数据传输方式处理的程序段、对外设主控程序段及程序终止与退出程序段等。上层用户应用程序对 Windows 操作系统而言有 MS-DOS 和 Win32 两种形式。

四、I/O 设备接口与 CPU 交换数据的方式

I/O 设备接口与 CPU 之间的数据交换,一般有查询、中断和 DMA 三种方式。不同的交换方式对微机接口的硬件设计和软件编程会产生比较大的影响,故接口设计者对此颇为关心。三种方式简要介绍如下。

1. 查询方式

查询方式是 CPU 主动去检查外设是否"准备好"传输数据的状态,因此,CPU 需花费很多时间来等待外设进行数据传输的准备,工作效率很低。但查询方式易于实现,在 CPU 不太忙的情况下,可以采用。

2. 中断方式

中断方式是 I/O 设备做好数据传输准备后,主动向 CPU 请求传输数据,CPU 节省了等待外设的时间。同时,在外设做数据传输的准备时,CPU 可以运行与传输数据无关的其他指令,使外设与 CPU 并行工作,从而提高 CPU 的效率。因此,中断方式用于 CPU 的任务比较忙的场合,尤其适合实时控制及紧急事件的处理。

3. 直接存储器存取(DMA)方式

DMA 方式是把外设与内存交换数据的那部分操作与控制交给 DMA 控制器去做,CPU 只做 DMA 传输开始前的初始化和传输结束后的处理,而在传输过程中 CPU 不干预,完全可以做其他的工作。这不仅简化了 CPU 对输入/输出的管理,更重要的是大大提高了数据的传输速率。因此,DMA 方式特别适合高速度、大批量数据传输。

五、分析与设计 I/O 设备接口电路的基本方法

1. 两侧分析法

I/O 设备接口是连接 CPU 与 I/O 设备的桥梁。在分析接口设计的需求时,显然应该从接口的两侧入手。CPU 一侧,接口面向的是本地总线的数据、地址和控制三总线,情况明确。因

此,主要是接口电路的信号线要满足三总线在时序逻辑上的要求,并进行对号入座连接即可。I/O设备一侧,接口所面对的是种类繁多、信号线五花八门、工作速度各异的外设,情况很复杂。因此,对I/O设备一侧的分析重点放在两个方面:一是分析被连I/O设备的外部特性,即外设信号引脚的功能与特点,以便在接口硬件设计时,提供这些信号线,满足外设在连接上的要求;二是分析被控外设的工作过程,以便在接口软件设计时,按照这种过程编写程序。这样,接口电路的硬件设计与软件编程就有了依据。

2. 硬软结合法

以硬件为基础,硬件与软件相结合是设计I/O设备接口电路的基本方法。

1) 硬件设计方法

硬件设计主要是合理地选用外围接口芯片和有针对性地设计附加电路。目前,在接口设计中,通常采用可编程接口芯片,因而需要深入了解和熟练掌握各类芯片的功能、特点、工作原理、使用方法及编程技巧,以便合理地选择芯片,把它们与微处理器正确地连接起来,并编写相应的控制程序。

外围接口芯片并非万能,因此,当接口电路中有些功能不能由接口的核心芯片完成时,就需要用户附加某些电路,予以补充。

2) 软件设计方法

接口的软件设计,对用户层来讲,实际上就是接口用户程序的编写。现代微机接口用户程序的编写通常有四种方法,分别在两种不同操作系统(DOS和Windows)的环境下编写程序。其中,在DOS环境下有三种方法。

其一是直接对硬件编程。一般而言,对用户应用系统的接口,用户程序应直接面向硬件编程,以便充分发挥底层硬件的潜力和提高程序代码的效率。但这样就要求设计者必须对相应的硬件细节十分熟悉,这对一般用户难度较大。同时,由于直接对硬件编程会造成接口用户程序对硬件的依赖性,可移植性差。

另外两种方法是采用BIOS调用和DOS系统功能调用编程。如果在用户应用程序中,涉及使用系统资源(如键盘、显示器、打印机、串行口等),则可以采用BIOS和DOS调用,而无须做底层硬件编程。但这只是对微机系统中的标准设备有用。而对接口设计者来说,常常遇到的是一些非标准设备,所以需要自己动手编制接口用户程序的时候更多。

在Windows环境下,接口用户程序是利用Win32的API调用来编写的。

1.4.3 总线桥

1. 总线桥与接口有什么不同

首先,总线桥与接口的区别是连接对象不同。接口连接的是I/O设备与本地总线(用户总线),总线桥连接的是本地总线(用户总线)与PCI总线。其次,传递信息的方法不同。接口是直接传递信息,接口两端的信息通过硬件传递,是一种一一对应的固定的关系。桥是间接传递信息,桥两端的信息是一种映射的关系,并非通过硬件一一对应的直接传输,即由软件建立起来的映射规则实现,可动态改变。

正是由于这些不同的特点,使得设备接口与总线接口的复杂程度、技术难度及设计理念与设计方法存在很大的差别。

2. 总线桥的任务

总线桥的任务有三点。一是负责总线与总线之间的连接与转换。由于不同总线的数据宽度、工作频带及控制协议不同，故在总线之间必须有"桥"过渡，即要使用总线桥。桥是一个总线转换器和控制器，桥的内部包含一些相当复杂的兼容协议及总线信号和数据的缓冲电路，可实现不同总线的转换。

二是完成设备信息的传递。由于 PCI 总线与本地总线（如 ISA）代表完全不同的两种系统，因此，本地的设备信息与 PCI 的设备信息不能直接传输，而必须经过 PCI 桥进行映射，桥内部的配置空间可以把一条总线上的设备信息映射到另一条总线上。

三是支持即插即用。为操作系统进行资源动态分配（包括地址空间、中断及 DMA），为实现设备的即插即用提供支持，桥的配置空间，提供了进行硬件资源的重新分配的场所。

3. 总线桥接口电路

桥可以是一个独立的电路，即一个单独的、通用的总线桥芯片。不少厂家推出了一系列单独的通用 PCI 接口芯片，如 PLX9054、S5933 等，供用户开发 PCI 插卡选用。

桥也可以与内存控制器或 I/O 设备控制器组合在一起。为了使高速 I/O 设备能直接与 PCI 总线连接，一些 I/O 设备专业厂商推出了一大批 PCI 总线的 I/O 设备控制器大规模集成芯片。这些芯片具有独立的处理能力，并带有 PCI 接口，以这些芯片为基础，生产出许多 PCI 总线 I/O 设备插卡，如视频图像卡、高速网络卡、多媒体卡及高速外存储设备卡（SCSI 控制器、IDE 控制卡）等。将高速 I/O 设备通过桥挂到 PCI 总线上，共享 PCI 总线提供的各种性能优越的服务，能大大提高系统的性能。

1.5 微机接口技术的发展概况

正如前面所说，接口技术的发展是随着微机体系结构（CPU、总线、存储器）和被连接的对象，以及操作系统应用环境的发展而发展的。当接口的两端及应用环境发生了变化，作为中间桥梁的接口也必须变化。这种变化与发展，过去是如此，今后仍然如此。

早期的计算机系统，接口与设备之间无明显的边界，接口与设备控制器做在一起。到 8 位微机，在接口与设备之间有了边界，并且出现了许多"接口标准"。8/16 位微机系统，接口所面向的对象与环境是 XT/ISA 总线、DOS 操作系统。现代微机系统，接口所面向的对象与环境是 PCI 总线、Windows 操作系统。这使得接口技术面临许多新技术、新概念与新方法，而且层次结构复杂得多。下面简要地说明接口技术的发展过程。

在早期的计算机系统中并没有设置独立的接口电路，对外设的控制与管理完全由 CPU 直接操作。这在当时外设品种少、操作简单的情况下，可以勉强由 CPU 承担。然而，由于微机技术发展，其应用越来越广泛，外设门类、品种大大增加，且性能各异，操作复杂，因此，不设置接口就不行了。首先，如果仍由 CPU 直接管理外设，会使主机完全陷入与外设打交道的沉重负担之中，主机的工作效率变得非常之低。其次，由于外设种类繁多，且每种外设提供的信息格式、电平高低、逻辑关系各不相同，因此，主机对每一种外设就要配置一套相应的控制和逻辑电路，使得主机对外设的控制电路非常复杂，而且是固定的连接，不易扩充和改变，这种结构极大地阻碍了计算机的发展。

为了解决以上矛盾，开始在 CPU 与外设之间设置了简单的接口电路，后来逐步发展成为独立功能的接口和设备控制器，把对外设的控制任务交给接口去完成，这样大大地减轻了主机的负担，简化了 CPU 对外设的控制和管理。同时，有了接口之后，研制 CPU 时就无须考虑外设的结构特性如何,反之,研制外设时也无须考虑它是与哪种 CPU 连接。微处理器与外设按各自的规律更新,形成微机本身和外设产品的标准化和系列化,促进了微机系统的发展。

随着微机的发展,微机接口经历了固定式简单接口、可编程复杂接口和功能强大的智能接口几个发展阶段。各种高性能接口标准的不断推出和使用,超大规模接口集成芯片的不断出现,以及接口控制软件的固化技术的应用,使得微机接口向更加智能化、标准化、多功能化及高集成度化的方向发展。目前,又流行一种紧凑的 I/O 子系统结构,就是把 I/O 接口与 I/O 设备控制器及 I/O 设备融合在一起,而不单独设置接口电路,正如高速 I/O 设备(硬盘驱动器和网卡)中那样。

由于微机体系结构的变化及微电子技术的发展,目前微机系统所配置的接口电路的物理结构也发生了根本的变化,以往在微机系统板上能见到的一个个单独的外围接口芯片,现在都集成在一块超大规模的外围芯片中,也就是说原来的这些外围接口芯片在物理结构上已"面目全非"。但它们相应的逻辑功能和端口地址仍然保留下来,也就是说在逻辑上与原来的是兼容的,以维持在使用上的一致性。因此,尽管微机系统的接口电路的物理结构发生了变化,但用户编程时,仍可以照常使用它们。

值得注意的是,尽管外设及接口有了很大的发展,但比起微处理器的突飞猛进,差距仍然很大。在工作速度、数据宽度及芯片的集成度等方面,尤其是数据传输速率方面,还存在尖锐的矛盾。那么,如何看待这种微处理器的高性能与外设和接口性能低的客观事实呢?首先,差距是客观存在的,正是这种差距和矛盾推动着外设及接口技术的不断发展,但发展应有一个过程。近几年来,研究和推出了不少新型外设、先进的总线技术、新的接口标准及芯片组,正是为了解决微机系统 I/O 的瓶颈问题。相信今后还会出现功能更强大,技术更先进,使用更方便的外设及接口标准。其次,微处理器、外设及接口在微机系统中所起的作用不同,因而对它们的要求也不一样。例如,8 位数据宽度,对目前的一般工业系统的外设及接口基本上可以满足要求,不像微处理器内部进行数据处理那样,要求 32 位或 64 位。其三,集成度的增加与物理结构上的改变,并不意味着否定逻辑功能上的兼容性。有人说,现在机箱的主板上已找不到单个外设接口芯片,它们都已集成到超大规模的外围接口芯片中去了,因此,现在还讨论单个的外设接口芯片没有什么意思。其实,在后开发的高档微机上,虽然集成度增加,物理结构改变了,但为了与先行的微机兼容,特别是与为数众多的外设兼容,一些接口电路的逻辑端口及命令格式均可以沿用。从学习的角度来看,接口技术的初学者只能从基本接口电路开始,而这些单个接口芯片能很好地反映各种基本接口电路的工作原理、方法及特点。此外,在用户自行开发的应用系统(如单片微机)中,目前使用的往往还是单个接口芯片,而不是超大规模外围芯片组。

1.6 分析硬件的软件模型方法

微机接口技术离不开或免不了与各种芯片、器件、设备打交道,这也是有些读者学习接口技术时颇感困难的部分,这主要有以下几点原因。一是硬件基础知识不够,如电子技术、数字逻辑等基础课没有上过或实践太少。二是有畏惧心理,一见到芯片,尤其是复杂的芯片就不知如何下手,觉得很难。遇到这种情况怎么办?首先,下定决心,要学习接口,就无法回避与硬件打交道,要学好接口就要去了解与熟悉相关的硬件知识。其次是不要畏惧硬件技术,其实它和软件技术一样,是完全可以熟悉与掌握的。其三是讲究方法。与接口技术息息相关的微机系统所包括的微处理器、存储器、接口芯片及总线桥,特别是微处理器和总线桥,其内部逻辑结构非常复杂,而且更新换代很快。面对如此庞大而复杂的硬件资源,应采用何种方法来处理,就成为现代微机接口技术中必须考虑的问题。本书采用软件模型的方法。

所谓软件模型,是对任何一种硬件对象,如一个接口芯片(不管是复杂的还是简单的),主要是了解、掌握芯片的功能、外部特性和编程使用方法,而不在意其内部结构。芯片的功能是制定接口设计方案时选择芯片的依据,了解了芯片的功能后,就可以知道采用什么样的接口芯片更合适;芯片的外部特性是接口硬件设计时如何进行连接的依据,了解了外部特性后,就可以知道芯片怎样在系统中进行连接;芯片的编程使用方法是接口软件设计时如何进行编程的依据,了解了编程使用方法后,就可以知道怎样编程来实现芯片的功能,因此软件模型,也叫做编程模型。

软件模型方法的实质是强调对硬件对象的应用,而不在意其内部结构,这大大简化了对硬件对象复杂结构的了解,而又不失对硬件的应用。

本书提出的这种从应用的角度了解硬件外部特性和编程而不在意内部硬件细节的方法,也是当前硬件系统设计与分析时常用的方法,微机接口技术课程更应该如此,因为它与电子线路、数字逻辑或计算机组成原理课程不同,它更注重系统,而对系统中的各个模块只关心它的功能、外部特性、连接方法及其编程。因此,在微机接口技术课程中应该抛弃那种深究芯片内部工作逻辑和硬件细节的做法,把精力放到微机应用系统的构建和芯片的编程上来。

1.7 本书的重点与内容安排

1.7.1 本书内容的重点

前面已经谈到,根据现代微机接口分层次的概念,把接口技术的内容分为基本内容和高级内容两部分。下面进一步说明这两部分内容的重点,以供在接口技术课程的学习或教学中参考。

1. 基本内容的重点

基本内容的设备接口中包含了微机系统配置的标准外设的接口和用户扩展的外设的接口。用户对于系统配置的外设,是作为系统资源加以利用而进行访问的,不需要也不能够对它们进行重新设计或配置。而用户扩展的外设是用户根据需要自行添加的,系统不可能为它们进行设计或配置,只能由用户来设计接口,然后连接到系统中去。这两种情形的设备接口都会在实际应用中出现,但比较起来,一般用户对扩展的I/O设备接口更感兴趣,因为这正是在微机应用中需要解决的技术问题,所以,本书的重点也是对扩展的I/O设备接口的讨论。

2. 高级内容的重点

高级内容的PCI总线技术,其重点是配置空间,包括配置空间的组织、功能、映射关系、初始化,以及配置空间的访问和利用所获取的配置信息(地址空间)直接操作底层硬件。例如,在PCI总线结构下,对I/O设备、扩展存储器的访问和对中断、DMA等资源的应用。

设备驱动程序的重点是虚拟设备驱动程序(VDD)、核心设备驱动程序(WDM)、应用程序对设备驱动程序的调用方法,以及访问I/O设备、扩展存储器和使用中断、DMA资源的驱动程序设计方法。

1.7.2 本书内容的安排

根据接口技术内容划分为设备接口和总线接口两个层次,内容安排是,第 2~10 章是设备层接口,也是微机接口的上层,其内容与早期 PC 微机接口一样,没有什么差别;第 11~13 章是总线层接口,是微机接口的下层,包括 PCI 总线接口、接口设备驱动程序和 USB 接口。

各教学单位,可根据教学计划和培养目标及学时的长短,选取不同的内容进行教学。如果只学习上层接口,就选 10 章以前的设备接口;若希望深入了解现代微机接口的新内容,就可以选 10 章以后的章节。

另外,本书的程序使用汇编语言和 C 语言两种语言编写,可根据情况选用其中的一种进行教学或学习。

习 题 1

1. 接口技术在微机应用中起什么作用?

2. 微机接口技术的基本任务是什么?

3. 什么是接口分层次的概念?这一概念是基于什么原因提出的?它的提出对微机接口技术内容的整合有什么意义?对微机接口技术体系结构的形成有什么作用?

4. 按照接口的层次概念,微机接口技术的整体内容可划分为接口的基本内容和接口的新内容两部分。现代微机与早期微机接口技术的不同主要体现在哪一部分内容上?

5. 什么是 I/O 设备接口?

6. I/O 设备接口一般应具备哪些功能?

7. I/O 设备接口由哪几部分组成?

8. I/O 设备接口与 CPU 之间交换数据有哪几种方式?

9. 分析与设计 I/O 设备接口的基本方法是什么?

10. 什么是总线桥?总线桥与接口有什么不同?

11. 总线桥的任务是什么?

12. 什么是硬件设备的软件模型(编程模型)?采用软件模型方法分析与处理微机系统的硬件资源有什么意义?

第 2 章 总线技术

2.1 总线的作用

从硬件的角度来说,任何一个基于微处理器的微机系统都是由微处理器、存储器和 I/O 系统 3 个部分通过总线互相连接而成的,如图 2.1 所示。

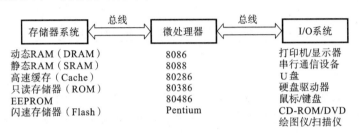

图 2.1 微机系统组成框图

总线是连接微处理器、存储器、外部设备构成微机系统,进行各成员之间相互通信的公共通路,在这个通路上传送微机系统运行程序所需要的地址、数据及控制(指令)信息,而传输信息所需要的载体就是一组传输线,即微机总线,包括地址线、数据线和控制线。因此,总线是微机体系结构的重要组成部分,也是接口的直接连接对象,接口设计者都应该了解和熟悉。

总线最基本的任务是微处理器对外连接和传输信息。存储器和外部设备是通过总线连接到系统中去的;微处理器运行程序所需要的指令、数据、状态信息是通过总线从存储器或外部设备获取与返回的。如果没有总线的连接和传输信息,微处理器、存储器、外部设备各部分就不可能形成一个有机的整体来运行程序。

2.2 总线的组成

所谓总线,笼统来讲,就是一组传输信息的信号线。微机系统所使用的总线,都由以下几部分信号线组成。

(1) 数据总线

数据总线传输数据,采用双向三态逻辑。ISA 总线是 16 位数据线,PCI 总线是 32 位或 64 位数据线。数据总线宽度表示总线数据传输能力,反映了总线的性能。

(2) 地址总线

地址总线传输地址信息,采用单向三态逻辑。总线中的地址线数目决定了该总线构成的微机系统所具有的寻址能力。例如,ISA 总线有 20 位地址线,可寻址 1 MB;扩展后的地址线也只有 24 位,可寻址 16 MB;PCI 总线有 32 位或 64 位地址线,可寻址 4 GB 或 2^{64} B。

(3) 控制总线

控制总线传输控制和状态信号,如 I/O 读/写信号线、存储器读/写线、中断请求/回答线、地址锁存线等。控制总线有的为单向,有的为双向;有的为三态,有的为非三态。控制总线是最能体现总线特色的信号线,它决定了总线功能的强弱和适应性。一种总线标准与另一种总线标准最大的不同就在控制总线上,而它们的数据总线、地址总线往往都是相同或相似的。

（4）电源线和地线

电源和地线分别决定总线使用的电源种类及地线分布和用法,如 ISA 总线采用±12 V 和 ±5 V,PCI 总线采用+5 V 或+3 V,笔记本电脑 PCMCIA 总线采用+3.3 V。电源种类已在向 3.3 V、2.5 V 和 1.7 V 方向发展。这表明计算机系统正在向低电平、低功耗的节能方向发展。

以上几部分信号线所组成的系统总线,一般都做成标准的插槽形式,插槽的每个引脚都定义了一根总线的信号线（数据、地址或控制信号线）,并按一定的顺序排列,把这种插槽称为总线插槽。微机系统内的各种功能模块（插板）,就是通过总线插槽连接的。

2.3 总线标准及总线的性能参数

1. 总线标准

微机系统各组成部件之间,通过总线进行连接和传输信息时,应遵守一些协议与规范,这些协议与规范称为总线标准,包括硬件和软件两个方面,如总线工作时钟频率、总线信号线定义、总线系统结构、总线仲裁机构与配置机构、电气规范、机械规范和实施总线协议的驱动与管理程序等。平时通常说的总线,实际上指的是总线标准,简称为总线,如 ISA 总线、EISA 总线、PCI 总线。不同的标准,就形成不同类型和同一类型不同版本的总线。

由于有了总线标准,用户若想在微机系统中添加功能模块或 I/O 设备,则只需按照总线标准的要求,在 I/O 设备与总线之间设置一个接口与总线连接起来即可。

除上述微机系统内部的总线外还有外部总线,它们是系统之间或微机系统与 I/O 设备之间进行通信的总线,也有各自的总线标准。例如,微机与微机之间所采用的 RS-232C/RS-485 总线,微机与智能仪器之间所采用的 IEEE-488/VXI 总线,以及目前流行的微机与 I/O 设备之间的 USB 和 IEEE1394 通用串行总线等,本教材也会涉及它们的应用。

2. 总线的性能参数

评价一种总线的性能一般有如下几个方面。

（1）总线频率

即总线的工作频率,以 MHz 表示,它是反映总线工作速率的重要参数。

（2）总线宽度

即数据总线的位数,用 bit(位)表示,如 8 位、16 位、32 位和 64 位总线宽度。

（3）总线传输率

即单位时间内总线上可传输的数据总量,用每秒最大传输数据量,单位用 MB/s 表示。

$$总线传输率=（总线宽度÷8 位）×总线频率$$

例如,若 PCI 总线的工作频率为 33 MHz,总线宽度为 32 位,则总线传输率为 132 MB/s。

（4）同步的方式

同步的方式有同步和异步之分。在同步方式下,总线上主模块与从模块进行一次传输所需的时间（即传输周期或总线周期）是固定的,并严格按系统时钟来统一定时主、从模块之间的传输操作,只要总线上的设备都是高速的,总线的带宽便允许很宽。

在异步方式下,采用应答式传输技术,允许从模块自行调整响应时间,即传输周期是可以改变的,故总线带宽减少。

(5) 多路复用

若地址线和数据线共用同一物理线,即某一时刻该线上传输的是地址信号,而另一时刻传输的是数据或总线命令,则将这种一条线作为多种用途的技术,称为多路复用。若地址线和数据线物理上是分开的,就属非多路复用。采用多路复用,可以减少总线的线数。

(6) 负载功能

负载功能一般采用"可连接的扩增电路板的数量"来表示。其实这并不严密,因为不同电路插板对总线的负载是不一样的,即使是同一电路插板在不同工作频率的总线上,所表现出的负载也不一样,但它基本上反映了总线的负载能力。

(7) 信号线数

信号线数表明总线拥有多少信号线,是数据、地址、控制线及电源线的总和,信号线数与性能不成正比,但与复杂度成正比。

(8) 总线控制方式

总线控制方式有传输方式(猝发方式)、设备配置方式(如设备自动配置)和中断分配及仲裁方式等。

(9) 其他性能指标

其他性能指标有电源电压等级、能否扩展 64 位宽度等。

2.4　总线传输操作过程

总线最基本的任务就是传输数据,而数据的传输是在主模块的控制下进行的,只有 CPU 及 DMA 这样的主模块才有控制总线的能力。从模块则没有控制总线的能力,但可对总线上传来的地址信号进行地址译码,并且接受和执行总线主模块的命令及数据。总线完成一次数据传输操作(包括 CPU 与存储器之间或 CPU 与 I/O 设备之间的数据传输),就是一个传输周期,一般经过 4 个阶段。

(1) 申请与仲裁阶段

当系统中有多个主模块时,要求使用总线的主模块必须提出申请,并由总线仲裁机构确定把下一个传输周期的总线使用权授权给哪个主模块。

(2) 寻址阶段

取得总线使用权的主模块通过总线发出本次打算访问的从模块的存储器地址或 I/O 端口地址及有关命令,并通过译码选中参与本次传输的从模块,开始启动。

(3) 传输阶段

主模块和从模块之间进行数据传输,数据由源模块发出,经数据总线流入目的模块(源模块和目的模块都可能是主模块或从模块)。

(4) 结束阶段

主从模块的有关信息均从系统总线上撤除,让出总线,为下一次传输做好准备或让给其他模块使用。

2.5　总线与接口的关系

前面谈到,外部设备是通过总线连接到系统中去的,但设备并非直接与总线连接,而是通过设备接口连接到总线上去的,接口才是直接挂在系统总线上。因此,接口与总线的关系极为密切,接口技术是随着总线技术的发展而提升的。如果微机系统采用的总线改变了,则接口设计也一定要做相应的改变,这就是接口对总线的依赖性,或接口与总线的相关性。

从设计的角度来看,总线是 I/O 接口面向 CPU 一侧的连接对象,直接与接口电路进行连接,因此,总线是 I/O 接口硬件设计中除 I/O 设备之外的另一个必须考虑的因素。

现代微机系统中采用多总线、分层次的总线结构,不同的总线,与之连接的接口必须不同。例如,高速总线通过高速接口(桥)与高速设备连接,低速总线通过低速接口与低速设备连接,这是现代微机中通常采用的方案,将在第 11 章中讨论。

下面从接口与总线的依赖性来讨论早期微机和现代微机两种不同总线结构下接口与总线的连接,以及总线结构变化对接口技术的影响。

2.6 ISA 总线

ISA 总线是现代微机系统中为了延续老的、低速 I/O 设备而保留的一个总线(层次)。因此,ISA 总线在早期 PC 微机系统的总线结构中,称为系统总线,而在现代微机系统的多总线结构中,称为本地总线或用户总线。

2.6.1 ISA 总线的特点

ISA 总线,亦称为 AT 总线,是由 Intel 公司、IEEE 和 EISA 集团联合开发的与 IBM/AT 原装机总线意义相近的系统总线。它具有 16 位数据宽度、24 位地址宽度,最高工作频率为 8 MHz,数据传输率达到 16 MB/s。其主要的使用特点有以下几点:

① 支持 16 MB 存储器地址的寻址能力和 64 KB I/O 端口地址的访问能力;
② 支持 8 位和 16 位的数据读写能力;
③ 支持 15 级外部硬件中断处理和 7 级 DMA 传输能力;
④ 支持的总线周期,包括 8/16 位的存储器读/写周期、8/16 位 I/O 读/写周期、中断周期和 DMA 周期。

可见,ISA 总线是一种 16 位并且兼容 8 位微机系统的总线,即 ISA 总线具有向上与 PC 总线兼容的特点,曾经得到广泛的应用。

2.6.2 ISA 总线的信号线定义

ISA 总线 98 芯插槽引脚分布如图 2.2 所示,其中,62 线分 A/B 两面,32 线分 C/D 两面。98 根线分为地址线、数据线、控制线、时钟和电源线 5 类。简要介绍如下。

(1) 地址线

● $SA_0 \sim SA_{19}$ 和 $LA_{17} \sim LA_{23}$。$SA_0 \sim SA_{19}$ 是可以锁存的地址信号,$LA_{17} \sim LA_{23}$ 为非锁存地址信号,其中,$SA_{17} \sim SA_{19}$ 和 $LA_{17} \sim LA_{19}$ 是重复的。

(2) 数据线

● $SD_0 \sim SD_{15}$。$SD_0 \sim SD_7$ 为低 8 位数据信号,$SD_8 \sim SD_{15}$ 为高 8 位数据信号。

(3) 控制线

● AEN 地址允许信号,高电平有效,输出线。AEN=1,表明处于 DMA 控制周期中;AEN=0,表示处于非 DMA 控制周期中。此信号用于在 DMA 期间禁止 I/O 端口的地址译码。

● BALE 地址锁存允许信号,输出线。该信号由 8288 总线控制器提供,作为 CPU 地址的有效标志。当 BALE 为高电平时,CPU 发出地址到系统总线,其下降沿将地址信号 $SA_0 \sim SA_{19}$ 锁存。

● $\overline{IOR}$。I/O 读命令,输出线,低电平有效,表示从 I/O 端口(I/O 设备)读取数据。

● $\overline{IOW}$。I/O 写命令,输出线,低电平有效,表示向 I/O 端口(I/O 设备)写入数据。

● $\overline{SMEMR}$ 和 $\overline{SMEMW}$。存储器读/写命令,低电平有效,用于对 $SA_0 \sim SA_{19}$ 这 20 位地址寻址的 1 MB 内存的读/写操作。

● $\overline{MEMR}$ 和 $\overline{MEMW}$。存储器读/写命令,低电平有效,用于对 24 位地址线全部存储空间读/写操作。

● $\overline{MEM\ CS_{16}}$ 和 $\overline{I/O\ CS_{16}}$。它们分别是存储器 16 位片选信号和 I/O 设备 16 位片选信号,指明当前的数据传输是 16 位存储器周期或 16 位 I/O 周期。

● SBHE。总线高字节允许信号,高电平有效,该信号有效表示数据总线上传输的是高位字节数据。

● $IRQ_3 \sim IRQ_7$ 和 $IRQ_{10} \sim IRQ_{15}$。I/O 设备的中断请求输入线,分别连到主 8259 和从 8259 中断控制器的输入端。其中,IRQ_0、IRQ_1 和 IRQ_8 分别固定作日时钟、键盘及实时钟中断,IRQ_2 作为级联输入使用,IRQ_{13} 留给数据协微处理器使用,它们都不在总线上出现。优先级排队是 IRQ_0 最高,依次为 IRQ_1、$IRQ_8 \sim IRQ_{15}$,然后是 $IRQ_3 \sim IRQ_7$。

● $DRQ_1 \sim DRQ_3$、DRQ_0、DRQ_5、DRQ_6 和 DRQ_7。I/O 设备的 DMA 请求输入线,分别连到主 8237 和从 8237 DMA 控制器输入端。DRQ_0 优先级最高,DRQ_7 的最低。DRQ_4 用于主从 8237 的级联线,故不出现在总线上。

● $\overline{DACK_1} \sim \overline{DACK_3}$ 和 $\overline{DACK_0}$、$\overline{DACK_5}$、$\overline{DACK_6}$、$\overline{DACK_7}$。DMA 回答信号,低电平有效。有效时,表示 DMA 请求被接受,DMA 控制器占用总线,而进入 DMA 周期。

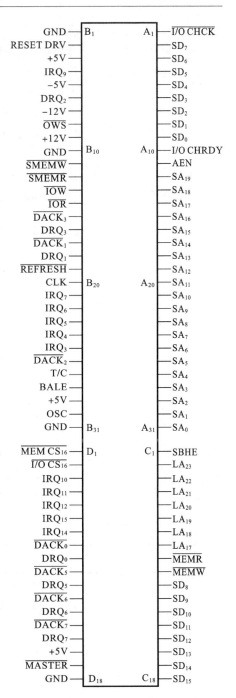

图 2.2 ISA 总线 98 芯插槽信号线分布

● T/C。DMA 传输计数结束信号,输出线,高电平有效。有效时,表示 DMA 传输的数据已达到其程序预置的字节数,用来结束一次 DMA 数据块传输。

● $\overline{MASTER}$。输入信号,低电平有效。该信号由要求占用总线的有主控能力的 I/O 设备卡驱动,并与 DRQ 一起使用。I/O 设备的 DRQ 得到确认($\overline{DACK}$ 有效)后,才驱动 $\overline{MASTER}$,从此该设备保持对总线的控制直到 $\overline{MASTER}$ 无效。

● RESET DRV。系统复位信号,输出线,高电平有效。当系统电源接通时为高电平,当所有的电平都达到规定后变为低电平。该信号用于复位和初始化接口及 I/O 设备。

- $\overline{\text{I/O CHCK}}$。I/O 通道检查,输出线,低电平有效。当扩展卡上的存储器或 I/O 端口程序奇偶校验错时,该信号有效,并产生一次不可屏蔽中断。
- I/O CHRDY。I/O 通道就绪,输入线,高电平有效,表示就绪。若扩展卡中的存储器或 I/O 设备速度慢而跟不上微处理器的总线周期,则该信号变低,使微处理器在正常总线周期中插入等待状态 Tw,但最多不能超过 10 个时钟周期。可见,该信号作为提供低速 I/O 或存储器请求延长总线周期之用。
- $\overline{\text{OWS}}$。零等待状态信号。该信号为低电平时,无须插入等待周期。
- 其他信号线。还有时钟 OSC/CLK,以及电源±12 V、±5 V、地线等。

2.6.3　ISA 总线与 I/O 设备接口的连接

PC 微机采用单级总线即 ISA 总线,总线不分层次,各类外设和存储器都是通过各自的接口电路连到同一个 ISA 总线上。用户可以根据自己的要求,选用不同类型的外设,设置相应的接口电路,把它们挂到 ISA 总线上,构成不同用途、不同规模的应用系统,如图 2.3 所示。

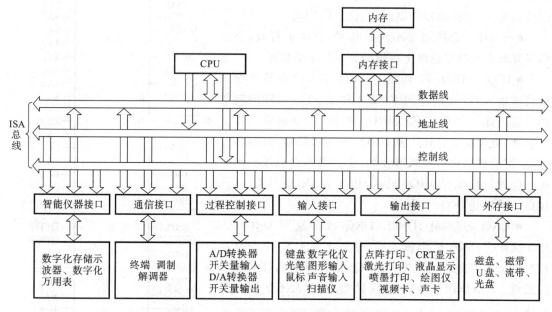

图 2.3　ISA 总线与 I/O 设备接口的连接

在这种单级总线结构下,接口也不需要分层次,设备进入系统只有一层接口。CPU 与设备之间的信息交换通过接口直接传递,无须进行映射。因此,早期 ISA 总线的接口设计比较容易实现。

2.7　现代微机总线技术的新特点

本节先从现代微机总线技术的特点开始,建立对总线技术发展的新概念和新技术的了解。现代微机总线技术的重点是 PCI 总线接口设计,其内容比较复杂,技术难度较大,将在第 11 章讨论。

2.7.1 多总线技术

随着微机应用领域的扩大,所使用的 I/O 设备门类不断增加,且性能的差异性越来越大,特别是传输速度的差异,微机系统中传统的单一系统总线的结构已经不能适应发展的要求。为此,现代微机系统中采用多总线技术,以满足各种应用要求。因此,在继多处理器、多媒体技术之后,又出现了多总线技术。

所谓多总线是在一个微机系统中同时存在几种性能不同的总线,并按其性能的高低分层次组织。高性能的总线如 PCI 总线,安排在靠近 CPU 总线的位置;低性能的总线如 ISA 总线,放在离 CPU 总线较远的位置。这样可以把高速的新型 I/O 设备通过桥挂在 PCI 总线上,慢速的传统 I/O 设备通过接口挂在 ISA 总线上。这种分层次的多总线结构,能容纳不同性能的设备,并各得其所。因此,多总线的应用使微机系统的先进性与兼容性得到了比较好的结合。

2.7.2 总线的层次化结构

作为微处理器、存储器和 I/O 设备之间的信息通路的总线,往往成为微机系统中信息流的瓶颈,因此需要有高性能的总线;另一方面,由于 I/O 设备的多样性,外设中包含了一些低速的 I/O 设备,它们又不能适应高性能的总线。为了解决这一矛盾,首先是在系统中增加总线的类型,其次是按总线的性能分层次,即所谓的多总线层次化结构。

现代微机系统中,采用多总线的层次化结构。层次化总线结构主要有 3 个层次:CPU 总线、PCI 总线、本地总线,如图 2.4 所示。

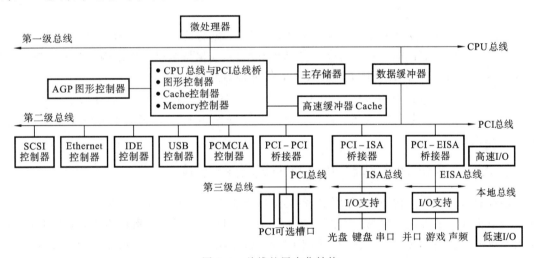

图 2.4 总线的层次化结构

(1) CPU 总线

CPU 总线提供系统的数据、地址、控制、命令等信号,以及与系统中各功能部件传输代码的最高速度的通路,因此又称系统的 Host 总线。Host 总线与存储器及一些超高速的外围设备(如图形显示器)相连,充分发挥系统的高速性能。

(2) PCI 总线

PCI 总线是系统中信息传输的次高速通路,它处于 CPU 总线和本地总线 ISA 之间。一些高速外设(如磁盘驱动器、网卡)挂在 PCI 总线上,提供高速外设与 CPU 之间的通路。由于 PCI 总线的高性价比和跨平台特点,已成为不同平台的微机乃至工作站的标准总线。

(3) 本地总线

本地总线又称为用户总线如 ISA 总线,是早期微机使用的系统总线。提供系统与一般速度或慢速设备的连接,一般用户自己开发的功能模块可挂在 ISA 总线上。

PCI 总线和本地总线 ISA 两者均作为 I/O 设备接口总线。实际上,PCI 总线是为了适应高速 I/O 设备的需求而推出的一个总线(层次),而 ISA 总线是为了延续传统的、低速 I/O 设备而保留的一个总线(层次)。

2.7.3 总线桥

(1) 总线桥

在采用多个层次的总线结构中,由于各个层次总线的频宽不同,控制协议不同,故在总线的不同层之间必须有"桥"过渡,即要使用总线桥。

所谓总线之间的桥,简单来说就是一个总线转换器和控制器,也可以叫做两种不同总线之间的"总线接口",它实现 CPU 总线到 PCI 总线和 PCI 总线到本地总线(如 ISA 总线)的连接与转换,并允许它们之间相互通信。连接 CPU 总线与 PCI 总线的桥,称为北桥;连接 PCI 总线与本地总线(如 ISA 总线)的桥,称为南桥。桥的内部包含有一些相当复杂的兼容协议及总线信号和数据的缓冲电路,以便把一条总线映射到另一条总线上,实现 PnP 的配置空间也放在桥内。桥可以是一个独立的电路,即一个单独的、通用的总线桥芯片,也可以与内存控制器或 I/O 设备控制器组合在一起,如高速 I/O 设备的接口控制器中就包含有总线桥的电路。

(2) PCI 总线芯片组

实现这些总线桥功能的是一组大规模集成专用电路,称之为 PCI 总线芯片组或 PCI 总线组件。随着微处理器性能的迅速提高及产品种类增多,在保持微机主板结构不变的前提下,只改变这些芯片组的设计,即可使系统适应不同微处理器的要求。

为了使高速 I/O 设备能直接与 PCI 总线连接,一些 I/O 设备专业厂商推出了一大批 PCI 总线的 I/O 设备控制器大规模集成芯片。这些芯片带有 PCI 接口,将高速 I/O 设备通过桥挂到 PCI 总线上。

2.7.4 多级总线结构中接口与总线的连接

多级总线层次化结构,总线分层次,各类接口与总线的连接如图 2.5 所示,它与图 2.3 中单级总线下把所有的外设接口与一个总线连接的情况不同。从图 2.5 可以看出,各类外设和存储器都是通过各自的接口电路连到 3 种不同的总线上去的。用户可以根据自己的要求,选用不同性能的外设,设置相应的接口电路或桥,分别挂到本地总线或 PCI 总线上,构成不同层次上的、不同用途的应用系统。

图 2.5 的低速 I/O 设备接口包括并行、串行、定时/计数、A/D、D/A 及各类输入/输出设备接口,它们与本地总线(如 ISA)相连接。而高速外设通过其内部的总线接口直接挂在 PCI 总线上。另外,扩展存储器的接口与低速 I/O 设备的接口类似,处在本地总线与扩展存储器之间。而高速主存储器通过自身的总线接口直接连到 Host 桥。

现代微机按高速和低速设备分别连在不同层次的总线上,再通过这些总线逐级向 CPU 靠近。而早期的 PC 微机是采用的单级总线,故所有 I/O 设备和存储器的接口电路,也不分高速和低速统统挂在一个单级总线上。

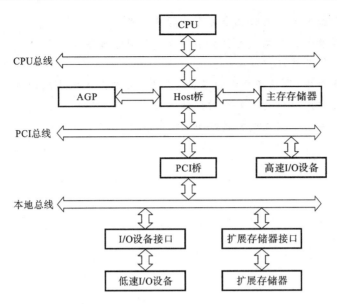

图 2.5 现代微机接口与多级总线的连接

2.7.5 层次化总线结构对接口技术的影响

首先,从接口与总线的相关性观点来分析,总线结构的变化必然对接口带来影响。多总线的应用与总线结构层次化,使得现代微机接口技术必须考虑多种形态的接口和引入接口应该分层次的新概念。

其次,桥的产生,是接口分层次的直接原因。自从微机系统中采用 PCI 总线开始,就出现了多总线结构,也就产生了总线之间的连接问题。由于 PCI 总线协议把系统中所有的硬件模块包括 CPU 和其他总线都视为设备,称为 PCI 设备,因此,任何设备包括 CPU 和其他总线要与 PCI 总线连接都必须通过桥。

桥与接口最大的区别是传递信息的方法不同。桥是间接传递信息,桥两端的信息是一种映射的关系,因此可动态改变。接口是直接传递信息,接口两端的信息通过硬件传递信息流,是一种固定的关系。

由于桥的存在,要想在桥的一端访问桥的另一端的资源,如 CPU 对用户扩展的 I/O 端口、RAM 存储单元的访问,或用户对中断、DMA 资源的应用,就会遇到桥的阻隔。而在实际应用中,往往又会出现隔桥访问的需要,例如,用户在本地总线一侧开发的应用系统中所用的资源,都要映射到桥的对岸 PCI 总线的 CPU 一侧才能生效。总之,桥的存在,使设备与 CPU 的连接和访问复杂化了。

这意味着,除了设计直接面向设备的接口之外,还要设计 PCI 总线与 ISA 总线之间的桥,这就是现代微机与 PC 微机接口技术在硬件方面的主要不同之处。

习 题 2

1. 什么是总线?总线在微机系统中起什么作用?
2. 微机总线由哪些信号线组成?
3. 什么是总线标准?为什么要建立总线标准?

4. 评价一种总线的性能有哪几个方面的因素要考虑?
5. 总线与接口有什么关系?为什么接口设计者对总线很关心?
6. ISA 总线有什么特点?
7. 现代微机系统中,采用多总线的层次化结构,层次化总线结构分为几个层次?
8. 采用多总线技术有什么好处?对设计接口产生什么影响?
9. 为什么会出现桥?它在微机系统中有什么作用?

第3章 I/O端口地址译码技术

设备选择功能是接口电路应具备的基本功能之一,因此,作为进行设备端口选择的I/O端口地址译码电路是每个接口电路中不可缺少的部分。为此,本章在讨论I/O端口基本概念和I/O端口译码基本原理、基本方法的基础上,着重讨论译码电路的设计,其中包括采用GAL(PAL)器件的译码电路设计。

3.1 I/O地址空间

如果忽略I/O地址空间的物理特征,仅从软件编程的角度来看,和存储器地址空间一样,I/O地址空间也是一片连续的地址单元,可供各种外设作为与CPU交换信息时,存放数据、状态和命令代码之用。实际上,一个I/O地址空间的地址单元是对应接口电路中的一个寄存器或控制器,所以把它们称为接口中的端口。

I/O地址空间的地址单元可以被任何外设使用,但是,一个I/O地址一经分配给了某个外设(通过I/O地址译码进行分配),那么,这个地址就成了该外设固有的端口地址,系统中别的外设就不能再使用这个端口,否则就会发生地址冲突。

I/O端口地址与存储器的存储单元一样,都是以数据字节来组织的。无论是早期PC微机还是现代微机的I/O地址线都只有16位,因此I/O端口地址空间范围为0000H～FFFFH连续64 KB地址,每一个地址对应一个8位的I/O端口,两个相邻的8位端口可以构成一个16位的端口;4个相邻的8位端口可以构成一个32位的端口。16位端口应对齐于偶数地址,在一次总线访问中传输16位信息;32位端口对齐于能被4整除的地址,在一次总线访问中传输32位信息。8位端口的地址可以从任意地址开始。

3.2 I/O端口

3.2.1 I/O端口

端口(Port)是接口(Interface)电路中能被CPU访问的寄存器的地址。微机系统给接口电路中的每个寄存器分配一个端口,因此,CPU在访问这些寄存器时,只需指明它们的端口,不需指明什么寄存器。这样,在输入/输出程序中,只看到端口,而看不到相应的具体寄存器。也就是说,访问端口就是访问接口电路中的寄存器。可见,端口是为了编程从抽象的逻辑概念来定义的,而寄存器是从物理含义来定义的。

CPU通过端口向接口电路中的寄存器发送命令、读取状态和传输数据,因此,一个接口电路中可以有几种不同类型的端口,如命令(端)口、状态(端)口和数据(端)口。并且,CPU的命令只能写到命令口,外设(或接口)的状态只能从状态口读取,数据只能写(读)至(自)数据口。3种信息与3种端口类型一一对应,不能错位。否则,接口电路就不能正常工作,就会产生误操作。

3.2.2 I/O 端口共用技术

一般情况下,一个端口只接收一种信息(命令、状态或数据)的访问,但有些接口芯片,允许同一端口既作命令口用,又作状态口用,或允许向同一个命令口写入多个命令字,这就产生了端口共用的问题。

例如,串行接口芯片 8251A 的命令口和状态口共用一个端口,其处理方法是根据读/写操作来区分。向该端口写,就是写命令,作命令口用;从该端口读,就是读状态,作状态口用。

又如,当多个命令字写到同一个命令口时,可采用两种办法解决:其一,在命令字中设置特征位,根据特征位的不同(或设置专门的访问位),就可以识别不同的命令,加以执行,82C55A 和 8279A 接口芯片就是采用这种办法;其二,在编写初始化程序时,按先后顺序向同一个端口写入不同的命令字,命令寄存器就根据这种先后顺序的约定来识别不同的命令,8251A 接口芯片采用此法。另外,还有的是采用前面两种方法相结合的手段来解决端口的共用问题,如 82C59A 中断控制器芯片。

3.2.3 I/O 端口地址编址方式

CPU 要访问 I/O 端口,就需要知道端口地址的编址方式,因为不同的编址方式,CPU 会采用不同的指令进行访问。端口有两种编址方式:一种是 I/O 端口和存储器地址单元统一编址,即存储器映射 I/O 方式,或统一编址方式;另一种编址方式是 I/O 端口与存储器地址单元分开独立编址,即独立 I/O 编址方式。

1. 独立编址

独立编址方式是接口中的端口地址单独编址而不和存储空间合在一起,大型计算机通常采用这种方式,有些微机,如 PC 微机也采用这种方式。

- 独立编址方式的优点

I/O 端口地址不占用存储器空间。使用专门的 I/O 指令对端口进行操作,I/O 指令短,执行速度快。对 I/O 端口寻址不需要全地址线译码,地址线少,也就简化了地址译码电路的硬件。并且,由于 I/O 端口访问的专门 I/O 指令与存储器访问指令有明显的区别,使程序中 I/O 操作与其他操作的界线清楚、层次分明、程序的可读性强。由于 I/O 端口地址和存储器地址是分开的,故 I/O 端口地址和存储器地址可以重叠,而不会相互混淆。

- 独立编址方式的缺点

I/O 指令类型少,PC 微机只使用 IN 和 OUT 指令,对 I/O 的处理能力不如统一编址方式。由于单独设置 I/O 指令,故需要增加 $\overline{IOR}$ 和 $\overline{IOW}$ 的控制信号引脚,这对 CPU 芯片来说应该是一种负担。

2. 统一编址

统一编址方式是从存储空间中划出一部分地址空间给 I/O 设备使用,把 I/O 接口中的端口当做存储器单元一样进行访问。

- 统一编址方式的优点

由于对 I/O 设备的访问是使用访问存储器的指令,不设置专门的 I/O 指令,故对存储器使用的部分指令也可用于端口访问。例如,用 MOV 指令,就能访问 I/O 端口。用 AND、OR、TEST 指令能直接按位处理 I/O 端口中的数据或状态。这样就增强了 I/O 处理能力。另外,统一编址可给端口带来较大的寻址空间,对大型控制系统和数据通信系统是很有意义的。

● 统一编址方式的缺点

端口占用了存储器的地址空间,使存储器容量减小。另外,指令长度比专门的 I/O 指令要长,因而执行时间较长。统一编址方式对 I/O 端口寻址必须全地址线译码,增加了地址线,也就增加了地址译码电路的硬件开销。

3.2.4 独立编址方式的 I/O 端口访问

在对独立编址方式的 I/O 端口访问时,需要使用专门的 I/O 指令,并且需要采用 I/O 地址空间的寻址方式进行编程。下面讨论 I/O 指令及其寻址方式。

1. I/O 指令

访问 I/O 地址空间的 I/O 指令有两类:累加器 I/O 指令和串 I/O 指令。本节只介绍累加器 I/O 指令。

累加器 I/O 指令 IN 和 OUT 用于在 I/O 端口和 AL、AX、EAX 之间交换数据,其中,8 位端口对应 AL,16 位端口对应 AX,32 位端口对应 EAX。

IN 指令是从 8 位(或 16 位,或 32 位)I/O 端口输入一个字节(或一个字,或一个双字)到 AL(或 AX,或 EAX)。OUT 指令刚好与 IN 指令相反,是从 AL(或 AX,或 EAX)中输出一个字节(或一个字,或一个双字)到 8 位(或 16 位,或 32 位)I/O 端口。例如:

```
IN AL,0F4H          ;从端口 0F4H 输入 8 位数据到 AL
IN AX,0F4H          ;将端口 0F4H 和 0F5H 的 16 位数据送 AX
IN EAX,0F4H         ;将端口 0F4H、0F5H、0F6H 和 0F7H 的 32 位数据送 EAX
IN EAX,DX           ;从 DX 指出的端口输入 32 位数据到 EAX
OUT DX,EAX          ;EAX 内容输出到 DX 指出的 32 位数据端口
```

通常所说的 CPU 从端口读数据或向端口写数据,仅仅是指 I/O 端口与 CPU 的累加器之间的数据传输,并未涉及数据是否传输到存储器的问题。

在输入时,若要求将端口的数据传输到存储器,则除了使用 IN 指令把数据读入累加器之外,还要用 MOV 指令将累加器中的数据再传输到内存。例如:

```
MOV DX,300H         ;I/O 端口
IN AL,DX            ;从端口读数据到 AL
MOV [DI],AL         ;将数据从 AL→存储器
```

若输出时,数据用 MOV 指令从存储器先送到累加器,再用 OUT 指令从累加器传输到 I/O 端口。例如:

```
MOV DX,301H         ;I/O 端口
MOV AL,[SI]         ;从内存取数据到 AL
OUT DX,AL           ;数据从 AL→端口
```

2. I/O 端口寻址方式

I/O 端口寻址有直接 I/O 端口寻址和间接 I/O 端口寻址,其差别表现在 I/O 端口地址是否经过 DX 寄存器传输。不经过 DX 传输,直接写在指令中,作为指令的一个组成部分的,称为直接 I/O 寻址;经过 DX 传输的,称为间接 I/O 寻址。例如:

```
输入时   IN AX,0E0H         ;直接寻址,端口号 0E0H 在指令中直接给出
         MOV DX,300H
         IN AX,DX           ;间接寻址,端口号 300H 在 DX 中间接给出
```

输出时　　OUT 0E0H,AX　　　　;直接寻址
　　　　　MOV DX,300H
　　　　　OUT DX,AX　　　　　 ;间接寻址

使用这两种不同寻址的实际意义在于对 I/O 端口地址的寻址范围不同。直接 I/O 寻址方式只能在 0～255 范围内应用,而间接 I/O 寻址可以在 256～65536 范围内应用。也就是说,I/O 端口的寻址范围小于 256 时,采用直接寻址方式;而 I/O 端口的寻址范围大于 256 时,采用间接寻址方式。PC 微机中,系统板上可编程接口芯片的端口地址采用直接寻址,常规外设接口控制卡的端口地址采用间接寻址。允许用户使用的 I/O 地址一般是 300H～31FH,因此也采用间接寻址。

3. 独立编址方式的端口操作

从上述分析可知,采用独立 I/O 编址方式,通过使用专门的 I/O 指令及其 I/O 端口寻址方式来执行 I/O 操作。

因此,I/O 操作有两个问题需要注意:一是 I/O 指令中端口寻址范围;二是 I/O 指令中数据宽度。这是两个不同的概念。

(1) I/O 指令中端口地址的范围

在 I/O 指令中端口地址的范围是指最多能寻址多少个 I/O 端口,因此它与寻址的范围有关,而与数据宽度无关。例如:

IN AL,60H　　　　　;直接寻址,寻址范围为 0～255 个 8 位端口,输入 8 位数据
MOV DX,300H　　　 ;间接寻址,寻址范围可达 0～65535 个 8 位端口,输入 8 位数据不变
IN AL,DX

(2) I/O 指令中数据的宽度

I/O 指令中数据的宽度是指通过累加器所传输的数据的位数,因此,它与指令中的累加器(AL、AX、EAX)有关,而与端口地址范围无关。例如:

IN AL,DX　　　　　;输入 8 位数据,地址范围不变
IN AX,DX　　　　　;输入 16 位数据,地址范围不变
IN EAX,DX　　　　 ;输入 32 位数据,地址范围不变

4. I/O 指令与 I/O 读/写控制信号的关系

它们是为完成 I/O 操作这一共同任务的软件(逻辑)和硬件(物理)相互依存、缺一不可的两个方面。$\overline{IOR}$ 和 $\overline{IOW}$ 是 CPU 对 I/O 设备进行读/写的硬件上的控制信号,低电平有效。该信号为低,表示对外设进行读/写;该信号为高,则不读/写。但是,这两个控制信号本身并不能激活自己,使自己变为有效去控制读/写操作,而必须由软件编程,在程序中执行 IN/OUT 指令才能激活 $\overline{IOR}/\overline{IOW}$,使之变为有效(低电平)实施对外设的读/写操作。在程序中,执行 IN 指令使 $\overline{IOR}$ 信号有效,完成读(输入)操作;执行 OUT 指令使 $\overline{IOW}$ 信号有效,完成写(输出)操作。在这里,I/O 指令与读/写控制信号的软件与硬件对应关系表现得十分明显。

3.3　I/O 端口地址分配及选用的原则

I/O 端口地址是微机系统的重要资源,搞清楚 I/O 端口地址的分配对接口设计者十分重要,因为要把新的 I/O 设备添加到系统中去,就要在 I/O 地址空间占一席之地,给它分配确定的 I/O 端口地址。只有了解了哪些地址被系统占用,哪些地址已分配给了别的设备,哪些地址是计算机厂商申明保留的,哪些地址是空闲的等情况之后,才能作出合理的地址选择。

3.3.1 PC 微机 I/O 地址的分配

PC 微机对 I/O 端口地址的使用情况是：把 I/O 空间分成系统板上可编程 I/O 接口芯片的端口地址和常规外设接口控制卡的端口地址两部分。例如，IBM 公司当初设计微机主板及规划接口卡时，只使用了低 10 位地址线 $A_0 \sim A_9$，故其 I/O 端口地址范围是 0000H～03FFH，总共只有 1024 个端口。I/O 接口芯片和外设接口卡的端口地址分配分别如表 3.1 和表 3.2 所示。

表 3.1 和表 3.2 所示的 I/O 地址分配是根据 PC 微机的配置情况定下来的，后来发展到现代微机，添加了许多新型外设，有些已经被淘汰，如单显、软驱等设备。但有一部分作为接口上层应用程序的 I/O 设备的地址还保留了，如 CPU 的 I/O 支持芯片 82C37A、82C59A、82C54A 和 82C55A，它们的 I/O 地址可以一直沿用到现代微机，因此分配给它们的端口地址仍然有效。

随着集成度的提高，原来分散的 I/O 设备接口芯片和 CPU 的 I/O 支持芯片，已集成到超大规模的芯片组，但并不对它们端口地址的分配产生影响，在逻辑上是兼容的，即使在现代微机系统的应用程序中用户可照常使用。

表 3.1 系统的 I/O 接口芯片端口地址

I/O 芯片名称	端 口 地 址
DMA 控制器 1	000H～01FH
DMA 控制器 2	0C0H～0DFH
DMA 页面寄存器	080H～09FH
中断控制器 1	020H～03FH
中断控制器 2	0A0H～0BFH
定时器	040H～05FH
并行接口芯片	060H～06FH
RT/CMOS RAM	070H～07FH
协处理器	0F8H～0FFH

表 3.2 系统的外设接口卡端口地址

I/O 接口名称	端 口 地 址
并行口控制卡 1	378H～37FH
并行口控制卡 2	278H～27FH
串行口控制卡 1	3F8H～3FFH
串行口控制卡 2	2F8H～2FFH
原型插件板(用户可用)	300H～31FH
同步通信卡 1	3A0H～3AFH
同步通信卡 2	380H～38FH
彩显 EGA/VGA	3C0H～3CFH
硬驱控制卡	320H～32FH

由于 PC 微机系统没有即插即用的资源配置机制，因此，上述 I/O 端口地址的分配是固定的。操作系统不会根据系统资源的使用情况来动态地重新分配用户程序所使用的 I/O 地址，即用户程序所使用的 I/O 端口地址与操作系统管理的 I/O 地址是一致的，中间无动态改变。

3.3.2 现代微机 I/O 地址的分配

现代微机 Windows 操作系统具有即插即用的资源配置机制，因此，I/O 端口地址的分配是动态变化的。操作系统根据系统资源的使用情况来动态地重新分配 MS-DOS 应用程序所使用的 I/O 地址，即 MS-DOS 用户程序所使用的 I/O 端口地址与操作系统管理的端口地址是不一致的，两者之间通过 PCI 配置空间进行映射，即操作系统利用 PCI 配置空间对 MS-DOS 用户程序要求所使用的 I/O 端口地址进行重新分配。

这种 I/O 地址映射或者说是 I/O 地址重新分配的工作对用户来讲是透明的，不影响用户对端口地址的使用，在 MS-DOS 用户程序中仍然使用 PC 微机原来的 I/O 地址对端口进行访问。有关 I/O 地址映射将在第 11 章 PCI 总线中介绍。

3.3.3 I/O 端口地址选用的原则

在使用 PC 微机系统的 I/O 地址时，为了避免端口地址发生冲突，应遵循如下的原则。

① 凡是由系统配置的外部设备所占用了的地址一律不能使用。

② 原则上讲，未被占用的地址，用户可以使用，但计算机厂家申明保留的地址不要使用，否则，会发生 I/O 端口地址重叠和冲突，造成用户开发的产品与系统不兼容而失去使用价值。

③ 用户可使用 300~31FH 地址，这是 PC 微机留作原型插件板用的，用户可以使用。但是，由于每个用户都可以使用，所以在用户可用的这段 I/O 地址范围内，为了避免与其他用户开发的插板发生地址冲突，最好采用可选式地址译码，即开关地址，进行调整。

表 3.3 用户扩展的接口芯片 I/O 端口地址

接口芯片	端口地址
82C55A	300H~303H
82C54A	304H~307H
8251A	308H~30BH
8279A	30CH~30DH

根据上述系统对 I/O 端口地址的分配情况和对 I/O 端口地址的选用原则，在本书接口设计举例中使用的端口地址分为两部分：涉及系统资源的接口芯片，使用表 3.1 和表 3.2 中分配的 I/O 端口地址；用户扩展的接口芯片，使用表 3.3 中分配的 I/O 端口地址。

3.4 I/O 端口地址译码

CPU 通过 I/O 地址译码电路把来自地址总线上的地址代码翻译成为所要访问的端口，这就是所谓的端口地址译码问题。

3.4.1 I/O 地址译码的方法

PC 微机的 I/O 端口地址译码有全译码、部分译码和开关式译码 3 种方法。

1. 全译码

所有 I/O 地址线（$A_0 \sim A_9$）全部作为译码电路的输入参加译码，一般在要求产生单个端口时采用。

2. 部分译码

只有高位地址线参加译码，产生片选信号$\overline{CS}$，而低位地址线不参加译码，一般在要求产生多个端口的接口芯片中采用。

部分译码的具体做法是，把 10 位 I/O 地址线分为两部分，一是高位地址线参加译码，经译码电路产生 I/O 接口芯片的片选$\overline{CS}$信号，实现接口芯片之间寻址；二是低位地址线不参加译码，直接连接到接口芯片，进行接口芯片的片内端口寻址，即寄存器寻址。所以，低位地址线，又称接口电路中的寄存器寻址线。

低位地址线的根数取决于接口中寄存器的个数。例如，并行接口芯片 82C55A 内部有 4 个寄存器，就需要 2 根低位地址线；串行接口芯片 8251A 内部只有 2 个寄存器，就只需 1 根低位地址线。

3. 开关式译码

在部分译码方法的基础上，加上地址开关来改变端口地址。一般在要求 I/O 端口地址需要改变时采用。由于地址开关不能直接接到系统地址线上，而必须通过某种中介元件将地址开关的状态（ON/OFF）转移到地址线上。能够实现这种中介转移作用的有比较器、异或门等。

3.4.2 I/O 地址译码电路的输入与输出信号线

PC 微机系统中，通过 I/O 地址译码电路把来自地址总线上的地址代码翻译成为所要访问的端口，因此 I/O 地址译码电路的工作原理实际上就是它的输入与输出信号之间的关系。

1. I/O 地址译码电路的输入信号

I/O 地址译码电路的输入信号，首先是与地址信号有关，其次是与控制信号有关。所以，在设计 I/O 地址译码电路时，其输入信号除了 I/O 地址线之外，还包括控制线。

参加译码的控制信号有 AEN、$\overline{\text{IOR}}$、$\overline{\text{IOW}}$ 等，其中，AEN 信号表示是否采用 DMA 方式传输，AEN=1，表示 DMA 方式，系统总线由 DMA 控制器占用；AEN=0，表示非 DMA 方式，系统总线由 CPU 占用。因此，当采用查询和中断方式时，就要使 AEN 信号为逻辑 0，并参加译码，作为译码有效选中 I/O 端口的必要条件。其他控制线（如 $\overline{\text{IOR}}$、$\overline{\text{IOW}}$），可以作为译码电路的输入线，参加译码，来控制端口的读/写；也可以不参加译码，而作为数据总线上的缓冲器 74LS244/245 的方向控制线，去控制端口的读/写。

2. I/O 地址译码电路的输出信号

I/O 地址译码电路的输出信号中只有 1 根 $\overline{\text{CS}}$ 片选信号，且低电平有效。$\overline{\text{CS}}$=0，有效，芯片选中；$\overline{\text{CS}}$=1，无效，芯片未选中。

$\overline{\text{CS}}$ 的物理含义是：当 $\overline{\text{CS}}$ 有效，选中一个接口芯片时，这个芯片内部的数据线打开，并与系统的数据总线接通，从而打通了接口电路与系统总线的通路；而其他芯片的 $\overline{\text{CS}}$ 无效，即未选中，于是芯片内部呈高阻抗，自然就与系统的数据总线隔离开来，从而关闭了接口电路与系统总线的通路。虽然那些未选中的芯片的数据线与系统数据总线在外部从表面看起来是连在一起的，但因内部并未接通，呈断路状态，也就不能与 CPU 交换信息。每一个外设接口芯片都需要一个 $\overline{\text{CS}}$ 信号去接通/断开其数据线与系统数据总线，从这个意义来讲，$\overline{\text{CS}}$ 是一个起开/关作用的控制信号。

3.5 I/O 端口地址译码电路设计

3.5.1 I/O 端口地址译码电路设计的几个问题

1. 遵循 I/O 端口地址的选用原则

根据系统对 I/O 地址的分配情况和选用 I/O 地址的原则，合理选用 I/O 端口地址范围，即选用用户可用的地址段，或未被占用的地址段，避免地址冲突。

2. 正确选用地址译码方法

根据用户对端口地址的设计要求，正确选用译码方法。一般情况下单端口地址译码采用全译码法，多端口地址译码采用部分译码法。

3. 灵活设计 I/O 地址译码电路

I/O 地址译码电路设计的灵活性很大，产生同样端口地址的译码电路不是唯一的，可以多种多样。首先,电路的组成可以采用不同的元器件。其次,参加译码的地址信号和控制信号之间的逻辑组合可以不同。因此,在设计 I/O 地址译码电路时,对元器件和参加译码的信号之间的逻辑组合,可以不拘一格,进行恰当的选择,只要能满足 I/O 端口地址的要求就行。

I/O 地址译码电路设计包括采用不同元器件(IC 电路、译码器、GAL 器件)、不同译码方法(全译码和部分译码),以及不同电路类型(固定式、开关式)的地址译码电路设计。

3.5.2 I/O 地址译码电路设计举例

例 3.1 固定式单个端口地址译码电路的设计。

(1) 要求

设计 I/O 端口地址为 2F8H 的只读译码电路。

(2) 分析

由于是单个端口地址的译码电路,不需产生片选信号$\overline{CS}$,故采用全译码方法。10 根地址线全部作为译码电路的输入线,参加译码。为了满足端口地址是 2F8H,10 位输入地址线每一位的取值必须如表 3.4 所示。另外,还需要几根控制信号(AEN、$\overline{IOR}$ 和 $\overline{IOW}$)参加译码。

表 3.4　固定式单端口地址 2F8H 的地址线取值

地址线	0	0	A_9	A_8	A_7	A_6	A_5	A_4	A_3	A_2	A_1	A_0
二进制	0	0	1	0	1	1	1	1	1	0	0	0
十六进制		2				F				8		

(3) 设计

能够实现上述地址线取值的译码电路有很多种,一般采用 IC 门电路就可以实现,而且很方便。本例采用门电路实现地址译码,译码电路如图 3.1(a)所示。

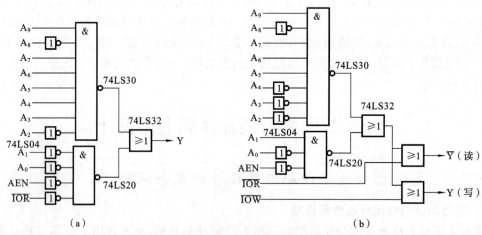

图 3.1　固定式单端口地址译码电路

图 3.1 中 AEN 参加译码,它对端口地址译码进行控制,只有当 AEN=0 时,即不是 DMA 操作时,译码才有效;当 AEN=1 时,即是 DMA 操作时,译码无效。图 3.1 中要求 AEN=0,表明是非 DMA 方式传送的 I/O 端口。图 3.1(a)中读信号$\overline{IOR}$用来实现该端口可读。

同理,可设计出能执行读/写操作的 2E2H 端口地址的译码电路,如图 3.1(b)所示。同一个端口既可读又可写,故$\overline{IOR}$和$\overline{IOW}$都参加译码。

若接口电路中需使用多个端口地址,则采用译码器译码比较方便。译码器的型号很多,如 3-8 译码器 74LS138,4-16 译码器 74LS154,双 2-4 译码器 74LS139、74LS155 等。

例 3.2 固定式多个端口的 I/O 地址译码电路的设计。

(1) 要求

使用 74LS138 设计一个系统板上的 I/O 端口地址译码电路,并且让每个接口芯片内部的端口数目为 32 个。

(2) 分析

由于系统板上的 I/O 端口地址分配在 000～0FFH 范围内,故只使用低 8 位地址线,这意味着 A_9 和 A_8 两位应赋 0 值。为了让每个被选中的芯片内部拥有 32 个端口,只要留出 5 根低位地址线不参加译码,其余的高位地址线作为 74LS138 的输入线,参加译码,或作为 74LS138 的控制线,控制 74LS138 的译码是否有效。由上述分析,可以得到译码电路输入地址线的值,如表 3.5 所示。

表 3.5 译码电路输入地址线的值

地址线	0 0 A_9 A_8	A_7 A_6 A_5	A_4 A_3 A_2 A_1 A_0
用途	控制	片选	片内端口寻址
十六进制	0H	0～7H	0～1FH

对于译码器 74LS138 的分析有两点。一是它的控制信号线 G_1、$\overline{G}_{2A}$ 和 $\overline{G}_{2B}$。只有当满足控制信号线 $G_1=1,\overline{G}_{2A}=\overline{G}_{2B}=0$ 时,74LS138 才能进行译码。二是译码的逻辑关系,即输入(C、B、A)与输出($\overline{Y}_0 \sim \overline{Y}_7$)的对应关系。74LS138 输入/输出的逻辑关系如表 3.6 所示。

表 3.6 74LS138 的真值表

输入						输出							
G_1	$\overline{G}_{2A}$	$\overline{G}_{2B}$	C	B	A	$\overline{Y}_7$	$\overline{Y}_6$	$\overline{Y}_5$	$\overline{Y}_4$	$\overline{Y}_3$	$\overline{Y}_2$	$\overline{Y}_1$	$\overline{Y}_0$
1	0	0	0	0	0	1	1	1	1	1	1	1	0
1	0	0	0	0	1	1	1	1	1	1	1	0	1
1	0	0	0	1	0	1	1	1	1	1	0	1	1
1	0	0	0	1	1	1	1	1	1	0	1	1	1
1	0	0	1	0	0	1	1	1	0	1	1	1	1
1	0	0	1	0	1	1	1	0	1	1	1	1	1
1	0	0	1	1	0	1	0	1	1	1	1	1	1
1	0	0	1	1	1	0	1	1	1	1	1	1	1
0	×	×	×	×	×	1	1	1	1	1	1	1	1
×	1	×	×	×	×	1	1	1	1	1	1	1	1
×	×	1	×	×	×	1	1	1	1	1	1	1	1

从表 3.6 可知,当满足控制条件 G_1 接高电平,$\overline{G}_{2A}$ 和 $\overline{G}_{2B}$ 接低电平时,由输入端 C、B、A 来决定输出;若 CBA=000,则 $\overline{Y}_0=0$,其他输出端为高电平;若 CBA=001,则 $\overline{Y}_1=0$,其他输出端为高电平;…;若 CBA=111,则 $\overline{Y}_7=0$,其他输出端为高电平。由此可分别产生 8 个译码输出

信号(低电平),译码有效。当控制条件不满足时,则输出端全为"1",不产生译码输出信号,即译码无效。

(3) 设计

采用 74LS138 译码器设计 PC 微机系统板上的端口地址译码电路,如图 3.2 所示。

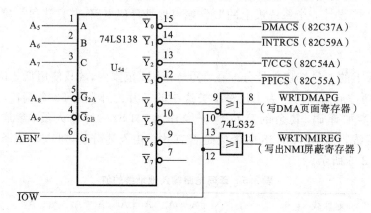

图 3.2　16 位微机系统 I/O 端口地址译码电路

图 3.2 中的地址线的高 5 位参加译码,其中 $A_5 \sim A_7$ 经 3-8 译码器,分别产生 $\overline{\text{DMACS}}$(82C37A)、$\overline{\text{INTRCS}}$(82C59A)、$\overline{\text{T/CCS}}$(82C54A)、$\overline{\text{PPICS}}$(82C55A)的片选信号,而地址线的低 5 位 $A_0 \sim A_4$ 作芯片内部寄存器的访问地址。从 74LS138 译码器的真值表可知,82C37A 的端口地址范围是 000~01FH,82C59A 的端口地址范围是 020~03FH,等等,正好与前面表 3.1 中所列出的端口地址分配表一致。

如果用户要求接口卡的端口地址能适应不同的地址分配场合,或者为系统以后扩充留有余地,则采用开关式端口地址译码。这种译码电路可由地址开关、译码器、比较器或异或门几种元器件组成。下面讨论开关 I/O 地址译码电路的设计。

例 3.3　开关式 I/O 地址译码电路的设计。

(1) 要求

设计某微机实验平台板的 I/O 端口地址译码电路,要求平台上每个接口芯片的内部端口数目为 4 个,并且端口地址可选,其地址选择范围为 300H~31FH。

(2) 分析

先分析构成可选式端口地址译码电路的地址开关、比较器和译码器 3 个元器件的工作原理,然后根据题目要求进行电路设计。

DIP 开关有两种状态,即合(ON)和断(OFF),所以,要对这两种状态进行设定。本例设置 DIP 开关状态为 ON=0,OFF=1。

对于比较器有两点要考虑,一是比较的对象,二是比较的结果。我们采用 74LS85 四位比较器,把它的 A 组 4 根线与地址线连接,把 B 组 4 根线与 DIP 开关相连,这样就把比较器 A 组与 B 组 的比较,转换成了地址线的值与 DIP 开关状态的比较。74LS85 比较器比较的结果有 3 种:A>B,A<B,A=B。我们采用 A=B 的结果,并令 A=B 时,比较器输出高电平。这意味着,当 4 位地址线的值与 4 个 DIP 开关的状态相等时,比较器输出高电平,否则,输出低电平。

将比较器的 A=B 输出线连到译码器 74LS138 的控制线 G_1 上,因此,只有当 4 位地址线($A_6 \sim A_9$)的值与 4 个 DIP 开关($S_0 \sim S_3$)的状态各位均相等时,才能使 74LS138 的控制线

$G_1=1$,译码器工作,否则,译码器不能工作。所以,如果改变 DIP 开关的状态,则迫使地址线的值发生改变,才能使两者相等,从而达到利用 DIP 开关来改变地址的目的。

(3) 设计

根据上述分析可设计出平台板上 I/O 端口地址的译码电路,如图 3.3 所示。

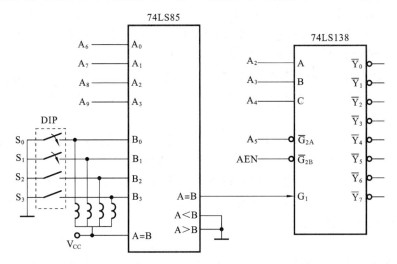

图 3.3 用比较器组成的可选式译码电路

从图 3.3 中可以看到,高位地址线中,$A_9A_8A_7A_6$ 的值由 DIP 开关的 $S_3S_2S_1S_0$ 状态决定,4 位开关有 16 种不同的组合,亦即可改变 16 种地址。按图 3.3 中开关的状态不难看出,由于 S_3 和 S_2 断开,S_1 和 S_0 合上,故使 $A_9=A_8=1$,$A_7=A_6=0$,而 A_5 连在 74LS138 的 $\overline{G}_{2A}$ 上,故 $A_5=0$。$A_4A_3A_2$ 三根地址线作为 74LS138 的输入线,经译码后可产生 8 个低有效的选择信号 $\overline{Y}_0 \sim \overline{Y}_7$,作为平台板上的接口芯片选择。最后剩下 2 根低位地址线 A_1 和 A_0 未参加译码,作为寄存器选择,以实现每个接口芯片内部拥有 4 个端口。完全满足 300H~31FH 端口地址范围和每个接口芯片内部具有 4 个端口的设计要求,正好与前面表 3.3 中所列出的端口地址分配表一致。

例 3.4 采用 GAL 的 I/O 地址译码电路的设计。

(1) 要求

利用 GAL 器件设计 MFID 多功能微机接口实验平台的 I/O 端口地址译码电路,其地址范围为 200H~3FFH,分成 16 段可选,每段包括 8 个接口芯片,每个接口芯片内部拥有 4 个端口。

(2) 分析

本例要求使用 GAL(Generic Army Logic)器件作译码器。先讨论如何选用 GAL 器件,再讨论如何利用所选的 GAL 来设计译码电路。一般是根据所需输入线和输出线的数目,来选用 GAL 器件的型号。

① GAL 的输入线。根据题目的要求,参加译码的有地址线和控制线,共有 8 根。其中,地址线的地址范围为 200H~3FFH,由此可知 10 根地址线取值如表 3.7 所示。

表 3.7 GAL 器件的 200H~3FFH 范围的译码器地址线取值

		A_9	A_8	A_7	A_6	A_5	A_4	A_3	A_2	A_1	A_0
0	0	1	S_3	S_2	S_1	S_0	I_x	I_x	I_x	?	?

在表 3.7 中，$A_9=1$，固定不变；$A_8 \sim A_5$ 四位由地址开关状态（$S_3 \sim S_0$）改变地址值，进行 16 个段选；$A_4 \sim A_2$ 三位由 GAL 内部（$I_X I_X I_X$）译码，产生 8 个片选；$A_1 A_0$ 两位(??)产生片内 4 个端口。除 $A_1 A_0$ 不参加译码外，有 8 根地址线参加译码。但是，其中 $A_8 \sim A_5$ 四位经过中介元件比较器 74LS85 之后，只有比较结果 A=B 的 1 根线（用 AB 表示）输出到 GAL 芯片，因此，实际上送到 GAL 参加译码的只有 5 根地址线。

控制线有 3 根，除 AEN 外，还有 $\overline{IOR}$ 和 $\overline{IOW}$ 也参加译码，使译码产生的端口可读可写。

所以，GAL 的输入线有 5 根地址线和 3 根控制线，共 8 根。

② GAL 的输出线。根据题目要求，需要 8 个片选信号 $Y_0 \sim Y_7$，所以，GAL 的输出线有 8 根。

由于所要求的输入线、输出线都是 8 根，故选择 GAL16V8 正合适，它有 8 个输入端（2～9）和 8 个输出端（12～19）。

③ GAL16V8 芯片。GAL16V8 有 20 个引脚，如图 3.4 所示，它有 8 个输入端（2～9）、8 个输出端（12～19）、1 个时钟 CLK 输入端(1)和 1 个输出允许 OE 控制端(11)。其中，除了 8 个输入引脚（2～9）固定作输入之外，还可以把 8 个输出引脚（12～19）配置成输入引脚作为输入使用，因此，这个芯片最多可有 16 个输入引脚，而输出引脚最多为 8 个，这就是 GAL16V8 中两个数字（16 和 8）的含义。

(3) 设计

① 硬件设计。根据上述分析，采用 GAL16V8 设计的 MFID 多功能微机接口实验平台开关式 I/O 端口地址译码电路，如图 3.5 所示。它由 DIP 开关、比较器和 GAL 器件组成。

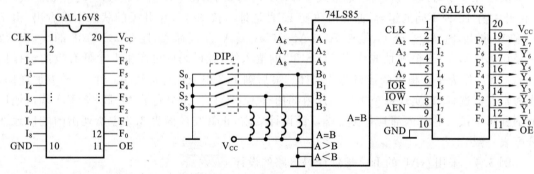

图 3.4 GAL16V8 的引脚　　　　图 3.5 采用 GAL16V8 的地址译码电路

② 软件设计。使用 GAL 器件进行译码电路设计，与以往的 SSI、MSI 的 IC 器件不同，除了进行硬件设计外，还要根据所要求的逻辑功能和编程工具所要求的格式编写 GAL 的编程输入源文件。该文件把逻辑变量之间的函数关系（输入与输出的关系）变换为阵列结构的与-或关系——和-积式。再借助于编程工具生成 GAL 器件熔丝状态分布图及编程代码文件，最后将编程代码"烧到"GAL 内部。

下面讨论 GAL 编程输入源文件中，产生 8 个输出信号（$/Y_0 \sim /Y_7$）的逻辑表达式[①]。

$/Y_0 = A_9 * AB * /A_4 * /A_3 * /A_2 * /AEN * /IOR + A_9 * AB * /A_4 * /A_3 * /A_2 * /AEN * /IOW$

$/Y_1 = A_9 * AB * /A_4 * /A_3 * A_2 * /AEN * /IOR + A_9 * AB * /A_4 * /A_3 * A_2 * /AEN * /IOW$

$/Y_2 = A_9 * AB * /A_4 * A_3 * /A_2 * /AEN * /IOR + A_9 * AB * /A_4 * A_3 * /A_2 * /AEN * /IOW$

$/Y_3 = A_9 * AB * /A_4 * A_3 * A_2 * /AEN * /IOR + A_9 * AB * /A_4 * A_3 * A_2 * /AEN * /IOW$

---

① 按照 GAL 器件编程输入源文件的格式要求，表达式中的逻辑符号"非"采用斜杠"/"，而不使用上画线。

$/Y_4 = A_9*AB*A_4*/A_3*/A_2*/AEN*/IOR + A_9*AB*A_4*/A_3*/A_2*/AEN*/IOW$

$/Y_5 = A_9*AB*A_4*/A_3*A_2*/AEN*/IOR + A_9*AB*A_4*/A_3*A_2*/AEN*/IOW$

$/Y_6 = A_9*AB*A_4*A_3*/A_2*/AEN*/IOR + A_9*AB*A_4*A_3*/A_2*/AEN*/IOW$

$/Y_7 = A_9*AB*A_4*A_3*A_2*/AEN*/IOR + A_9*AB*A_4*A_3*A_2*/AEN*/IOW$

每个表达式的右边都是两个与或式,而前后两个与式中的不同,在于读项和写项的差别,前者是读有效($\overline{IOR}=0$),后者是写有效($\overline{IOW}=0$),这表示该端口既可读又可写。各式中的 AB 项是比较器的比较结果输出,表示包括 $A_8A_7A_6A_5$ 四位地址线随 DIP 地址开关状态而变化的 16 种地址取值。

例如,若要求将 I/O 地址选在 300H～30FH 范围内,则将 4 位 DIP 开关设置为
$$S_3=1(OFF), \quad S_2S_1S_0=000(ON,ON,ON)。$$

这样就使相应的 4 位地址线 $A_8A_7A_6A_5=1000$。于是,从上述的与或式,再加上不参加译码的最低 2 位 00～11 变化可得:

$\overline{Y}_0=300H \sim 303H$, $\quad \overline{Y}_1=304H \sim 307H$, $\quad \overline{Y}_2=308H \sim 30BH$, $\quad \overline{Y}_3=30CH \sim 30FH$。

关于 GAL/PAL 器件的开发工具与开发步骤请参考相关文献。

习 题 3

1. 在接口电路中,是如何实现设备选择功能的?

2. 什么是端口? 在一个接口电路中一般拥有几种端口?

3. 什么是端口共用技术? 一般采用哪些方法处理端口地址共用问题?

4. 微机系统中有哪两种 I/O 端口地址的编址方式? 各有何特点?

5. 输入/输出指令(IN/OUT)与 I/O 读/写控制信号(RD/WR)有什么对应关系?

6. 在设计 I/O 设备接口时,为防止地址冲突,应该怎样选用 I/O 端口地址?

7. I/O 端口地址译码电路的作用是什么? 试分析 I/O 地址译码电路的输出信号选择接口芯片的物理含义?

8. I/O 端口地址译码电路设计需要考虑的几个问题是什么?

9. I/O 端口地址译码电路设计的灵活性很大,体现在哪些方面?

10. I/O 端口地址译码电路中通常设置 AEN=0,这样设置有何意义?

11. 你能够采用 74LS138 设计一个 I/O 端口地址译码电路吗? (可参考例 3.2)

12. 如何设计一个开关式 I/O 地址译码电路? (可参考例 3.3)

第 4 章　定时/计数技术

在计算机系统、工业控制领域、乃至日常生活中,都存在定时、计时和计数问题,尤其是计算机系统中的定时技术特别重要。

首先,微机本身的运行与时间有关,因为 CPU 内部各种操作的执行都是严格按时间间隔定时完成的。其次,微机的许多应用都与时间有关,尤其是在实时监测与控制系统中,例如:定时中断、定时检测、定时扫描、定时显示、定时打印。在有的应用系统中,要求对外部事件进行计数,或者对 I/O 设备的运行速度和工作频率进行控制与调整,或者要求发声(报警),甚至要求产生音乐等,这些功能的实现都与定时/计数技术有关。

4.1　定时与计数

1. 定时

定时和计时是最常见和最普通的事情。一天 24 h 的计时,称为日时钟;长时间的计时(日、月、年直至世纪的计时),称为实时钟。在监测系统中,对被测点定时取样。在打印程序中,查忙(BUSY)信号,一般等待 10 ms,若超过 10 ms,还是忙,就作超时处理。在读键盘时,为了去抖,一般延迟 10 ms 再读。在步进电机速度控制程序中,利用在前一次和后一次发送相序代码之间延时的时间间隔来控制步进电机的转速。

2. 计数

计数使用得更多,在生产线上对零件和产品的计数,对大桥和高速公路上车流量的统计,等等。

3. 定时与计数的关系

定时的本质是计数,只不过这里的"数"的单位是时间单位,例如,以 ns、μs、ms 和 s 为单位。如果把一小片一小片的计时单位累加起来,就可获得一段时间。例如,日常生活中,以秒(s)为单位来计数,计满 60 s 为 1 min,计满 60 min 为 1 h,计满 24 h 即为 1 d(天)。但在微机系统中,以 s 为单位来计时,是太大了,一般都在 ns 级,而在微机的一些应用系统中,计时单位才到 ms 级。

正因为定时与计数在本质上是一样的,且都是计数,因此,在实际应用中,有时把定时与计数"混为一谈",或者说把定时操作当做计数操作来处理。突出的例子是,在 82C54A 用于音乐发生器中的节拍定时,就可采用 BIOS 软中断 INT 1CH 的调用次数(注意,这是计数)来定时。

4.2　微机系统中的定时类型

微机中的定时,可分为内部定时和外部定时两种定时系统。

1. 内部定时

内部定时产生运算器、控制器等 CPU 内部的控制时序,如取指周期、读/写周期、中断周期等,主要用于 CPU 内部指令执行过程的定时。计算机的每个操作都要按严格的时间节拍

（周期）执行。内部定时是由 CPU 硬件结构决定的,并且 CPU 一旦设计好了,就固定不变,用户无法更改。另外,内部定时的计时单位比外部定时的计时单位要小得多,一般是 ns 级。

2. 外部定时

外部定时是外设在实现某种功能时所需要的一种时序关系。例如,打印机接口标准 Centronics,就规定了打印机与 CPU 之间传输信息应遵守的工作时序。又如,82C55A 的 1 方式和 2 方式工作时有固定的时序要求。A/D 转换器进行数据采集时也有固定的工作时序。外部定时可由硬件(外部定时器)实现,也可由软件(延时程序)实现,并且定时长短由用户根据需要决定。外部硬件定时系统独立于 CPU 工作,不受 CPU 控制而独立运行,这给使用带来了很大的好处。外部定时的计时单位比内部定时的计时单位要大,一般为毫秒(ms)级,甚至秒(s)级。

内部定时和外部定时是彼此独立的两个定时系统,各按自身的规律进行定时操作。在实际应用中,外部定时与用户的关系比内部定时更密切。这是我们学习的重点。

内部定时是由 CPU 硬件决定的,固定不变。外部定时,由于外设或被控对象的任务不同,功能各异,因此,是不固定的,往往需要用户根据外设的要求进行定时。当用户在把外设和 CPU 连接组成一个微机应用系统,且考虑两者的工作时序时,不能脱离计算机内部的定时规定,即应以计算机的时序关系(即内部定时)为依据,来设计外部定时机构,使其既符合计算机内部定时的规定,又满足外部设备的工作时序要求,这就是所谓的时序配合。

4.3 外部定时方法及硬件定时器

1. 定时方法

为实现外部定时,可采用软件定时和硬件定时两种方法。

(1) 软件定时

软件定时是利用 CPU 内部定时机构,运用软件编程,循环执行一段程序而产生的等待延时。例如,延时程序段:

```
        MOV BX, 0FFH
DELAY:  DEC BX
        JNZ DELAY
```

其中,BX 的值称为延时常数,它决定延时的长短。加大 BX 的值,使延时增长;减小 BX 的值,使延时缩短。同样的一段延时程序,在不同工作频率(速度)的机器上运行,所产生的延时时间也会不同。所以,延时长短不仅与延时程序中的延时常数有关,而且会随主机工作频率不同而发生变化。

软件定时的优点是不需要增加硬件电路,只需编制相应的延时程序以备调用。其缺点是 CPU 执行延时程序增加了 CPU 的时间开销,只适于短时间延时,并且,延时的时间与 CPU 的工作频率有关,随主机频率不同而发生变化,定时程序的通用性差。

(2) 硬件定时

硬件定时是采用外部定时器进行定时。由于定时器是独立于 CPU 而自成系统的定时设备,因此,硬件定时不占用 CPU 的时间,定时时间可长可短,使用灵活。尤其是定时时间固定,不受 CPU 工作频率的影响,定时程序具有通用性。

2. 外部硬件定时器

硬件定时器有不可编程定时器和可编程定时器两种。

(1) 不可编程定时器

不可编程定时器是采用中小规模集成电路器件构成的定时电路。常见的定时器件有单稳触发器和 555、556 定时器等，利用其外接电阻、电容的组合，可实现一定范围的定时。例如，可采用 555 定时器来设计 watch dog。很明显，这种定时不占用 CPU 的时间，且电路简单，但是电路一旦连接好后，定时间隔和范围就不便改变，使用不灵活。

(2) 可编程定时器

可编程定时器的定时间隔和定时范围可由程序进行设定和改变，使用方便灵活。可编程定时电路一般都是用可编程定时/计数器，如 Intel 82C54A、MC6840、Zilog 的 CTC 等来实现的。

外部定时器对时间的计时有两种方式：一是正计时，将当前的时间加 1，直到与设定的时间相等时，提示设定的时间已到，如闹钟就是使用这种工作方式；二是倒计时，将设定的时间减 1，直到为 0，提示设定的时间已到，如微波炉、篮球比赛计时器等，就是使用这种计时方式。

4.4 可编程定时/计数器 82C54A

82C54A 的基本特点是，一旦设定某种工作方式并装入计数初值，启动后，便能独立工作；当计数完毕时，由输出信号报告计数结束或时间已到，完全不需要 CPU 再做额外的控制。所以，82C54A 是微处理器处理实时事件的得力助手，例如，在实时时钟、事件计数，以及速度控制等方面非常有用。

4.4.1 82C54A 的外部连接特性与内部结构

1. 82C54A 的外部连接特性

82C54A 的外部引脚信号如图 4.1 所示，它分两类连接信号线。

(1) 面向 CPU 的信号线

数据线，$D_0 \sim D_7$；地址线，$\overline{CS}$（片选信号），A_0、A_1（片内端口地址）；读/写线，$\overline{RD}$（I/O 读信号），$\overline{WR}$（I/O 写信号）。

(2) 面向 I/O 设备的信号线

时钟脉冲信号 $CLK_0 \sim CLK_2$（输入），用作计数脉冲。

门控信号 $GATE_0 \sim GATE_2$（输入），用于定时/计数的启动/停止、允许/禁止。

输出信号 $OUT_0 \sim OUT_2$（输出），用于实现对 I/O 设备的定时/计数操作。

2. 82C54A 的内部结构

82C54A 内部有 6 个模块，其结构框图如图 4.2 所示。

其中，数据总线缓冲器、读/写逻辑和命令寄存器 3 个模块负责处理 CPU 与 82C54A 之间命令、数据、地址及数据的交换。计数器 0、计数器 1、计数器 2 负责完成对 I/O 设备的定时/计数操作。

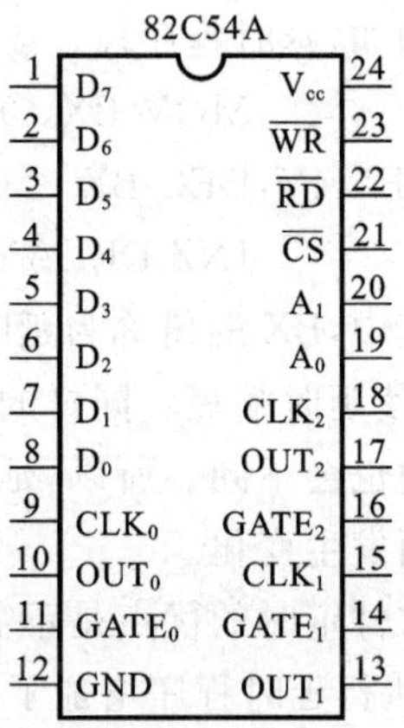

图 4.1 82C54A 的外部引脚信号

82C54A 内部设置了 3 个独立的计数器，具有相同的结构，每个计数器由 16 位的计数初值寄存器、减法计数器和当前计数值锁存器三部分组成，如图 4.3 所示。

计数初值寄存器(16 位)，用于存放计数初值，其长度为 16 位，故最大计数值为 65536(64 K

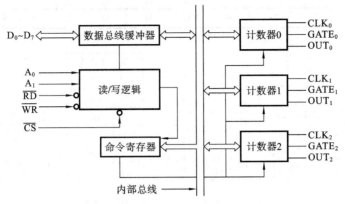

图 4.2 82C54A 的内部结构框图

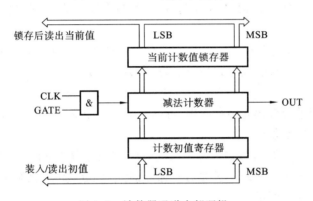

图 4.3 计数器通道内部逻辑

次)。计数初值寄存器的计数初值,在计数过程中保持不变,其用途是在自动重装操作过程中为减法计数器提供计数初值,以便重复计数。

减法计数器(16 位),用于进行减法计数操作,在装入计数初值寄存器的同时也装入减法计数器,然后,每来一个计数脉冲,它就减 1,直至将计数初值减为零。如果要连续进行计数,则可重装计数初值寄存器的内容。

当前计数值锁存器(16 位),用于锁存减法计数器的内容,以供读出和查询当前计数值。由于减法计数器的内容随输入时钟脉冲(计数脉冲)不断改变,所以为了读取这些不断变化的当前计数值,只有先把它送到暂存寄存器锁存起来,然后再读。

因此,如果要想知道计数过程中的当前计数值,则必须将当前值锁存后,从暂存寄存器读出,不能直接从减法计数器中读出当前值。为此,在 82C54A 的命令字中,设置了锁存命令和读回命令。

4.4.2 82C54A 的命令字

82C54A 的 3 个命令字是:方式命令、锁存命令和读回命令。其中,方式命令是在 82C54A 编程时必须使用的,其他两个命令则根据需要使用。值得注意的是,这 3 个命令使用同一个命令端口,即端口共用,按方式命令在先、其他命令在后的顺序写入命令端口。

1. 方式命令

方式命令的作用是初始化定时/计数器 82C54A,在 82C54A 开始工作之前都要用方式命令对它进行初始化设置。82C54A 工作方式命令的格式如图 4.4 所示。8 位命令字分为 4 个

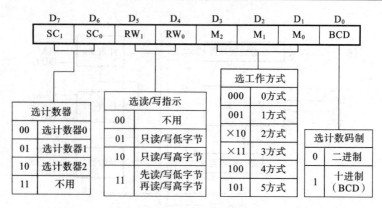

图 4.4 82C54A 工作方式命令格式

字段：计数器选择字段(D_7D_6)、读/写指示选择字段(D_5D_4)、工作方式选择字段($D_3D_2D_1$)和计数码制选择字段(D_0)。

例如，选择计数 1，并要求它工作在方式 3，计数初值为 1234H，读/写指示为先低 8 位、后高 8 位，计数码制采用二进制，其方式命令字为 01110110H。

2. 锁存命令

锁存命令是将当前计数值先锁存起来，再读。锁存命令只有当要求读取当前计数值时才使用，因此，不是程序中必须使用的。

8 位命令字分两个字段：计数器选择字段(D_7D_6)和锁存命令特征值(D_5D_4)。当 $D_5D_4=00$ 时，就是锁存命令；当 $D_5D_4\ne 00$ 时，就是方式命令的读/写指示位。其余位($D_3\sim D_0$)与锁存命令无关。其格式如图 4.5 所示。

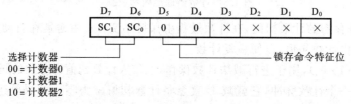

图 4.5 锁存命令格式

执行锁存命令只是把计数器的当前值锁存到暂存寄存器，为了读出被锁存的内容，还要发一条读命令从暂存寄存器中读取。

例如，要求读取计数器 1 的当前的计数值，并把读取的计数值送入 AX 寄存器中。试编写实现这一要求的程序段。82C54A 的 4 个端口地址为 304H（计数器 0）、305H（计数器 1）、306H（计数器 2）、307H（命令寄存器）。

首先将计数器 1 的内容进行锁存，然后从暂存寄存器读取。其汇编语言程序段如下：

```
        MOV AL, 0100××××B    ;锁存计数器1,××××B必须是在前面方式命令中已经规定的内容
        OUT 307H, AL
        IN  AL, 305H         ;读低字节
        MOV BL, AL
        IN  AL, 305H         ;读高字节
        MOV AH, AL
        MOV AL, BL
```

其C语言程序段如下：
```
unsigned int tmp;              //定义无符号整型数据用于存放读取的当前计数值(16位)
unsigned char *p;              //定义无符号字符类型指针
unsigned char temp;            //定义无符号临时变量,存放读入锁存器的值(8位)
p=(unsigned char *)&tmp;       //将p指向tmp的首地址,以便存储获取的低8位字节数据
outportb(0x307,0x4X);          //发送锁存命令,锁存计数器1
temp=inportb(0x305);           //读锁存器低8位
*p=temp;                       //将读取的低8位数据存放到tmp的低8位中
p++;                           //p指针指向tmp的高8位地址
temp=inportb(0x305);           //读取当前计数值的高8位
*p=temp;                       //将读取的高8位数据存放到tmp的高8位中,最后的结果存放到tmp中
```

3. 读回命令

读回命令与前面的锁存命令不同,它既能锁存计数值又能锁存状态信息,而且一条读回命令可以锁存3个计数器的当前计数值和状态。其格式如图4.6所示。

图4.6 读回命令格式

8位读回命令的最高两位是特征位,$D_7D_6=11$表示的是读回命令。最低1位是保留位,必须写0。剩下5位的定义是:D_1、D_2、D_3三位分别用于选择3个计数器,并且写1,表示选中;写0,表示未选中。D_4和D_5分别用于选择是读取当前的状态还是读取当前的计数值,写0,表示要读取;写1,表示不读取。例如：

读取计数器2的当前计数值,则读回命令=11011000B；

读取计数器2的当前状态,则读回命令=11101000B；

读取计数器2的当前计数值和状态,则读回命令=11001000B；

读取全部3个计数器的当前计数值和状态,则读回命令=11001110B。

与执行锁存命令一样,执行读回命令只是把计数器的当前值与状态信息锁存到暂存寄存器,为了读出被锁存的内容,还要发一条读命令从暂存寄存器中读取。

4.4.3 82C54A的工作方式

82C54A有6种工作方式。虽然总的来说,82C54A是作定时/计数器使用的,但是,由于工作方式不同,其计数器的输出波形、计数过程、初值重装、启动方式、停止方式及典型应用都有差别。因此,使用82C54A时,应根据不同的用途来选择不同的工作方式,以充分发挥其作用。区分82C54A的不同工作方式主要从功能、启动/停止方式及输出波形几个方面进行分析。

一、82C54A在不同工作方式下的功能(典型应用)及特点

1. 0方式功能

0方式作事件计数器,计数器的大小就是计数初值。其特点是,计数结束,输出端OUT产

生 0→1 的上升沿,利用 OUT 信号由低变高,可申请中断。改变计数初值就可以改变计数器的大小,由"软件"启动。计数结束,自动停止,不需外加停止信号。

2．1 方式功能

1 方式作可编程单稳态触发器,单稳延迟时间＝计数初值×时钟脉宽。其特点是,延时期间输出的是低电平,低电平的宽度可以由程序控制,即改变计数初值就可以改变延时时间。由"硬件"启动。计数结束,自动停止,不需外加停止信号。

3．2 方式功能

2 方式作分频器,分频系数就是计数初值。其特点是,产生重复连续的负脉冲,负脉冲宽度等于时钟脉冲的周期。改变计数初值就可以改变输出负脉冲波形的频率。由"软件"启动。计数结束,不能自动停止,需外加停止信号。

4．3 方式功能

3 方式作方波发生器。其特点是,产生占空比为 1∶1 或接近 1∶1 的重复连续方波,方波的周期等于"计数初值×时钟脉宽"的周期。改变计数初值就可以改变输出方波的频率。由"软件"启动。计数结束,不能自动停止,需外加停止信号。

5．4 方式功能

4 方式作单个负脉冲发生器。其特点是,产生单个选通脉冲,脉冲宽度等于时钟脉冲的周期。改变计数初值就可以改变选通脉冲产生的时间。由"软件"启动。计数结束,自动停止,不需外加停止信号。

6．5 方式功能

5 方式作单个负脉冲发生器。其特点是,产生单个选通脉冲,选通脉冲宽度等于时钟脉冲的周期。改变计数初值就可以改变选通脉冲产生的时间。由"硬件"启动。计数结束,自动停止,不需外加停止信号。

二、82C54A 不同工作方式下的启动/停止

82C54A 计数过程的启动分为"软件"启动和"硬件"启动,计数过程的停止分为强制停止和自动停止,它们与工作方式有关。

1．计数过程的启动方式

82C54A 不论是定时还是计数,都需要一个起点,即从什么时候开始。这就需要一种启动(触发)信号进行控制,并且满足一定的条件才能开始定时或计数,这就是所谓的启动方式。82C54A 有两种启动方式,分别描述如下。

(1)"软件"启动方式

在 GATE＝1 时,当计数初值写入减法计数器,就开始计数。很明显,这种启动是由 CPU 的写命令(IOW)信号在内部执行 OUT 指令实现的,因此称为软件启动。软件启动的条件有二:首先,GATE＝1,允许计数;其次,当计数初值写到减法计数器时,即开始计数。若 GATE＝0,则不能启动,GATE 由 0→1 的上升沿也不能启动。

82C54A 的 0、2、3、4 方式都采用软件启动来开始定时/计数过程。

(2)"硬件"启动方式

计数初值写入减法计数器并不是立即开始计数,而是一定要等到 GATE 信号由 0→1 的上升沿出现,才开始计数。可见,这种启动是由外部的信号来控制的,因此称为硬件启动。硬件启动的条件有二:首先,计数初值已写到减法计数器;其次,GATE 信号由 0→1 的上升沿,

即开始计数。若不写入计数初值,则不能启动;GATE=1(高电平)或 GATE=0(低电平),也不能启动。

82C54A 的 1 方式和 5 方式采用硬件启动。

2. 计数过程的停止方式

(1) 强制停止方式

对于重复计数或定时过程,例如,2 方式和 3 方式,由于能自动重装计数初值,计数过程会反复进行,故不能自动停止其计数过程。所以,若要最后停止计数,就一定要外加控制信号,其方法是置 GATE=0。

(2) 自动停止方式

对于单次计数或定时过程,一旦开始计数或定时,就一直到计数完毕或定时已到,并自动停止,不需要外加停止的控制信号。例如,0、1、4、5 方式可以不加停止信号。但是,如果要求在计数过程中暂时中止计数,则需要外加中止的控制信号,其方法也是置 GATE=0 来中止计数。

三、82C54A 不同工作方式下的输出波形

1. 0 方式的输出波形

0 方式是计数结束输出正跳边信号(Out Signal on End of Count)方式,其输出波形如图 4.7 所示。

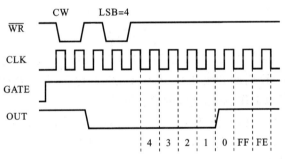

图 4.7 0 方式时序波形

0 方式的基本波形是:当写入计数初值后,启动计数器开始计数,OUT 信号变为低电平,并维持低电平至减法计数器的内容到达 0 时,停止工作,OUT 信号变为高电平,并维持高电平到再次写入新的计数值。

从波形可以看出:计数过程由软件启动,写入计数初值后开始计数;门控信号 GATE 用于开放或禁止计数,GATE 为 1 则允许计数,为 0 则禁止计数。

2. 1 方式的输出波形

1 方式是硬件可重触发单稳(Hardware Retriggerable One-Shot)方式,其输出波形如图 4.8 所示。

1 方式的基本波形是:当写入计数初值后,再由 GATE 门信号启动计数,OUT 变为低电平,每来一个 CLK,计数器减 1 直到计数值减到 0 时,停止工作,OUT 输出高电平,并维持高电平到 GATE 门信号再次启动。

从波形可以看出:计数过程由硬件启动,GATE 出现 0→1 的跃变后开始计数;门控信号 GATE 用于计数过程的启动。

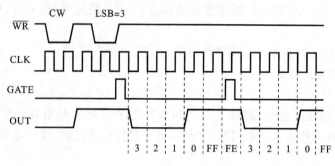

图 4.8　1 方式时序波形

3．2 方式的输出波形

2 方式是 N 分频器方式或速率波发生器(Rate Generator)方式,其输出波形如图 4.9 所示。

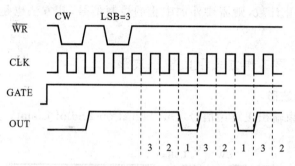

图 4.9　2 方式时序波形

2 方式的基本波形是:当写入计数初值后,启动计数器开始减 1 计数,直到减到 1 时,OUT 输出一个宽度为时钟 CLK 周期的低电平,接着又变为高电平,且计数初值自动重装,开始下一轮计数,如此往复,不停地工作,输出连续的负脉冲。

从波形可以看出:计数过程由软件启动,写入计数初值后开始计数;门控信号 GATE 用于开放或禁止计数,GATE 为 1 则允许计数,为 0 则禁止计数。

4．3 方式的输出波形

3 方式是方波发生器(Square Wave Output)方式,其输出波形如图 4.10 所示。

3 方式的基本波形是:当写入计数初值后,启动计数器开始计数,OUT 输出占空比为 1∶1 或近似 1∶1 的连续方波,且计数初值自动重装,开始下一轮计数,如此往复,不停地工作。当计数初值为偶数时,输出波形的占空比为 1∶1。当计数初值为奇数时,输出波形的占空比为近似 1∶1。

从波形可以看出:计数过程由软件启动,写入计数初值后开始计数;门控信号 GATE 用于开放或禁止计数,GATE 为 1 则允许计数,为 0 则禁止计数。

5．4 方式的输出波形

4 方式是软件触发选通(Software Triggered Strobe)方式,其输出波形如图 4.11 所示。

4 方式的基本波形是:当写入计数初值后,启动计数器开始计数,OUT 输出高电平,减 1 计数直到计数值减到 0 时,在 OUT 端输出一个宽度等于时钟 CLK 脉冲周期的负脉冲,并停止工作。然后 OUT 信号变为高电平,并维持高电平到再次写入新的计数值。

从波形可以看出:计数过程由软件启动,写入计数初值后开始计数;门控信号 GATE 用于开放或禁止计数,GATE 为 1 则允许计数,为 0 则禁止计数。

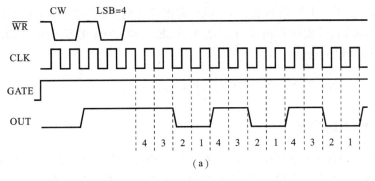

(a)

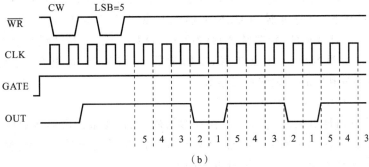

(b)

图 4.10　3 方式时序波形

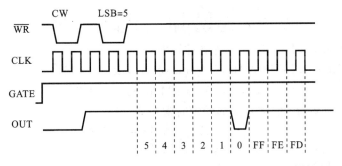

图 4.11　4 方式时序波形

6. 5 方式的输出波形

5 方式是硬件触发选通(Hardware Triggered Strobe)方式，其输出波形如图 4.12 所示。

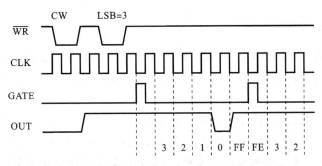

图 4.12　5 方式时序波形

5 方式的基本波形是：当写入计数初值后，由 GATE 门信号启动计数，OUT 输出高电平，开始减 1 计数直到计数值减到 0 时，在 OUT 端输出一个宽度等于时钟 CLK 脉冲周期的负脉冲,并停止工作。然后 OUT 信号变为高电平,并维持高电平到再次写入新的计数值。

从波形可以看出:计数过程由硬件启动,GATE 出现 0→1 的跃变后开始计数;门控信号 GATE 用于计数过程的启动。

4.4.4 82C54A 的计数初值计算及装入

一、计数初值的计算

由于 82C54A 内部采用的是减法计数器,因此,在它开始计数(定时)之前,一定要根据计数(定时)的要求,先计算出计数初值(定时常数),并装入计数初值寄存器。然后,才能在门控信号 GATE 的控制下,由时钟脉冲 CLK 对减法计数器进行减 1 计数,并在计数器输出端 OUT 产生波形。当计数初值(定时常数)减为 0 时,计数结束(定时已到),如果要求继续计数(定时),就需要再次重新装入计数初值(定时常数)。可见,计数初值(定时常数)是决定 82C54A 的计数多少和定时长短的重要参数。

下面讨论计数初值(定时常数)的计算。

初值的计算分两种情况:若 82C54A 作计数器用,则将要求计数的次数就作为计数初值,直接装入计数初值寄存器和减法计数器,无须经过计算;若作定时器用,则计数初值,也就是定时常数需要经过换算才能得到。其换算方法如下。

(1) 要求产生定时时间间隔的定时常数 T_C

$$T_C = \frac{\text{要求定时的时间}}{\text{时钟脉冲周期}} = \frac{\tau}{1/\text{CLK}} = \tau \times \text{CLK} \tag{4.1}$$

其中,τ 为要求定时的时间,CLK 为时钟脉冲频率。

例如,已知 CLK=1.19318 MHz,τ=5 ms,求 T_C,则

$$T_C = 5 \times 10^{-3} \text{s} \times 1193180/\text{s} = 5965$$

(2) 要求产生频率为 f 的信号波形的定时常数 T_C

$$T_C = \frac{\text{时钟脉冲的频率}}{\text{要求的波形频率}} = \frac{\text{CLK}}{f} \tag{4.2}$$

其中,f 为要求的波形频率。

例如,已知 CLK=1.19318 MHz,f=800 Hz,则

$$T_C = \frac{1.19318 \times 10^6 \text{ Hz}}{800 \text{ Hz}} = 1491$$

二、计数初值的装入

由于 82C54A 内部的减法计数器和计数初值寄存器是 16 位,而 82C54A 外部数据线只有 8 位,故 16 位计数初值要分两次装入,并且按先装低 8 位,后装高 8 位的顺序写入同一个端口(计数器通道的数据口)。

若需要重复计数或定时,则应重新装入计数初值。82C54A 的 6 种工作方式中,只有 2 方式和 3 方式具有自动重装计数初值的功能,其他方式都需要用户通过程序人工重装计数初值。因此,只有 2 方式和 3 方式能输出连续波形,其他方式只能输出单次波形。

三、计数初值的范围

由于计数初值寄存器和减法计数器是 16 位的,故计数初值的范围对应二进制数的范围为

0000H～FFFFH；对应十进制数（BCD）为 0000～9999。其中，0000 为最大值，因为 82C54A 的计数是先减 1 后判断，所以，0000 代表的是二进制数中的 2^{16}（65536）和十进制数中的 10^4（10000）。在实际应用中，若所要求的计数初值或定时常数大于计数初值寄存器的范围，单个计数器就不能满足要求。此时，采用 2 个或多个计数器串联起来进行计数或定时。

4.4.5 82C54A 的初始化

所谓 82C54A 的初始化，就是根据用户的设计要求，利用方式命令，写一段程序，以确定使用 82C54A 的哪一个计数器通道、采用哪一种工作方式、哪一种读/写指示及哪一个计数码制。值得注意的是，若同时使用 82C54A 的 2 个（或 3 个）计数器通道，则需要分别写 2 个（或 3 个）不同的初始化程序段，这是因为 82C54A 内部 3 个计数通道是相互独立的。但是，这 2 个（或 3 个）初始化程序段都使用同一个方式命令端口，因此，82C54A 的命令端口是共用的，只有计数器的数据端口是分开的。

82C54A 初始化的内容有以下两项。

1. 设置方式命令字

选择某一计数器，首先要向该计数器写入方式命令字，以确定该计数/定时器的工作方式。

2. 设置计数初始值

在写入了方式命令字后，按方式命令字中读写先后顺序，即按 RW_1RW_0 字段的规定写入计数初始值。具体如下：

当 $RW_1RW_0=01$ 时，只写入低 8 位，高位自动置 0；

当 $RW_1RW_0=10$ 时，只写入高 8 位，低位自动置 0；

当 $RW_1RW_0=11$ 时，写入 16 位，先写低位，后写高位。

例如，选择 2 号计数器，工作在 3 方式，计数初值为 533H（2 个字节），采用二进制计数。其汇编语言初始化程序段如下：

```
MOV DX,307H           ;命令口
MOV AL,10110110B      ;2 号计数器的方式命令字
OUT DX,AL
MOV DX,306H           ;2 号计数器数据口
MOV AX,533H           ;计数初值
OUT DX,AL             ;先送低字节到 2 号计数器
MOV AL,AH             ;取高字节送 AL
OUT DX,AL             ;后送高字节到 2 号计数器
```

其 C 语言初始化程序段如下：

```
outportb(0x307,0xb6);    //向命令口发送计数器的方式命令字
outportb(0x306,0x33);    //向数据口先发送数据初值的低 8 位
outportb(0x306,0x05);    //向数据口发送数据初值的高 8 位
```

4.5 定时/计数器的应用

在实际中，用户对定时/计数器的应用分两种情况：一种是利用系统配置的定时/计数器资源，来开发自己的应用项目；一种是利用用户扩展的定时/计数器来开发应用系统。

两者的不同之处主要有以下两点。其一，端口地址不同。前者的端口地址由系统指定，如表3.1所示，并且用户不能更改；后者的端口地址由用户指定，如表3.3所示，用户可以更改。其二，前者的工作方式、计数器通道的具体用途等，已经通过系统初始化确定，固定不变；后者的工作方式、计数器的用途等，没有确定，由用户在设计时安排，不受系统初始化的限制，使用灵活。

下面先介绍定时/计数器82C54A在微机系统中的应用设置及其初始化程序段，然后分别讨论上述两种情况的应用举例。

4.5.1 82C54A在微机系统中的应用设置

在微机中，82C54A是CPU外部定时系统的支持电路，作为微机的系统资源，它的3个计数器通道在PC微机系统中的用途是：OUT_0用于系统时钟中断，OUT_1用于动态存储器定时刷新，OUT_2用于发声系统音调控制，如图4.13所示。系统分配给82C54A的端口地址如表3.1所示。4个地址为：0号计数器=40H，1号计数器=41H，2号计数器=42H，方式命令寄存器=43H。时钟脉冲频率为1.19318 MHz。

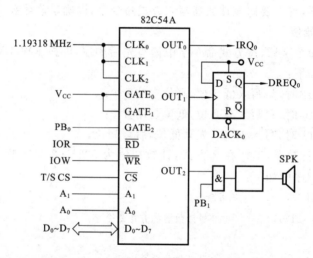

图4.13 82C54A在PC微机系统中的应用

为了实现上述应用功能，系统对82C54A进行了相应的初始化和计数初值的设置，如表4.1所示。这些设置放在ROM-BIOS中，也可以被用户使用，并且向上兼容。

表4.1 82C54A在系统中的应用设置

计数通道	读/写方式	工作方式	计数码制	计数初值	CLK/MHz	GATE	T_{out}	F_{out}	OUT	用途
0	高/低字节	3	二进制	0000H	1.19318	+5 V	55 ms	18.2 Hz	IRQ_0	日时钟中断请求
1	只写低字节	2	二进制	12H	1.19318	+5 V	15 μs	66.3 kHz	$DREQ_0$	DRAM刷新请求
2	高/低字节	3	二进制	533H	1.19318	PB_0控制	1.5 s	896 Hz	SPK	扬声器发声

4.5.2 微机系统的 82C54A 初始化程序段

3 个计数器通道的汇编语言和 C 语言初始化程序段如下。

① 计数器 0：用于定时中断（约 55 ms 申请 1 次中断）。

汇编语言程序段：
```
MOV AL, 00110110B    ;初始化方式命令
OUT 43H, AL
MOV AX, 00H          ;初值为 00H(最大值)
OUT 40H, AL          ;先写低字节
MOV AL, AH
OUT 40H, AL          ;再写高字节
```

C 语言程序段：
```
outportb(0x43,0x36);    //写入初始化方式命令字
outportb(0x40,0x00);    //写入计数初值的低 8 位
outportb(0x40,0x00);    //写入计数初值的高 8 位
```

② 计数器 1：用于 DRAM 定时刷新（每隔 15 μs 请求 1 次 DMA 传输）。

汇编语言程序段：
```
MOV AL, 01010100B    ;初始化方式命令
OUT 43H, AL
MOV AL, 12H          ;初值为 12H
OUT 41H, AL          ;只写低字节
```

C 语言程序段：
```
outportb(0x43,0x54);    //初始化方式命令
outportb(0x41,0x12);    //初值为 12H,只写低字节
```

③ 计数器 2：用于产生约 900 Hz 的方波使扬声器发声。

汇编语言程序段：
```
MOV AL, 10110110B    ;初始化方式命令
OUT 43H, AL
MOV AX, 533H         ;初值为 533H
OUT 42H, AL          ;先写低字节
MOV AL, AH
OUT 42H, AL          ;再写高字节
```

C 语言程序段：
```
outportb(0x43,0xb6);    //初始化方式命令
outportb(0x42,0x33);    //先写低字节
outportb(0x42,0x05);    //再写高字节
```

4.5.3 定时/计数器 82C54A 的应用举例

下面举例说明用户扩展的定时计数器应用。扩展的定时/计数器 82C54A 端口地址如表 3.3 所示。4 个地址为：0 号计数器＝304H，1 号计数器＝305H，2 号计数器＝306H，方式命令

寄存器＝307H。时钟脉冲频率为 1.19318 MHz。

例 4.1 82C54A 用作测量脉冲宽度。

(1) 要求

某应用系统中，要求测量脉冲的宽度。系统提供的输入时钟 CLK＝1 MHz，采用二进制计数。

(2) 分析

首先确定脉冲宽度的测量方案，从 82C54A 的工作方式中可以发现，在软启动时，门控信号 GATE 的作用是允许或禁止计数，因此可以利用 GATE 门进行脉冲宽度测量，把被测的脉冲作为 GATE 门信号连到某个计数器通道的 GATE 端（如通道 1 的 $GATE_1$）即可。在被测脉冲信号（即 $GATE_1$）为低电平时，装计数初值，当被测脉冲信号（即 $GATE_1$）变为高电平时，开始计数，直至被测脉冲信号（即 $GATE_1$）变为低电平，停止计数，并锁存。然后读出通道 1 的当前值 n，最后得到脉冲宽度是 (65536－n) μs。

(3) 设计

为此，选择计数器通道 1 工作在 0 方式。82C54A 用于脉冲宽度测量的原理如图 4.14 所示。

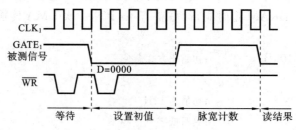

图 4.14 脉冲宽度测量原理图

为了充分利用计数器的长度，尽可能多计数，将计数初值设为最大值 0000H，设时钟脉冲为 1 MHz，所测得的脉冲宽度的单位是 μs，故能够测得的最大脉冲宽度为 65536 μs。

脉宽测量汇编语言程序段：

```
MOV DX,307H          ;82C54A 的命令口
MOV AL,70H           ;方式命令
OUT DX,AL;
MOV DX,305H          ;通道 1 数据口
MOV AX,0000H         ;定时常数低字节
OUT DX,AL
MOV AL,AHH           ;定时常数高字节
OUT DX,AL
MOV DX,307H          ;82C54A 的命令口
MOV AL,40H           ;通道 1 锁存命令
MOV DX,305H;
IN AL,DX             ;从通道 1 读当前计数值，保存到 BX
MOV BL,AL;
IN AL,DX;
MOV BH,AL;
```

```
MOV AX,0000H；
SUB AX,BX                    ;65536－BX,可得被测脉冲的宽度
```

脉宽测量 C 语言程序段：
```
unsigned int result;                    //存放被测脉冲宽度的结果(16 位)
unsigned char tmp;                      //临时存放获取的当前计数值(8 位)
unsigned char *p;                       //用于数据类型转换的指针变量
p=(unsigned char *)&result;             //指向结果变量的首地址
outportb(0x307,0x70);                   //写方式命令字
outportb(0x305,0x00);                   //写计数初值低 8 位
outportb(0x305,0x00);                   //写计数初值高 8 位
outportb(0x307,0x40);                   //发通道 1 锁存命令
tmp=inportb(0x305);                     //读当前通道 1 的计数值的低 8 位
*p=tmp;                                 //将获取的低 8 位值存放到结果变量的低 8 位
p++;                                    //将指针移向结果变量的高 8 位
tmp=inportb(0x305);                     //读取当前通道 1 的计数值的高 8 位
*p=tmp;                                 //将获取的高 8 位值存放到结果变量的高 8 位
result=65536－result;                   //用 65536 减去获取的当前计数值的内容,即为测量的脉冲宽度
```

例 4.2 82C54A 用作定时。

(1) 要求

某应用系统中,要求每隔 5 ms 发出一个扫描负脉冲,系统提供的时钟 CLK 为 20 kHz。使用十进制计数。

(2) 分析

① 选择工作方式。

为了产生每隔 5 ms 一次的连续的定时脉冲,选择 82C54A 的 2 方式是合适的。为此,利用 82C54 的计数器通道 2,将 OUT_2 作为定时脉冲输出。

② 计算计数初值。

将系统提供的 CLK 作为通道 2 的输入时钟 CLK_2,其周期 T＝1/20 kHz＝0.05 ms,按照要求定时时间为 5 ms,根据式(4.1),可得定时常数为

$$T_C=5 \text{ ms}/0.05 \text{ ms}=100$$

(3) 初始化程序

汇编语言初始化程序段：
```
MOV DX,307H                  ;82C54A 的命令口
MOV AL,95H                   ;方式命令
OUT DX,AL;
MOV DX,306H                  ;通道 2 数据口
MOV AL,100                   ;定时常数
OUT DX,AL
```

C 语言初始化程序段：
```
outportb(0x307,0x95);        //写方式命令
otportb(0x306,0x100);        //写定时常数
```

例 4.3 82C54A 用作分频。

(1) 要求

某应用系统中,要求产生 f=1000 Hz 的方波,系统提供的输入时钟 CLK=1.19318 MHz。采用二进制计数。

(2) 分析

① 选择工作方式。

为了产生方波,选择 82C54A 的 3 方式是合适的。为此,利用 82C54A 的计数器通道 0,将 OUT_0 作为方波输出。

② 计算计数初值。

将系统提供的 CLK 作为通道 0 的输入时钟 CLK_0,按照要求输出 OUT_0=1000 Hz 的方波,根据式(4.2),可得定时常数为

$$T_C = CLK_0/OUT_0 = 1.19318 \text{ MHz}/1000 \text{ Hz} = 1193 = 4A9H$$

(3) 初始化程序

汇编语言初始化程序段:

```
MOV DX,307H          ;82C54A 的命令口
MOV AL,36H           ;方式命令
OUT DX,AL;
MOV DX,304H          ;通道 0 数据口
MOV AX,4A9H
OUT DX,AL            ;装入定时常数低字节
MOV AL,AH
OUT DX,AL            ;装入定时常数高字节
```

C 语言初始化程序段:

```
outportb(0x307,0x36);     //写入工作方式命令
outportb(0x304,0xA9);     //写入低 8 位计数初值
outportb(0x304,0x04);     //写入高 8 位计数初值
```

例 4.4 82C54A 同时用作计数与定时。

(1) 要求

某罐头包装流水线,一个包装箱能装 24 罐,要求每通过 24 罐,流水线要暂停 5 s,等待封箱打包完毕,然后重启流水线,继续装箱。按 Esc 键则停止生产。

(2) 分析

为了实现上述要求,有两个工作要做:一是对 24 罐计数;二是对 5 s 停顿定时。并且,两者之间又是相互关联的。因此,选用定时器的通道 0 作计数器,通道 1 作定时器,并且把通道 0 的计数已到(24)输出信号 OUT_0,连到通道 1 的 $GATE_1$ 线上作为外部硬件启动信号去触发通道 1 的 5 s 定时,去控制流水线的暂停与重启。其工作流程与定时器 82C54A 信号之间的关系如图 4.15 所示。

(3) 设计

① 硬件设计。

硬件设计的电路结构原理如图 4.16 所示。82C54A 的端口地址如表 3.3 所示,其 4 个端口为 304H(通道 0)、305H(通道 1)、306H(通道 2)、307H(命令口)。

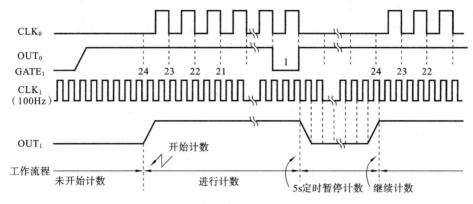

图 4.15　工作流程与定时器信号之间的关系

图 4.16 中虚线框是流水线工作台示意图，其中罐头计数检测部分的原理是：罐头从光源和光敏电阻（R）之间通过时，在晶体管（T）发射极上会产生罐头的脉冲信号，此脉冲信号作为计数脉冲，接到通道 0 的 CLK_0，对罐头进行计数。

通道 0 作为计数器，工作在 2 方式，它的输出端 OUT_0 直接连到通道 1 的 $GATE_1$，用作通道 1 定时器的外部硬件启动信号，这样就可以实现一旦计数 24 罐，OUT_0 变高，使 $GATE_1$ 变高去触发通道 1 的定时操作。

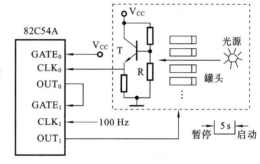

图 4.16　包装流水线计数定时装置电路结构原理

通道 1 作为定时器，工作在 1 方式，$GATE_1$ 由通道 0 的输出 OUT_0 控制，CLK_1 为 100 Hz 时钟脉冲。输出端 OUT_1 送到流水线工作台，进行 5 s 的定时。OUT_1 的下降沿使流水线暂停，通道 0 也停止计数，经 5 s 后变高，其上升沿使流水线重新启动，继续工作，通道 0 又开始计数。

流水线的工作过程是，在向通道 0 写入计数初值时，即开始对流水线上的罐头进行计数。计满 24 个罐头，计数器输出波形 OUT_0（即 $GATE_1$）的上升沿，触发通道 1 开始定时。定时器输出波形 OUT_1 的下降沿使工作台暂停，经过 5 s 后，OUT_1 的上升沿启动工作台，流水线又开始工作，通道 0 又继续进行计数。

为了方便读数，通道 0 和通道 1 均采用十进制计数。

② 软件设计。

根据上述硬件设计的安排和设计目标的要求，可作如下设定。

● 通道 0 的方式命令为 00010101B=15H，因为每箱只装 24 个罐头，故通道 0 的计数初值为 24=18H；

● 通道 1 的方式命令为 01110011B=73H，因为每次只暂停 5 s，根据式(4.1)，可得通道 1 的定时常数为 5×200=1000=3E8H。

包装流水线汇编语言程序段（只写出代码段）如下。

```
CODE SEGMENT
    ASSUME CS:CODE,DS:DATA
START: MOV DX,307H              ;通道 0 初始化
       MOV AL,15H
```

```
                OUT DX,AL
                MOV DX,304H           ;写通道 0 计数初值
                MOV AL,24
                OUT DX,AL
                MOV DX,307H           ;通道 1 初始化
                MOV AL,73H
                OUT DX,AL
                MOV AX,1000           ;写通道 1 定时系数
                MOV DX,305H
                OUT DX,AL             ;先写低字节
                MOV AL,AH
                OUT DX,AL             ;再写高字节
        CHECK:  MOV AH,0BH            ;是否有键按下
                INT 21H
                CMP AL,00H
                JE CHECK              ;无键,则等待
                MOV AH,08H            ;有键,是否为 Esc 键
                INT 21H
                CMP AL,1BH
                JEN CHECK
                MOV AX,4C00H          ;是 Esc 键,则返回 DOS
                INT 21H
                CODEENDS
                END START
```

包装流水线 C 语言程序段：
```c
#include <conio.h>
void main()
{
    outportb(0x307,0x15);
    outportb(0x304,0x24);
    outportb(0x307,0x73);
    outportb(0x305,0x00);
    outportb(0x305,0x10);
    while(getch()!=0x1b);    //当按下 Esc 键时退出程序
}
```

(4) 讨论

① 本例是 82C54A 作计数器使用,同时又作定时器使用,并且,把 0 号计数器的 OUT_0 的上升沿作为 1 号计数器的启动信号 $GATE_1$,去启动定时器开始定时,两者相互作用。

② 应该指出的是:82C54A 作计数器使用时,计数的次数(如本例的 24 罐)就是计数初值,无须换算,直接把计数次数写入计数器通道即可;而作定时器使用时,定时的时间(如本例的

5 s)不能直接作为计数初值(定时常数),需按式(4.1)把定时的时间换算成定时常数(如本例的 1000),然后再写入计数器通道。

下面举例说明微机系统中定时计数器的应用。

例 4.5 计时器设计。

(1) 要求

设计一个计一天时间的日计时器——日时钟。

(2) 分析

① 新计时单位的建立。

人们的计时习惯是以秒、分和小时为单位来计一天的时间。但 82C54A 不能直接提供秒、分、小时的计时单位,因此,要利用 82C54A 来计一天的时间,就必须找到一个合适的新的计时单位才行。

其实,计时也不一定要按秒(s)、分(min)、小时(h)这些单位去计量。因为,一天的时间是一个周期性的变量,可以把 24 h 看成一个常数,只要能够找到一个定时准确的新单位(不是秒、分、时),用这个单位去度量一天 24 h 里包含多少个这种计时单位就行了。所以,问题归结为如何找到一个定时准确的度量时间的单位。刚好,可以利用 82C54A 工作在 3 方式下,输出为一系列方波,这种方波的周期是准确的,可以作为定时单位。比如,选用 82C54A 的计数器 0,让其工作在 3 方式下,计数初值设置为最大值 65536。当输入时钟 $CLK_0=1.1931816$ MHz 时,则输出方波的频率为

$$F_{out_0} = 1.1931816 \text{ MHz}/65536 = 18.2 \text{ Hz}$$

输出方波的周期为

$$T_{out_0} = 1/18.21000 \text{ ms} = 54.945 \text{ ms}$$

这个方波的周期是准确的,可以利用这个 54.945 ms 作为计时单位。接下来的工作是如何利用 54.945 ms 这个新计时单位去计一天的时间。为此,用这个计时单位去除一天的时间,看一天时间内包含有多少个 54.945 ms。

$$1 \text{ 天} = 2460601000 \text{ ms}/54.945 \text{ ms} = 1573040(\text{计时单位})。$$

若以十六进制表示,则为 001800B0H 个计时单位。同理,可得 1 h 包含 65543 个计时单位,1 min 包含 1092 个计时单位,1 s 包含 18.2 个计时单位。换句话说,计满了 1573040 个计时单位就是 1 天,计满 65543 个计时单位就是 1 h,计满 1092 个计时单位就是 1 min,计满 18.2 个计时单位就是 1 s。

② 新计时单位的计数机构。

至此,我们已找到了准确的计时单位——54.945 ms,也算出了一天 24 h 包含的计时单位个数为 1573040 个。但如何把这些个计时单位一个一个累积起来进行定时呢?为此,利用将 82C54A 输出的方波 OUT_0 连到中断控制器 82C59A 的 IR_0 上,去定时地申请中断,并在中断服务程序中进行加 1 操作的办法,来实现对新计时时间单位的累加,从而完成一天内计时的任务。

新计时单位的计数机构具体做法是:在 BIOS 数据区,开辟两个存储单元,即两个双字变量,以便存放每次中断加 1 的计数值。双字变量分别为高双字变量 TIMER_HI(地址 40H:6CH)和低双字变量 TIMER_LO(地址 40H:6EH)。82C54A 输出的方波每隔 54.945 ms 申请 1 次中断,然后,进入中断服务程序,中断服务程序只做加 1 操作。也就是每隔 54.945 ms 申请 1 次中断,每 1 次中断就在双字变量中加 1。先在低双字变量中加 1,计满 65536 次后复位,并向高双字变量中进 1,一直加到当 TIMER_LO=00B0H,TIMER_HI=0018H 时,就计

到 24 h。然后清零,再重新在低双字变量中加 1,又开始第二天的计时。

(3) 设计

① 硬件设计。

日时钟的硬件主要由定时/计数器 82C54A 和中断控制器 82C59A 构成,其工作原理如图 4.17 所示。该图还画出了在日时钟运行时对内存 RAM 的使用情况。

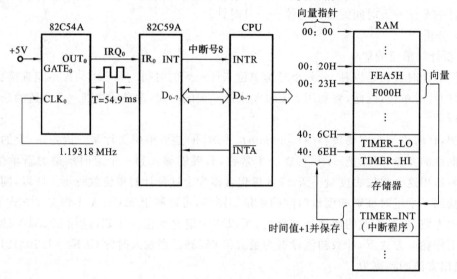

图 4.17　日时钟运行原理示意图

② 软件设计。

在 PC 微机中,日时钟定时中断是 82C54A 的 OUT_0 通过 IRQ_0 向 CPU 申请的可屏蔽中断 8。从计时的角度来看,中断 8 的服务程序的主要内容是在两个双字变量中加 1。当然,中断 8 还附带有其他一些操作(如完成调用软中断 INT 1CH),这些操作与计时无关,故不作讨论。中断 8 的中断服务程序流程图如图 4.18 所示。

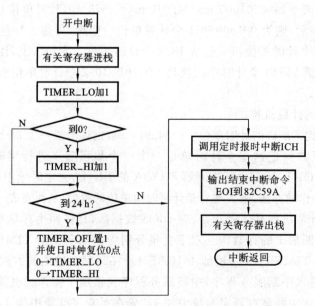

图 4.18　日时钟中断 8 的中断服务程序流程图

例 4.6 发声器设计。

(1) 要求

利用定时/计数器 82C54A 发 600 Hz 的长/短音。按任意键,开始发声;按 Esc 键,停止发声。82C54A 的输入时钟 CLK 的频率为 1.19318 MHz。

(2) 分析

根据题意,有两个工作要做:一是声音的频率应满足 600 Hz;二是发声持续长短的控制。对于前者,只需利用式(4.2)计算 82C54A 的计数初值;对于后者,则需设置两个延时不同的延时子程序。为了打开和关闭扬声器,还需设置电子开关。

① 发声频率控制。

发声频率控制,即计数初值计算。

根据式(4.2),可求得产生 600 Hz 方波的计数初值为

$$T_C = 1.19318 \times 10^6 \text{ Hz}/600 \text{ Hz} = 1988$$

② 长/短音的控制。

设置一个延时常数寄存器(如 BL),改变寄存器的内容,就可改变延时时间。该寄存器的内容就是调用延时子程序的入口参数。

③ 扬声器开/关控制。

设置一个与门,并利用系统并行接口芯片 82C55A 的 PB_0 和 PB_1 引脚分别作为控制 82C54A 的 $GATE_2$ 和与门的开启及关闭。

(3) 设计

① 硬件设计。

发声器的电路原理如图 4.19 所示。图中采用 82C54A 的 2 号计数器作发声器。

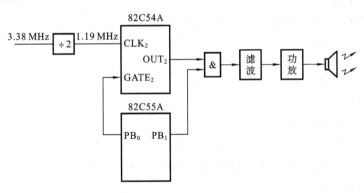

图 4.19 发声器电路原理图

② 软件设计。

发声程序由主程序和子程序组成。主程序流程图如图 4.20 所示。

发声器汇编语言程序段如下。

```
CODE SEGMENT
      ASSUME CS:CODE, DS:CODE
          ORG 100H
START:JMP BEGIN
      LONG_S EQU 6
      SHORT_S EQU 1
```

```
BEGIN: MOV AX, CODE
       MOV CS, AX
       MOV DS, AX
       ;初始化 82C54A
       MOV AL,10110110B    ;方式命令
       OUT 43H,AL          ;命令口
       ;装计数初值
       MOV AX,1983         ;输出 600 Hz 的计数初值
       OUT 42H,AL          ;先装低字节
       MOV AL,AH           ;后装高字节
       OUT 42H,AL
       ;关闭扬声器
       IN AL,61H           ;读入 82C55A 的 PB 口原输出值
       AND AL,0FCH         ;置 PB$_0$ 和 PB$_1$ 为零,
                           ;关闭 GATE$_2$ 和与门
       OUT 61H,AL
       ;查任意键,启动发声器
WAIT1: MOV AH,0BH          ;查任意键
       INT 21H
       CMP AL,0H
       JE WAIT1            ;无键按下,等待;有键按下,发出长音
       ;发长音
LOP:   MOV BL, LONG_S      ;长音入口参数
       CALL SSP            ;调发声子程序
       ;查 Esc 键,停止发声
       MOV AH,0BH          ;功能调用
       INT 21H
       CMP AL,0H
       JE LOP1             ;无键按下,再发短音
       MOV AH,08H          ;有键按下,检测是否为 Esc 键?
       INT 21H
       CMP AL,1BH
       JE QUIT             ;是 Esc 键,停止发声,并退出
       ;发短音
LOP1:  MOV BL, SHORT_S     ;短音入口参数
       CALL SSP            ;调发声子程序
       JMP LOP             ;循环
       ;关闭扬声器,并退出
QUIT:  IN AL,61H           ;停止发声
       MOV AH, AL
       AND AL, 0FCH
```

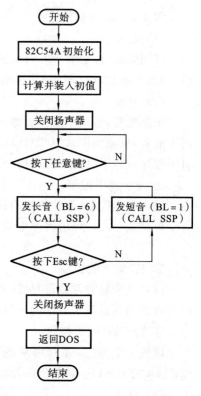

图 4.20 发声主程序流程图

```asm
            OUT 61H, AL
            MOV AL, AH
            OUT 61H, AL
            MOV AX, 4C00H          ;退出,返回 DOS
            INT 21H
        ;发声子程序
SSP     PROC NEAR
            IN AL, 61H             ;读取 PB 口的原值
            OR AL, 03H             ;置 $PB_0$ 和 $PB_1$ 为高,打开 $GATE_2$ 和与门
            OUT 61H, AL            ;开始发声
        ;延时
            SUB CX, CX             ;设 CX 的值为 $2^{16}$
        L:  LOOP L
            DEC BL                 ;BL 为子程序的入口参数
            JNZ L
            RET
SSP     ENDP
CODE    ENDS
        END START
```

发声器 C 语言程序段如下。

```c
#include <stdio.h>
#include <conio.h>
#include <dos.h>
void main()
{
    unsigned char tmp,long_s=6,short_s=1;
    outportb(0x43,0xb6);        //写方式命令字
    outportb(0x42,0x0BF);       //输出 600 Hz 的计数初值低 8 位(1983)
    outportb(0x42,0x07);        //输出 600 Hz 的计数初值高 8 位
    tmp=inportb(0x61);          //读入 82C55A 的 PB 口原输出值
    tmp &=0x0fc;                //置 $PB_0$ 和 $PB_1$ 为零,关闭 $GATE_2$ 和与门
    outportb(0x61,tmp);
    while(! kbhit());           //查任意键,启动发声器
    while(1)
    {
        Sound(long_s);          //调发声子程序,发长音
        if(kbhit())             //有键按下
        {
            if(getch()==0x1b)   //检测是否为 Esc 键?
            {
```

```
                    tmp=inportb(0x61);      //是 Esc 键,停止发声,并退出
                    tmp &=0x0fc
                    outportb(0x61,tmp);
                    return;                 //退出程序
                }
            }
            else                             //无键按下,再发短音
                Sound(short_s);              //发短音
        }
    }
    void Sound(unsigned char type)
    {
        unsigned int n=0;
        unsigned char i,tt;
        tt=inportb(0x61);                    //读取 PB 口的原值
        tt|=0x03;                            //置 $PB_0$ 和 $PB_1$ 为高,打开 $GATE_2$ 和与门
        outportb(0x61,tt);                   //开始发声
        for(i=0;i<type;i++)                  //延时
        {
            for(n=0;n<65536;n++);
        }
    }
```

习 题 4

1. 定时与计数技术在微机系统中有什么作用?

2. 定时与计数是什么关系?

3. 微机系统中有哪两种不同的定时系统?各有何特点?

4. 何谓时序配合?

5. 微机系统中有哪两种外部定时方法?各有何优缺点?

6. 可编程定时/计数器 82C54A 的基本特点是什么?

7. 用软件模型的方法来分析定时/计数器 82C54A,它内部包含哪些寄存器?如何对其进行编程访问?

8. 82C54A 有 6 种工作方式,其中使用最多的是哪几种方式?区分不同工作方式应从哪三个方面进行分析?

9. 计数初值或定时常数有什么作用?如何计算 82C54A 的定时常数?

10. 计数初值可自动重装和不可自动重装对 82C54A 的输出波形会有什么不同?

11. 82C54A 初始化编程包含哪两项内容?

12. 82C54A 作为微机系统重要的外围支持芯片,它的三个计数通道在微机系统中的具体应用如何?

13. 在使用定时/计数器时,分两种情况,一是利用系统配置的定时/计数器,一是自行扩展的定时/计数器。用户使用这两种资源时,所需做的工作有哪些不同?

14. 假设 82C54A 的端口地址为 304H~307H,试按下列要求,分别编写 3 个计数通道的初始化及计数初值装入程序段(指令序列)。

计数器 0:二进制计数,工作在 0 方式,计数初值为 1234H。

计数器 1:BCD 码计数,工作在 2 方式,计数初值为 100H。

计数器 2:二进制计数,工作在 4 方式,计数初值在 55H。

15. 计数通道 0,工作在 0 方式,$GATE_0=1$,$CLK_0=1.19318$ MHz。若将十进制数 100 写入计数器,试计算直到计数通道 0 的输出端出现正跳边时的延迟时间?

16. 计数通道 1,工作在 1 方式,$CLK_1=1.19318$ MHz,$GATE_1$ 由外部控制,写入计数初值为十进制数 10。试问计数通道 1 的输出脉冲宽度是多少?

17. 计数通道 1,工作在 2 方式,$CLK_1=1.19318$ MHz,$GATE_1=1$,写入计数初值为十进制 18。试问输出负脉冲的宽度是多少?输出连续波形的周期是多少?

18. 计数通道 1,工作在 4 方式,$CLK_1=1.19318$ MHz,$GATE_1=1$。要求写入计数初值 10 μs 后产生一个负脉冲信号。试问应写入的计数初值是多少?

19. 要求产生 25 kHz 的方波,则应向方波发生器写入的计数初值是多少?方波发生器的 GATE=1,CLK=1.19318 MHz。

20. 若要求产生 1 ms 的定时,则应向定时器写入的计数初值是多少?定时器工作在 0 方式,GATE=1,CLK=1.19318 MHz。

21. 计数通道 2,工作在 4 方式,$CLK_2=1.19318$ MHz,$GATE_2=1$。如果写入计数初值为 120,那么在选通负脉冲输出之前将出现多长的延迟时间?

22. 采用计数通道 0,设计一个循环扫描器。要求扫描器每隔 10 ms 输出一个宽度为 1 个时钟的负脉冲。定时器的 $CLK_0=100$ kHz,$GATE_0=1$,端口地址为 304H~307H。试编写出初始化程序段和计数初值装入程序段。

23. 采用计数通道 1,设计一个分频器。输入的时钟信号 $CLK_1=1000$ Hz,要求 OUT_1 输出的高电平和低电平是均为 20 ms 的方波。$GATE_1=1$,端口地址为 304H~307H。试编写初始化程序段和计数初值装入程序段。

24. 已知 82C54A 的计数时钟频率为 1 MHz,若要求 82C54A 的计数通道 2,每隔 8 ms 向 CPU 申请 1 次中断,则如何对 82C54A 进行初始化编程和计数初值的计算与装入?

25. 如何利用 82C54A 设计一个分频器?(可参考例 4.3)

26. 如何利用 82C54A 设计一个在生产线上既作计数又作定时用的装置?(可参考例 4.4)

27. 如何利用 82C54A 设计一个定时器?(可参考例 4.5)

28. 如何利用 82C54A 设计一个发长短声音的发声器?(可参考例 4.6)

第 5 章 中断技术

中断,包括硬中断和软中断,是系统重要的资源,它的分配方案、使用方法、工作原理都很重要。

5.1 中　　断

中断是指 CPU 在正常运行程序时,由于外部/内部随机事件或由程序预先安排的事件,引起 CPU 暂时中断正在运行的程序,而转到为外部/内部事件或为预先安排的事件服务的程序中去,服务完毕,再返回去继续执行被暂时中断的程序。

例如,用户使用键盘时,每击一键都发出一个中断信号,通知 CPU 有"键盘输入"事件发生,要求 CPU 读入该键的键值,CPU 就暂时中止手头的程序,转去处理键值的读取程序,在读取操作完成后,CPU 又返回原来的程序继续运行。

可见,中断的发生是事出有因,引起中断的事件就是中断源,中断源各种各样,因而出现多种中断类型。CPU 在处理中断事件时必须针对不同中断源的要求给以不同的解决方案,这就需要有一个中断处理程序(中断服务程序)加以解决。

从程序的逻辑关系来看,中断的实质就是程序的转移。中断提供快速转移程序运行环境的机制,获得 CPU 为其服务的程序段称为中断处理(服务)程序,被暂时中断的程序称为主程序(或调用程序)。程序的转移由微处理器内部事件或外部事件启动,并且一个中断过程包含两次转移,首先是主程序向中断处理(服务)程序转移,然后是中断处理(服务)程序处理完毕之后向主程序转移。由中断源引起程序的转移切换机制,用于快速改变程序运行路径,这对实时处理一些突发事件很有效。

5.2 中断类型

微机中断系统的中断源大致可分为两大类:一类是硬中断(外部中断);另一类是软中断(内部中断)。下面分别讨论它们产生的条件、特点及其应用。

5.2.1 硬中断

硬中断是由来自外部的事件产生。硬中断的发生具有随机性,何时产生中断,CPU 预先并不知道。硬中断可分为可屏蔽中断 INTR 和不可屏蔽中断 NMI。

1. 可屏蔽中断 INTR

这是由外部设备通过中断控制器用中断请求线 INTR 向微处理器申请而产生的中断,但微处理器可以用 CLI 指令来屏蔽(禁止),即不响应它的中断请求,因此把这种中断称为可屏蔽中断。它要求 CPU 产生中断响应总线周期,而发出中断回答(确认)信号予以响应,并读取外部中断源的中断号,用中断号去找到中断处理程序的入口,从而进入中断处理程序。

INTR 最适合处理 I/O 设备的一次 I/O 操作结束、准备再进入下一次操作的实时性要求，因此它的应用十分普遍。INTR 由外部设备提出中断申请而产生，由两片中断控制器 82C59A 协助 CPU 进行处理，中断号为 08H～0FH 和 070H～077H。

2. 不可屏蔽中断 NMI

这是由外部设备通过另一根中断请求线 NMI 向微处理器申请而产生的中断，但微处理器不可以用 CLI 指令来屏蔽（禁止），即不能不响应它的中断请求，因此把这种中断称为不可屏蔽中断。不可屏蔽中断一旦出现，CPU 就应立即响应。NMI 的中断号是由系统指定为 2 号，故当外部事件引起 NMI 中断时，立即进入由第 2 号中断向量所指向的中断服务程序，而不需要由外部提供中断号。

NMI 是一种"立即照办"的中断，其优先级别在硬件中断中最高。因此，它常用于紧急情况和故障的处理，如对系统掉电、RAM 奇偶校验错、I/O 通道校验错和协处理器运算错进行处理，并由系统使用，一般用户不能使用。

5.2.2 软中断

软中断由用户在程序中发出中断指令 INT nH 产生的，指令中的操作数 n 称为软中断号。可见，软中断的中断号是在中断指令中直接给出，并且，何时产生软中断是由程序安排的，因此，软中断是在预料之中的。此外，在软中断处理过程中，CPU 不发出中断响应信号，也不要求中断控制器提供中断号，这一点与不可屏蔽中断相似。软中断包括 DOS 中断功能和 BIOS 中断功能两部分。

1. DOS 功能调用

DOS 是存放在磁盘上的操作系统软件，其中软中断 INT 21H 是 DOS 的内核。它是一个极其重要、功能庞大的中断服务程序，包含 0～6CH 个子功能，包括对设备、文件、目录及内存的管理功能，涉及各个方面，可供系统软件和应用程序调用，因此，它是用户访问系统资源的主要途径。同时，由于它处在 ROM-BIOS 层的上一个层次，与系统硬件层有 ROM-BIOS 在逻辑上的隔离，所以，它与系统硬件的依赖性大大减少，其兼容性好。

2. BIOS 功能调用

BIOS 是一组存放在 ROM 中，独立于 DOS 的 I/O 中断服务程序。它在系统硬件的上一层，直接对系统中的 I/O 设备进行设备级控制，可供上层软件和应用程序调用。因此，它也是用户访问系统资源的途径之一。但与硬件的依赖性大，兼容性欠佳。

3. 软中断的应用

DOS 调用和 BIOS 调用，是用户使用系统资源的重要方法和基本途径，也是用户编写 MS-DOS 应用程序使用很频繁的重要内容，应学会使用。

有关 BIOS 和 DOS 系统功能调用的功能、调用的方法、步骤和入口/出口参数的设置，请参考文献[9][10]。

除了上述硬中断和软中断两类中断外，微机的中断系统还包括一些特殊中断，这些中断既不是由外部设备提出申请而产生的，也不是由用户在程序中发中断指令 INT nH 而发生的，而是由内部的突发事件所引起的中断，即在执行指令的过程中，CPU 发现某种突发事件时就启动内部逻辑转去执行预先规定的中断号所对应的中断服务程序。这类中断也是不可屏蔽中断，其中断处理过程具有与软中断相同的特点，因此，有的书上把它们归结为软中断这一类。这类中断有：

0号中断——除数为零中断；
1号中断——单步中断；
3号中断——断点中断；
4号中断——溢出中断。

5.3 中 断 号

5.3.1 中断号与中断号的获取

1. 中断号

中断号是系统分配给每个中断源的代号，以便识别和处理。中断号在中断处理过程中起到很重要的作用，在采用向量中断方式的中断系统中，CPU必须通过它才可以找到中断服务程序的入口地址，实现程序的转移。为了在中断向量表中查找中断服务程序的入口地址，可由中断号$(n) \times 4$得到一个指针，指向中断向量（即中断服务程序的入口地址）存放在中断向量表的位置，从中取出这个地址(CS:IP)，装入代码段寄存器CS和指令指针寄存器IP，即转移到了中断服务程序。

2. 中断号的获取

CPU对系统中不同类型的中断源，获取它们的中断号的方法是不同的。可屏蔽中断的中断号是在中断响应周期从中断控制器获取的。软中断INT nH 的中断号(nH)是由中断指令直接给出的。不可屏蔽中断NMI及CPU内部一些特殊中断的中断号是由系统预先设置好的，如 NMI 的中断号为 02H，非法除数的中断号为 0H，等等。

5.3.2 中断响应周期

当CPU收到中断控制器提出的中断请求INT后，如果当前一条指令已执行完，且中断标志位 IF=1（即允许中断）时，又没有DMA请求，那么，CPU进入中断响应周期，发出两个连续中断应答信号 INTA 完成一个中断响应周期。图5.1表示的是中断响应周期时序。

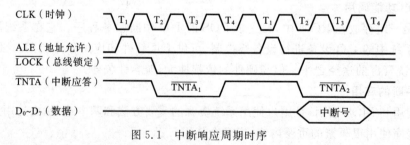

图 5.1 中断响应周期时序

从图5.1可知，一个中断响应周期完成的工作有以下几点。

1. 置位中断服务寄存器 ISR

当总线控制器发出第一个 $\overline{INTA_1}$ 脉冲时，CPU输出有效的总线锁定信号 $\overline{LOCK}$（低电平），使总线在此期间处于封锁状态，防止其他处理器或DMA控制器占用总线。与此同时，82C59A将判优后允许的中断级在ISR中的相应位置1，以登记正在服务的中断级别，在中断服务程序执行完毕之后，该寄存器自身不能清零，需要中断控制器发中断结束命令EOI才能清零。

2. 读取中断号

当总线控制器发出第二个 $\overline{INTA_2}$ 脉冲时，总线锁定信号 $\overline{LOCK}$ 撤除（高电平），总线被解封,地址允许信号 ALE 也变为低电平(无效),即允许数据线工作。正好此时中断控制器将当前中断服务程序的中断号送到数据线上,由 CPU 读入。

5.3.3 中断号的分配

系统对外部中断和内部中断、硬中断和软中断一律统一编号,共有 256 个号,其中有一部分中断号已经分配给了中断源,尚有一部分中断号还空着,待分配,用户可以使用。PC 微机系统的中断号分配如表 5.1 所示。表中灰色区域是中断控制器 82C59A 主/从片的中断号。

表 5.1 PC 微机系统中断号分配表

中断号	名　　称	中断号	名　　称
0	除零数	25H	磁盘扇区读
1	单步	26H	磁盘扇区写
2	NMI	27H	程序终止驻留
3	断点	28H	等待状态处理
4	溢出	29H	字符输出处理
5	屏幕打印	2AH	保留
6	保留	2BH	保留
7	保留	2CH	保留
8	日时钟中断	2DH	
9	键盘中断	2EH	命令执行处理
0AH	从片中断	2FH	多路复用处理
0BH	串行口 2 中断	30H	内部使用
0CH	串行口 1 中断	31H	内部使用
0DH	并行口 2 中断	32H	保留
0EH	软盘中断		
0FH	打印机/并行口 1 中断		
10H	视频显示 I/O	67H	用户保留
11H	设备配置检测	68H	保留
12H	内存容量检测		
13H	磁盘 I/O	6FH	保留
14H	串行通信 I/O	70H	实时钟中断
15H	盒带/多功能实用	71H	改向 INT 0AH
16H	键盘 I/O	72H	保留
17H	打印机 I/O	73H	保留
18H	ROM-BASIC	74H	保留
19H	磁盘自举	75H	协处理器中断
1AH	日时钟/实时钟 I/O	76H	硬盘中断
1BH	Ctrl-Break 中断	77H	保留
1CH	定时器报时	78H	未使用区
1DH	视频显示方式参数		
1EH	软盘基数表	7FH	
1FH	图形显示扩展字符	80H	BASIC 使用区
20H	程序终止退出	EFH	
21H	系统功能调用	F0H	内部使用区
22H	程序结束地址		
23H	Ctrl-C 出口地址		
24H	严重错误出口地址	FFH	

应该指出的是，中断号是固定不变的，一经系统分配指定之后，就不再变化。而中断号所对应的中断向量是可以改变的，即一个中断号所对应的中断向量，中断服务程序的入口不是唯一的。也就是说，中断向量是可以修改的，这为用户使用系统中断资源带来了很大方便。当然，对有些系统的专用中断，不允许用户随意修改。

5.4 中断触发方式与中断排队方式

1. 中断触发方式

中断触发方式是指外部设备以什么逻辑信号去向中断控制器申请中断，中断控制器允许用边沿或电平信号申请中断，即边沿触发和电平触发两种方式。触发方式在中断控制器初始化时设定。PC微机系统可屏蔽中断采用正跳变边沿触发方式，并在初始化中断控制器时确定，用户不能随意更改，只能以正跳变信号申请中断。

2. 中断排队方式

上述硬件中断、软件中断是按优先级提供服务的。PC微机中断优先级的顺序是：软件中断→不可屏蔽中断→可屏蔽中断。软中断的优先级最高，可屏蔽中断的优先级最低。若NMI和INTR同时产生中断请求，则优先响应并处理NMI的中断。

当系统有多个中断源时，就可能出现同时有几个中断源都申请中断，而微处理器在一个时刻只能响应并处理一个中断请求。为此，要进行中断排队，微处理器按"优先级高的先服务"的原则提供服务。中断排队的方式如下。

（1）按优先级排队

根据任务的轻重缓急，给每个中断源指定CPU响应的优先级，任务紧急的先响应，可以暂缓的后响应，例如，给键盘指定较高优先级的中断，给打印机指定较低优先级的中断。安排了优先权后，当键盘和打印机同时申请中断时，CPU先响应并处理键盘的中断申请。

（2）循环轮流排队

不分级别高低，CPU轮流响应各个中断源的中断请求。

还有其他一些排队方式，但使用最多的是按优先级排队方式。

3. 中断嵌套

在实际应用系统中，当CPU正在处理某个中断源，即正在执行中断服务程序时，会出现优先级更高的中断源申请中断。为了使更紧急的、级别高的中断源及时得到服务，需要暂时打断(挂起)当前正在执行的级别较低的中断服务程序，去处理级别更高的中断源，待处理完以后，再返回到被打断了的中断服务程序继续执行。但级别相同或级别低的中断源不能打断级别高的中断服务，这就是所谓的中断嵌套。它是解决多重中断常用的一种方法。

INTR可以进行中断嵌套。NMI不可以进行中断嵌套。

5.5 中断向量与中断向量表

前面曾指出过中断过程的实质是程序转移的过程，发生中断就意味着要发生程序的转移，即由主程序(调用程序)转移到服务程序(被调用程序)去。那么，如何才能进入中断服务程序，即如何找到中断服务程序的入口地址才是解决问题的关键。

为此，设置中断向量及中断向量表，通过中断向量表中的中断向量查找程序的入口地址。

5.5.1 中断向量与中断向量表

1. 中断向量

由于中断服务程序是预先设计好并存放在程序存储区，因此，中断服务程序的入口地址由服务程序的段基址 CS(2 个字节)和偏移地址 IP(2 个字节)两部分共 4 个字节组成。中断向量 IV(Interrupt Vector)就是指中断服务程序的这 4 个字节的入口地址。因此找服务程序的入口地址就是找中断向量。有了中断向量，将中断向量中的段基址乘以 16(左移 4 次)，再加上偏移地址，得到存放服务程序第一条指令的物理地址，服务程序从这里开始执行。可见，中断向量起到一个指向中断服务程序起始地址的作用。

2. 中断向量表

把系统中所有的中断向量集中起来放到存储器的某一区域内，这个存放中断向量的存储区就是中断向量表 IVT(Interrupt Vector Table)或中断服务程序入口地址表(中断服务程序首址表)。PC 微机，规定把存储器的 0000H～03FFH 共 1024 个地址单元作为中断向量存储区，这表明中断向量表的起始地址是固定的，并且从存储器的物理地址 0 开始。中断向量表如图 5.2 所示。

每个中断向量包含 4 个字节，这 4 个字节在中断向量表中的存放规律是向量的偏移量(IP)存放在两个低字节单元中，向量的基址(CS)存放在两个高字节单元中。

例如，8 号中断的中断向量 $CS_8：IP_8$ 存放在存储器的什么位置?

8 号表示这个中断向量处在中断向量表中的第 8 个表项处，每个中断向量占用 4 个连续的存储字节单元，并且中断向量表是从存储器的 0000 单元开始的。所以，8 号中断的中断向量 $CS_8：IP_8$ 在存储器中的地址为

地址＝0000＋8×4＝32D＝20H，

其中，0000 表示中断向量表的基地址(向量表在存储器中的起始地址)。这表示 8 号中断的向量存放在存储器的 20H 单元开始的连续 4 个字节内。

根据中断向量的 4 个字节在中断向量表中的存放规律可知，8 号中断服务程序的偏移 IP_8 在 20H～21H 中，段基址 CS_8 在 22H～23H 中。

于是，如何在中断向量表中查找服务程序的中断向量就很清楚了，其方法是 CPU 根据所获

图 5.2 中断向量表

取的中断号,乘以 4 得到一个向量表的地址指针,该指针所指向的表项就是服务程序的中断向量,即服务程序的入口地址。

5.5.2 中断向量表的填写

中断向量表的填写,分系统填写和用户填写两种情况。

系统设置的中断服务程序,其中断向量由系统负责填写。其中,由 BIOS 提供的服务程序,其中断向量是在系统加电后由 BIOS 负责填写;由 DOS 提供的服务程序,其中断向量在启动 DOS 时由 DOS 负责填写。

用户开发的中断系统,在编写中断服务程序时,其中断向量由用户负责填写,可采用 MOV 指令直接向中断向量表中填写中断向量。

例如,假设 60H 号中断的中断服务程序的段基址是 SEG_INTR60,偏移地址是 OFFSET_INTR60,则填写中断向量表的程序段如下。

```
    ⋮
    CLI                           ;关中断
    CLD
    MOV AX, 0                     ;设置中断向量表的基地址为 0
    MOV ES, AX
    MOV DI, 4*60H                 ;60H 号中断向量在中断向量表中的位置
    MOV AX, OFFSET_INTR60         ;服务程序的偏移值装入 60H 号中断向量的低字段
    STOSW                         ;AX→[DI][DI+1]中,然后 DI+2
    MOV AX, SEG_INTR60            ;服务程序的段基址装入 60H 号中断向量的高字段
    STOSW                         ;AX→[DI+2][DI+3]
    STI                           ;开中断
    ⋮
```

也可以用下述程序段把服务程序的入口地址直接写入中断向量表。

```
    ⋮
    MOV AX, 00H
    MOV ES, AX
    MOV BX, 4*60H                 ;4*中断号→BX
    MOV AX, OFFSET_INTR60         ;中断服务程序偏移地址
    MOV ES:[BX], AX               ;装入 60H 号中断向量的低字段
    MOV AX, SEG_INTR60            ;中断服务程序段基址
    MOV ES:[BX+2], AX             ;装入 60H 号中断向量的高字段
    ⋮
```

5.6 中断处理过程

由于各类中断引起的原因和要求解决的问题不相同,其中断处理过程也不相同,但几个基本过程是相同的,其中以可屏蔽中断的处理过程较为典型。

5.6.1 可屏蔽中断的处理过程

可屏蔽中断 INTR 的处理过程具有典型性,全过程包括以下 4 个阶段。

1. 中断申请与响应握手

当外部设备要求 CPU 服务时,需向 CPU 发出中断请求信号,申请中断。CPU 若发现有外部中断请求,并且处在开中断条件(IF＝1),又没有 DMA 申请,则 CPU 在当前指令执行结束时,进入中断响应总线周期,响应中断请求,并且通过中断回答信号 $\overline{INTA}_2$,从中断控制器读取中断源的中断号,完成中断申请与中断响应的握手过程。这一阶段的主要目标是获取外部中断源的中断号。中断响应周期如图 5.1 所示。

2. 标志位的处理与断点保存

微处理器获得外部中断源的中断号后,把标志寄存器 FLAGS 压入堆栈,并置 IF＝0,关闭中断;置 TF＝0,防止单步执行。然后将当前程序的代码段寄存器 CS 和指令指针 IP 压入堆栈,这样就把断点(返回地址)保存到了堆栈的栈顶。这一阶段的主要目标是做好程序转移前的准备。

3. 向中断服务程序转移并执行中断服务程序

将已获得的中断号乘以 4 得到地址指针,在中断向量表中,读取中断服务程序的入口地址 CS：IP,再写入代码段和指令指示器,实现程序控制的转移。这一阶段的目标是完成主程序向中断服务程序的转移,或称为中断服务程序的加载。

在程序控制转移到中断服务程序之后,就是 CPU 执行中断服务程序的问题了。

4. 返回断点

中断服务程序执行完毕后,要返回主程序,因此,一定要恢复断点和标志寄存器的内容,否则,主程序无法回到原来位置继续执行。为此,在中断服务程序的末尾,执行 IRET 指令,将栈顶的内容依次弹出到 IP、CS 和 FLAGS,就恢复了主程序的执行。实际上,这里的"恢复"与前面的"保存"是相反的操作。

5.6.2 不可屏蔽中断和软件中断的处理过程

由于它们的不可屏蔽性,其中断号的获取方法与可屏蔽中断不一样,所以其中断处理过程也有所差别。其主要差别是:不需通过中断响应周期获取中断号;中断服务程序结束,不需发中断结束命令 EOI。其他处理过程与可屏蔽中断的一样。

5.7 中断控制器

可编程中断控制器 PIC(Programable Interrupt Controller)82C59A 作为中断系统的核心器件,协助 CPU 管理外部中断,是一个十分重要的芯片。下面从 82C59A 的结构、功能、工作方式、初始化及应用等方面进行讨论。

5.7.1 82C59A 外部特性和内部寄存器

82C59A 的外部引脚与内部寄存器如图 5.3 所示。

1. 外部特性

82C59A 的外部引脚与其他外围芯片不同之处是,它有 3 组信号线,其他外围芯片只有面

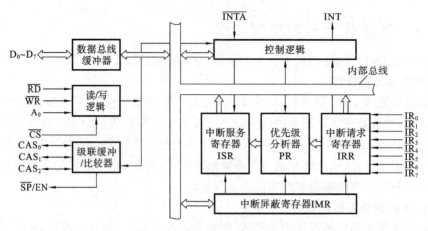

图 5.3 82C59A 的外部引脚与内部寄存器

向 CPU 和面向 I/O 设备的两组信号线。3 组信号线如下。

① 面向 CPU 的信号线:包括用于 CPU 发命令及读取中断号的 8 根数据线 $D_0 \sim D_7$,一对中断请求线 INT 和中断回答线 $\overline{INTA}$,以及 $\overline{WR}$、$\overline{RD}$ 控制线与地址线 $\overline{CS}$、A_0。

② 面向外设的 8 根中断申请线 $IR_0 \sim IR_7$:其作用有二,一是接受外设的中断申请,二是作中断优先级排队用。采用完全中断嵌套排队方式时,IR_0 所连接的设备的优先级最高,IR_7 所连接的设备的优先级最低。

③ 面向同类芯片的中断级联信号线:用于扩展中断源,包括主/从芯片的设定线 $\overline{SP/EN}$,3 根用以传送从片识别码的级联线 $CAS_0 \sim CAS_2$。

2. 内部寄存器

82C59A 内部有 4 个寄存器,其中,只有 3 个对外开放,用户可以访问。

① 中断请求寄存器(IRR):8 位,用逻辑 1 记录已经提出中断请求的中断级,以便等待 CPU 响应。当提出中断请求的外设产生中断时,由 82C59A 直接置位,直到中断被响应才自动清零。IRR 的内容可以由 CPU 通过 OCW_3 命令读出(见表 5.4)。

② 中断服务寄存器(ISR):8 位,用逻辑 1 记录已被响应并正在服务的中断级,包括那些尚未服务完中途被挂起的中断级,以便与后面新来的中断请求的级别进行比较。ISR 的记录由 CPU 响应中断后发回的第一个中断回答信号 $\overline{INTA_1}$ 直接置位。ISR 的记录(置 1 的位)清零非常重要,因为在中断服务完毕之后,该位并不自动复位,即一直占住那个中断级,使别的中断申请不能进来,所以服务完毕之后必须清零。有两个清零方式可供采用。其一,是在第一个 $\overline{INTA_1}$ 信号将某一位置 1 后,接着由第二个 $\overline{INTA_2}$ 将该位清零,这叫自动清零。其二,是非自动清零,即第二个 $\overline{INTA_2}$ 不能使该位清零,而必须在中断服务程序中,用中断结束命令 EOI,强制清零。这也就是在可屏蔽中断服务程序中必须发出中断结束命令的原因。ISR 的内容可由 CPU 通过 OCW_3 命令读出。

③ 中断屏蔽寄存器(IMR):8 位,存放中断请求的屏蔽码,以使用户拥有主动权去开放所希望的中断级,屏蔽其他不用的中断级。写逻辑 1,表示中断请求被屏蔽,禁止中断申请;写逻辑 0,表示中断请求被开放,允许中断申请。其内容由 CPU 通过 OCW_1 写入。该寄存器不可读。

④ 中断申请优先级分析器(PR):这是一个中断请求的判优电路。它把新来的中断请求优先级与 ISR 中记录在案的中断优先级进行比较,看谁的优先级最高,就让谁申请中断。其操作过程全部由硬件完成,故该寄存器是不可访问的。

5.7.2 82C59A 端口地址

中断控制器 82C59A 是系统资源,其端口地址由系统分配,如表 3.1 所示。主片的两个端口地址为 20H 和 21H;从片的两个端口地址为 0A0H 和 0A1H。具体使用哪个端口地址由初始化命令 ICW 和操作命令 OCW 的标志位 A_0 指示。例如,$A_0=0$ 表示是对 20H(主片)或 0A0H(从片)端口访问;$A_0=1$ 表示是对 21H(主片)或 0A1H(从片)端口访问。

5.7.3 82C59A 的工作方式

82C59A 提供了多种工作方式,如图 5.4 所示。这些工作方式使 82C59A 的使用范围大大增加。其中,有些方式是经常使用的,有些方式很少用到,对常用的工作方式要重点加以注意。

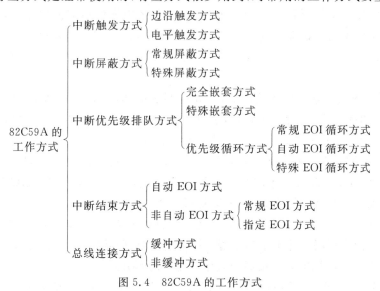

图 5.4 82C59A 的工作方式

1. 中断触发方式

中断触发方式,实际上是中断请求的启动方式,即表示有/无外设申请中断的方式。82C59A 有两种中断请求的启动方式。

① 边沿触发方式。$IR_0 \sim IR_7$ 输入线上出现由低电平到高电平的跳变,表示有中断请求。

② 电平触发方式。$IR_0 \sim IR_7$ 输入线出现高电平时,表示有中断请求。

2. 中断级联方式

82C59A 可以单片使用,也可以多片使用,两片以上使用时就存在级联问题。级联问题分两个方面:从主片看,它的哪一根或哪几根中断申请输入线 IR 上有从片连接;从从片看,它的中断申请输出线 INT 与主片的哪一根中断申请输入线 IR 相连。82C59A 可以处理 8 级级联的硬件中断。

3. 中断屏蔽方式

82C59A 的中断屏蔽是指对外设中断申请的屏蔽,即允许还是不允许外设申请中断,而不是对已经提出的中断申请响不响应的问题。82C59A 有两种中断申请的屏蔽方式。

① 常规屏蔽方式。这是通过 82C59A 屏蔽寄存器写入 8 位屏蔽码来屏蔽或开放 8 个中断申请线($IR_0 \sim IR_7$)上的中断申请,要屏蔽哪个中断申请,就将屏蔽码的相应位置 1;不屏蔽的,则相应位置 0。例如,屏蔽码 11111011B,表示仅开放 IR_2,其他位均屏蔽。常规屏蔽方式

是最常用的屏蔽方式。

② 特殊屏蔽方式。用于开放低级别的中断申请。允许比正在服务的中断级别低的中断申请,而屏蔽同级的中断再次申请中断。这种方式很少使用。

4. 中断优先级排队方式

82C59A 提供了 3 种中断优先级排队方式:完全嵌套方式、特殊完全嵌套方式和优先级轮换方式。其中,最常用的是完全嵌套方式,其要点是,当有多个"中断请求"同时出现时,CPU 是按中断源优先级别的高低来响应中断;而在响应中断后,执行中断服务程序时,能被优先级高的中断源所中断,但不能被同级或低级的中断源所中断。特殊完全嵌套方式和优先级轮换方式很少使用。

5. 中断结束方式

中断结束的实质是使 ISR 中被置 1 的位清零,即撤销该位相应的中断级,以便让低优先级中断源能够申请中断。如果服务完毕,不把置 1 的位清零,即不撤销该位的中断级,则一直占用这个中断级,那么低于该级的中断申请就无法通过。82C59A 提供自动结束和非自动结束两种方式。

① 自动结束方式。这是中断响应之后,在中断响应周期,就自动清零了该中断源在 ISR 寄存器中被置 1 的位。因此,在中断服务程序中,根本不需要向 82C59A 发出中断结束命令 EOI,去清零置 1 的位,故称自动结束。此方式较少使用。

② 非自动结束方式。这是 ISR 中被置 1 的位,在服务完毕后,不能自动清零,而必须在中断服务程序中,向 82C55A 发出中断结束命令 EOI,才能清零,故称为非自动结束。

非自动结束方式是常用的方式,其中又有两种命令格式。

● 常规结束命令:该命令使 ISR 中优先级最高的置 1 位清零(复位)。它又称为不指定结束命令,因为,在命令代码中并不指明哪一级中断结束,而是隐含地暗示使最高优先级结束。其命令代码是 20H。常规中断结束命令只用于完全嵌套方式。

● 指定结束命令:该命令明确指定 ISR 中哪一个置 1 的位清零,即服务完毕,具体指定哪一级中断结束。其命令代码是 6XH,其中 X=0~7,表示与 IR_0~IR_7 相对应的 8 级中断。指定结束命令是一个使用最多的中断结束命令,可用于各种中断优先级排队方式。

5.7.4 82C59A 的编程命令

82C59A 的编程命令,是为建立上述中断工作方式和实现上述中断处理功能而设置的,共有 7 个命令,分为初始化命令 ICW_1~ICW_4 和操作命令 OCW_1~OCW_3 两类。初始化命令 ICW 确定中断控制器的基本配置或工作方式,而操作命令 OCW 执行由 ICW 命令定义的基本操作。下面分别加以说明。

1. 初始化命令

4 个初始化命令(ICW_1~ICW_4)用来对 82C59A 的工作方式和中断号进行设置,包括中断触发方式、级联方式、排队方式及结束方式。另外,中断屏蔽方式是一种默认值,初始化时即进入常规屏蔽方式,因此,在初始化命令中不出现屏蔽方式的设置。若要改变常规屏蔽方式为特殊屏蔽方式,则在初始化之后,执行操作命令 OCW_3。初始化命令如图 5.5 所示,图中每条命令的左侧的 A_0 表示该命令寄存器端口地址的第 0 位是 0 或 1。

4 个初始化命令的作用如下。

① ICW_1 进行中断触发方式和单片/多片使用的设置。8 位,其中,D_3 位(LTIM)设置触

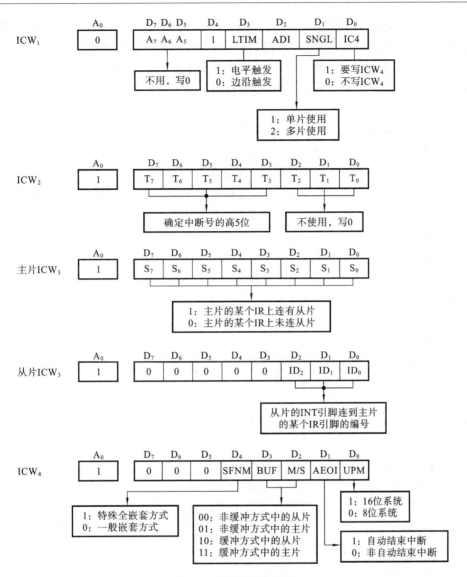

图 5.5 初始化命令格式

发方式,D_1 位(SNGL)设置单/多片使用。

例如,若 82C59A 采用电平触发,单片使用,需要 ICW_4,则初始化命令 ICW_1=00011011B。其程序段如下。

    MOV AL,1BH   ;ICW_1 的内容
    OUT 20H,AL   ;写入 ICW_1 端口(A_0=0)

② ICW_2 进行中断号设置。8 位,初始化编程时只写高 5 位,低 3 位写 0。低 3 位的实际值由外设所连接的 IR_i 引脚编号决定,并由 82C59A 自动填写。

例如,在 PC 微机断系统中,硬盘中断类型号的高 5 位是 08H,它的中断请求线连到 82C59A 的 IR_5 上,在向 ICW_2 写入中断类型号时,只写中断类型号的高 5 位(08H),低 3 位取 0。低 3 位的实际值为 5,由硬件自动填写。其程序段如下。

    MOV AL,08H   ;ICW_2 的内容(中断类型号高 5 位)
    OUT 21H,AL   ;写入 ICW_2 的端口(A_0=1)

③ ICW_3 进行级联方式设置。8 位，主片和从片分开设置。主片级联方式命令 ICW_3 的 8 位，表示哪一个 IR_i 输入引脚上有从片连接。若有，该位写 1；若无，该位写 0。从片的 8 位表示它的 INT 输出线连到了主片哪一个 IR_i 上，若连到主片的 IR_4，则从片的 $ICW_3=04H$。

例如，假设主片的 IR_3 和 IR_6 两个输入端分别连接了从片 A 与从片 B 的 INT，所以主片的 $ICW_3=01001000B=48H$。

初始化主片的 ICW_3 程序段如下：

    MOV AL,48H   ;ICW_3(主)的内容
    OUT 21H,AL   ;写入 ICW_3(主)的端口($A_0=1$)

从片 A 和从片 B 的请求线 INT 分别连到主片的 IR_3 和 IR_6，所以从片 A 的 $ICW_3=00000011B=03H$，从片 B 的 $ICW_3=00000110B=06H$。

初始化从片 A 的 ICW_3 程序段如下：

    MOV AL,03H   ;ICW_3(从片 A)的内容
    OUT 0A1H,AL   ;写入 ICW_3(从片 A)端口($A_0=1$)

初始化从片 B 的 ICW_3 程序段如下：

    MOV AL,06H   ;ICW_3(从片 B)的内容
    OUT 0A1H,AL   ;写入 ICW_3(从片 B)端口($A_0=1$)

④ ICW_4 进行中断优先级排队方式和中断结束方式的设置。8 位，其中，D_4 位(SFNM)设置中断排队方式，D_1 位(AEOI)设置中断结束方式。

例如，若 CPU 为 8086，82C59A 与系统总线之间采用缓冲器连接，非自动结束方式，只用 1 片 8259A，正常完全嵌套。其初始化命令字 $ICW_4=00001101B=0DH$。初始化 ICW_4 程序段如下：

    MOV AL,0DH   ;ICW_4 的内容
    OUT 21H,AL   ;写入 ICW_4 的端口($A_0=1$)

又如，若 CPU 为 8080，采用非自动结束方式，使用两片 82C59A，非缓冲方式，为使从片也能提出中断请求，主片采用特定的完全嵌套方式。其中，初始化命令字 $ICW_4=00010100B=14H$，则 ICW_4 的初始化程序段如下：

    MOV AL,14H   ;ICW_4 的内容
    OUT 21H,AL   ;写入 ICW_4 的端口($A_0=1$)

2. 操作命令($OCW_1 \sim OCW_3$)

3 个操作命令是对 82C59A 经初始化所选定的中断屏蔽、中断结束、中断排队方式进行实际操作。其中，中断屏蔽有两种操作：对常规的中断屏蔽方式，即默认的屏蔽方式，采用 OCW_1 进行屏蔽/开放操作；对特殊的中断屏蔽方式，采用 OCW_3 进行屏蔽/开放操作。中断结束由 OCW_2 执行。另外，中断排队的操作也分两种情况：对固定的完全嵌套方式，其排队操作是由 82C59A 的输入线 IR_i 硬件连接实现的；对优先级循环排队操作，由 OCW_2 来实现。操作命令如图 5.6 所示。

3 个操作命令的作用如下。

3 个 OCW 命令中，OCW_1 的中断屏蔽/开放和 OCW_2 的中断结束是常用的，OCW_3 很少使用。

① OCW_1 执行(常规的)屏蔽/开放操作。8 位，分别对应 8 个外部中断请求。置 1，屏蔽；置 0，开放。并且，对主片和从片要分别写 OCW_1。

例如，要使中断源 IR_3 开放，其余均被屏蔽，其操作命令字 $OCW_1=11110111B$。在主程序

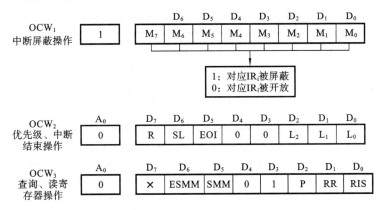

图 5.6 操作命令格式

中,开中断之前,要写以下程序段:

  MOV AL,0F7H   ;OCW$_1$ 的内容
  OUT 21H,AL   ;写入 OCW$_1$ 端口($A_0=1$)

② OCW$_2$ 执行中断结束操作和优先级循环排队操作。8 位,其中,D_6 位(SL),D_5 位(EOI),$D_0 \sim D_2$ 位($L_0 \sim L_2$)用于进行中断结束操作。D_7 位(R)进行优先级循环的操作。OCW$_2$ 中 R、SL、EOI 的组合功能如表 5.2 所示。

表 5.2 OCW$_2$ 中 R、SL、EOI 的组合功能

R	SL	EOI	功 能
0	0	1	不指定 EOI 命令,全嵌套方式
0	1	1	指定 EOI 命令,全嵌套方式,$L_2 \sim L_0$ 指定对应 ISR 位清零
1	0	1	不指定 EOI 命令,优先级自动循环
1	1	1	指定 EOI 命令,优先级特殊循环,$L_2 \sim L_0$ 指定最低优先级
1	0	0	自动 EOI,优先级自动循环
0	0	0	自动 EOI,取消优先级自动循环
1	1	0	优先级特殊循环,$L_2 \sim L_0$ 指定最低优先级
0	1	0	无操作

例如,若对 IR$_3$ 中断采用指定中断结束方式,其操作命令字为 01100011B,则需在中断服务程序中,中断返回指令 IRET 之前,写如下程序段:

  MOV AL,63H   ;OCW$_2$ 的内容
  OUT 20H,AL   ;写入 OCW$_2$ 端口($A_0=0$)

又如,若对 IR$_3$ 中断采用不指定中断结束方式,其操作命令字为 00100000B,则需在中断服务程序中,中断返回指令 IRET 之前,写如下程序段,发中断结束命令:

  MOV AL,00100000B ;OCW$_2$ 的内容
  OUT 20H,AL   ;写入 OCW$_2$ 端口($A_0=0$)

③ OCW$_3$ 进行特定的屏蔽/开放操作。8 位,其中,D_6 位(ESMM)和 D_5 位(SMM)用于进行特定屏蔽/开放操作,D_2 位作查询时读取状态及 RR、RIS 之用。

OCW$_3$ 中 ESMM、SMM 的组合功能见表 5.3,OCW$_3$ 中 P、RR、RIS 的组合功能见表 5.4。

表 5.3 OCW$_3$ 中 ESMM、SMM 的组合功能

ESMM	SMM	操作
0	×	无操作
1	0	取消特殊屏蔽命令
1	1	设置特殊屏蔽命令

表 5.4 OCW$_3$ 中 P、RR、RIS 的组合功能

P	RR	RIS	操作
0	0	×	无操作
0	1	0	读 IRR 命令,下一个读指令可以读回 IRR
0	1	1	读 ISR 命令,下一个读指令可以读回 ISR
1	×	×	读中断状态字命令,下一个读指令可以读回中断状态

5.7.5 82C59A 对中断管理的作用

在了解了中断控制器 82C59A 的特性和功能之后,现在可以归纳一下它为 CPU 分担了哪些对可屏蔽中断的管理工作。

82C59A 与微处理器组成微机的中断系统,它协助 CPU 实现一些中断事务的管理功能。

1. 接收和扩充 I/O 设备的中断请求

I/O 设备的中断请求,并非直接连到 CPU,而是通过 82C59A 接收进来,再由它向 CPU 提出中断请求。一片 82C59A 可接收 8 个中断请求,经过级联可扩展至 8 片 82C59A。多片级联时,只有一片作主片,其他作从片。

2. 进行中断优先级排队

I/O 设备的中断优先级排队,并不是由 CPU 安排的,而是由 82C59A 按连接到它的中断申请输入引脚 IR$_0$~IR$_7$ 顺序决定的,连到 IR$_0$ 上的 I/O 设备中断优先级最高,连到 IR$_7$ 上的 I/O 设备中断优先级最低,以此类推,这就是所谓的完全嵌套排队方式。完全嵌套排队方式是 82C59A 的一种常用的排队方式。除完全嵌套方式之外,82C59A 还提供特殊嵌套和循环优先级几种排队方式,供用户选择。

3. 向 CPU 提供中断号

82C59A 向 CPU 提供可屏蔽中断中断源的中断号。其过程是,先在 82C59A 初始化时,将中断源使用的中断号,写入 82C59A 的 ICW$_2$,然后 CPU 在响应中断,进入中断响应周期时,用中断回答信号 $\overline{INTA}$,再从 82C59A 的 ICW$_2$ 读取这个中断号。

4. 进行中断申请的开放与屏蔽

外部的硬件中断源向 CPU 申请中断,首先要经过 82C59A 的允许。若允许,即开放中断请求;若不允许,即屏蔽中断请求。进行中断申请的开放与屏蔽的方法是向 OCW$_1$ 写入屏蔽码。需要指出的是,此处的开放与屏蔽中断请求和 CPU 开中断和关中断是完全不同的两件事。首先,前者是对中断申请的限制条件,后者是对中断响应的限制条件;其次,前者是由 82C59A 执行 OCW$_1$ 命令,后者是由 CPU 执行 STI/CLI 指令;其三,前者是对 82C59A 的中断屏蔽寄存器(IMR)进行操作,后者是对 CPU 的标志寄存器(中断位)进行操作。

5. 执行中断结束命令

可屏蔽中断的中断服务程序,在中断返回之前,要求发中断结束命令。这个命令不是由 CPU 执行的,而是由 82C59A 执行 OCW_2 命令来实现的,并且 OCW_2 这个命令是对中断服务寄存器(ISR)进行操作。82C59A 提供了自动结束、不指定结束(常规结束)、指定结束几种中断结束方式,供用户选择。

5.8 可屏蔽中断系统

5.8.1 可屏蔽中断系统的组成

可屏蔽中断由主/从两片 82C59A 进行级联组成,可支持 15 级可屏蔽中断处理,如图 5.7 所示。

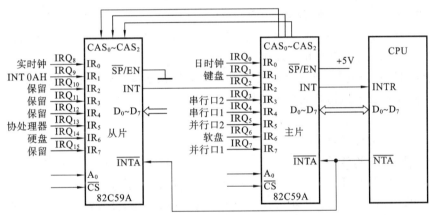

图 5.7 可屏蔽中断系统

15 级可屏蔽中断的中断号分配,如表 5.5 和表 5.6 所示。表 5.5 所示为主片 82C59A 的中断号,表 5.6 所示为从片 82C59A 的中断号。

表 5.5 主片 82C59A 八级硬中断源的中断号

中断源	中断号高 5 位	低 3 位	中断号
日时钟	08H	$IR_0(0)$	08H
键盘	08H	$IR_1(1)$	09H
保留	08H	$IR_2(2)$	0AH
通信(二)	08H	$IR_3(3)$	0BH
通信(一)	08H	$IR_4(4)$	0CH
硬盘	08H	$IR_5(5)$	0DH
软盘	08H	$IR_6(6)$	0EH
打印机	08H	$IR_7(7)$	0FH

表 5.6 从片 82C59A 八级硬中断源的中断号

中断源	中断号高 5 位	低 3 位	中断号
实时钟	070H	$IR_0(0)$	70H
改向 INT0A	070H	$IR_1(1)$	71H
保留	070H	$IR_2(2)$	72H
保留	070H	$IR_3(3)$	73H
协处理器	070H	$IR_4(4)$	74H
保留	070H	$IR_5(5)$	75H
硬盘	070H	$IR_6(6)$	76H
保留	070H	$IR_7(7)$	77H

5.8.2 中断系统的初始化

根据 82C59A 在中断系统中的作用和上述级联的情况,系统对 82C59A 初始化的设置如下。

① 中断触发方式采用边沿触发，上跳变有效。

② 中断屏蔽方式采用常规屏蔽方式，即使用 OCW_1 向 IMR 写入屏蔽码。

③ 中断优先级排队方式采用固定优先级的完全嵌套方式。

④ 中断结束方式采用非自动结束方式的两种命令格式，即在中断服务程序服务完毕、中断返回之前，发结束命令代码 20H（不指定结束方式）或 $6\times H$（指定结束方式）均可（$\times$ 为 0～7）。

⑤ 级联方式采用两片主/从连接方式，并且规定把从片的中断申请输出引脚 INT 连接到主片的中断请求输入引脚 IR_2 上。两片级联处理 15 级中断。

⑥ 15 级中断号的分配为：中断号 08H～0FH 对应 IRQ_0～IRQ_7，中断号 70H～77H 对应 IRQ_8～IRQ_{15}。

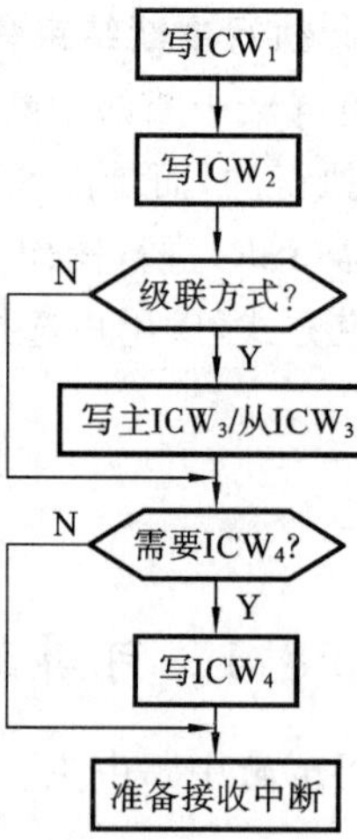

图 5.8 82C59A 初始化流程

⑦ 两片 82C59A 的端口地址分配为：主片 82C59A 的两个端口是 20H 和 21H，从片 82C59A 的两个端口是 0A0H 和 0A1H。

系统上电期间，分别对 82C59A 的主片和从片进行初始化。初始化流程如图 5.8 所示。

实现上述设置要求的初始化程序段如下。

① 初始化主片。

汇编语言初始化程序段：

```
INTA00 EQU 020H        ;82C59A 主片端口(A₀=0)
INTA01 EQU 021H        ;82C59A 主片端口(A₀=1)
MOV AL,11H             ;ICW₁:边沿触发,多片,要 ICW₄
OUT INTA00,AL
JMP SHORT $+2          ;I/O 端口延时要求(下同)
MOV AL,8               ;ICW₂:中断号的高 5 位
OUT INTA01,AL
JMP SHORT $+2
MOV AL,04H             ;ICW₃:主片的 IR₂ 上接从片(A₀=1)
OUT INTA01,AL
JMP SHORT $+2
MOV AL,01H             ;ICW₄:非缓冲,全嵌套,16 位的 CPU,非自动结束
OUT INTA01,AL
```

C 语言初始化程序段：

```
#define INTA00 0x20           //82C59A 主片端口(A₀=0)
#define INTA01 0x21           //82C59A 主片端口(A₀=1)
outportb(INTA00,0x11);        //ICW₁:边沿触发,多片,要 ICW₄
delay(10);
outportb(INTA01,0x08);        //ICW₂:中断号的高 5 位
delay(10);
outportb(INTA01,0x04);        //ICW₃:主片的 IR₂ 上接从片(A₀=1)
```

```
        delay(10);
        outportb(INTA01,0x01);         //ICW₄:非缓冲,全嵌套,16 位的 CPU,非自动结束
        ⋮
```

② 初始化从片。

汇编语言初始化程序段：

```
INTB00 EQU 0A0H        ;82C59A 从片端口(A₀=0)
INTB01 EQU 0A1H        ;82C59A 从片端口(A₀=1)
MOV AL,11H             ;ICW₁:边沿触发,多片,要 ICW₄
OUT INTB00,AL
JMP SHORT $+2
MOV AL,70H             ;ICW₂:中断号的高 5 位
OUT INTB01,AL
JMP SHORT $+2
MOV AL,02H             ;ICW₃:从片接主片的 IR₂(ID₂ID₁ID₀=010)
OUT INTB01,AL
JMP SHORT $+2
MOV AL,01H             ;ICW₄:非缓冲,全嵌套,16 位的 CPU,非自动结束
OUT INTB01,AL
```

C 语言初始化程序段：

```
#define INTB00 0xA0            //82C59A 从片端口(A₀=0)
#define INTB01 0xA1            //82C59A 从片端口(A₀=1)
⋮
outportb(INTB00,0x11);         //ICW₁:边沿触发,多片,要 ICW₄
delay(10);
outportb(INTB01,0x70);         //ICW₂:中断号的高 5 位
delay(10);
outportb(INTB01,0x02);         //ICW₃:从片接主片的 IR₂(ID₂ID₁ID₀=010)
delay(10);
outportb(INTB01,0x01);         //ICW₄:非缓冲,全嵌套,16 位的 CPU,非自动结束
⋮
```

系统一旦完成了对 82C59A 的初始化,所有外部硬件中断源和服务程序(包括已开发和未开发的)都必须按初始化的规定去做,因此,为慎重起见,对系统的 82C59A 初始化编程不由用户去做,而是在微机启动后由 BIOS 自动完成。从系统的安全性考虑,一般用户不应当对系统的可编程中断控制器进行初始化,也不能改变对它的初始化设置。

但是,用户在自行开发的微机系统时,例如在单板微机中使用 82C59A 时,应由用户直接进行初始化。另外,在采用查询方式(非级联方式)扩展的中断控制器 82C59A 时,才由用户写初始化程序,不过这样做的实际意义不大。

5.9 用户对系统中断资源的使用

当用户使用系统的中断资源时,不需要进行中断系统的硬件设计,也不需要重新编写初始

化程序,因为这些已由系统做好了。因此,82C59A在系统中总是按照初始化所规定的要求进行工作,用户无法更改。那么,用户该做哪些与中断有关的工作呢？主要工作有修改中断向量、发中断屏蔽/开放及中断结束命令、编写中断服务程序。

5.9.1 修改中断向量

修改中断向量是修改同一中断号下的中断服务程序入口地址。若入口地址改变了,则中断产生后,程序转移的目标(方向)也就随之改变。这说明同一个中断号可以被多个中断源分时使用。因此,中断向量修改是解决系统中断资源共享的一种手段,也是用户利用系统中断资源来开发可屏蔽中断服务程序的常用方法,具有实际意义。

中断向量修改在主程序中进行,下面讨论修改中断向量的方法与步骤。

1. 中断向量修改的方法

当用户要用自行开发的中断服务程序去代替系统原有的中断服务程序时,就必须修改原有的中断向量,使其改为用户的中断服务程序的中断向量。若产生中断,并被响应,就可转到用户的服务程序来执行。

MS-DOS 程序中,中断向量修改的方法是利用 DOS 功能调用 INT 21H 的 35H 号功能和 25H 号功能。INT 21H 系统功能调用为用户程序修改中断向量提供了两个读/写中断向量的功能号,其入口/出口参数如下。

① INT 21H 的 35H 号功能是从向量表中读取中断向量。

入口参数:无

AH＝功能号 35H, AL＝中断号 N

调用:即执行 INT 21H

出口参数:ES:BX＝读取的中断向量段基址:偏移量

② INT 21H 的 25H 号功能是向向量表中写入中断向量。

入口参数:DS:DX＝要写入的中断向量的段基址:偏移量

AH＝功能号 25H, AL＝中断号 N

调用:即执行 INT 21H

出口参数:无

2. 中断向量修改的步骤

中断向量修改在主程序中进行,分以下 3 步进行。

① 调用 35H 号功能,从向量表中读取某一中断号的原中断向量,并保存在字变量中。

② 调用 25H 号功能,将新中断向量写入中断向量表中原中断向量的位置,取代原中断向量。

③ 新中断服务程序完毕后,再用 25H 号功能将保存在字变量中的原中断向量写回去,恢复原中断向量。

例如,原中断服务程序的中断号为 N,新中断程序的入口地址的段基址为 SEG_INTRnew,偏移地址为 OFFSET_INTRnew。OLD_SEG 和 OLD_OFF 分别为保存原中断向量的双字节地址。中断向量修改的汇编语言程序段如下。

```
MOV AH, 35H                ;取原中断向量
MOV AL, N
INT 21H
```

```
    MOV AX ES
    MOV OLD_SEG,AX              ;保存原中断向量
    MOV OLD_OFF,BX

    MOV DX, SEG INTRnew         ;设置新中断向量
    MOV DS, DX                  ;DS 指向新中断服务程序段基址
    MOV DX, OFFSET INTRnew      ;DX 指向新中断服务程序偏移量
    MOV AL, N                   ;中断号
    MOV AH, 25H
    INT 21H
     ⋮
    MOV DX, OLD_SEG             ;恢复原中断向量
    MOV DS, DX
    MOV DX, OLD_OFF
    MOV AH, 25H
    MOV AL, N
    INT 21H
```

C 语言程序段如下。

```c
#include <dos.h>
void interrupt (*oldhandler)();       //函数指针,用于保存原中断向量
void interrupt newhandler()           //新中断服务程序入口
{
    disable();
     ⋮                                 //中断服务程序代码
    enable();
}
void main()
{
     ⋮
    disable();                        //关中断
    oldhandler=getvect(N);            //获取原中断向量,并将其保存,以便恢复,其中 N 为中断号
    setvect(N,newhandler);            //设置新中断向量,其中 N 为中断号
    enable();                         //开中断
     ⋮
    setvect(N,oldhandler);            //恢复原中断向量
}
```

5.9.2 发中断屏蔽/开放和中断结束命令

在主程序中,使用 OCW_1 执行中断屏蔽与开放;在中断服务程序中,使用 OCW_2 发中断结束信号 EOI 和使用 IRET 中断返回。

5.9.3 编写中断服务程序

中断服务程序的一般的格式及需要注意的几个方面。

① 中断服务程序的一般格式如下。

```
NEW_INT PROC FAR
    STI                         ;开中断
;寄存器进栈(包括在服务程序中需要使用的寄存器都必须进栈保存)
    ⋮
;服务程序主体(略)
    ⋮
;向主/从82C59A发中断结束命令
    MOV AL,20H                  ;向从片82C59A发结束命令
    MOV DX,0A1H
    OUT DX,AL
    OUT 20H,AL                  ;向主片82C59A发结束命令
;寄存器出栈(包括已进栈保存的寄存器都必须出栈,但出栈的顺序与进栈的顺序相反)
    ⋮
;中断返回
    IRET
NEW_INT ENDP
```

② 编写中断服务程序与编写一般的应用程序有一些不同的特点,需要考虑如下几个方面。

● 注意现场的保护,中断服务程序中往往要使用某些寄存器进行数据的暂存或传送,在使用这些寄存器之前要进栈保存,以免破坏主程序所使用的这些寄存器内容。

● 注意堆栈操作的对称性,堆栈在中断处理过程中用来存放中断返回地址(断点)及现场信息(寄存器内容),在进行堆栈操作时要特别注意进栈与出栈的对称性,即进栈与出栈的内容和顺序都要一一对应,不要出现进栈与出栈不一致,以免发生中断结束后不能正确返回断点,造成严重后果。

● 中断服务程序要尽可能短,能在主程序中做的工作尽可能安排在主程序中进行,以免对同级或低级的中断源造成阻塞和干扰。

5.10 中断服务程序设计

下面的例子比较简单,主要用以说明可屏蔽中断服务程序如何编写,并进一步了解对中断控制器的使用。实际应用中的中断处理程序要复杂一些,将在后面的接口设计(如A/D转换器接口)中讨论。

例 5.1 利用系统中断主片82C59A的中断服务程序设计。

(1) 要求

中断申请电路如图5.9所示。微动开关SW的中断请求连到IRQ_7。每按下1次申请1次中断,按8次后显示"OK!",程序结束。试编写中断服务程序。

(2) 分析

IRQ_7是主片82C59A的IR_7引脚上的中断请求,中断号为0FH,系统分配给打印机中断,

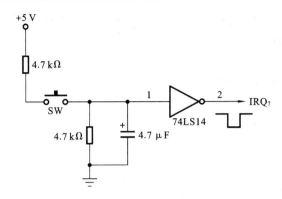

图 5.9 微动开关中断示意图

当打印机空闲不使用时,用户可以通过修改其中断向量加以利用。

(3) 程序设计

包括主程序和中断服务程序,可以对照 5.9 节所阐明的中断向量修改、中断屏蔽的开放及服务程序的格式来分析下面的程序。

程序清单如下。

```
STACK SEGMENT
        DW 200 DUP(?)
STACK ENDS
DATA   SEGMENT
        OLD_IV DD ?                  ;保存原中断向量的双字单元
        MK_BUF DB ?                  ;保存原屏蔽字的字节单元
        BUF DB "OK !",0DH,0AH,$      ;提示符
DATA ENDS
CODE SEGMENT
        ASSUME CS：CODE,DS：DATA,SS：STACK
START： MOV AX,DATA
        MOV DS,AX
        IN AL,21H                    ;保存 82C59A 原屏蔽字
        MOV MK_BUF,AL
        CLI                          ;关中断
        AND AL,01111111B             ;开放 0FH 号中断(OCW$_1$)
        OUT 21H,AL
        CALL GET_IV                  ;获取原中断向量,并保存
        CALL SET_IV                  ;设置用户程序新中断向量
        XOR DX,DX                    ;清计数器
L1：    STI                          ;开中断
        CMP DX,08H                   ;计数是否到指定数 8
        JNZ L1                       ;未到,继续等待微动开关中断
        CLI                          ;已到关中断
        CALL RENEW_IV                ;恢复原中断向量
```

```
        MOV AL,MK_BUF              ;恢复82C59A原屏蔽字(OCW₁)
        OUT 21H,AL
        STI                        ;开中断
        MOV AX,SEG BUF             ;显示提示符"OK！"
        MOV DS,AX
        MOV DX,OFFSET BUF
        MOV AH,09H
        INT 21H
        MOV AX,4C00H               ;返回DOS
        INT 21H

SW_INT  PROC FAR                   ;用户中断处理程序
        STI                        ;开中断
        PUSH AX
        INC DX                     ;计数加1
        CLI                        ;关中断
        MOV AL,67H                 ;发中断结束命令(OCW₂)
        OUT 20H,AL
        POP AX
        IRET                       ;中断返回
SW_INT  ENDP

GET_IV  PROC NEAR
        MOV AX, 350FH              ;获取原来的中断向量，并保存
        INT 21H
        MOV WORD PTR OLD_IV, BX
        MOV WORD PTR OLD_IV+2, ES
        RET
        GET_IV ENDP

SET_IV  PROC NEAR
        PUSH DS                    ;设置用户程序的新中断向量
        MOV AX, CODE
        MOV DS, AX
        MOV DX, OFFSET SW_INT
        MOV AX,250FH
        INT 21H
        POP DS
        RET
SET_IV  ENDP
```

```
RENEW_IV    PROC NEAR
            MOV DX, WORD PTR OLD_IV          ;恢复原来的中断向量
            MOV DS, WORD PTR OLD_IV+2
            MOV AX, 250FH
            INT 21H
            RET
RENEW_IV    ENDP
            CODEENDS
            END START
```

主片 82C59A 的 C 语言中断服务程序如下。

```c
#include <stdio.h>
#include <conio.h>
#include <dos.h>
unsigned char n=0;
void interrupt newhandler()                  //中断服务程序
{
    disable();
    n++;
    outportb(0x20,0x67);
    enable();
}
void main()
{
    void interrupt (*oldhandler)();          //用于保存原中断向量
    unsigned char MK-BUF,tmp;                //保存原中断屏蔽字
    MK-BUF=inportb(0x21);                    //获取中断屏蔽字
    tmp=MK-BUF;
    disable();
    tmp &=0x7f;
    outportb(0x21,tmp);                      //开放 0FH 号中断(OCW₁)
    oldhandler=getvect(0x0f);                //获取原中断向量,并保存
    setvect(0x0f,newhandler);                //设置用户程序新中断向量
    enable();                                //开中断
    while(n!=8);                             //计数是否到指定数 8
    disable();                               //关中断
    setvect(0x0f,oldhandler);                //恢复原中断向量
    outportb(0x21,MK-BUF);                   //恢复 82C59A 原屏蔽字(OCW₁)
    enable();                                //开中断
    printf("OK! \n");                        //打印提示
}
```

例 5.2 利用系统中断从片 82C59A 的中断服务程序设计。

(1) 要求

中断申请电路如图 5.10 所示。拨动开关 SW 的中断请求连到 IRQ_{10}。每拨动 1 次就申请 1 次中断,显示"OK!",程序结束。

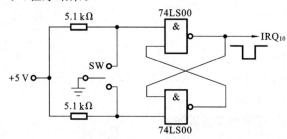

图 5.10 拨动开关中断示意图

(2) 分析

IRQ_{10} 是从片 82C59A 的 IR_2 引脚上的中断请求,中断号为 72H,是系统保留的,用户可以使用。由于是从片 82C59A,在执行从片的屏蔽与开放和发中断结束命令时,还要考虑对主片相应的操作。

(3) 程序设计

包括主程序和中断服务程序,着重比较分析与例 5.1 的不同之处。

程序清单如下。

```
STACK SEGMENT PARA STACK
    DW 200 DUP(?)
STACK ENDS
DATA SEGMENT PARA DATA
        INT_OFF DW ?              ;保存原中断向量的 IP
        INT_SEG DW ?              ;保存原中断向量的 CS
        BUF DB 'OK !',0DH,0AH,$   ;提示符
DATA ENDS
CODE SEGMENT
ASSUME CS:CODE, DS:DATA, ES:DATA, SS:STACK
SW PROC NEAR
START: MOV AX, DATA
        MOV DS, AX
        MOV ES, AX
        MOV AX, STACK
        MOV SS, AX

        MOV AX, 3572H             ;取原中断向量,并保存
        INT 21H
        MOV INT_OFF, BX
        MOV BX, ES
```

```
        MOV INT_SEG,BX
        CLI                         ;装入新中断向量
        MOV DX, SEG SW_INT
        MOV DS, DX
        MOV DX, OFFSET SW_INT
        MOV AX, 2572H
        INT 21H
        MOV AX,DATA                 ;恢复数据段
        MOV DS,AX

        IN AL,21H                   ;21H 是主片 $OCW_1$ 的端口
        AND AL, 11111011B           ;FBH 是开放主片 $IRQ_2$ 的 $OCW_1$ 命令字
        OUT 21H, AL
        MOV DX,0A1H                 ;0A1H 是从片 $OCW_1$ 的端口
        IN AL,DX
        AND AL, 11111011B           ;FBH 是开放从片 $IRQ_{10}$ 的 $OCW_1$ 命令字
        OUT DX,AL
        STI                         ;开中断
        HLT                         ;等待中断
        CLI                         ;恢复原中断向量
        MOV DX,INT-SEG
        MOV DS,DX
        MOV DX, INT-OFF
        MOV AX, 2572H
        INT 21H
        MOV AX,DATA                 ;恢复数据段
        MOV DS,AX

        IN AL,21H                   ;21H 是主片 $OCW_1$ 的端口
        OR AL, 00000100B            ;04H 是屏蔽主片 $IRQ_2$ 的 $OCW_1$ 命令字
        OUT 21H,AL
        MOV DX,0A1H                 ;0A1H 是从片 $OCW_1$ 的端口
        IN AL,DX
        OR AL, 00000100B            ;04H 是屏蔽从片 $IRQ_{10}$ 的 $OCW_1$ 命令字
        OUT DX,AL
        STI                         ;开中断

        MOV AX,SEG BUF              ;显示提示符"OK！"
        MOV DS,AX
        MOV DX,OFFSET BUF
```

```
            MOV AH,09H
            INT 21H
            MOV AX,4C00H            ;返回DOS
            INT21H
    SW ENDP

    SW_INT PROC FAR
            PUSH AX
            PUSH DX
            CLI                     ;关中断
            MOV AL,20H              ;主片82C59A中断结束
            OUT 20H,AL              ;自动结束方式(OCW$_2$)
            MOV DX,0A0H             ;从片82C59A中断结束
            MOV AL,62H              ;指定结束方式(OCW$_2$)
            OUT DX,AL
            STI                     ;开中断
            POP DX
            POP AX
            IRET                    ;中断返回
    SW_INT ENDP
    CODE ENDS
            END START
```

从片82C59A的C语言中断服务程序如下。

```c
#include <stdio.h>
#include <conio.h>
#include <dos.h>
unsigned char n=0;
void interrupt newhandler()              //中断服务程序
{
    disable();
    outportb(0x20,0x20);
    outportb(0xA0,0x62);
    n++;
    outportb(0x20,0x67);
    enable();
}
void main()
{
    unsigned char tmp;
    void interrupt (*oldhandler)();      //用于保存原中断向量
    oldhandler=getvect(0x72);            //获取原中断向量,并保存
```

```
    disable();
    setvect(0x72,newhandler);      //设置用户程序新中断向量
    tmp=inportb(0x21);             //21H 是主片 OCW₁ 的端口
    tmp &=0x0fb;                   //FBH 是开放主片 IRQ₂ 的 OCW₁ 命令字
    outportb(0x21,tmp);
    tmp=inportb(0xA1);             //0A1H 是从片 OCW₁ 的端口
    tmp &=0x0fb;                   //FBH 是开放从片 IRQ₁₀ 的 OCW₁ 命令字
    outportb(0xA1,tmp);
    enable();                      //开中断
    while(n!=8);                   //计数是否到指定数 8
    disable();                     //关中断
    setvect(0x0f,oldhandler);      //恢复原中断向量
    tmp=inportb(0x21);             //21H 是主片 OCW₁ 的端口
    tmp |=0x04;                    //04H 是屏蔽主片 IRQ₂ 的 OCW₁ 命令字
    outportb(0x21,tmp);
    tmp=inportb(0xA1);             //0A1H 是从片 OCW₁ 的端口
    tmp |=0x04;                    //04H 是屏蔽从片 IRQ₁₀ 的 OCW₁ 命令字
    outportb(0xA1,tmp);
    enable();                      //开中断
    printf("OK! \n");              //显示提示符"OK！"
}
```

（4）讨论

① 例 5.2 与例 5.1 在中断控制器的使用上有什么不同？

② 例 5.2 程序中，从片与主片的屏蔽命令字 OCW_1 的内容相同，为什么会这样？

习 题 5

1. 什么是中断？中断的实质是什么？
2. 采用中断方式传送数据有何优点？
3. 微机中的中断有哪两种类型？
4. 什么是中断号？它有何作用？如何获取中断号？
5. 什么是中断触发方式？中断触发有哪两种方式？
6. 为什么要进行中断优先级排队？什么是中断嵌套？
7. 什么是中断向量和中断向量表？其作用如何？如何填写中断向量表？
8. 可屏蔽中断的处理过程一般包括几个阶段？
9. 中断控制器 82C59A 提供了哪些工作方式供用户使用时选择？
10. 从软件模型的观点来看，82C59A 的编程应用与它的两组命令——初始化命令 ICW 和操作命令 OCW 密切相关，这两组命令的格式、功能及使用方法你知道吗？
11. 中断控制器 82C59A 在微机系统中协助 CPU 对中断事务管理做了哪些工作？
12. 微机系统配置了两片（主片与从片）82C59A 中断控制器芯片，可以处理 15 级可屏蔽

中断,试说明它们的中断号及中断优先级?

13. 82C59A 作为微机系统的重要外围支持芯片,系统对 82C59A 的初始化设置作了哪些规定?

14. 中断向量修改的目的是什么?修改中断向量的方法与步骤?

15. 如何编写中断服务程序?中断服务程序的一般的格式及需要注意的问题是什么?

16. 在实际中,对中断资源的应用有两种情况,一是利用系统的中断资源,一是自行设计中断系统。用户对这两种应用情况所做的工作有什么不同?用户是否可以对系统的中断控制器重新初始化?为什么?

17. 如何利用微机系统的主片 82C59A 设计一个中断应用程序?(可参考例 5.1)

18. 如何利用微机系统的从片 82C59A 设计一个中断应用程序?(可参考例 5.2)

第 6 章 DMA 技术

6.1 DMA 传输

DMA(Direct Memory Access)方式是存储器直接存取方式的简称。DMA 方式中,数据不经过 CPU 而直接写入或从存储器读出。DMA 传输主要用于需要高速、大批量数据传输的系统中,以提高数据的吞吐量。例如,在磁盘存取、高速数据采集系统等方面应用。

6.1.1 DMA 传输的特点

DMA 方式的主要特点是传输数据的速率高。那么,DMA 方式传输数据为什么会比程序控制传输方式要高呢?

在一般的程序控制传输方式(包括查询与中断方式)下数据从存储器传输到 I/O 设备,或从 I/O 设备传输到存储器,都要经过 CPU 的累加器中转,若加上检查是否传输完毕,以及修改内存地址等操作都由程序控制,则要花费不少时间。采用 DMA 传输方式是让存储器与 I/O 设备(磁盘),或 I/O 设备与 I/O 设备之间直接交换数据,不需要经过累加器,从而减少了中间环节,并且内存地址的修改、传输完毕的结束报告都由硬件完成,因此大大提高了传输速度。

DMA 传输方式的速度高是以增加系统硬件的复杂性和成本为代价的,因为 DMA 方式与程序控制方式相比,是用硬件控制代替了软件控制。另外,DMA 传输期间 CPU 被挂起,部分或完全失去对系统总线的控制,这可能会影响 CPU 对中断请求的及时响应与处理。因此,在一些速度要求不高、数据传输量不大的系统中,一般不用 DMA 方式。

DMA 传输虽然不需要 CPU 的控制,但并不是说 DMA 传输不需要任何硬件来进行控制和管理,只是采用 DMA 控制器暂时取代 CPU,负责数据传输的全过程控制。目前 DMA 控制器都是可编程的大规模集成芯片,且类型很多,如 Z-80DMA,Intel 82C37A。由于 DMA 控制器是实现 DMA 传输的核心器件,所以对它的工作原理、外部特性及编程方法等方面的学习,就成为掌握 DMA 技术的重要内容。

6.1.2 DMA 传输的过程

DMA 传输方式与中断方式一样,从开始到结束全过程有几个阶段。在 DMA 操作开始之前,用户应根据需要对 DMA 控制器(DMAC)编程,把要传输的数据字节数,数据在存储器中的起始地址、传输方向、通道号等信息送到 DMA 控制器 DMAC,这就是 DMAC 的初始化。初始化之后,就等待外设来申请 DMA 传输。

1. 申请阶段

在上述初始化工作完成之后,若外设要求以 DMA 方式为它服务,便向 DMA 控制器 DMAC 发出 DMA 请求信号 DREQ,DMAC 如果允许外设的请求,就进一步向 CPU 发出总线保持信号 HOLD,申请占用总线。

2. 响应阶段

CPU 在每个总线周期结束时检测 HOLD，当总线锁定信号 LOCK 无效时，则响应 DMAC 的 HOLD 请求，进入总线保持状态，使 CPU 一侧的三总线"浮空"，CPU 脱开三总线，同时以总线保持回答信号 HOLDACK 通知 DMAC 总线已让出，并且 DMAC 与三总线"接通"，此时，DMAC 接管总线正式成为系统的主控者。

3. 数据传输阶段

DMAC 接管三总线成为主控者后，一方面以 DMA 请求回答信号 DACK 通知发出请求的外设，使之成为被选中的 DMA 传输设备；同时 DMAC 行使总线控制权，向存储器发地址信号和向存储器及外部设备发读/写控制信号，控制数据按初始化设定的方向和字节数进行高速传输。

4. 传输结束阶段

在初始化中规定的数据字节数传输完毕后，DMAC 就产生一个"计数已到"或"过程结束"的信号，并发送给外设，外设收到此信号，则认为它请求传输的数据已传输完毕，于是就撤销 DMA 请求信号 DREQ，进而使总线保持信号 HOLD 和总线保持回答信号 HOLDACK 相继变为无效，DMAC 脱开三总线，DMAC 一侧的总线"浮空"，CPU 一侧的总线"接通"，CPU 收回总线控制权，又重新控制总线。至此，一次 DMA 传输结束。如果需要，还可以用"过程结束"信号发一个中断请求，请求 CPU 去处理 DMA 传输结束后的事宜。

以上是 I/O 设备与存储器之间 DMA 传输过程，如果是存储器与存储器之间的 DMA 传输，其过程稍有不同，主要是 DMA 申请不一样，前者是 I/O 设备从外部发 DREQ 提出请求，称为硬件请求（硬启动），而后者是用程序从内部对请求寄存器写命令提出请求，称为软件请求（软启动）。

6.2 DMA 操作

6.2.1 DMA 操作类型

DMA 传输操作主要是进行数据传输的操作，但也包括一些并不是进行数据传输的操作，如数据校验和数据检索等。

1. 数据传输

数据传输是把源地址的数据传输到目的地址去。一般来说，源地址和目的地址可以是存储器，也可以是 I/O 端口。并且，DMA 传输的读/写操作是站在存储器的立场来说的，即 DMA 读，是从存储器读；DMA 写，是向存储器写，而不是站在 I/O 设备的立场上来定义 DMA 读/写的。

2. 数据校验

校验操作并不进行数据传输，只对数据块内部的每个字节进行某种校验，因此，DMA 通道用于校验操作时，DMAC 不发送存储器或 I/O 设备的读/写控制信号。但是，DMA 过程的几个阶段还是一样，要由外设向 DMAC 提出申请，DMAC 响应，进入 DMA 周期，只不过进入 DMA 周期，不是传输数据，而是对一个数据块的每个字节进行校验，直到所规定的字节数校验完毕或外设撤除 DMA 请求为止。这种数据校验操作一般安排在读数据块之后，以便校验所读的数据是否有效。

3. 数据检索

数据检索操作和数据校验操作一样,并不进行数据传输,只是在指定的内存区域内查找某个关键字节或某几个关键数据位是否存在,如果存在,就停止检索。具体检索方法是,先把要查找的关键字节或关键数据位写入比较寄存器,然后从源地址的起始单元开始,逐一读出数据与比较寄存器内的关键字节或关键数据位进行比较,若两者一致(或不一致),则达到字节匹配(或不匹配),停止检索,并在状态字中标记或申请中断,表示要查找的字节或数据位已经查到了(或未找到)。

6.2.2 DMA 操作方式

DMA 操作方式是指进行上述每种 DMA 操作类型时,每次 DMA 操作所操作的字节数。一般都有 3 种操作方式。

1. 单字节方式

每次 DMA 操作(包括数据传输或数据校验或数据检索操作)只操作一个字节,即发出一次总线请求,DMAC 占用总线后,进入 DMA 周期只传输(或只校验或只检索)一个字节数据便释放总线。在单字节方式下,每次只能传输(或校验或检索)一个字节,要传输下一个字节,DMAC 必须重新向 CPU 申请占用总线。

2. 连续(块字节)方式

在数据块传输的整个过程中,只要 DMA 传输一开始,DMAC 就始终占用总线,直到数据传输结束或校验完毕或检索到"匹配字节"为止,才把总线控制权还给 CPU。即使在传输过程中 DMA 请求变得无效,DMAC 也不释放总线,只暂停传输或检索,它将等待 DMA 请求重新变为有效后,继续往下传输或检索。以这种方式传输,其速度很快,但由于在整个数据块的传输过程中一直占用总线,也不允许其他 DMA 通道参加竞争,因此,可能会产生冲突。

3. 请求(询问)方式

这种方式以外部是否有 DMA 请求来决定,有请求时,DMAC 才占用总线,直到数据传输结束,或检索到匹配字节,或校验完毕,或由外部送来过程结束信号时为止,当 DMA 请求无效时,DMAC 就会释放总线,把总线控制权交给 CPU。可见,请求方式只要没有计数结束信号 T/C 或外部施加的过程结束信号 EOP,且 DREQ 信号有效,DMA 传输就可一直进行,直至外设把数据传输或检索完毕为止。

6.3 DMA 控制器与 CPU 之间的总线控制权转移

6.3.1 DMA 控制器的两种工作状态

DMA 控制器是作为系统的主控者,在它的控制下,能够实现两种存储实体之间的直接高速数据传输,包括存储器之间、存储器与 I/O 设备之间的数据传输。因此,它与一般的外围接口芯片不同,具有接管和控制微机系统总线(包括数据、地址和控制线)的功能。但是,在它取得总线控制权之前,又与其他 I/O 接口芯片一样,接受 CPU 的控制。因此,DMA 控制器在系统中有两种工作状态——主动态和被动态,处在两种不同的地位——主控器和受控器。

在主动态时,DMAC 取代 CPU,获得了对系统总线的控制权,成为系统总线的主控者,向存储器和外设发号施令。此时,它通过总线向存储器发出地址,并向存储器和外设发读/写信号,以控制在存储器与外设之间或存储器与存储器之间直接传输数据。

在被动态时,它接受 CPU 对它的控制。例如,在对 DMAC 进行初始化编程及从 DMAC 读取状态时,它就如同一般 I/O 芯片一样,受 CPU 的控制,成为系统 CPU 的受控者。

那么,DMAC 是如何由被动态变为主动态的,这就是 DMA 控制器与 CPU 两个主设备之间的总线控制权转移的问题。

6.3.2 DMA 控制器与 CPU 之间的总线控制权转移

为了说明 DMAC 如何获得总线控制权和进行 DMA 传输的过程,可结合图 6.1 来分析。

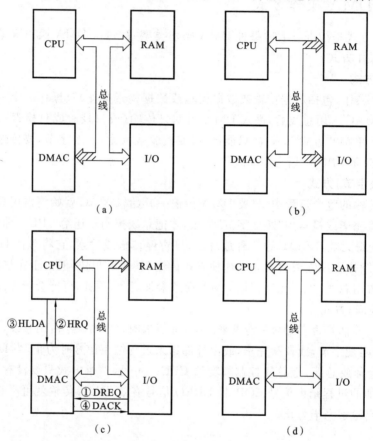

图 6.1 DMAC 与 CPU 对总线的控制示意图

图 6.1(a)表示:在不进行 DMA 传输时,总线由 CPU 占用,对 I/O 设备和存储器进行控制,此时 DMAC 与总线脱开(阴影线表示)。当 DMAC 初始化时,DMAC 与总线连接,CPU 通过总线向 DMAC 发送初始化信息,如图 6.1(b)所示。初始化之后,如果有 I/O 设备申请 DMA 传送,就进入 DMA 申请/响应的握手过程,如图 6.1(c)所示:①I/O 设备向 DMAC 发 DMA 请求信号 DREQ;②DMAC 接受请求,并向 CPU 发总线占有申请信号 HRQ;③CPU 若同意让出总线,则向 DMAC 发回总线占有允许信号 HLDA,让出总线;④DMAC 最后向 I/O 设备发回 DMA 请求回答信号 DACK,从此进入 DMA 传送周期。此后,DMAC 接管总线,进行 I/O 设备与存储器之间的直接数据传输,而 CPU 完全脱开总线,如图 6.1(d)所示(阴影线表示)。当 DMA 传送完毕,DMA 周期结束,DMAC 释放总线,总线的控制权又回到 CPU,恢复到图 6.1(a)所示的情况。

6.4 DMA 控制器 82C37A

82C37A 控制器有 4 个独立的通道,每个通道均有 64 K 寻址与计数能力,并且还可以用级联方式来扩充更多的通道。它允许在外设与存储器,以及存储器与存储器之间直接传输数据。它提供了多种控制方式和操作模式,82C37A 是一个高性能可编程的 DMAC。

6.4.1 DMA 控制器的外部特性

82C37A DMA 控制器引脚如图 6.2 所示。由于既可作主控者,又可作受控者,故其外部引脚的设置比较特殊,如它的 I/O 读/写线($\overline{IOR}$、$\overline{IOW}$)和部分地址线($A_0 \sim A_3$)都是双向的,另外,还设置了存储器读/写线($\overline{MEMR}$、$\overline{MEMW}$)和 16 位地址输出线($DB_0 \sim DB_7$、$A_0 \sim A_7$)。这些都是其他 I/O 接口芯片所没有的。

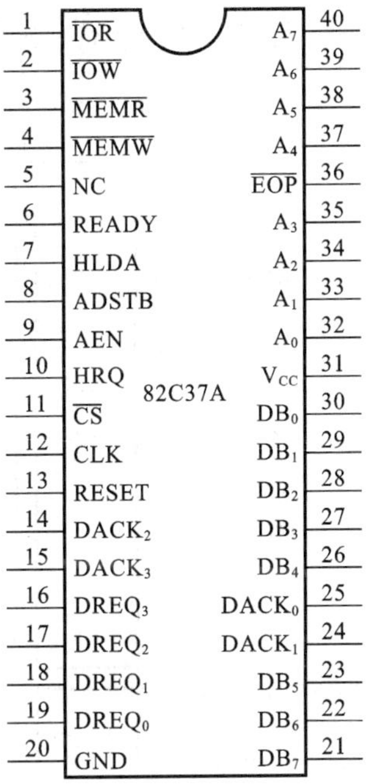

引脚功能如下。

- $DREQ_0 \sim DREQ_3$:4 个通道的 DMA 请求信号输入端,有效电平可高可低,由程序选定。在固定优先级方式下,$DREQ_0$ 的优先级最高,$DREQ_3$ 的优先级最低。
- $DACK_0 \sim DACK_3$:4 个通道的 DMA 应答信号输出端,有效电平可高可低,由程序选定。
- HRQ:由 82C37A 发给 CPU 总线请求信号,请求 CPU 让出总线,高电平有效。
- HLDA:由 CPU 返回给 82C37A 的总线应答信号,高电平有效。它有效时,表示 CPU 已让出总线。
- $\overline{IOR}/\overline{IOW}$:I/O 读/写信号,双向,低电平有效。主动态下为输出,对 I/O 设备进行读/写;被动态下为输入,接收 CPU 的命令、初始化参数或返回状态。

图 6.2 82C37A 外部引脚图

- $\overline{MEMR}/\overline{MEMW}$:存储器读/写信号,输出。仅在主动态下使用,进行存储器读/写。
- $\overline{CS}$:片选信号,低电平有效,表示 82C37A 被选中。在被动态下使用。
- $A_0 \sim A_3$:4 个低位地址线,双向三态。被动态下为输入,作为 82C37A 内部寄存器与计数器端口寻址,可产生 16 个端口;主动态下为输出,作为存储器地址的最低 4 位。
- $A_4 \sim A_7$:4 个地址线,输出。仅用于主态,作为存储器地址的一部分。
- $DB_0 \sim DB_7$:数据与地址复用线,双向三态。被动态下作数据线用,传送 CPU 的命令或返回状态;主动态下作地址线用,成为访问存储器的高 8 位地址线。可见,DMA 控制器 82C37A 最多只能提供 16 位地址。

另外,在存储器到存储器的 DMA 传输方式时,$DB_0 \sim DB_7$ 还作为数据的输入/输出端。

- ADSTB:地址选通信号,输出。当 $DB_0 \sim DB_7$ 作为高 8 位地址线时,ADSTB 是把这 8 位地址锁存到地址锁存器的输入选通信号。高电平允许输入,低电平锁存。
- AEN:地址允许信号,输出,是高 8 位地址锁存器的输出允许信号。高电平允许锁存器输出,低电平禁止锁存器输出。

AEN 还用来在 DMA 周期,禁止其他主设备占用系统总线。因此,在 I/O 端口地址译码时，AEN 作为控制信号参加译码，防止那些不采用 DMA 方式的 I/O 设备干扰那些采用 DMA 方式的设备的数据传输。这方面的应用可参考前面 I/O 地址译码技术。

* READY：准备就绪信号，输入，高电平有效。慢速 I/O 设备或存储器，若需要加入等待周期时，迫使 READY 处于低电平。一旦等待周期满足要求，该信号电位变高，表示准备好。
* $\overline{\text{EOP}}$：过程结束信号，双向，低电平有效。在 DMA 传输时，每传输一个字节，字节计数寄存器减 1，直至为 0 时，产生计数终止信号 $\overline{\text{EOP}}$ 负脉冲输出，表示传输结束。

若从外部在此端加负脉冲，则迫使 DMA 中止，强迫传输结束。不论采用内部终止或外部终止，当 $\overline{\text{EOP}}$ 信号有效（$\overline{\text{EOP}}=0$）时，即终止 DMA 传输并复位内部寄存器。

6.4.2 内部寄存器及编程命令

82C37A 的内部逻辑和寄存器框图如图 6.3 所示。

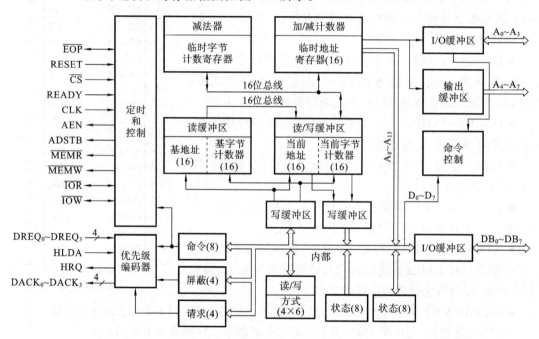

图 6.3 82C37A 内部逻辑与寄存器框图

82C37A 内部有 4 个独立通道，每个通道都有各自的 4 个寄存器，如基地址寄存器、当前地址寄存器、基字节计数寄存器、当前字节计数寄存器，另外还有各个通道共用的寄存器，如工作方式寄存器、命令寄存器、状态寄存器、屏蔽寄存器、请求寄存器及暂存寄存器等。

下面从编程使用的角度来讨论这些寄存器的含义与格式。各寄存器的端口地址分配如表 6.1 所示。

表 6.1 82C37A 寄存器及端口地址分配

通道	I/O 端口地址		寄存器	
	主片	从片	写/读操作	写操作
0	00	0C0	写/读通道 0 的当前地址寄存器	写通道 0 的基地址寄存器
	01	0C2	写/读通道 0 的当前字节计数寄存器	写通道 0 的基字节计数寄存器

续表

通道	I/O 端口地址		寄存器	
1	02	0C4	写/读通道 1 的当前地址寄存器	写通道 1 的基地址寄存器
	03	0C6	写/读通道 1 的当前字节计数寄存器	写通道 1 的基字节计数寄存器
2	04	0C8	写/读通道 2 的当前地址寄存器	写通道 2 的基地址寄存器
	05	0CA	写/读通道 2 的当前字节计数寄存器	写通道 2 的基字节计数寄存器
3	06	0CC	写/读通道 3 的当前地址寄存器	写通道 3 的基地址寄存器
	07	0CE	写/读通道 3 的当前字节计数寄存器	写通道 3 的基字节计数寄存器
公用	08	0D0	读状态寄存器	写命令寄存器
	09	0D2	—	写请求寄存器
	0A	0D4	—	写单个通道屏蔽寄存器
	0B	0D6	临时寄存器	写工作方式寄存器
	0C	0D8	—	写清除先/后触发器命令*
	0D	0DA	读暂存寄存器	写总清命令*
	0E	0DC	—	写清四个通道屏蔽寄存器命令*
	0F	0DE	—	写置四个通道屏蔽寄存器

* 为软命令

1. 基地址寄存器和当前地址寄存器

为了设置 DMA 传送的起始地址，每个通道都有两个地址寄存器——基地址寄存器和当前地址寄存器，均为 16 位。基地址寄存器存放 DMA 传输的起始地址，只能写，不能读；当前地址寄存器保存将被访问的下一个存储单元的地址，可读可写。两者的 I/O 端口地址相同。

在初始化时，由 CPU 以相同的地址值写入基地址寄存器和当前地址寄存器。传输过程中，基地址寄存器的内容保持不变。以便在自动预置时，将它的内容重新装入当前地址寄存器。

当前地址寄存器的内容在传输过程中是变化的，在每次传输后地址自动增 1（或减 1），直到传送结束。如果需要自动预置，则 $\overline{EOP}$ 信号使基地址值重新置入当前地址寄存器。

例如，若要求把 DMA 传送的起始地址 5678H 写入通道 0 的基地址寄存器和当前地址寄存器，则可以通过如下程序段来实现。端口地址为 00H。

```
MOV AX,5678H        ;DMA 传送的起始地址
OUT 00H,AL          ;写低字节
MOV AL,AH
OUT 00H,AL          ;写高字节
```

2. 基字节计数寄存器和当前字节计数寄存器

为了设置 DMA 传送的字节数，每个 DMA 通道有两个字节计数寄存器——基字节计数寄存器和当前字节计数寄存器，均为 16 位。基字节计数寄存器存放 DMA 传输的总字节数，只能写，不能读；当前字节计数寄存器存放 DMA 传输过程中没有传输完的字节数，可读可写。两者的 I/O 端口地址相同。

在初始化时，由 CPU 以相同的字节数写入基字节计数寄存器和当前字节计数寄存器。基字节计数寄存器在传输过程中内容保持不变，以便在自动预置时，将它的内容重新装入当前字节计数寄存器。

当前字节计数寄存器内容在传输过程中是变化的，在每次传输之后，字节数减 1，当它的值减为 0 时，便产生 $\overline{EOP}$，表示字节数传输完毕。如果采用自动预置，则 $\overline{EOP}$ 信号将基字节计数值重新装入当前计数寄存器。

在写基字节计数寄存器时应注意：82C37A 执行当前字节计数寄存器减 1 是从 0 开始的，所以，若要传输 N 字节，则写基字节计数寄存器的字节总数应为 N−1。

例如，要求把 DMA 传送的字节数 3FFH 写入通道 1 的基字节计数寄存器和当前字节计数寄存器，可以通过如下程序段来实现。端口地址为 01H。

```
MOV AX,3FFH       ;DMA 传送的字节数
DEC AX            ;字节数减 1
OUT 01H,AL        ;写低字节
MOV AL,AH
OUT 01H,AL        ;写高字节
```

3. 命令寄存器和状态寄存器

命令寄存器为只写寄存器，状态寄存器为只读寄存器。两者的 I/O 端口地址相同，端口地址为 08H。

(1) 命令寄存器

用来控制 82C37A 所有通道的操作，其内容由 CPU 写入，由复位信号 RESET 和总清命令清除。各命令位的功能如图 6.4 所示。

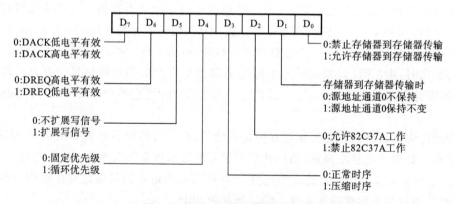

图 6.4　82C37A 命令寄存器格式

8 位命令字每一位的含义在图 6.4 中已经说明，下面对几个特殊位作一些解释。

● D_1 用于存储器到存储器传输，若不进行存储器到存储器传送，则该位无意义。规定把通道 0 的地址寄存器作为源地址，并且这个地址可以保持不变，这样可把同一个源地址存储单元的数据写到一组目标存储单元中去。$D_1=1$，允许保持通道 0 地址不变；$D_1=0$，禁止保持通道 0 地址不变。

● D_3 位用于选择工作时序，$D_3=0$，采用标准（普通）时序（保持 S_3 状态）；$D_3=1$，为压缩时序（去掉 S_3 状态）。工作时序如图 6.10 所示。

● D_5 用于选择写操作方式，$D_5=0$，采用延迟写（写入周期滞后读）；$D_5=1$，为扩展写（与读

同时)。

例如,微机系统中,82C37A 按如下要求工作:禁止存储器到存储器进行 DMA 传输,允许在 I/O 设备和存储器之间进行,按正常时序,滞后写入,固定优先级,允许 82C37A 工作,DREQ 信号高电平有效,DACK 信号低电平有效,其命令字为 00000000B=00H。

```
MOV AL,00H        ;命令字
OUT 8,AL          ;命令寄存器端口
```

(2) 状态寄存器

状态寄存器用于寄存 82C37A 的内部状态,包括通道是否有请求发生,以及数据传送是否结束,格式如图 6.5 所示。端口地址为 08H。

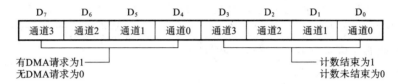

图 6.5　82C37A 状态寄存器格式

例如,检测通道 1 是否有 DMA 请求,其程序段如下:

```
L: IN AL,08H      ;读状态寄存器
   AND AL,20H     ;检测通道1是否有请求
   JZ L           ;无请求等待
```

4. 方式寄存器

方式寄存器用于设置每一个通道的工作方式。它包括 DMA 传输的操作类型、操作方式、地址增减方向、是否要求自动预置。其格式如图 6.6 所示。端口地址为 0BH。

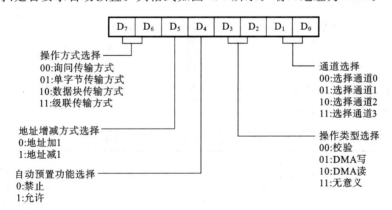

图 6.6　82C37A 方式寄存器格式

方式命令字各字段的含义如图 6.6 所示,下面仅说明两点。

① DMA 读/写是指从内存读出和向内存写入。

② 所谓自动预置是当完成一个 DMA 操作,出现 $\overline{EOP}$ 负脉冲时,把基值(地址、字节计数)寄存器的内容装入当前(地址、字节计数)寄存器中,又从头开始同一操作。

例如,对磁盘的访问采用 DMA 方式,选择 DMA 通道 2,单字节传输,地址增 1,不使用自动预置。其磁盘读、磁盘写,以及磁盘校验操作的方式字如下。

读磁盘操作,即 DMA 写操作的方式字为 01000110B=46H;

写磁盘操作,即 DMA 读操作的方式字为 01001010B=4AH;

校验磁盘操作,即 DMA 校验操作的方式字为 01000010B=42H。

因此,若采用上述方式从磁盘上读出的数据存放到内存区,则方式字为 01000110B=46H。如果从内存取出数据写到磁盘上,则方式字为 01001010B=4AH。

5. 请求寄存器

当存储器到存储器进行 DMA 传输时,使用软件请求方式,由内部通过请求寄存器申请。这种软件请求 DMA 传输操作必须是块传输方式,并且在传输结束后,$\overline{EOP}$ 信号会清除相应的请求位,因此,每执行一次软件请求 DMA 传输,都要对请求寄存器编程一次,如同 I/O 设备发出的 DREQ 请求信号一样。RESET 信号清除整个请求寄存器。软件请求是不可屏蔽的。该寄存器只能写,不能读,其格式如图 6.7 所示。端口地址为 09H。

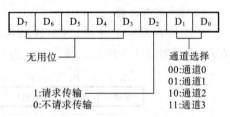

图 6.7　请求寄存器格式

例如,若用软件请求使用通道 1 进行 DMA 传输,则向请求寄存器写入 05H 代码即可。

```
MOV AL,00000101B      ;请求通道1进行DMA传输
OUT 9H,AL             ;请求寄存器端口
```

6. 屏蔽寄存器

屏蔽寄存器是只写寄存器,用以设置各通道的屏蔽位。当屏蔽位置 1 时,禁止 DMA 申请;屏蔽位置 0 时,允许 DMA 申请。如果不要求自动预置,则当该通道遇到 $\overline{EOP}$ 信号时,它所对应的屏蔽位置 1。屏蔽寄存器有两个,因此其设置有两种方法:只对 1 个通道单独设置和同时设置 4 个通道。

(1) 单通道屏蔽寄存器

单通道屏蔽寄存器每次只能屏蔽一个通道,通道号由 D_1D_0 位决定。通道号选定后,若 D_2 置 1,则禁止该通道请求 DREQ;若 D_2 置 0,则开放该通道请求 DREQ。$D_3 \sim D_7$ 位不用,写 0。该寄存器只写,不能读,格式如图 6.8 所示。端口地址为 0AH。

例如,如果要求 82C37A 的通道 2 开放,则屏蔽命令字为 00000010B;如果要使通道 2 屏蔽,则屏蔽命令字为 00000110B。

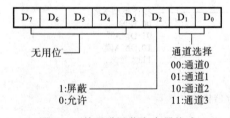

图 6.8　单通道屏蔽寄存器格式

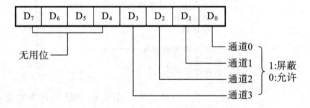

图 6.9　4 通道屏蔽寄存器格式

(2) 4 通道屏蔽寄存器

4 通道屏蔽寄存器可同时屏蔽 4 个通道,也可以只屏蔽其中的 1 个或几个。该寄存器只使用低四位,写 1,屏蔽;写 0,开放,格式如图 6.9 所示。端口地址为 0FH。

例如,若使用 4 通道屏蔽寄存器,要求只开放通道 2,则屏蔽命令字为 00001011B;若要求只屏蔽通道 2,则屏蔽命令字为 0000×1××B。

例如,为了在每次磁盘读/写操作时,进行 DMA 初始化,都必须开放通道 2,以便响应磁

盘的 DMA 请求,可采用下述两种方法之一来实现。

① 使用单通道屏蔽寄存器(0AH)。

  MOV AL, 00000010B   ;最低 3 位为 010,开放通道 2

  OUT 0AH, AL   ;写单通道屏蔽寄存器

② 使用 4 通道屏蔽寄存器(0FH)。

  MOV AL, 00001011B   ;最低 4 位为 1011,仅开放通道 2

  OUT 0FH, AL   ;写 4 通道屏蔽寄存器

与 4 通道屏蔽寄存器相对应,82C37A 还设有一个清 4 通道屏蔽寄存器命令,即开放 4 个通道,其端口地址是 0EH,属于软命令,在后面介绍。

7. 暂存寄存器

用于存储器到存储器传输时暂时保存从存储区源地址读出的数据,以便写入目标存储区。RESET 信号和总清除命令可清除暂存寄存器的内容。若不进行存储器到存储器的传输,就不使用暂存寄存器。

8. 软命令

所谓软命令,就是只要对特定的端口地址进行一次写操作(即 $\overline{CS}$ 和芯片内部寄存器地址及 $\overline{IOW}$ 同时有效),命令就生效,而与写入的具体代码(数据)无关。82C37A 可执行 3 条软命令:清先/后触发器命令、总清除命令和清屏蔽寄存器命令。

(1) 清先/后触发器命令

在向 16 位基地址和基字节计数器进行写操作时,要分两次写入,先低 8 位,后高 8 位。为了控制写入次序,应设置先/后触发器。先/后触发器有两个状态——0 态和 1 态。0 态时,读/写低 8 位;1 态时,读/写高 8 位。因此,在写入基地址和基字节数之前,要将先/后触发器清为 0 态,以保证先写入低 8 位。该触发器具有自动翻转的功能,在写入低 8 位后,会自动翻转为 1 态,准备接收高 8 位数据。端口地址为 0CH。

执行清先/后触发器命令的程序段如下。

  MOV AL, 0AAH   ;AL 为任意值

  OUT 0CH, AL   ;将先/后触发器置为 0 态

(2) 总清除命令

它与硬件复位 RESET 信号作用相同,它使"命令"、"状态"、"请求"、"暂存"寄存器及"先/后触发器"清除,系统进入空闲状态,并且使屏蔽寄存器全部置位,禁止所有通道的 DMA 请求。端口地址为 0DH。

执行总清除命令的程序段如下。

  MOV AL, 0BBH   ;AL 为任意值

  OUT 0DH, AL   ;执行总清

(3) 清屏蔽寄存器命令

该命令清除 4 个通道的屏蔽位,开放 4 个通道的 DMA 请求,接受 DMA 请求。端口地址为 0EH。

执行清屏蔽寄存器命令的程序段如下。

  MOV AL, 0CCH   ;AL 为任意值

  OUT 0EH, AL   ;开放 4 个通道

6.4.3 DMA 控制器的工作时序

DMA 控制器的工作时序包括两种操作周期——DMA 空闲周期和 DMA 有效周期,它们分别对应于 DMA 控制器的两种工作状态——被动状态和主动状态;另外,还有一个从空闲周期到有效周期的过渡状态。DMA 控制器的工作时序如图 6.10 所示。

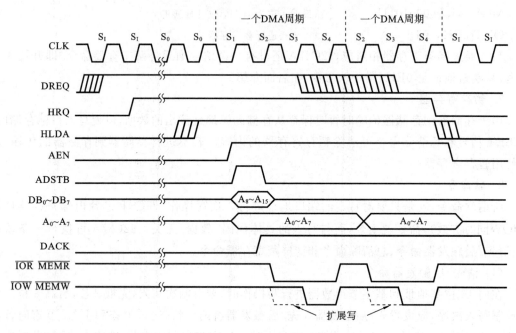

图 6.10 82C37A 的工作时序

1. DMA 空闲周期 S_I

当初始化后,如果所有的通道都没有收到 DMA 请求,则 82C37A 就处于空闲周期 S_I。

2. 过渡状态 S_0

从发出总线请求信号 HRQ 开始,82C37A 进入过渡状态 S_0,直到收到有效的 HLDA 信号后,进入 DMA 有效周期。过渡状态 S_0 是 82C37A 由被动工作状态过渡到主动工作状态的阶段。

3. DMA 有效周期

在 CPU 发出总线响应信号 HLDA 后,82C37A 接管总线,进入 DMA 有效周期,开始 DMA 传送。通常一个 DMA 传输周期由 4 个状态周期 S_1、S_2、S_3、S_4 组成,如果设备的传送速度较慢,不能在指定时间内完成操作,82C37A 在 S_3 与 S_4 之间插入等待状态周期 S_W,以保证数据传送能正常完成。

● S_1:更新存储器高 8 位地址的状态周期。82C37A 将存储器的高 8 位地址送到数据线 $DB_0 \sim DB_7$ 上,利用 ADSTB 的下降沿把高 8 位地址 $A_8 \sim A_{15}$ 锁存到地址锁存器中。

S_1 是只在地址的低 8 位有向高 8 位进位或借位时才出现的状态周期,否则,省去 S_1 状态周期。因此,可能在低 8 位的 256 次传输中只有一个 DMA 周期中有 S_1。图 6.10 所示为先后 2 个字节的 DMA 传输周期。在第二个字节传输周期时,由于高 8 位地址未变,所以没有 S_1 状态周期。

● S_2:输出有效地址的状态周期。在 S_2 中,82C37A 分别向存储器发 16 位地址,向 I/O 设备发 DACK 信号,完成寻址存储单元和 I/O 设备的功能。

- S_3:读状态周期。在 S_3 中,82C37A 发出存储器读命令(DMA 读操作)或 I/O 读命令(DMA 写操作),将内存或 I/O 中的数据读出放到数据信号线 $DB_0 \sim DB_7$ 上。

若采用压缩时序,则去掉 S_3 状态,将读命令宽度压缩到写命令的宽度,即读周期和写周期同为 S_4。因此,在成组连续传输且不更新高 8 位地址的情况下,一次 DMA 传输可压缩到 2 个时钟周期(S_2 和 S_4),这可获得更高的数据吞吐量。

- S_4:写状态周期。在 S_4 中,82C37A 发出 I/O 写命令(DMA 读操作)或存储器写命令(DMA 写操作),将数据线 $DB_0 \sim DB_7$ 上的数据写入到 I/O 或存储器中。

若采用提前写(扩展写),则在 S_3 中同时发出 $\overline{MEMW}$(DMA 写操作)或 $\overline{IOW}$(DMA 读操作)写命令,即把写命令提前到与读命令同时从 S_3 开始(如虚线所示),或者说,写命令和读命令一样扩展为 2 个时钟周期。

- S_W:等待状态周期。若设备的速度较慢,在 S_3 状态之后插入 S_W 状态。

上述 DMA 控制器 82C37A 的时序可用状态流程图表示,如图 6.11 所示。

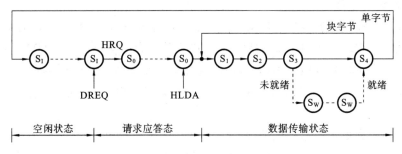

图 6.11 82C37A 内部状态流程图

从图 6.11 可以看出,S_4 状态开始前,82C37A 检测就绪(READY)端的输入信号,如果未就绪,即 READY 信号为低电平,则在 S_3 和 S_4 之间插入等待状态周期 S_W(如图 6.11 中虚线所示);如果已就绪,即 READY 为高电平,则不插入 S_W,82C37A 直接进入 S_4 状态周期。

6.5 微机中 DMA 系统的组成与初始化

6.5.1 DMA 系统组成

由两片 DMA 控制器、DMA 页面地址寄存器,以及总线裁决逻辑构成一个完整的 DMA 系统。

1. DMA 控制器

微机使用两片 82C37A,以主从方式进行级联,支持 7 个独立的通道。主片 $DMAC_1$ 管理通道 0～通道 3,支持 8 位数据传输;从片 $DMAC_2$ 管理通道 5～通道 7,支持 16 位数据传输。通道 4 作为两片 82C37A 的级联线,即把 $DMAC_1$ 的 HRQ 引脚接到 $DMAC_2$ 的 $DREQ_4$ 引脚,如图 6.12 所示。

值得注意的是,当 $DMAC_2$ 的通道 4 响应 $DMAC_1$ 的 DMA 请求时,它本身并不发出地址和控制信号,而由 $DMAC_1$ 当中请求 DMA 传输的通道占有总线并发送地址和控制信号,行使主控制器的功能。

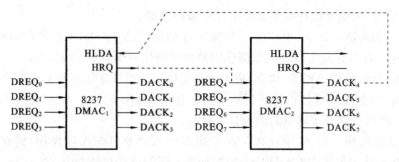

图 6.12 DMA 系统的 DMAC 级联示意图

系统分配给 DMA 控制器的端口地址为 0000H～000FH,用于主片 $DMAC_1$ 的 DMA 通道 0～3,00C0H～00DFH 用于从片 $DMAC_2$ 的通道 4～7。DMA 控制器芯片内部寄存器端口地址如表 6.1 所示。从表 6.1 可知,从片控制器只能在偶地址编程,其起始端口定为 00C0H,每个端口地址间隔为 2。

2. 页面地址寄存器

由于 82C37A 控制器最多只能提供 16 位地址线,这对超过 16 位地址的存储器访问就显得不够用。为此,需要在 PC 微机的 DMA 系统中为每一个通道设置一个 DMA 页面地址寄存器,以提供 16 位以上的地址线。例如,若访问的存储器是 20 位地址,则由页面地址寄存器提供高 4 位地址 A_{16}～A_{19}。如果访问的存储器是 24 位地址,则由页面地址寄存器提供高 8 位地址。

页面地址寄存器的功能与地址锁存器类似,由 IC 芯片构成,例如 74LS670。它是具有三态输出的 4 个 4 位寄存器组(寄存器堆),可以分别存放 4 个 DMA 通道的高 4 位地址,构成 20 位地址。组内各寄存器有独立的端口地址,可分别进行读写,当 DMA 传送的内存首址超过 16 位地址时,才使用页面地址。DMA 页面地址寄存器端口地址如表 6.2 所示。

表 6.2 DMA 页面地址寄存器端口地址

通道号	0	1	2	3	5	6	7
端口地址	87H	83H	81H	82H	8BH	89H	8AH

3. I/O 设备寻址方法

如上所述,82C37A 提供的 16 位地址线已全部用于内存寻址,也就无法同时提供给 I/O 设备地址。那么,82C37A 是如何对 I/O 设备进行寻址的呢?

原来,对请求以 DMA 方式传输的 I/O 设备,在进行读/写数据时,只要 DACK 信号和 $\overline{RD}$ 或 $\overline{WR}$ 信号同时有效,就能完成对 I/O 设备端口的读/写操作,而与 I/O 设备的端口地址无关。或者说,DACK 代替了接口芯片选择的功能。可以将 I/O 设备与存储器之间进行的 DMA 数据传输看成是存储器的多个存储单元与 I/O 设备的一个端口(固定)之间的数据传输。

6.5.2 DMA 系统初始化

根据上述组成和 82C37A 在 DMA 系统中的作用,系统对 82C37A 初始化的设置作如下规定:指定 82C37A 为非存储器到存储器方式,允许 82C37A 工作,采用正常时序,固定优先级,滞后写,DREQ 高电平有效,DACK 低电平有效。因此,82C37A 在系统中总是按照这一初始化的规定进行工作。这就是 DMA 系统初始化的内容。

上述 DMA 系统初始化内容由 82C37A 的命令字给出,其代码为 00000000B,系统上电时由 BIOS 将它写入命令寄存器的端口即完成了 DMA 的初始化。其程序段如下。

```
MOV AL,00H          ;DMA 初始化代码
OUT 08H,AL          ;DMA 命令寄存器
```

6.6 用户对系统 DMA 资源的使用

当用户在使用系统的 DMA 资源时,不需要做 DMA 的硬件设计,也不需要重新进行 DMA 的初始化,因为初始化已经由系统做好了。

但 DMA 操作类型、操作方式、传送的首地址、字节数及通道号是由用户决定的,因此,82C37A 的方式寄存器、地址寄存器(基/当前)和字节数计数器(基/当前)等的内容是要根据应用需要由用户设定,称为 DMA 传输参数设置。所以,用户程序并非需要对 DMA 控制器的所有 16 个寄存器一一编程。

PC 微机中,DMA 控制器 82C37A 的通道 0 用于 DRAM 刷新,通道 1 由系统保留,通道 2 用于硬盘,通道 3 用于软盘。因此,用户可用的 DMA 通道是通道 1。

6.6.1 DMA 传输参数设置

在系统已经对 DMA 控制器进行初始化的基础上,用户编程使用 DMA 时,需要进行 DMA 传输参数设置,其内容如下。

(1) 向命令寄存器写入命令字

设置命令寄存器,进行系统初始化,由系统完成,不需要用户来写。

(2) 向方式寄存器写入方式字

确定所选用的通道号、DMA 传输的操作类型、操作方式、地址增减方式、自动预置及通道选择。

(3) 屏蔽所选用的通道

为了防止正在进行初始值设置期间,另有 DMA 请求打断尚未完成的初始值设置而出错,先屏蔽该通道,初始值设置后再开放该通道。

(4) 置先/后触发器为 0 态

执行清先/后触发器,使其处于 0 态,为设置地址寄存器和字节计数寄存器做准备。

(5) 写基地址寄存器

把 DMA 传输的存储器首地址写入所选用通道号的基地址寄存器。

(6) 写页面地址寄存器

把页面地址写入所选用通道号的页面地址寄存器。如果所访问的存储器不超过 16 位,就不写。

(7) 写基字节计数寄存器

把要传输的字节数减 1,写入所选用通道号的基字节计数寄存器。

(8) 解除所选通道的屏蔽

初始值设置后,解除所选用通道号的屏蔽,开放通道,等待 I/O 设备的 DMA 请求。

6.6.2 传输参数设置举例

某数据采集系统所采集的 400H 个字节的数据,采用 DMA 系统中 82C37A 的通道 1,传

输到起始地址为 F0000H 的内存。其传输参数设置汇编语言程序段如下(程序中的变量 DMA 地址是 00H)。

```
        MOV AL,00H              ;命令字(DACK 为低电平有效、DREQ 为高电平有效,正常时序固定优先级)
                                ;允许 82C37A 工作
        OUT DMA+08H,AL          ;写入命令寄存器
;以上程序段进行 DMA 控制器初始化,由系统完成,不需要用户写
        CLI                     ;关中断
;设置工作方式
        MOV AL,45H              ;方式命令(单字节,地址加 1,非自动预置,DMA 写,通道 1)
        OUT DMA+0BH,AL          ;写入方式寄存器
        MOV AL,05H              ;屏蔽通道 1
        OUT DMA+0AH,AL          ;写入单个屏蔽寄存器
        OUT DMA+0CH,AL          ;清除先/后触发器(AL 可以为其他的任意数据)
;设置内存地址寄存器和页面寄存器
        MOV AX,00H              ;16 位内存地址
        OUT DMA+02,AL           ;写入低 8 位地址到通道 1 的基地址寄存器
        MOV AL,AH
        OUT DMA+02,AL           ;写入高 8 位地址到通道 1 的基地址寄存器
        MOV AL,0FH              ;页面地址为 0FH
        OUT 83H,AL              ;写入页面地址到通道 1 的页面地址寄存器
;设置传送字节计数器
        MOV AX,400H             ;传输字节数
        DEC AX                  ;字节数减 1
        OUT DMA+03,AL           ;写入低 8 位字节数到通道 1 的基字节计数寄存器
        MOV AL,AH
        OUT DMA+03,AL           ;写入高 8 位字节数到通道 1 的基字节计数寄存器
        STI                     ;开中断
;开放通道 1
        MOV AL,01H              ;开放通道 1,允许响应 DREQ₁ 请求
        OUT DMA+0AH AL          ;写入单个屏蔽寄存器
```

DMA 传输参数设置 C 语言程序段如下。

```
        disable();                          //关中断
        outportb(DMA+0x0B,45);              //方式命令(单字节,地址加 1,非自动预置,DMA 写,通道 1)
        outportb(DMA+0x0A,0x05);            //屏蔽通道 1
        outportb(DMA+0x0c,0x05);            //清除先/后触发器(AL 可以为其他的任意数据)
//设置内存地址寄存器和页面寄存器
        outportb(DMA+0x02,0x00);            //16 位内存地址,先写低 8 位
        outportb(DMA+0x02,0x00);            //再写高 8 位
        outportb(0x83,0x0f);                //页面地址为 0FH
//设置传送字节计数器
        outportb(DMA+0x03,0x0ff);           //写入低 8 位字节数到通道 1 的基字节计数寄存器
```

```
    outportb(DMA+0x03,0x03);      //写入高8位字节数到通道1的基字节计数寄存器
    enable();                      //开中断
    outportb(DMA+0x0A,0x01);      //开放通道1,允许响应 DREQ₁ 请求
⋮
```

以上是传输参数设置程序段,传输参数设置好以后,等待 I/O 设备发出 DMA 请求,正式启动 DMA 传输,直到设定的字节数传输结束。

DMA 传送方式的应用主要在要求大批量、高速传送的系统中(例如,在磁盘与内存交换数据),一般外设中使用较少,所以它不如中断传送方式使用那样普遍。

习 题 6

1. 什么是 DMA 方式? 在什么情况下采用 DMA 方式传送?
2. 采用 DMA 方式为什么能够实现高速传送?
3. DMA 传送过程一般有哪几个阶段?
4. DMA 传送一般有哪几种操作类型和操作方式?
5. DMA 控制器在微机系统中有哪两种工作状态? 其各自工作特点如何?
6. DMA 控制器作为微机系统的主控者与 CPU 是如何实现总线控制权转移的?
7. DMA 控制器的地址线和读写控制线与一般的接口控制芯片的相应信号线有什么不同?
8. 从软件模型的观点来看,可编程 DMA 控制器 82C37A 内部设置了 19 个寄存器,了解与熟悉这些寄存器的功能与内容是设计 DMA 传送方式的基础,你了解它们吗?
9. 什么叫软命令? 82C37A 有几个软命令?
10. 82C37A DMA 控制器在访问存储器时,为什么要使用 DMA 页面地址寄存器? 页面地址寄存器的作用如何?
11. DMA 控制器在访问 I/O 设备时,为什么不发端口地址就能访问? DMA 控制器 82C37A 是怎样实现对 I/O 设备的寻址访问的?
12. 82C37A 作为微机系统的外围支持芯片,系统对 82C37A 的初始化设置作了哪些规定?
13. 实际中,对 DMA 资源的应用有两种情况,一是利用系统的 DMA 资源,一是自行设计 DMA 系统。用户对这两种应用情况所做的工作有什么不同? 用户是否可以对系统的 DMA 控制器重新初始化? 为什么?
14. 利用微机系统的 DMA 资源进行 DMA 传送时,用户一般只需要作 DMA 传输参数设置,这涉及 82C37A 的哪几个寄存器? 其传输参数设置编程的步骤是怎样的?
15. 如何进行 DMA 传输的传输参数设置? (可参考 6.6.2 节传输参数设置举例)

第7章 并行接口

7.1 并行接口的特点

所谓并行接口,是指接口电路与 I/O 设备之间采用多根数据线进行数据传输。相对于串行接口,并行接口有如下基本特点。

① 以字节、字或双字宽度,在接口与 I/O 设备之间的多根数据线上传输数据,因此数据传输速率较快。

② 除数据线外,还可设置握手联络信号线,易于实现异步互锁协议,提高数据传输的可靠性。

③ 所传输的并行数据的格式、传输速率和工作时序,均由被连接或控制的 I/O 设备操作的要求所决定,并行接口本身对此没有固定的规定,使用起来很自由。

④ 在并行数据传输过程中,一般不作差错检验和传输速率控制。

⑤ 并行接口用于近距离传输。

⑥ 由于实际应用中并行传输的 I/O 设备比串行传输的要多,因此并行接口使用很广泛。

从上述特点可以得知,并行接口是一种多线连接、使用自由、应用广泛、适于近距离传输的接口。因此,并行接口是微机接口技术的基本内容,应该熟练掌握。

7.2 并行接口电路结构形式

并行接口电路的形式有多种选择,可采用一般的 IC 电路、可编程的并行接口芯片及可编程的逻辑阵列器件。

1. 一般的 IC 电路

三态缓冲器和锁存器组成并行接口。例如,采用三态缓冲器 74LS244 构造 8 位端口与系统数据总线相连,形成输入接口,通过它可从 I/O 设备(如 DIP 开关)读取开关状态。

采用锁存器 74ALS373 构造 8 位端口与系统数据总线相连,形成输出接口,通过它向 I/O 设备(如 LED 指示灯)发出控制信号使 LED 发光。

这类并行接口可用于对一些简单的 I/O 设备进行控制。

2. 可编程并行接口芯片

可编程并行接口芯片,如 82C55A,功能强、可靠性高、通用性好,并且使用灵活方便,因此成为并行接口设计的首选芯片。本章将重点讨论基于可编程并行接口芯片的并行接口。

3. CPLD/FPGA 器件

采用 CPLD/FPGA 器件,利用 EDA(Electronic Design Automation,电子设计自动化)技术来设计并行接口,可以实现复杂的接口功能,并且可以将接口中的辅助电路,如 I/O 端口地址译码电路都包含进去,这是今后接口设计的发展趋势。

CPLD 和 FPGA 是大规模或超大规模可编程逻辑阵列芯片。EDA 是以计算机为平台,把应用电子技术、计算机技术、智能化技术有机地相结合而形成的电子 CAD 通用软件包,可用于 IC 设计、电子电路设计和 PCB 设计。两者结合所产生出来的电子电路的功能是非常强大的,而且灵活多样,可满足不同复杂度接口电路的要求。

采用这种方案设计接口电路时,需要使用硬件描述语言(如 Verilog HDL)和专门的开发工具,显然所涉及的知识面更广,因而难度稍有增加。

7.3 可编程并行接口芯片 82C55A

82C55A 可编程外围接口(Programmable Peripheral Interface)是一个通用型、功能强且成本低的接口芯片。82C55A 可把任意一个 TTL 兼容的 I/O 设备与微处理器相连接(通过总线)。因此,82C55A 非常流行。

7.3.1 82C55A 外部特性

82C55A 是一个单+5 V 电源供电、40 个引脚的双列直插式组件,其外部引脚如图 7.1 所示。其引脚也分为面向系统总线和面向 I/O 设备信号线两部分。

1. 面向系统总线的信号线

● 数据线 $D_0 \sim D_7$,三态双向。

● 地址线 $\overline{CS}$ 片选信号,低电平有效;A_1、A_0 芯片内部端口地址寻址,可形成 4 个端口地址。

● 控制线读/写信号 $\overline{RD}/\overline{WR}$,低电平有效;复位信号 RESET,高电平有效,其作用是清除 82C55A 的内部寄存器,并将 3 个 8 位端口全部置为 0 方式输入,直到在初始化程序段中用方式命令才能改变,使其进入用户所选的工作方式。

2. 面向 I/O 设备的信号线

● $PA_0 \sim PA_7$,A 端口的输入/输出线。

● $PB_0 \sim PB_7$,B 端口的输入/输出线。

● $PC_0 \sim PC_7$,C 端口的输入/输出线。

这 24 根信号线均可用来连接 I/O 设备,通过它们可以传送数字量信息或开关量信息。其中,A 端口和 B 端口只作输入/输出的数据端口用。C 端口的使用比较特殊,它除作数据端口外,还可作状态端口、专用联络线和按位控制用。C 端口的具体用途如下:

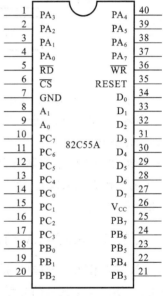

图 7.1 82C55A 外部引脚

① 作数据端口。C 端口作数据口时与 A 端口、B 端口不一样,它是把 8 位分成高 4 位和低 4 位两部分,高 4 位 $PC_4 \sim PC_7$ 与 A 端口一起组成 A 组,低 4 位 $PC_0 \sim PC_3$ 与 B 端口组成 B 组。因此,C 端口作数据端口输入/输出时,是 4 位一起行动,即使只使用其中的一位,也要 4 位一起输入/输出。

② 作状态端口。82C55A 在 1、2 方式下,有固定的状态字,是从 C 端口读入的。此时,C 端口就是 82C55A 的状态口。而 A 端口和 B 端口不能作 82C55A 本身的状态端口用。

③ 作专用(固定)联络信号线。82C55A 的 1、2 方式是一种应答方式,在传送数据的过程中需要进行应答的联络信号。因此,在 1、2 方式下,C 端口的大部分引脚分配作固定的联络线

用。虽然,A端口和B端口的引脚有时也作联络信号用,但它们不是固定的。

④ 作按位控制用。C端口的8个引脚可以单独从1个引脚输出高/低电平。此时,C端口是作按位控制用,而不是数据输出用的。

7.3.2 82C55A内部结构

82C55A内部包含4个部分:数据总线缓冲器;读/写控制逻辑;输入/输出端口PA、PB、PC;A组和B组控制电路的内部结构如图7.2所示。

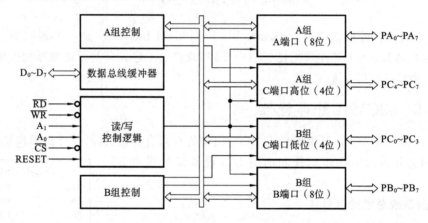

图7.2 82C55A内部结构框图

其中,3个8位输入/输出端口(Port),提供给用户连接I/O设备使用。每个端口包含一个数据输入寄存器和一个数据输出寄存器。输入时端口有三态缓冲器的功能,输出时端口有数据锁存器功能。

A组和B组两个控制电路的作用是:A组控制控制A端口和C端口的上半部($PC_7 \sim PC_4$)的工作方式和输入/输出,B组控制控制B端口和C端口的下半部($PC_3 \sim PC_0$)的工作方式和输入/输出。

7.3.3 82C55A的端口地址

82C55A作为并行接口,是PC微机系统的系统资源,系统分配给82C55A的端口地址如表3.1所示。4个地址的分配是:PA端口为60H,PB端口为61H,PC端口为62H,命令与状态口为63H。

另外,用户根据需要可以在自己的应用系统中扩展并行接口,用户扩展的82C55A端口地址如表3.3所示。4个端口地址是:PA端口为300H,PB端口为301H,PC端口为302H,命令与状态端口为303H。

7.3.4 82C55A工作方式

82C55A有3种工作方式,由于其功能不同、工作时序及状态字不一样、与CPU及I/O设备两侧交换数据的方式不一样,因而在接口设计时,硬件连接和软件编程也不一样,所以要研究和分析82C55A的工作方式。

1. 0方式——基本输入/输出方式

特点:82C55A一次初始化只能把某个并行端口置成输入或输出,即单向输入/输出,不能一次初始化给置成既输入又输出;不要求固定的联络(应答)信号,无固定的工作时序和固定的工作状态字;适用于无条件或查询方式与 CPU 交换数据,不能采用中断方式交换数据。因此,0 方式使用起来不受什么限制。

功能:A 端口作数据端口(8 位并行);B 端口作数据端口(8 位并行);C 端口作数据端口(4 位并行,分高 4 位和低 4 位),或作位控,按位输出逻辑 1 或逻辑 0。

2. 1 方式——选通输入/输出方式

特点:82C55A 一次初始化只能把某个并行端口置成输入或输出,即单向输入/输出;要求固定的联络(应答)信号,有固定的工作时序和固定的工作状态字。适用于查询或中断方式与 CPU 交换数据,不适用无条件方式交换数据。因此,82C55A 的 1 方式,使用起来要受到工作时序、联络握手过程的限制。

功能:A 端口作数据端口(8 位并行);B 端口作数据端口(8 位并行);C 端口可有 4 种功能,分别为:① 作 A 端口和 B 端口的固定联络信号线;② 作数据端口,未分配作固定联络信号的引脚可作数据线用;③ 作状态端口,读取 A 端口和 B 端口的状态字;④ 作位控,按位输出逻辑 1 或逻辑 0。

3. 2 方式——双向选通输入/输出方式

特点:一次初始化可将 A 端口置成既输入又输出,具有双向性;要求有两对固定的联络信号,有固定的工作时序和固定的工作状态字;适用于查询和中断方式与 CPU 交换数据,特别是在要求与 I/O 设备进行双向数据传输时很有用。

功能:A 端口作双向数据端口(8 位并行);B 端口作数据端口(8 位并行);C 端口有 4 种功能,与 1 方式类似。

7.3.5 82C55A 编程命令

82C55A 有两个编程命令,即工作方式命令和对 C 端口的按位操作(置位/复位)命令,它们是用户使用 82C55A 来组建各种接口电路的重要工具。下面讨论这两个命令的作用及格式。

1. 方式命令

方式命令,又称初始化命令。显然,这个命令应出现在 82C55A 开始工作之前的初始化程序段中。方式命令的作用与格式如下。

① 作用:指定 82C55A 的工作方式及其方式下 82C55A 三个并行端口的输入/输出功能。
② 格式:8 位命令字的格式与含义如图 7.3 所示。

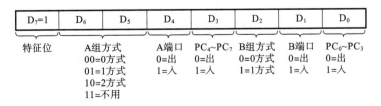

图 7.3 82C55A 方式命令的格式

图 7.3 中的最高位 D_7 是特征位,82C55A 有两个命令,用特征位加以区别:$D_7=1$,表示是方式命令;$D_7=0$,表示是 C 端口按位置位/复位命令。

从方式命令的格式可知,A 组有 3 种方式(0 方式、1 方式、2 方式),而 B 组只有两种工作方式（0方式、1方式）。C端口分成两部分，上半部属A组，下半部属B组。3个并行端口，置1指定为输入，置0指定为输出。

利用分别选择A组、B组的工作方式和3个端口的输入/输出，可以构建不同用途的并行接口。

例如，把A端口指定为1方式，输入；把C端口上半部指定为输出。把B端口指定为0方式，输出；把C端口下半部指定为输入。则工作方式命令代码是10110001B或B1H。

若将此方式命令代码写到82C55A的命令寄存器，即实现了对82C55A工作方式及端口功能的指定，或者说完成了对82C55A的初始化。初始化的程序段如下。

```
MOV DX,303H      ;82C55A命令口地址
MOV AL,0B1H      ;初始化命令
OUT DX,AL        ;送到命令口
```

其C语言程序段如下。
```
outportb(0x303,0x0B1);
```

2. C端口按位置位/复位命令

这是一个按位控制命令，要在初始化以后才能使用，故它可放在初始化程序段之后的任何位置。C端口按位置位/复位命令的作用和格式如下。

① 作用：指定82C55A的C端口8个引脚中的任意一个引脚，输出高电平/低电平。

② 格式：8位命令字的格式与含义如图7.4所示。

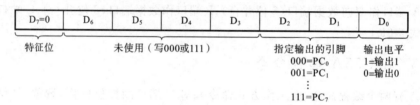

图7.4 82C55A按位置位/复位命令的格式

利用按位置位/复位命令可以将C端口的8根线中的任意一根置成高电平输出或低电平输出，作为控制开关的通/断、继电器的吸合/释放、马达的启/停等操作的选通信号。

例如，若要把C端口的PC_2引脚置成高电平输出，则命令字应该为00000101B或05H。若将该命令的代码写入82C55A的命令寄存器，就会使得C端口的PC_2引脚输出高电平，其程序段如下。

```
MOV DX,303H      ;82C55A命令口地址
MOV AL,05H       ;使PC₂=1的命令字
OUT DX,AL        ;送到命令口
```

如果要使PC_2引脚输出低电平，则程序段如下。

```
MOV DX,303H      ;82C55A命令口地址
MOV AL,04H       ;使PC₂=0的命令
OUT DX,AL        ;送到命令口
```

利用C端口的按位控制特性还可以产生正、负脉冲或方波输出，对I/O设备进行控制。

例如，利用82C55A的PC_7产生负脉冲，作打印机接口电路的数据选通信号，其汇编语言程序段如下。

```
    MOV DX,303H            ;82C55A 命令端口
    MOV AL,00001110B       ;置 PC₇=0
    OUT DX,AL
    NOP                    ;维持低电平
    NOP
    MOV AL,00001111B       ;置 PC₇=1
    OUT DX,AL
```

其 C 语言程序段如下。

```
outportb(0x303,0x0e);
delay(10);
outportb(0x303,0x0f);
```

又如,利用 82C55A 的 PC₆ 产生方波,送到喇叭,使其产生不同频率的声音,其汇编语言程序段如下。

```
OUT_SPK PROC
    MOV DX,303H            ;82C55A 命令端口
    MOV AL,00001101B       ;置 PC₆=1
    OUT DX,AL
    CALL DELAY1            ;PC₆ 输出高电平维持的时间
    MOV AL,00001100B       ;置 PC₆=0
    OUT DX,AL
    CALL DELAY1            ;PC₆ 输出低电平维持的时间
    RET
OUT_SPK ENDP
```

其 C 语言程序段如下。

```
outportb(0x303,0x0d);      //写命令,置 PC₆=1
delay(100);                //调用延时程序,延时 100 ms
outportb(0x303,0x0c);      //写命令,置 PC₆=0
delay(100);
```

改变 DELAY1 的延时时间,即可改变喇叭发声的频率。

3. 关于两个命令的使用

① 两个命令的最高位(D_7)都分配为特征位。设置特征位的目的是为了解决端口共用。82C55A 有两个命令,但只有一个命令端口,当两个命令写到同一个命令端口时,就用特征位加以识别。

② C 端口按位置位/复位命令虽然是对 C 端口进行按位输出操作,但它不能写入作数据口用的 C 端口,只能写入命令口,原因是它不是数据,而是命令,要按命令的格式来解释和执行。这一点对初学者往往容易弄错,要特别留意。

③ A 端口和 B 端口另一个有趣的使用方法是:A 端口、B 端口也可以按位输出高/低电平,但是,它与前面 C 端口的按位置位/复位命令有本质的区别,并且实现的方法也不同。C 端口按位输出是以命令的形式送到命令寄存器去执行的,而 A 端口、B 端口的按位输出是以送数据到 A 端口、B 端口来实现的。其具体做法是:若要使某一位输出高电平,则先对端口进行

读操作,将读入的原输出值"或"上一个字节,在字节中使该位为 1,其他位为 0,然后再送到同一端口,即可使该位置 1。若要使某一位输出低电平,则先读入 1 个字节,再将它"与"上一个字节,在字节中使该位为 0,其他位为 1,然后再送到同一端口,即可实现对该位的置 0。

当然,能够这样做的条件是 82C55A 的输出有锁存能力,若定义数据口为输出,而对其执行 IN 指令,则所读到的内容就是上次输出时锁存的数据,而不是读入 I/O 设备送来的数据。

例如,若要对 PA_7 位输出高电平/低电平,则用下列程序段。

- PA_7 输出高电平

```
MOV DX,300H        ;PA 数据端口地址
IN AL,DX           ;读入 A 端口原输出内容
MOV AH,AL          ;保存原输出内容
OR AL,80H          ;使 PA_7=1
OUT DX,AL          ;输出 PA_7
MOV AL,AH          ;恢复原输出内容
OUT DX,AL
```

- PA_7 输出低电平

```
MOV DX,300H        ;A 端口地址
IN AL,DX           ;读入端口原输出值
MOV AH,AL          ;保存原输出值
AND AL,7FH         ;使 PA_7=0
OUT DX,AL          ;输出 PA_7
MOV AL,AH          ;恢复原输出值
OUT DX,AL
```

用这种方法不仅可以实现单独一位输出高/低电平,还可以使几位同时输出高/低电平。例如,使 B 端口的 PB_1 和 PB_0 同时输出高电平,其汇编语言程序段如下。

```
MOV DX,301H        ;PB 数据端口地址
IN AL,DX           ;读入原输出值
MOV AH,AL          ;保存原输出值
OR AL,03H          ;使 PB_1PB_0=11
OUT DX,AL          ;同时输出 PB_1PB_0
AND AL,0FCH        ;使 PB_1PB_0=00
OUT DX,AL          ;同时输出 PB_1PB_0
```

其 C 语言程序段如下。

```c
unsigned char tmp,tt;
tmp=inportb(0x301);     //读入原输出值
tt=tmp;                 //保存原输出值
tt |=0x03               //使 PB_1PB_0=11
outportb(0x301,tt);     //同时输出 PB_1PB_0 为高电平
tt &=0x0fc;             //使 PB_1PB_0=00
outportb(0x301,tt);     //同时输出 PB_1PB_0 为低电平
```

7.4　82C55A 的 0 方式及其应用

在实际中,并行接口的应用有两种情况。一种是微机系统配置的 82C55A;另一种是用户扩展的 82C55A。对系统配置的 82C55A,已用于控制键盘、扬声器、定时器。其中,把 PA 端口分配作键盘接口,把 PB 端口分配作机内的扬声器接口,并由 BIOS 进行了初始化,用户不能更改,但可以按照初始化的要求加以利用。对用户扩展的 82C55A,可随意使用,不受限制,由用户支配。

本书主要讨论用户扩展的并行接口 82C55A 的应用。

下面讨论 82C55A 的 0 方式及应用举例。

例 7.1　声-光报警器接口设计。

(1) 要求

设计一个声-光报警器,要求按下 SW 按钮开关,开始报警,喇叭发声,LED 灯同时闪光。当拨通 8 位 DIP 的 0 位开关,结束报警,喇叭停止发声,LED 熄灭。

(2) 分析

根据题意,该声-光报警器包括 4 种简单的 I/O 外设:扬声器、8 个 LED 彩灯、8 位 DIP 开关及按钮开关 SW。它们都是并行接口的对象,虽然功能单一,结构简单,但都必须通过接口电路才能进入微机系统,接收 CPU 的控制,发挥相应的作用。

(3) 设计

本例接口所涉及的 I/O 设备虽然简单,但数量较多(4 种),并且既有输入(按钮开关和 DIP 开关)又有输出(喇叭和 LED),采用可编程并行接口芯片 82C55A 作为接口比较方便。

① 硬件设计。

声-光报警器电路原理如图 7.5 所示。

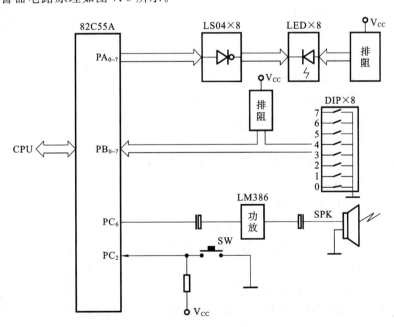

图 7.5　声-光报警器电路框图

在图 7.5 中，82C55A 的 3 个并行口的资源分配是：$PA_0 \sim PA_7$ 输出，连接 8 个 LED 灯 $LED_0 \sim LED_7$；$PB_0 \sim PB_7$ 输入，连接 8 位 DIP 开关 $DIP_0 \sim DIP_7$；PC_6 输出，连接喇叭 SPK；PC_2 输入，连接按钮开关 SW。

② 软件设计。

声-光报警器程序流程图如图 7.6 所示。

声-光报警器的程序清单如下。

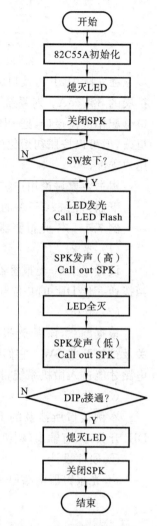

图 7.6 声-光报警流程图

```
STACK SEGMENT
        DW 200 DUP（?）
STACK ENDS
DATA SEGMENT PARA PUBLIC 'DATA'
        T DW 0                  ;初始化延时变量为 0
DATA ENDS
CODE SEGMENT PARA PUBLIC 'CODE'
        ASSUME SS：STACK,CS：CODE,DS：DATA
SL PROC FAR
START： MOV AX,STACK
        MOV SS,AX
        MOV AX,DATA
        MOV DS,AX
        MOV DX,303H             ;初始化 82C55A
        MOV AL,10000011B        ;0 方式,A 端口和 PC₄～PC₇,
                                ;输出,B 端口和 PC₀～PC₃,输入
        OUT DX,AL
        MOV DX,300H             ;LED 全灭(PA₀～PA₇ 全部置 0)
        MOV AL,00H
        OUT DX,AL
        MOV DX,303H             ;关闭 SPK(置 PC₆＝0)
        MOV AL,00001100B
        OUT DX,AL
WAIT1： MOV DX,302H              ;查 SW 按下？(PC₂＝0?)
        IN AL,DX
        AND AL,04H
        JNZ WAIT1               ;SW 未按下,等待
BEGIN： CALL LED_FLASH           ;调用 LED 发光子程序
        MOV BX,200
        MOV T,0FFFH
SPEAK_H：CALL OUTSPK             ;调用喇叭发声(高频)子程序
        DEC BX
        JNZ SPEAK_H
```

```
            MOV DX,300H       ;LED 全灭
            MOV AL,00H
            OUT DX,AL
            MOV BX,200
            MOV T,09FFFH
SPEAK_L:
            CALL OUTSPK       ;调用喇叭发声(低频)子程序
            DEC BX
            JNZ SPEAK_L
            CALL DELAY2
            MOV DX,301H       ;查 DIP₀ 按下？（PB₀=0?）
            INT AL,DX
            AND AL,01H
            JNZ BEGIN         ;DIP₀ 未按下,继续
            MOV DX,300H       ;DIP₀ 已按下
            MOV AL,00H        ;LED 全灭
            OUT DX,AL
            MOV DX,303H       ;关闭 SPK
            MOV AL,0CH
            OUT DX,AL
            MOV AH,4CH        ;返回 DOS
            INT 21H
SL ENDP

DELAY1  PROC                  ;延时子程序 1
        PUSH BX
        MOV BX,T
DL1:    DEC BX
        JNZ DL1
        POP BX
        RET
DELAY1  ENDP


DELAY2  PROC                  ;延时子程序 2
        PUSH CX
        PUSH BX
        MOV CX,04FFFH
DL4:    MOV BX,0FFFFH
DL3:    DEC BX
        JNZ DL3
```

```
                DEC CX
                JNZ DL4
                POP BX
                POP CX
                RET
DELAY2  ENDP

OUTSPK  PROC                    ;喇叭发声子程序(从 PC$_6$ 输出方波)
                MOV DX,303H
                MOV AL,0DH      ;打开 SPK(置 PC$_6$=1)
                OUT DX,AL
                CALL DELAY1
                MOV DX,303H
                MOV AL,0CH      ;关闭 SPK(置 PC$_6$=0)
                OUT DX,AL
                CALL DELAY1
                RET
OUTSPK ENDP

LED_FLASH PROC                  ;LED 发光子程序
                MOV DX,300H
                MOV AL,0FFH     ;LED 全部点亮
                OUT DX,AL
                RET
                LED_FLASH ENDP
CODE ENDS
                END START
```

声-光报警器 C 语言程序如下。
```c
#include <stdio.h>
#include <conio.h>
#include <dos.h>
void OutSpk(unsigned int time);
void main()
{
    unsigned char tmp,i=0;
    outportb(0x303,0x83);       //0 方式,A 端口和 PC$_4$~PC$_7$ 输出;B 端口和 PC$_0$~PC$_3$ 输入
    outportb(0x300,0x00);       //LED 全灭(PA$_0$~PA$_7$ 全部置 0)
    outportb(0x303,0x0c);       //关闭 SPK(置 PC$_6$=0)
    while(inportb(0x302)&0x04); //查 SW 按下?(PC$_2$=0?)
    while(inportb(0x301)&0x01); //查 DIP$_0$ 按下?(PB$_0$=0?)
```

```
        {
            outportb(0x300,0x0ff);      //LED灯全亮
            for(i=0;i<200;i++)
            {
                OutSpk(30);             //调用喇叭发声(高频)子程序
            }
            outportb(0x300,0x00);       //LED灯全灭
            for(i=0;i<200;i++)
            {
                OutSpk(270);            //调用喇叭发声(低频)子程序
            }
            delay(600);
        };
        outportb(0x300,0x00);           // LED全灭
        outportb(0x303,0x0c);           //关闭SPK
}
void OutSpk(unsigned int time)
{
    outportb(0x303,0x0d);
    delay(time);
    outportb(0x303,0x0c);
    delay(time);
}
```

(4) 讨论

从例7.1的电路还可以派生出多种应用,读者不妨试试,这对了解与熟悉并行接口的功能及使用很有帮助。下面提出几项,以供思考。

① LED走马灯花样(点亮花样)的程序。利用 DIP_8 的8位开关,控制LED产生8种走马灯花样。例如,将 DIP_8 的1号开关合上时,8个LED彩灯从两端向中间依次点亮,2号开关合上时,彩灯从中间向两端依次点亮,等等。按下按钮开关SW时,LED彩灯熄灭。实现方法为:先设置LED点亮花样的8组数据,再利用DIP×8开关进行调用,并通过接口送到LED。

② 键控发声实验。在键盘上定义8个数字键(0~7),每按1个数字键,使喇叭发出一种频率的声音,按Esc键,停止发声。实现方法为:利用82C55A的C端口输出高/低电平的特性,产生方波,再利用软件延时的方法,改变方波的频率。

③ 键控发光实验。在键盘上定义8个数字键(0~7),每按1个数字键,使LED的1位发光,按Q或q键,停止发光。

④ 声-光同时控制实验。利用DIP×8的8位开关,控制LED产生8种走马灯花样的同时,又控制喇叭,产生8种不同频率的声音。按任意键,LED彩灯熄灭,同时喇叭停止发声。

⑤ LED彩灯变幻实验。LED走马灯花样变化的同时,LED点亮时间长短也发生变化(由长到短,或由短到长)。可以采用不同的延时程序来实现。

例 7.2 步进电机控制接口设计。

(1) 要求

设计一个四相六线式步进电机接口电路,要求按四相双八拍方式运行,当按下开关 SW_2 时,步进电机开始运行;当按下开关 SW_1 时,步进电机停止。

(2) 分析

本题的被控对象是步进电机,而步进电机的运行方式、运行方向和运行速度,以及启动和停止都是需要控制的。那么,如何对步进电机实施这些控制呢? 为此,首先介绍步进电机的控制原理及控制方法,然后,讨论控制接口的设计。

① 步进电机控制原理。

步进电机是将电脉冲信号转换成角位移的一种机电式 D/A 转换器。步进电机旋转的角位移与输入脉冲的个数成正比;步进电机的转速与输入脉冲的频率成正比;步进电机的转动方向与输入脉冲对绕组加电的顺序有关。因此,步进电机旋转的角位移、转速及方向均受输入脉冲的控制。

② 运行方式与方向控制。

步进电机的运行方式是指各相绕组循环轮流通电的方式,如四相步进电机有单四拍、单八拍、双四拍、双八拍几种方式,如图 7.7 所示。步进电机的运行方向是指正转(顺时针)或反转(逆时针)。

为了实现对各绕组按一定方式轮流加电,需要 1 个脉冲循环分配器。脉冲循环分配器可用硬件,也可用软件来实现,本例采用循环查表法来实现对运行方式与方向的控制。

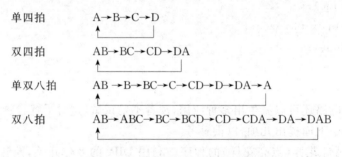

图 7.7 四相步进电机运行方式

循环查表法是将各相绕组加电顺序的控制代码制成一张步进电机相序表,存放在内存区,再设置一个地址指针。当地址指针依次 +1(或 -1)时,即可从表中取出通电的代码,然后输出到步进电机,产生按一定运行方式的操作。若改变相序表内的加电代码和地址指针的指向,则可改变步进电机的运行方式与方向。

表 7.1 列出了四相双八拍运行方式的一种相序加电代码。若运行方式发生改变,则加电代码也会改变。

在表 7.1 所示的相序中,若把指针设在指向 400H 单元开始,依次加 1,取出加电代码去控制步进电机的运行方向就是正方向,那么,再把指针改设在指向 407H 单元开始,依次减 1 的方向就是反方向。表 7.1 中的地址单元是随便给定的,在程序中是定义一个变量,来指出相序表的首址。

可见,对步进电机运行方式的控制是通过改变相序表中的加电代码来实现,而运行方向的控制是通过设置相序表的指针来解决。

表 7.1 相序表

绕组与数据线的连接								运行方式	相 序 表		方 向	
D		C		B		A		双八拍	加电代码	地址单元	正向	反向
D_7	D_6	D_5	D_4	D_3	D_2	D_1	D_0					
0	0	0	0	0	1	0	1	AB	05H	400H		
0	0	0	1	0	1	0	1	ABC	15H	401H		
0	0	0	1	0	1	0	0	BC	14H	402H		
0	1	0	1	0	1	0	0	BCD	54H	403H		
0	1	0	1	0	0	0	0	CD	50H	404H		
0	1	0	1	0	0	0	1	CDA	51H	405H		
0	1	0	0	0	0	0	1	DA	41H	406H		
0	1	0	0	0	1	0	1	DAB	45H	407H		

③ 运行速度的控制。

控制步进电机运行速度有两种途径：一是硬件改变输入脉冲的频率，通过对定时器（如82C54A）定时常数的设定，使其升频、降频或恒频；二是软件延时，调用延时子程序。

采用软件延时方法来改变步进电机速度，虽然简便易行，但延时受 CPU 主频的影响，将主频较低的微机上开发的步进电机控制程序拿到主频较高的微机上，就不能正常运行，甚至由于频率太高，步进电机干脆不动了。

应该指出的是，步进电机的速度还受到本身矩-频特性的限制，设计时应满足运行频率与负载力矩之间的关系，否则，就会产生失步或无法工作的现象。

④ 步进电机的驱动。

步进电机在系统中是一种执行元件，都要带负载，因此，需要功率驱动。在电子仪器和设备中，一般所需功率较小，常采用达林顿复合管，如采用 TIP122 作为功率驱动级，其驱动原理如图 7.8 所示。

图 7.8 中，在 TIP122 的基极上，所加电脉冲为高，即加电代码为 1 时，达林顿管导通，使绕组 A 通电；加电代码为 0 时，绕组断电。

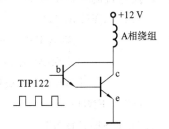

图 7.8 步进电机驱动原理图

⑤ 步进电机的启/停控制。

为了控制步进电机的启/停，通常采用设置硬开关或软开关。所谓硬开关，一般是在外部设置按键开关 SW，并且约定当开关 SW 按下时启动运行或停止运行。所谓软开关，就是利用系统的键盘，定义某一个键，当该键按下时，启动或停止运行。

(3) 设计

① 硬件设计。

采用并行接口芯片 82C55A 作为步进电机与 CPU 的接口。根据设计要求，需要使用 3 个端口。

A 端口为输出，向步进电机的 4 个绕组发送加电代码（相序码），以控制步进电机运行方式。

C 端口的高 4 位（PC_4）为输出,控制 74LS373 的开/关,起隔离作用,当步进电机不工作时,关掉 74LS373,以保护电机在停止运行后,不会因为 82C55A 的漏电流而使电机烧坏。

C 端口的低 4 位（PC_0 和 PC_1）为输入,分别与开关 SW_2 和 SW_1 连接,以控制步进电机的启动和停止,如图 7.9 所示。

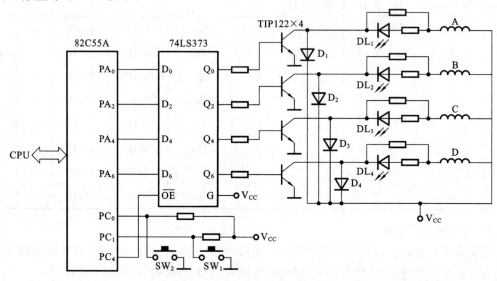

图 7.9 步进电机控制接口原理图

② 软件设计。

在开环控制环境下,四相步进电机的启/停操作可以随时进行,是一种无条件并行传送。控制程序包括相序表和相序指针的设置、82C55A 初始化、步进电机启/停控制、相序代码传送,以及电机的保护措施等。具体程序段如下。

```
DATA SEGMENT
        PSTA DB 05H,15H,14H,54H,50H,51H,41H,45H    ;设置相序表
        MESSAGE DB 'HIT SW2 TO START, HIT SW1 TO QUIT.'
        DB 0DH,0AH,'$'                              ;提示信息
DATA ENDS
CODE SEGMENT
        ASSUME CS:CODE, DS:DATA
START:  MOV AX,DATA
        MOV DS,AX
        MOV AH,09H                                  ;显示提示信息
        MOV DX,OFFSET MESSAGE
        INT 21H
        MOV DX,303H                                 ;初始化 82C55A
        MOV AL,81H
        OUT DX,AL
        MOV AL 09H                                  ;关闭 74LS373(置 $PC_4$=1),保护步进电机
        OUT DX,AL
```

```
L:          MOV DX,302H              ;检测开关 SW₂ 是否按下(PC₀=0?)
            IN AL, DX
            AND AL,01H
            JNZ L                    ;未按 SW₂,等待
            MOV DX,303H              ;已按 SW₂,启动步进电机
            MOV AL,08H               ;打开 74LS373(置 PC₄=0),进行启动控制
            OUT DX,AL
RELOAD:     MOV SI,OFFSET PSTA       ;设置相序表指针,进行运行方向控制
            MOV CX,8                 ;设置循环次数
LOP:        MOV DX,300H              ;送相序代码
            MOV AL,[SI]
            OUT DX,AL
            MOV BX,0FFFFH            ;延时,进行速度控制
DELAY1:     DEC BX
            JNZ DELAY1
            MOV DX,302H              ;检测开关 SW₁ 是否按下(PC₁=0?)
            IN AL, DX
            AND AL,02H
            JZ OVER                  ;已按 SW₁,停止步进电机(停止控制)
            INC SI                   ;未按 SW₁,继续运行
            DEC CX
            JNZ LOP                  ;未到 8 次,继续八拍循环
            JMP RELOAD               ;已到 8 次,重新赋值
OVER:       MOV DX,303H
            MOV AL,09H               ;关闭 74LS373(置 PC₄=1),保护步进电机
            OUT DX,AL
            MOV AH,4CH               ;返回 DOS
            INT 21H
CODE ENDS
            END START
```

步进电机控制 C 语言程序如下。

```c
#include <stdio.h>
#include <conio.h>
#include <dos.h>
void main()
{
    unsigned char PSTA[8]={0x05,0x15,0x14,0x54,0x50,0x51,0x41,0x45};
    printf("Hit SW2 to Start,Hit SW1 to Quit! \n");
    outportb(0x303,0x81);           //初始化 82C55A
    outportb(0x303,0x09);           //关闭 74LS373(置 PC₄=1),保护步进电机
```

```
        while(inportb(0x302)&0x01);           //检测开关 SW₂ 是否按下(PC₀=0?)
        outportb(0x303,0x08);                 //打开 74LS373(置 PC₄=0),进行启动控制
        while(1)
        {
            for(i=0;i<8;i++)
            {
                outportb(0x300,PSTA[i]);      //送相序代码
                delay(100);                   //延时,进行速度控制
                if((inportb(0x302)&0x02)==0)  //检测开关 SW₁ 是否按下(PC₁=0?)
                {
                    outportb(0x303,0x09);     //关闭 74LS373(置 PC₄=1),保护步进电机
                    return;                   //返回 DOS
                }
            }
            if(i==8)                          //已到 8 次,重新赋值
                i==0;
        }
    }
```

(4) 讨论

① 本例接口与 CPU 之间的数据交换采用无条件传输方式,即认为步进电机随时可以接收 CPU 通过接口送来的相序代码,进行走步,不需要查询步进电机是否"准备好"的状态。但在程序中,有两处分别查询 SW₂ 和 SW₁ 的状态,并且,只有当 SW₂ 按下时,才开始启动步进电机,这与上述无条件传送是否有矛盾?

② 开环运行的步进电机需要控制的项目,一般有以下 6 个方面。

(a) 运行方式:四相步进电机的 4 种运行方式,采用构造相序表的方法实现不同方式的要求。

(b) 运行方向:步进电机的正/反方向,采用把相序表的指针设置在表头或表尾来确定。

(c) 运行速度:步进电机的快慢,采用延时程序,改变延时常数来实现,也可以用硬件方法来实现。

(d) 运行花样:有点动、先正后反、先慢后快、走走停停等花样。

(e) 启/停控制:设置开关,包括设置硬开关和软开关两种方法来实现。

(f) 保护措施:在步进电机与接口电路之间设置隔离电路,如具有三态的 74LS373。

③ 试分析本例实现了哪几项控制?并指出所实现的每一项控制的相应程序段或程序行。

7.5 82C55A 的 1 方式及其应用

为了开发和利用 82C55A 的 1 方式和 2 方式的应用,就必须对这两种方式在数据传送过程的联络信号及工作时序有深入的了解。为此,首先介绍它们的联络线设置及其时序,然后讨论 1 方式和 2 方式接口设计实例。

7.5.1 1方式下联络信号线的设置

1方式设置了专用联络线和中断请求线,并且这些专用线在输入和输出时各不相同,A端口和B端口的也不相同。下面分别进行讨论。

1. 输入的联络信号线设置

1方式下,当A端口和B端口为输入时,各指定了C端口的3根线作为输入联络信号线,如图7.10所示。

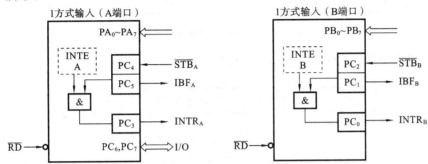

图7.10 1方式下输入的联络信号线设置

1方式输入时的联络信号线定义如下。
- $\overline{STB}$:外设给82C55A的"输入选通"信号,低电平有效,表示外设开始送数。
- IBF:82C55A给外设的回答信号"输入缓冲器满",高电平有效,表示暂不能送新数据。
- INTR:82C55A给CPU的"中断请求"信号,高电平有效,请求CPU从82C55A读取数据。

在1方式下输入时,82C55A利用这3个联络信号,实现数据从I/O设备出发,通过82C55A,再送到CPU的整个过程,分4步进行,如图7.11所示。

图7.11 1方式下数据输入过程示意图

输入时,产生中断INTR的条件有3个:"输入选通信号" $\overline{STB}=1$,即数据已送入82C55A;"输入缓冲器满"信号有效(IBF=1);允许中断请求(INTE=1)。只有当3个条件都具备时,INTR才变高,向CPU发出中断请求。

2. 输出的联络信号线设置

1方式下,当A端口和B端口为输出时,同样也指定了C端口的3根线作为输出联络信号,如图7.12所示。

1方式输出时的联络信号线定义如下。
- $\overline{OBF}$:82C55A给I/O设备的"输出缓冲器满"信号,低电平有效,通知外设来取数。
- $\overline{ACK}$:I/O设备给82C55A的"回答"信号,低电平有效,表示外设已经从82C55A的端口接收到了数据。
- INTR:82C55A给CPU的"中断请求"信号,高电平有效,请求CPU向82C55A写数据。

在1方式下输出时,82C55A利用这3个联络信号,实现数据从CPU出发,通过82C55A,

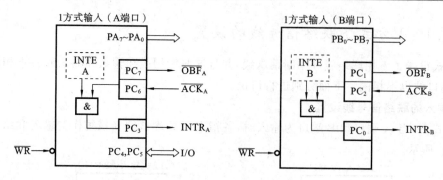

图 7.12 1 方式下输出的联络信号线设置

再送到 I/O 设备的整个过程,分 4 步进行,如图 7.13 所示。

图 7.13 1 方式下数据输出过程示意图

输出时,产生中断 INTR 的条件是 $\overline{\text{WR}}$、$\overline{\text{OBF}}$、$\overline{\text{ACK}}$ 和 INTE 都为高电平,分别表示 CPU 已写完一个数据($\overline{\text{WR}}=1$),输出缓冲器已变空($\overline{\text{OBF}}=1$),回答信号已结束($\overline{\text{ACK}}=1$),I/O 设备已收到数据,并且允许中断(INTE=1)。当上述条件都满足时,才能产生中断请求。

7.5.2 1 方式的工作时序

1. 分析工作时序的意义

工作时序表明选通方式下,CPU 与 82C55A 及 82C55A 与 I/O 设备之间传送数据的一种固定的过程,实际上工作时序是 CPU 通过并行接口与 I/O 设备交换数据的一种协议,因此,它是编写选通方式并行接口程序的依据。例如,在查询方式,查哪个信号,信号处于什么状态有效;在中断方式,用哪个信号申请中断,中断产生的条件是什么,这些在工作时序图中可以清楚地看到,对编写使用 82C55A 1 方式的应用程序很有帮助,要认真分析。

在输入和输出时的工作时序各不相同。下面分别进行讨论。

2. 输入的工作时序

1 方式下输入过程的时序图如图 7.14 所示。

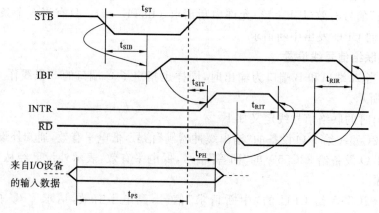

图 7.14 1 方式下输入的工作时序图

下面对图 7.14 所示的时序图作如下解读。

① 数据输入时，I/O 设备处于主动地位，在 I/O 设备准备好数据并放到数据线上后，发 $\overline{STB}$ 信号，由它把数据输入到 82C55A。

② 在 $\overline{STB}$ 的下降沿约 300 ns 后，数据已锁存到 82C55A 的锁存器，引起 IBF 变高，表示"输入缓冲器满"，禁止输入新数据。

③ 在 $\overline{STB}$ 的上升沿约 300 ns 后，在中断允许(INTE＝1)的情况下，IBF 的高电平产生中断请求，使 INTR 变高，通知 CPU，接口中已有数据，请求 CPU 读取。CPU 接受中断请求后，转到相应的中断子程序。在子程序中执行 IN 指令，将锁存器中的数据取走。

若 CPU 采用查询方式，则通过查询状态字中的 INTR 位或 IBF 位是否置位来判断有无数据可读。

④ CPU 得知 INTR 信号有效之后，执行读操作时，$\overline{RD}$ 信号的下降沿使 INTR 复位，撤销中断请求，为下一次中断请求做好准备。$\overline{RD}$ 信号的上升沿延时一段时间后清除 IBF 使其变低，即 IBF＝0，表示接口的输入缓冲器变空，允许 I/O 设备输入新数据。如此反复，直至完成全部数据的输入。

3. 输出的工作时序

1 方式下输出过程的时序图如图 7.15 所示。

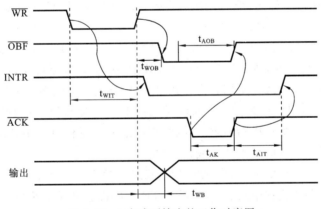

图 7.15　1 方式下输出的工作时序图

下面对图 7.15 所示的时序图作如下解读。

① 数据输出时，CPU 应先准备好数据，并把数据写到 82C55A 输出数据寄存器。在 CPU 向 82C55A 写完一个数据后，$\overline{WR}$ 的上升沿使 $\overline{OBF}$ 有效，表示输出缓冲器已满，通知 I/O 设备读取数据。$\overline{WR}$ 的下降沿使中断请求 INTR 变低，封锁中断请求。

② I/O 设备在得到 $\overline{OBF}$ 有效的通知后，开始读数。当 I/O 设备读取数据后，用 $\overline{ACK}$ 回答 82C55A，表示数据已收到。

③ $\overline{ACK}$ 的下降沿将 $\overline{OBF}$ 置高，使 $\overline{OBF}$ 无效，表示输出缓冲器变空，为下一次输出作准备。

④ 在中断允许(INTE＝1)的情况下，$\overline{ACK}$ 的上升沿使 INTR 变高，产生中断请求。CPU 响应中断后，在中断服务程序中，执行 OUT 指令，向 82C55A 写入下一个数据。

7.5.3　1 方式的状态字

1. 状态字的作用

1 方式下 82C55A 的状态字为查询方式提供了状态标志位；同时，由于 82C55A 不能直接提供中断矢量,因此,当82C55A采用中断方式时,CPU也要通过读状态字来确定中断源,实现查询中断。

2. 状态字的格式

状态字的格式如图7.16所示。状态字有8位,分A和B两组,A组的状态位占高5位,B组的状态位占低3位,并且输入时与输出时的状态字不相同。

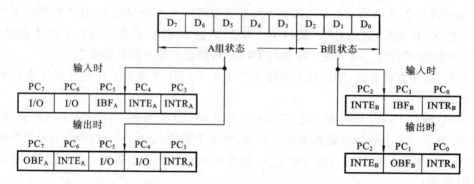

图7.16 1方式下状态字的格式

3. 使用状态字时要注意的几个问题

① 状态字是82C55A输入/输出操作过程中在内部产生、从C端口读取的,因此,从C端口读出的状态字与C端口的外部引脚无关。

② 状态字中供CPU查询的状态位有:输入时的IBF位和INTR位、输出时的OBF位和INTR位。但从可靠性来看,查INTR位比查IBF位或OBF位更可靠,这一点可从中断产生的条件看出。所以,在1方式下采用查询方式时,一般都是查询状态字中的INTR位。

③ 状态字中的INTE位,是控制中断位,控制82C55A能否提出中断请求,INTE置1,允许中断请求;INTE置0,禁止中断请求。因此,它不是I/O操作过程中自动产生的状态,而是由程序通过按位置位/复位命令来置1或置0的。

例如,若允许A端口输入中断请求,则必须把状态位$INTE_A$置1,即在程序中利用按位置位/复位命令置$PC_4=1$;若禁止它中断请求,则置$INTE_A=0$,即通过程序置$PC_4=0$,其程序段如下:

```
MOV DX,303H          ;82C55A命令端口
MOV AL,00001001B     ;置PC4=1,允许中断请求
OUT DX,AL
MOV AL,00001000B     ;置PC4=0,禁止中断请求
OUT DX,AL
```

7.5.4 1方式并行接口设计

例7.3 采用选通方式的并行接口设计。

(1) 要求

在甲乙两台微机之间并行传送1KB数据。甲机发送,乙机接收。甲机一侧的82C55A采用1方式工作,乙机一侧的82C55A采用0方式工作。两机的CPU与接口之间都采用查询方式交换数据。

(2) 分析

根据题意,双机均采用可编程并行接口芯片82C55A构成接口电路,只是82C55A的工作

方式不同。此时,双方的82C55A把对方视为I/O设备。

(3) 设计

① 硬件连接。

根据上述要求,接口电路的连接如图7.17所示。甲机82C55A是1方式发送,因此,可把A端口指定为输出,发送数据,而PC_7和PC_6引脚分别固定作联络线$\overline{OBF}$和$\overline{ACK}$。乙机82C55A是0方式接收数据,故把A端口定义为输入,另外,选用引脚PC_7和PC_3作联络线。虽然,两侧的82C55A都设置了联络线,但有本质的区别:甲机82C55A是1方式,其联络线是固定的不可替换;乙机的82C55A是0方式,其联络线是不固定的,可以选择,比如可选择PC_4与PC_1,PC_5与PC_2等任意组合。

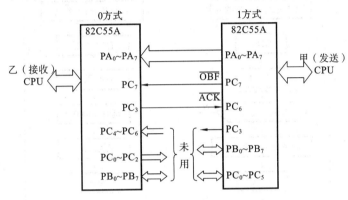

图7.17 选通方式并行接口电路框图

② 软件编程。

接口控制程序包含发送与接收两个程序。其程序流程图如图7.18所示。

选通方式并行接口甲机发送的汇编程序段如下。

```
        MOV DX,303H         ;82C55A 命令端口
        MOV AL,10100000B    ;初始化工作方式字,82C55A 为1方式
        OUT DX,AL
        MOV AL,00001101H    ;置发送中断允许 INTE_A=1,即置 PC_6=1
        OUT DX,AL
        MOV SI,OFFSET BUFS  ;设置发送数据区的指针
        MOV CX,3FFH         ;发送字节数
        MOV DX,300H         ;向 A 端口写第一个数,产生第一个 OBF 信号
        MOV AL,[SI]         ;送给乙方,以便获取乙方的 ACK 信号
        OUT DX,AL
        INC SI              ;内存地址加1
        DEC CX              ;传送字节数减1
L:      MOV DX,302H         ;82C55A 状态端口
        IN AL,DX            ;查是否有发送中断请求?
        AND AL,08H          ;查状态位 PC_3=1? 即 INTR_A=1?
        JZ L                ;若无中断请求,则等待;若有,则向 A 端口写数据
        MOV DX,300H         ;82C55A PA 端口地址
```

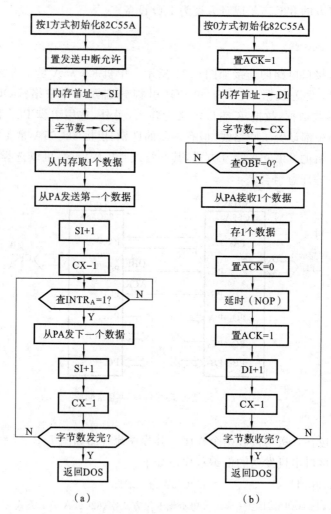

图 7.18 选通方式并行接口程序流程图
(a) 甲机发送程序；(b) 乙机接收程序

```
        MOV AL,[SI]         ;从内存取数
        OUT DX,AL           ;通过 A 端口向乙机发送第二个数据
        INC SI              ;内存地址加 1
        DEC CX              ;字节数减 1
        JNZ L               ;字节未完,继续
        MOV AH,4C00H        ;已完,退出
        INT 21H             ;返回 DOS
        BUFS DB             ;1024 个数据
```

选通方式并行接口甲机发送的 C 语言程序段如下。
unsigned int i;
unsigned char *p;
unsigned char buff[1024];
p=buff;

```
outportb(0x303,0xA0);              //初始化工作方式字,82C55A 为 1 方式
outportb(0x303,0x0d);              //置发送中断允许 INTE_A=1,即置 PC_6=1
for(i=0;i<1024;i++)
{
    outportb(0x300,*p);            //通过 A 端口向乙机发送数据
    p++;                           //内存地址加 1
    while(!(inportb(0x302)&0x08)); //查是否有发送中断请求?
}
```

在上述发送程序中,是查输出时的状态字的中断请求 INTR 位(PC$_3$),实际上,也可以查发送缓冲器满 OBF(PC$_7$)的状态,只有当发送缓冲器空时 CPU 才能送下一个数据,读者可根据情况修改程序。

选通方式并行接口乙机接收的汇编程序段如下。

```
        MOV DX,303H              ;82C55A 命令端口
        MOV AL,10011000B         ;初始化工作方式字,82C55A 为 0 方式
        OUT DX,AL
        MOV AL,00000111B         ;置 ACK=1(PC_3=1)
        OUT DX,AL
        MOV DI,OFFSET BUFR       ;设置接收数据区的指针
        MOV BX,00H
        MOV CX,3FFH              ;接收字节数
L1:     MOV DX,302H              ;82C55A PC 端口
        IN AL,DX                 ;查甲机是否准备好数据,并发来数据?(OBF=0?)
        AND AL,80H               ;查乙机的 PC_7=0?(因为甲机的 OBF 连接在乙机的 PC_7 上)
        JNZ L1                   ;若无数据发来,则等待;有数据,则从 A 端口读数
        MOV DX,300H              ;82C55A PA 端口地址
        IN AL,DX                 ;从 A 端口读入数据
        MOV [DI],AL              ;存入内存
        MOV DX,303H              ;产生 ACK 信号,并发回给甲机
        MOV AL,00000110B         ;PC_3 置 0
        OUT DX,AL
        NOP
        NOP
        MOV AL,00000111B         ;PC_3 置 1
        OUT DX,AL
        INC DI                   ;内存地址加 1
        DEC CX                   ;字节数减 1
        JNZ L1                   ;字节未完,则继续
        MOV AX,4C00H             ;已完,退出
        INT 21H                  ;返回 DOS
        BUFR DB 1024 DUP(?)
```

选通方式并行接口乙机接收的 C 语言程序段如下。
```
unsigned int i;
unsigned char *p;
unsigned char buff[1024];
outportb(0x303,0x98);       //初始化工作方式字,82C55A 为 0 方式
outportb(0x303,0x07);       //置 ACK=1(PC₃=1)
for(i=0;i<1024;i++)
{
    while(inportb(0x302)&0x80);//查乙机的 PC₇=0? (因为甲机的 OBF 连接在乙机的 PC₇ 上)
    *p=inportb(0x300);      //82C55A PA 端口地址
    p++;                    //内存地址加 1
    outportb(0x303,0x06);   //产生 ACK 信号,并发回给甲机,PC₃ 置 0
    delay(1);
    outportb(0x303,0x07);   // PC₃ 置 1
}
```

(4) 讨论

① 通过本设计实例,分析和总结 82C55A 在 0 方式与 1 方式下不同的特点有哪些?

② 若把甲机 82C55A 的 B 端口指定为输出口输出数据,工作方式仍为 1 方式,则联络线有什么变化,为什么?

7.6 82C55A 的 2 方式及其应用

7.6.1 2 方式下联络信号的设置及时序

1. 联络信号的设置

2 方式是一种双向选通输入/输出方式,它把 A 端口作为双向输入/输出,把 C 端口的 5 根线($PC_3 \sim PC_7$)作为专用应答线,所以,82C55A 只有 A 端口才有 2 方式。

2 方式下为双向传送所设置的联络线,实质上就是 A 端口在 1 方式下输入和输出时两组联络信号线的组合,故各个引脚的定义也与 1 方式的相同,只有中断请求信号 INTR 既可以作为输入的中断请求,也可以作为输出的中断请求。其引脚定义如图 7.19 所示。

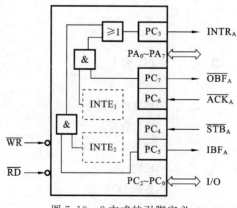

图 7.19 2 方式的引脚定义

2. 工作时序

2 方式的时序基本上也是 1 方式下输入时序与输出时序的组合。输入/输出的先后顺序是任意的，根据实际传送数据的需要选定。输出过程是由 CPU 执行输出指令向 82C55A 写数据($\overline{WR}$)开始的，而输入过程则是从 I/O 设备向 82C55A 发选通信号$\overline{STB}$开始的，因此，只要求 CPU 的$\overline{WR}$在$\overline{ACK}$以前发生，$\overline{RD}$在$\overline{STB}$以后发生就行。

7.6.2　2 方式的状态字

2 方式的状态字的含义是 1 方式下输入和输出状态位的组合，不再赘述。状态字中有两位中断允许位，$INTE_1$ 是输出中断允许，$INTE_2$ 是输入中断允许。2 方式的状态字如图 7.20 所示。

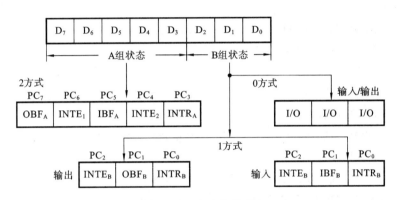

图 7.20　2 方式的状态字

7.6.3　2 方式并行接口设计

例 7.4　采用中断方式的双向并行接口设计。

(1) 要求

主从两台微机进行并行传送，共传送 256 个字节。主机一侧的 82C55A 采用 2 方式并且用中断方式传送数据。从机一侧 82C55A 工作在 0 方式，采用查询方式传送数据。

(2) 分析

为了适应矢量中断的要求，接口电路中使用中断控制器 82C59A，并且利用系统的中断资源将 82C55A 的中断请求线 INTR 接到系统总线的 IRQ_2。

由于 2 方式下输入中断请求和输出中断请求共用一根线，因此，要在中断服务程序中，用读取状态字的办法查询 IBF 和 $\overline{OBF}$ 状态位来决定是执行输入操作还是输出操作。

(3) 设计

① 硬件设计。

根据题意，硬件电路设计如图 7.21 所示。从图可知，主机一侧的 82C55A 的 A 端口作双向传输，既输出又输入，它的中断请求线接到 82C59A 的 IR_2 上；从机一侧的 82C55A 的 A 端口和 B 端口是单向传输，分别作输出操作和输入操作。

② 软件设计。

下面仅讨论主机一侧的编程，包括初始化、主程序和中断服务程序。有关中断向量的获取、修改和恢复的程序段均已略去，可参考第 5 章。

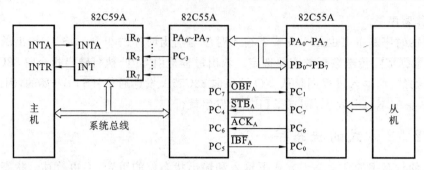

图 7.21　中断方式双向并行接口电路框图

双向并行接口主机一侧的汇编语言程序段如下。

```
;82C55A 初始化
        MOV DX,303H           ;82C55A 控制端口
        MOV AL,11000000B      ;方式字,A 端口为 2 方式
        OUT DX,AL
        MOV AL,00001001B      ;置位 PC₄,设置 INTE₂=1,允许输入中断
        OUT DX,AL
        MOV AL,00001101B      ;置位 PC₆,设置 INTE₁=1,允许输出中断
        OUT DX,AL
        MOV SI,OFFSET TBUF    ;发送数据块首址
        MOV DI,OFFSET RBUF    ;接收数据块首址
        MOV CX,0FFH           ;发送与接收字节数
;等待中断
AGAIN:  STI                   ;开中断
        HLT                   ;等待中断
        CLI                   ;关中断
        DEC CX                ;字节数减 1
        JNZ AGAIN             ;未完,继续
        MOV AX,4C00H          ;已完,退出
        INT 21H               ;返回 DOS
;中断服务程序
TR_INT  PROC FAR
        PUSH AX
        PUSH DX
        MOV DX,303H           ;82C55A 命令端口
        MOV AL,08H            ;复位 PC₄,使 INTE₂=0,禁止输入中断
        OUT DX,AL
        MOV AL,0CH            ;复位 PC₆,使 INTE₁=0,禁止输出中断
        OUT DX,AL
        CLI                   ;关中断
        MOV DX,302H           ;82C55A 状态端口
```

```asm
            IN AL,DX              ;读状态字
            MOV AH,AL             ;保存状态字
            AND AL,20H            ;检查状态位 IBF 是否为 1,是否为输入
            JZ OUTP               ;不是,则跳转输出 OUTP
INP:        MOV DX,300H           ;是,则从 PA 端口读数
            IN AL,DX
            MOV [DI],AL           ;存入内存区
            INC DI                ;接收数据块内存地址加 1
            JMP RETURN            ;跳转返回 RETURN
OUTP:       MOV DX,300H           ;向 A 端口写数
            MOV AL,[SI]           ;从内存取数
            OUT DX,AL             ;输出
            INC SI                ;发送数据块内存地址加 1
RETURN:     MOV DX,303H           ;82C55A 命令端口
            MOV AL,0DH            ;允许输出中断
            OUT DX,AL
            MOV AL,09H            ;允许输入中断
            OUT DX,AL
            MOV AL,62H            ;执行 OCW$_2$,中断结束
            OUT 20H,AL
            STI                   ;开中断
            POP DX
            POP AX
            IRET                  ;中断返回
TR_INT ENDP
```

双向并行接口主机一侧的 C 语言程序段如下。

```c
unsigned char recv[256],send[256],i=0;
unsigned char *p,*q;
p=send,q=recv;
outportb(0x303,0xc0);              //方式字,A 端口为 2 方式
outportb(0x303,0x09);              //置位 PC$_4$,设置 INTE$_2$=1,允许输入中断
outportb(0x303,0x0d);              //置位 PC$_6$,设置 INTE$_1$=1,允许输出中断
for(i=0;i<256;i++)
{
    enable();
    delay(10);
    disable();
}
//中断服务程序
void interrupt Tr_Int()
```

```
        {
            outportb(0x303,0x08);          //复位 PC₄,使 INTE₂=0,禁止输入中断
            outportb(0x303,0x0c);          //复位 PC₆,使 INTE₁=0,禁止输出中断
            disable();                      //关中断
            if(inportb(0x302)&0x20)        //检查状态位 IBF 是否为 1,是否为输入,是,则从 PA 端口读数
            {
                *q=inportb(0x300);          //存入接收的数据到内存区
                q++;                        //内存地址加 1
                outportb(0x303,0x0d);       //允许输出中断
                outportb(0x303,0x09);       //允许输入中断
                outportb(0x20,0x62);        //执行 OCW₂,中断结束
                enable();
            }
            else                            //不是,则跳转输出
            {
                outportb(0x300, *p);        //向 A 端口写数
                p++;                        //发送数据块内存地址加 1
            }
        }
```

习 题 7

1. 并行接口有哪些基本特点?

2. 设计并行接口电路可以采用哪些元器件(芯片)?

3. 并行接口 82C55A 外部特性最重要的是 3 个 8 位端口 PA、PB 和 PC,它们可以连接任何并行设备,了解与熟悉其功能及连接特点是在硬件上设计并行接口的必要基础,你熟悉它们吗?

4. 82C55A 有哪几种工作方式?各有何特点?

5. 从软件模型的观点来看,82C55A 的两个编程命令是灵活应用 82C55A 编写并行接口控制程序的关键,你对两个编程命令的作用及其命令格式中每位的含义都了解吗?

6. 方式命令和按位置 1/置 0 命令在程序中出现的位置有什么不同?

7. 什么是 82C55A 的初始化?如何对 82C55A 进行初始化编程?

8. 用户在使用并行接口 82C55A 时分两种情况,一种是利用系统配置的 82C55A,另一种是用户自行扩展的 82C55A。用户对这两种情况,所需做的工作有哪些不同?

9. 82C55A 的 C 端口的功能在 3 种不同的工作方式下有什么不同?

10. 82C55A 没有设置专门的状态口,但在 1 方式和 2 方式下有固定的状态字,试问 CPU 是从 82C55A 哪个端口读入状态字的?

11. 用目测就能够判断 99H 与 0FH 分别是 82C55A 的什么命令?为什么?

12. 如果将 0A4H 写入 82C55A 的命令寄存器,那么 A 组和 B 组的工作方式及引脚输入/输出的配置情况如何?

13. 如果要求将82C55A的A端口、B端口和C端口设置为0方式,且A端口和B端口用于输入而C端口用于输入,那么应向命令寄存器写入什么方式的命令字?

14. 为将82C55A的A端口和B端口均设置为1方式输入,应向命令寄存器写入何值?

15. 若要求将82C55A的A端口设置为双向传送,则应向命令寄存器写入什么样的命令代码?这个代码是唯一的吗?为什么?

16. 如果把03H代码写入82C55A的命令寄存器,那么这个"按位置1/清0"命令将对C端口的哪一位进行操作?该位是被置1还是清0?

17. 试分别编写产生从C端口的 PC_7 引脚输出一个正脉冲和从 PC_3 引脚输出一个负脉冲的程序段?

18. 试编写一个产生从 PC_0 输出连续方波的程序段?

19. 82C55A产生中断的条件中,有一项是"中断允许"。这个中断允许是放在什么地方的?由什么命令来设置中断允许或禁止的?

20. 为了允许82C55A的1方式下A组输出中断请求,应向命令寄存器写入何值?

21. 为了允许82C55A的1方式下A组输入中断请求,应向命令寄存器写入何值?

22. 如何利用82C55A设计一个声-光报警器接口?(可参考例7.1)

23. 如何利用82C55A设计一个步进电机接口?(可参考例7.2)

24. 如何利用82C55A设计一个采用选通方式的双机并行传送接口?(可参考例7.3)

第8章 串行通信接口

8.1 串行通信的基本概念

8.1.1 串行通信的基本特点

串行通信与并行通信比较,有以下几个不同的特点。

① 串行通信是在1根传输线上,按位传输信息,并且,在一根线上既传输数据,又传输联络控制信号。数据与联络控制信号混在一起。

② 为了识别在一根线上串行传输的信息流中,哪一部分是联络信号,哪一部分是数据信号,以及传送何时开始,要求通信双方约定串行传输的数据有固定的格式。这个格式有异步数据格式和同步数据格式之分。

③ 在串行通信中,对信号的逻辑定义采用负逻辑和高压电平,与TTL不兼容,因此,在通信设备与计算机之间需要进行逻辑关系及逻辑电平的转换。

④ 串行通信要求双方数据传输的速率必须一致,以免因速率的差异而丢失数据,故需要进行传输速率的控制。

⑤ 串行通信易受干扰,出错难以避免,故需要进行差错的检测与控制。

⑥ 串行通信既可用于近距离,又可以用于远距离。而后者需要外加MODEM。

从上述串行通信的特点不难看出,在串行通信时,双方需要协调解决的问题比并行接口要多。例如,接收端怎样判断数据传送的开始和结束、怎样判断所接收数据的正确性,收/发双方如何进行传输速率控制、数据的串/并转换,以及信号电平转换与逻辑关系转换等。

实际上,串行接口设计正是围绕这些问题展开的。为此,对串行通信制定了一系列的协议或标准,并且从硬件和软件两方面来解决这些问题。因此,串行接口的分析与设计比较复杂。

8.1.2 串行通信传输的工作方式(制式)

在串行通信中,数据通常是在两个站之间进行传输,按照数据流的方向可分成3种基本的传输方式(制式):全双工、半双工和单工。单工目前已很少使用。

1. 全双工

全双工是通信双方同时进行发送和接收操作。为此,要设置两根传输线,分别发送和接收数据,使数据的发送与接收分流,如图8.1所示。全双工方式在通信过程中,无须进行接收/发送方向的切换,因此,没有切换操作所产生的时间延迟,有利于远程实时监测与控制。

2. 半双工

半双工是通信双方分时进行发送和接收操作,即双方都可发可收,但不能在同一时刻发送和接收。因为半双工只设置一根传输线,用于发送时就不能接收,用于接收时就不能发送,如图8.2所示,所以在半双工通信过程中,需要进行接收/发送方向的切换,会有延时产生。

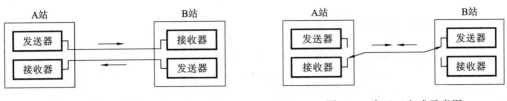

图 8.1　全双工方式示意图　　　　图 8.2　半双工方式示意图

3. 单工

通信双方只能进行一个方向的传输,不能有双向传输。此方式目前很少使用了。

8.1.3　串行通信中的差错检测

一、误码率的控制

所谓误码率,是指数据经传输后发生错误的位数与总传输位数之比。在计算机通信中,一般要求误码率达到 10^{-6} 数量级。

一个实际通信系统的误码率,与系统本身的硬件、软件故障,外界电磁干扰,以及传输速率有关。为减少误码率,应从两方面做工作:一方面从硬件和软件着手对通信系统进行可靠性设计,以达到尽量少出差错的目的;另一方面是对所传输的信息采用检纠错编码技术,以便及时发现和纠正传输过程出现的差错。

二、检纠错编码方法的使用

在实际应用中,具体实现检错编码的方法很多,常用的有奇偶校验、循环冗余码校验(CRC)、海明码校验、交叉奇偶校验等。而在串行通信中应用最多的是奇偶校验和循环冗余码校验。前者易于实现,后者适于逐位出现的信号的运算。

应该指出的是,错误信息的检验与信息的传输效率之间存在矛盾,或者说信息传输的可靠性是以牺牲传输效率为代价的。为了保证串行传输信息的可靠性而采用的检纠错编码的方法,都必须在有效信息位的基础上附加一定的冗余信息位,利用各种二进制位的组合来监督数据误码情况。一般来说,附加的冗余位越多,监督作用和检纠错能力就越强,但有效信息位所占的比例相对减少,信息传输效率也就越低。

三、错误状态的分析与处理

异步串行通信过程中常见的错误有奇偶校验错、溢出错、帧格式错。这些错误状态一般都存放在接口电路的状态寄存器中,以供 CPU 进行分析和处理。

① 奇偶校验错:在接收方接收到的数据中,1 的个数与奇偶校验位不符。这通常是由噪声干扰而引起的,发生这种错误时接收方可要求发送方重发。

② 溢出错:接收方没来得及处理收到的数据,发送方已经发来下一个数据,造成数据丢失。这通常是由收发双方的速率不匹配而引起的,可以采用降低发送方的发送速率或者在接收方设置 FIFO 缓冲区的方法来减少这种错误。

③ 帧格式错:接收方收到的数据与预先约定的格式不符。这种错误大多是由于双方数据格式约定不一致或干扰造成的,可通过核对双方的数据格式减少错误。

④ 在查询方式的通信程序中,还有"超时错"。一般是由于接口硬件电路速度跟不上而产生的。

四、错误检测只在接收方进行

错误检测只在接收端进行，并且是采用软件方法进行检测。一般在接收程序中采用软件编程方法，从接口电路的状态寄存器中，读出错误状态位，进行检测，判断有无错误，或者通过调用 BIOS 软中断 INT 14H 的状态查询子程序来检测。

8.1.4 串行通信的同步方式

一、串行通信中的同步问题

串行传输的一个重要问题就是接收端判断数据传输何时开始，即所谓同步问题，包括字符同步和位同步。为此，对同步通信和异步通信采用不同的解决方案。

1. 字符同步的方案

● 对双同步通信(BISYNC)，接收器通过搜索 1~2 个特定的同步字符来判断 1 个数据块的开始。

● 对高级数据链路控制同步通信(HDLC)，接收器通过搜索特定字符(01111110)来判断一个数据块的开始。

● 对起止式异步通信，接收器通过检测起始位来判断一个数据字符的开始。

2. 位同步方案

接收器通过时钟信号来接收每一位数据，规定若干个（如 16 个）时钟脉冲就接收一位数据。

二、串行通信的基本方式

串行通信的同步方式，也就是通常所说的串行通信的基本方式，分为异步和同步两种。

1. 异步通信方式

异步通信是指字符与字符之间的传输是异步的，而字符内部位与位之间的传输是同步的。因为异步通信是以字符为单位传输的，每个字符经过格式化之后，作为独立的一帧数据，可以随机地由发送端发出去，即发送端发出的每个字符在通信线上出现的时间是任意的，接收端预先并不知道。这就是说，异步通信方式的"异步"主要体现在字符与字符之间传输没有严格的定时要求。然而，一旦字符传输开始，收发双方则以预先约定的传输速率，在时钟脉冲的作用下，传输这个字符中的每一位，即要求位与位之间有严格而精确的定时。也就是说，异步通信在传输同一个字符的每一位时都是同步的。

2. 同步通信方式

同步通信不仅要求字符内部的位与位之间的传输是同步的，并且要求字符与字符之间的传输也是同步的。因为同步通信是以数据块（字符块）为单位传输的，每个数据块经过格式化之后，形成一帧数据，作为一个整体进行发送与接收，因此，传输一旦开始，就要求每帧数据内部的每一位都要同步。也就是说，同步传输不仅要求字符内部的位传输是同步的，而且要求字符与字符之间的传输也应该是同步的，这样才能保证收发双方对每一位都是同步的。为此，接收/发送两端必须使用同一时钟来控制数据块传输时字符与字符、字符内部位与位之间的定时。

异步通信方式的传输速率低，同步通信方式的传输速率高。异步传输的传输设备简单，易于实现,同步传输的传输设备复杂,技术要求高。因此,异步串行通信一般用在数据传输时间不能确定、发送数据不连续、数据量较少和数据传输速率较低的场合;而同步串行通信则用在要求快速、连续传输大批量数据的场合。

8.1.5 串行通信中的调制与解调

一、为什么串行通信中的信号需要调制与解调

串行通信指的是数字通信,即传输的数据是以 0、1 组成的数字信号。这种数字信号包含了从低频到高频的谐波成分,因此要求传输线的频带很宽。在远距离通信时,为了降低成本,通信线路利用普通电话线,而这种电话线的频带宽度有限。如果让数字信号直接在电话线上传输,高次谐波的衰减就会很厉害,从而使传输的信号产生严重的畸变和失真;在电话线上传输模拟信号时,则失真较小。因此,在远距离通信时,发送方要用调制器把数字信号转换为模拟信号,从通信线上发送出去,而接收端也就要用解调器,把从通信线上接收下来的模拟信号,解调还原成数字信号,如图 8.3 所示。

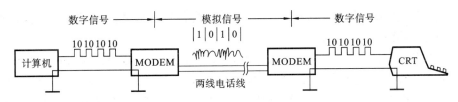

图 8.3 调制与解调示意图

调制解调器(MODEM)的使用与串行通信的距离有关。当远距离通信并且是采用电话线传输时,则必须使用 MODEM。但在近距离(不超过 15 m)时,无须使用 MODEM,而是直接在 DTE 和 DCE 之间传输。通常把这种不使用 MODEM 的方式称为零 MODEM 方式。

串行传送,在微机系统中的应用,绝大部分是近距离的,因此,都使用零 MODEM 方式。

二、调制解调器

调制解调器(MODEM)是将调制器和解调器合在一起的一种装置,它具有既能把数字信号转换为模拟信号,送到通信线路上去,又能把从通信线路上收到的模拟信号转换成数字信号的功能。MODEM 是在利用电话网进行远距离数据通信时所需的设备,所以把它称为数据通信设备(DCE)或数传机(Data Set)。并且,把 MODEM 作为制定 RS-232C 接口标准的依据,即 RS-232C 接口标准是为连接数据终端设备 DTE 和数据通信设备 DCE 而制定的。可见,MODEM 在串行通信中的地位和作用。

MODEM 的类型比较多,有频移键控 FSK(Frequency Shift Keying)、幅移键控 ASK(Amplitude Shift Keying)和相移键控 PSK(Phase Shift Keying)几种。

当传输速率较低时,一般采用频移键控法,或者称为两态调频法。它的基本原理是把"0"和"1"两种数字信号分别调制成不同频率的两个音频信号,其原理如图 8.4 所示。

两个不同频率的模拟信号 f_1 和 f_2,分别经过电子开关 S_1、S_2 送到运算放大器 A 的输入端相加点。电子开关的通/断由外部控制,并且当加高电平时,接通,当加低电平时,断开。利用被传输的数字信号(即数据)控制开关。当数字信号 1 时,电子开关 S_1 接通,送出一串频率较高的模拟信号 f_1;当数字信号为 0 时,电子开关 S_2 接通,送出一串频率较低的模拟信号 f_2,于

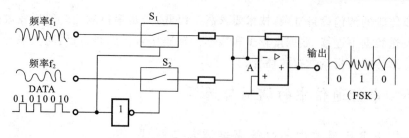

图 8.4 频移键控调制原理图

是这两个不同频率的信号经运算放大器相加后,在运算放大器的输出端,就得到调制后的两种频率的音频信号。

8.2 串行通信中的传输速率控制

8.2.1 数据传输速率控制的实现方法

串行通信时,要求双方的传输速率严格一致,并在传输开始之前,要预先设定,否则,会发生错误。因此,对传输速率要进行控制。

在数字通信中,传输速率也常称为波特率,单位是波特。因此,数据传输率的控制是通过波特率时钟发生器和设置波特率因子来实现的,为此,要求波特率时钟发生器产生一系列标准的波特率,供用户选用。波特率时钟发生器,有的包含在串行通信接口芯片中,如 8250/16450/16550 UART 中设置了波特率时钟发生器;有的需要单独设计,如 8251 USART 芯片中不包含波特率时钟发生器,而需要利用 82C54A 作为外加波特率时钟发生器。

8.2.2 波特率与发送/接收时钟

一、什么是波特率

波特(Baud)率是每秒传输串行数据的位数。例如,每秒传输 1 b,就是 1 Baud;每秒传输 1200 b,就是 1200 Baud。波特率的单位是 b/s(位/秒,也可写成 bps)。可见,波特率用来衡量串行数据传输速率很合适。虽然波特率可以由通信双方任意定义为每秒多少位,但在串行通信中,是采用标准的波特率系列,如 110 b/s,150 b/s,300 b/s,600 b/s,1200 b/s,2400 b/s,4800 b/s,9600 b/s 等。

有时也用"位周期"来表示传输速率,即传输 1 位数据所需的时间。位周期是波特率的倒数。例如,串行通信的数据传输率为 1200 b/s,则每一个数据位的传输时间 T_d 为波特率的倒数,即

$$T_d = \frac{1\ 位}{\text{Baud}} = \frac{1\ b}{1200\ b/s} = 0.833\ ms$$

二、发送/接收时钟

在串行通信传输过程中,二进制数据序列是以数字信号波形的形式出现的,如何将这些数字信号波形定时发送出去或接收进来,以及如何对发送/接收双方之间的数据传输进行同步控制的问题就引出了发送/接收时钟的应用。

因此，发送/接收时钟的作用有二：一是执行数据的发送和接收，发送时，发送端在发送时钟脉 TxC(下降沿)的作用下，将发送移位寄存器的数据按位串行移位输出，送到通信线上，接收时，接收端在接收时钟脉冲 RxC(上升沿)的作用下，对来自通信线上的串行数据，按位串行移入接收寄存器，故发送/接收时钟脉冲又可称为移位脉冲；二是进行位同步，串行通信中，数据传输一旦开始，则双方都要严格按照预先约定的波特率或位周期来发送/接收每一位数据，而这一点正是靠发送/接收两端的时钟脉冲来实现同步的。

三、波特率因子

为了提高发送/接收时钟对串行数据中数据位的定位采样频率，避免或减少假启动和噪声干扰。发送/接收时钟的频率，一般都设置为波特率的整数倍，如 1、16、32、64 倍。并且，把这个波特率的倍数称为波特率因子(Factor)或波特率系数，单位是个/位。因此，可得出波特率、波特率因子和发送/接收时钟频率三者之间的关系：

$$TxC = Factor \times Baud \tag{8.1}$$

一般 Factor 取 1、16 或 64。异步通信常采用 16，同步通信则必须取 Factor=1。

例如，某一串行接口电路的波特率为 1200 b/s，波特因子为 16 个/位，则发送时钟的频率为

$$TxC = 16 \text{个}/b \times 1200 \text{ b/s} = 19200 \text{ Hz}$$

实际上，波特率因子可理解为发送/接收 1 b 数据所需的时钟脉冲个数，即在发送端，需要多少个发送时钟脉冲才移出 1 b 数据；在接收端，需要多少个接收时钟脉冲才移进 1 b 数据。引用波特率因子的目的是为了提高定位采样的分辨率，这一点从图 8.5 中可以看出。

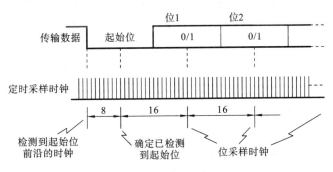

图 8.5 16 倍波特率时钟的作用

图 8.5 给出了一个频率为 16 倍波特率的接收时钟再同步过程。从图中可看出，利用这种经 16 倍波特率的接收时钟对串行数据流进行检测和定位采样，其过程如下：在停止位或空闲位的后面，接收器利用每个接收时钟的上升沿对从通信线上的输入数据流进行采样，并检测是否有 8 个连续的低电平来确定它是否为起始位，如果都是低电平，则确认为起始位，且对应的是起始位中心，然后以此为时间基准，每隔 16 个时钟周期采样一次，以定位检测一个数据位；如果不是 8 个连续低电平(即使 8 个采样值中有 1 个非 0)，则认为这一位是干扰信号，把它删除。可见，采用 16 倍频措施后，不仅有利于实现收发同步，而且有利于抗干扰和提高异步串行通信的可靠性。

如果没有这种倍频关系，定位采样频率和传输波特率相同，则在一个位周期中，只能采样一次。比如，为了检测起始位下降沿的出现，在检测起始位的前夕采样一次，下次采样要到起始位结束前夕才进行，假若在这个位周期期间，因某种原因恰好使接收端时钟往后偏移了一点点，就会错过起始位，从而造成整个后面各位检测和识别的错误。

四、波特率时钟发生器

波特率时钟是由专门的波特率时钟发生器来产生的,并由它产生串行通信所需的各种波特率的时钟脉冲。采用不包含波特率时钟发生器的串行接口芯片时,应自行设计波特率时钟发生器,其设计原理与方法见例 8.3。

五、波特率时钟的使用

从关系式(8.1)可以看出,在波特因子选定的情况下,可利用改变发送/接收时钟频率来控制串行通信的波特率。

例 8.1 微机系统进行串行通信时,选用的波特率因子为 Factor=16 个/位。第一次采用发送/接收时钟频率 $TxC_1 = 38400$ Hz 进行通信,第二次采用发送/接收时钟频率 $TxC_2 = 19200$ Hz 进行通信。那么,这两次通信的波特率各为多少?

解 由式(8.1)可知,第一次的波特率为

$$Baud = TxC_1 \div Factor = 38400 \text{ Hz} \div 16 \text{ 个/位} = 2400 \text{ b/s}$$

第二次的波特率为

$$Baud = TxC_2 \div Factor = 19200 \text{ Hz} \div 16 \text{ 个/位} = 1200 \text{ b/s}$$

可见,在波特率因子相同的情况下,通过选用不同的发送/接收时钟频率,即可改变数据传输的波特率。这一点在实际应用中控制串行通信的速度很有用处。

在串行通信的收发过程中,为了保证通信的正确性,收发双方应该使用相同的波特率。但是,双方所使用的发送时钟和接收时钟的频率可以不同。这可以通过式(8.1),调整波特率因子来确保双方的波特率保持一致。

例 8.2 甲、乙两机进行串行通信,甲机的发送时钟频率 $TxC = 38400$ Hz,波特率因子 $Factor_1 = 16$ 个/位;乙机选用的波特率因子 $Factor_2 = 64$ 个/位。若要使双方的波特率保持一致,则乙机的接收时钟 RxC 应为多少?

解 由式(8.1)可知,甲机的波特率为

$$Baud = TxC \div Factor_1 = 38400 \text{ Hz} \div 16 \text{ 个/位} = 2400 \text{ b/s}$$

为了保证乙机也按相同的波特率进行接收,利用式(8.1)可得出乙机的接收时钟为

$$RxC = Factor_2 \times Baud = 64 \text{ 个/位} \times 2400 \text{ b/s} = 153600 \text{ Hz}$$

可见,甲乙两机的发送/接收时钟脉冲的频率虽然不同,但是通过波特率因子的改变,仍然可以使两者的波特率保持一致。不过这适应于异步通信,对同步通信其双方的发收时钟要严格一致。

六、传输距离与传输速率的关系

串行接口或终端直接传输串行数据的最大距离(当然,波形要不发生畸变)与传输速率和传输线的电气特性有关,传输距离随传输速率的增大而减小。因此在实际应用中,利用电话网进行远距离传输,一般都需要使用通信设备调制解调器。

8.2.3 波特率时钟发生器设计

例 8.3 波特率时钟发生器设计。

(1) 要求

设计一个波特率时钟发生器，其输入时钟 CLK＝1.19318 MHz，波特率因子 Factor＝16，输出的波特率为 9600 b/s。按 Esc 键，退出。

(2) 分析

波特率时钟发生器可由定时/计数器 82C54A 来实现，关键是要找出波特率时钟脉冲与定时/计数器的输出脉冲之间的关系。

从第 4 章定时/计数器 82C54A 的工作原理可知，定时器 82C54A 输出、输入及定时常数的关系式如下：

$$\text{OUT} = \text{CLK}/T_C \tag{8.2}$$

其中，OUT 输出波形频率，CLK 为输入时针频率，T_C 为定时常数。

通常，把 82C54A 的输出方波作为串行通信的发送/接收时钟，即有

$$\text{TxC} = \text{OUT} \tag{8.3}$$

将式(8.1)和式(8.2)的内容代入式(8.3)，可得

$$\text{Baud} \times \text{Factor} = \text{CLK}/T_C$$

所以
$$T_C = \text{CLK}/\text{Baud} \times \text{Factor} \tag{8.4}$$

由式(8.4)可知，当输入时钟频率和波特率因子选定后，求波特率的问题就变成了求定时器 82C54A 的定时常数 T_C 的问题了。

例如，本例要求串行通信的传输率为 9600 Baud，波特率因子为 16，82C54A 的输入时钟为 1.19318 MHz，则利用关系式(8.4)可得 82C54A 的定时常数

$$T_C = 1.19318 \times 10^6 \text{ 次}/\text{s} \div 9600 \text{ b/s} \times 16 \text{ 次}/\text{b} = 8$$

因此，利用 82C54A 作波特率时钟发生器，就需要利用式(8.4)计算出波特率相对应的定时常数，然后，将定时常数装入 82C54A 的计数初值寄存器，启动定时器即可。

(3) 设计

① 硬件设计。

波特率时钟发生器的硬件包括定时/计数器 82C54A、并行接口芯片 82C55A 及 I/O 端口地址译码电路等，如图 8.6 所示。

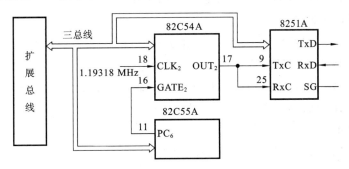

图 8.6 波特率时钟发生器电路原理框图

② 软件编程。

波特率时钟发生器程序流程图如图 8.7 所示。

汇编语言程序如下：
DATA SEGMENT
    TC EQU 8   ;9600Baud 的定时常数

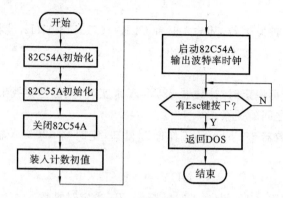

图 8.7 波特率时钟发生器程序流程图

```
        DATA54 EQU 306H      ;82C54A 数据端口
        CTRL54 EQU 307H      ;82C54A 命令端口
        CTRL55 EQU 303H      ;82C55A 命令端口
DATA END
CODE SEGMENT
        ASSUME CS:CODE, DS:DATA
START:  MOV AX,DATA
        MOV DS,AX
        MOV DX,CTRL54        ;82C54A 命令端口
        MOV AL,0B6H          ;82C54A 方式命令
        OUT DX,AL
        MOV DX,CTRL55        ;82C55A 命令端口
        MOV AL,80H           ;82C55A 方式命令
        OUT DX,AL
        MOV AL,0CH           ;使 PC₆=0,关 82C54A
        OUT DX,AL
        CALL LOAD            ;装入计数初值
        MOV DX,CTRL55        ;82C55A 命令端口
        MOV AL,0DH           ;使 PC₆=1,启动 82C54A,即产生波特率时钟
        OUT DX, AL
        NOP
LOP:    MOV AH,08H           ;检测是否是 Esc 键
        INT 21H
        CMP AL,1BH
        JE QUIT              ;是,则退出
        JMP LOP              ;不是,循环查 Esc 键
QUIT:   MOV DX,CTRL55
        MOV AL,0CH           ;关闭 82C54A
```

```
            OUT  DX,AL
            MOV  AX,4C00H         ;退出,返回 DOS
            INT  21H
    LOAD PROC NEAR                ;装入计数初值子程序
            PUSH AX
            PUSH DX
            MOV  DX,DATA54        ;82C54A 的计数器 2 的数据口
            MOV  AX,TC            ;装入计数初值低字节
            OUT  DX,AL
            MOV  AL,AH            ;装入计数初值高字节
            OUT  DX,AL
            POP  DX
            POP  AX
            RET
    LOAD    ENDP
    CODE ENDS
            END START
```

波特率时钟发生器 C 语言程序如下。

```c
#include <stdio.h>
#include <conio.h>
#include <dos.h>
#define DATA54 0x306            //82C54A 数据端口
#define CTRL54 0x307            //82C54A 命令端口
#define CTRL55 0x303            //82C55A 命令端口
void main()
{
    outportb(CTRL54,0x0b6);     //82C54A 方式命令
    outportb(CTRL55,0x80);      //82C55A 方式命令
    outportb(CTRL55,0x0c);      //使 PC_6=0,关 82C54A
    //装入计数初值
    outportb(DATA54,0x08);      //装入计数初值低字节
    outportb(DATA54,0x00);      //装入计数初值高字节

    outportb(CTRL55,0x0d);      //使 PC_6=1,启动 82C54A,即产生波特率时钟
    delay(1);
    while(getch()!=0x1b);       //检测是否是 Esc 键
    outportb(CTRL55,0x0c);      //关闭 82C54A
}
```

8.3 串行通信中的数据格式

在串行通信中,在通信线上传输的字符,已不是原始的字符,而是经过格式化之后的字符。在串行传输中,为什么要使用格式化数据呢?通过格式化数据来解决1帧数据何时开始接收、何时结束,以及判断其有无错误的问题。串行通信中,如前面所述,有两种基本的通信方式,相应地有两种基本数据格式。

8.3.1 起止式异步通信数据格式

1. 起止式数据帧格式

异步通信是以字符为单位进行传输的。起止式是在每个字符的前面加起始位,后面加停止位,中间可以加奇偶校验位,形成一个完整的字符帧格式,如图8.8所示。

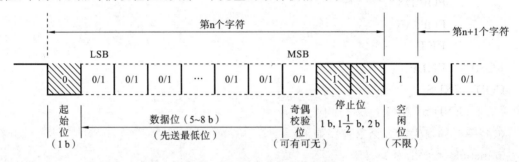

图8.8 起止式异步通信数据格式

在如图8.8所示的格式中,每帧信息(即每个字符)由4个部分组成。
① 1 b 起始位低电平,逻辑值0,(图中阴影所示)。
② 5~8 b 数据位紧跟在起始位后,是要传输的有效信息。规定从低位至高位依次传输。
③ 1 b 校验位(也可以没有校验位)。
④ 最后是 1 b、$1\frac{1}{2}$ b 或 2 b 停止位,图中阴影所示。

停止位后面是不定长度的空闲位。停止位和空闲位都规定为高电平(逻辑值1),这样就保证起始位开始处一定有一个下跳沿。

2. 起/止位的作用

起始位和停止位是作为联络信号而附加进来的,它们在异步通信格式中起着至关重要的作用。当起始位由高电平变为低电平时,告诉接收方传输开始。它的到来,表示下面接着是数据位来了,要准备开始接收。而停止位标志一个字符的结束,它的出现,表示一个字符传输完成。这样,就为通信收方提供了何时开始收发、何时结束的标志。

传输开始之前,发收双方把所采用的起止式数据格式(包括字符的数据位长度、停止位数、有无校验位,以及是奇校还是偶校等)和数据传输速率做统一约定。

传输开始后,接收设备不断检测传输线,看是否有起始位到来。当收到一系列的"1"(停止位或空闲位)之后,检测到一个下跳沿,说明起始位出现,起始位经确认后,就开始接收所规定的数据位和奇偶校验位及停止位。经过处理将停止位去掉,把数据位拼装成一个并行字节,并且经校验后,无奇偶错才算正确地接收了一个字符。一个字符接收完毕,接收设备又继续测试传输线,监视"下跳沿"的到来即下一字符的开始,直到全部数据传输完毕。

由上述工作过程可以看到,异步通信是 1 次传输 1 帧数据,也就是 1 个字符,每传输一个字符,就用起始位来通知收方,以此来重新核对收发双方的同步。即使接收设备和发送设备两者的时钟频率略有偏差,也不会因偏差的累积而导致错位,加之字符之间的空闲位也为这种偏差提供了一种缓冲,所以异步串行通信的可靠性高,而且,异步串行通信也比较易于实现。但是,由于要在每个字符的前后加上起始位和停止位这样一些附加位,故使得传输有用(效)的数据位减少,即传输效率变低了(只有约 80%)。再加上起止式数据格式允许上一帧数据与下一帧数据之间有空闲位,故数据传输速率慢。为了克服起止式数据格式的不足之处,又推出了同步协议数据格式。

8.3.2 面向字符的同步通信数据格式

同步通信是以数据块(若干个字节)为单位进行传输的。所谓面向字符格式,就是在数据块的前面加 1~2 个特定的同步字符,接着是表示传输的源地址和目标地址,以及数据块开始与结束的字符,最后是循环冗余校验码,形成一个完整的数据块帧格式。由于被传输的数据块是由字符组成的,故被称为面向字符的数据格式。一帧数据格式如图 8.9 所示。

SYNC	SYNC	SOH	标题	STX	数据块	ETB/ETX	块校验

图 8.9 面向字符的同步通信数据的帧格式

从图 8.9 中可以看出,当这种格式化的数据传输到接收端时,接收端就可以通过搜索 1~2 个同步字符来判断数据块的开始,再通过帧格式中其他字段,可以知道数据块传输何时结束,以及传输过程中有无错误。

那么,数据格式化的工作由谁来做呢?数据格式化是通信双方预先约定,通过各自的方式命令,由用户或由系统的 BIOS 在初始化程序段中设置。一经设定,就不能单方面修改。

8.4 串行通信接口标准

串行通信接口标准随着计算机应用的领域的扩展,已有了很大的发展。目前使用的串行通信接口标准虽然有 RS-232C、RS-422 和 RS-485 几种,但都是在 RS-232C 标准的基础上改进而形成的。所以,以 RS-232C 为主来讨论。同时,也对其他几种标准进行介绍。

8.4.1 RS-232C 接口标准

一、关于 RS-232C 接口标准的说明

在讨论 RS-232C 接口标准的内容之前,先说明如下两点。

首先,RS-232C 标准最初是为远程通信连接数据终端设备 DTE(Data Terminal Equipment)与数据通信设备 DCE(Data Communication Equipment)而制定的。因此,这个标准的制定,并未考虑计算机系统的应用要求。但是,目前它又广泛地被借来用于计算机(更准确地说,是计算机接口)与终端或 I/O 设备之间的近端连接标准。很显然,这个标准的有些规定及定义和计算机系统是不一致的,甚至是相矛盾的。有了对这种背景的了解,对 RS-232C 标准与计算机不兼容的地方就不难理解了。

其次，RS-232C 标准中所提到的"发送"和"接收"，都是站在 DTE 的立场上，而不是站在 DCE 的立场来定义的。由于在计算机系统中，往往是 CPU 和 I/O 设备之间传输，信息传输双方都是 DTE，因此，双方都能发送或接收。

EIA-RS-232C 标准（Electronic Industrial Associate Recommend Standard 232C）是美国 EIA（电子工业联合会）与 BELL 等公司一起开发的通信协议。它适合于数据传输速率在 0～20000 b/s 范围内的通信。这个标准对串行通信接口的信号线功能、电气特性都作了明确规定。

它作为一个标准，具有 4 个重要特征：功能特性（信号线功能定义）、电气特性、机械特性和传输过程特性。

二、信号线的定义

为了进行远距离通信，EIA-RS-232C 定义了 25 根不同功能的信号线，分主信道和辅信道的信号线。其中，主信道信号使用 9 根线。

- 一对数据线：TxD(2 号线)，发送数据线，发送端的串行数据输出线；
  RxD(3 号线)，接收数据线，接收端的串行数据输入线。
- 一对状态线：$\overline{\text{DTR}}$(20 号线)，数据终端设备准备好，表示计算机或终端可以使用；
  $\overline{\text{DSR}}$(6 号线)，数据通信设备（数据装置）准备好，表示 MODEM 可使用。
- 一对联络线：$\overline{\text{RTS}}$(4 号线)，请求发送，计算机或终端向 MODEM 请求发送数据；
  $\overline{\text{CTS}}$(5 号线)，允许(清除)发送，MODEM 允许计算机或终端的发送请求。
- 一个振铃信号线：RI(22 号线)，MODEM 已收到通过交换台送来的通信链路上的呼叫信号，该信号在送到计算机或端终，并做出反映后，建立起通信链路。
- 一个载体检出信号线：DCD(8 号线)，MODEM 已收到由通信链路另一端送来的数据载波信号，该信号有效，表示数据通信链路已接通，此时 MODEM 送出来的接收数据才可用。
- 一个信号地线：SG(7 号线)，作为所有信号线公共地线。

其余辅信道的信号线，在微机系统中几乎没有使用，故在此不作介绍。

三、信号线的使用

9 根信号线的使用与是否用 MODEM 有关。若用 MODEM，则联络过程复杂，使用的信号线多；若不用 MODEM，则联络过程简单，所使用的信号线也少。下面分 3 种情况讨论。

① 使用 MODEM，并通过交换式电话系统的电话线进行长距离通信。此时，9 根信号线均要用到，其联络过程分两个层次。首先，使用 RI 信号和 $\overline{\text{DTR}}$ 信号来建立通信链路，即 RI 信号用于在 MODEM 收到交换台送来的振铃呼叫时通知计算机或终端，而计算机或终端用 $\overline{\text{DTR}}$ 信号作为 RI 信号的回答，从而建立起通信链路。然后，进行发送与接收的联络过程。

当计算机或终端的 $\overline{\text{RTS}}$ 信号送到发送端的 MODEM，并得到 MODEM 的 $\overline{\text{CTS}}$ 信号时，才允许发送（才可通过 TxD 线发送数据）。

当 DCD 信号有效，表示接收端的 MODEM 已收到通信链路另一端送来的载波信号时，MODEM 才把接收到的数据，通过 RxD 线送至计算机或终端。无论是发送还是接收，都认为 $\overline{\text{DTR}}$ 和 $\overline{\text{DSR}}$ 信号总是准备好的（有效的）。

② 使用 MODEM，但不通过交换式电话系统，而使用专用线进行长距离通信。此时，RI 信号可以不使用。

③ 若进行近距离通信(15 m 以内),不使用 MODEM,称零 MODEM 方式,则只使用 TxD、RxD、SG 三根信号线,就能进行全双工通信。微机系统中,通常都采用零 MODEM 方式进行通信,其连接方式如图 8.10 所示。

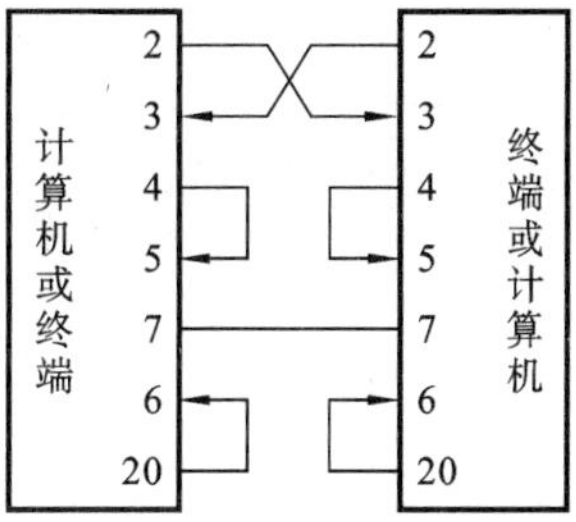

图 8.10 零 MODEM 方式的连接

四、电气特性

1. RS-232C 标准对信号的逻辑定义(EIA 逻辑)

逻辑 1(Mark)在驱动器输出端为 -5 V~-15 V,在负载端要求小于 -3 V。

逻辑 0(Space)在驱动器输出端为 $+5$ V~$+15$ V,在负载端要求大于 $+3$ V。

可见,RS-232C 采用的是负逻辑,并且逻辑电平幅值很高,摆幅很大。EIA 与 TTL 之间的差异如表 8.1 所示。显然,EIA 与计算机或终端所采用的 TTL 逻辑电平和逻辑关系并不兼容。需要经过转换,通信设备(MODEM)才能与计算机或终端进行数据交换。

表 8.1 EIA 与 TTL 之间的差异

差异	EIA	TTL
逻辑关系	负逻辑	正逻辑
逻辑电平	高(± 15 V)	低($+5$ V)
电平摆幅	大(-15 V~$+15$ V)	小(0~5 V)

RS-232C 为什么采用这么高的逻辑电平和电平摆幅呢?其原因是为了提高抗噪声干扰的能力和补偿传输线上的信号衰减。因为 RS-232C 标准采用单端发送和单端接收,易受共模噪声干扰,有时噪声幅度高达好几伏,所以电平摆幅小了,噪声会淹没有用信号,可靠性差。另外,考虑到长线上的信号会衰减,RS-232C 标准规定,要求驱动器输出端电平必须在 ± 5~± 15 V,负载端要大于 $+3$ V(逻辑 0)或小于 -3 V(逻辑 1),这意味着传输线上即使是衰减 2~12 V 电平,负载端也可以正确有效地检测出逻辑 1 和逻辑 0。值得注意的是,计算机或终端和 MODEM 都既可以是驱动器,又可以是负载。

2. EIA 与 TTL 之间的转换

EIA 与 TTL 之间的转换采用专用芯片来完成。常用的转换芯片如下。

单向转换芯片有实现 TTL→EIA 转换的,如 MC1488、SN75150;也有实现 EIA→TTL 转换的,如 MC1489、SN75154。

双向转换芯片可实现 TTL↔EIA 之间双向转换,如 MAX232。MAX232 的外部引脚,如图 8.11 所示,其内部逻辑,如图 8.12 所示。

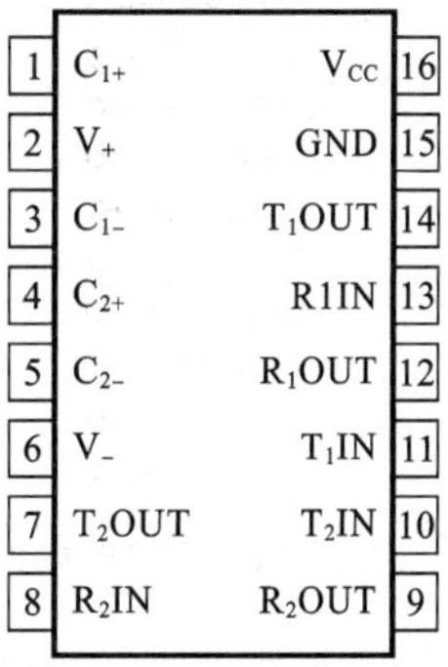

从图 8.12 可知,一个 MAX232 芯片可连接两对接收/发送线。MAX232 把 UASRT 的 TxD 和 RxD 端的 TTL/CMOS 电平(0~5 V)转换成 RS-232C 的电平(-10~$+10$ V)。

图 8.11 MAX232 的引脚图

五、机械特性

1. 连接器

连接器即通信电缆的插头插座。由于 RS-232C 并未定义连接器的物理特性,因此,出现了

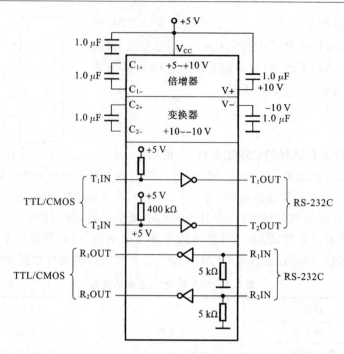

图 8.12　MAX232 的内部逻辑框图

DB-25 型和 DB-9 型两种不同的连接器,其引脚号的功能定义与排列也各不相同,使用时要特别注意。其中,DB-25 型是早期 PC 微机使用的连接器,它除了支持 EIA 电压接口外,还支持 20 mA 的电流环接口,故使用了 25 根线,而后期的微机串行接口取消了电流环接口,故采用 DB-9 型连接器。DB-25 型和 DB-9 型连接器的外形及信号引脚分配分别如图 8.13 和图 8.14所示。

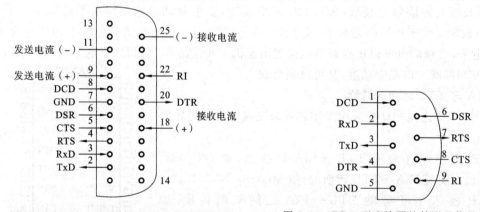

图 8.13　DB-25 型连接器外形及信号引脚分配　　图 8.14　DB-9 型连接器的外形及信号引脚分配

当不同的 I/O 设备或计算机需要通过串行接口进行通信而连接时,需要特别注意 DB-9 和 DB-25 两种连接器的信号转换问题。这两种连接器的引脚号的排列不相同,当在实际应用中需要将 9 针连接器转换成 25 针连接器时,要按引脚的功能定义一一对应连接,而不能按引脚号对应连接,这是因为相同的引脚号有不同的功能定义,如图 8.15 所示。

2. 通信电缆长度

通信电缆长度是指在通信传输速率低于 20 kb/s 时,RS-232C 的电缆所能直接连接(不采用 MODEM)两台计算机或终端的最大物理距离,此距离为 15 m。这是根据 RS-232C 规定最大负载电容为 2500 pF 的要求计算出来的。例如,采用每 0.3 m(约 1 英尺)的电容值为 40~

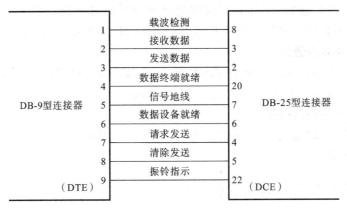

图 8.15 DB-9 与 DB-25 之间的连接

50 pF 的普通非屏蔽多芯电缆作通信电缆,则电缆的长度,即传输距离为

$$L = \frac{2500 \text{ pF}}{50 \text{ pF/英尺}} = 50 \text{ 英尺} \approx 15 \text{ m}$$

然而,在实际应用中,码元畸变超过 4%,甚至为 10%~20% 时,也能正常传输信息,这意味着驱动器的负载电容可以超过 2500 pF,因而传输距离可超过 15 m,这说明了 RS-232C 标准所规定的直接传输最大距离为 15 m 是偏于保守的。

8.4.2 RS-485 接口标准

由于 RS-232C 接口标准采用单端发送和单端接收,易受共模干扰,所以直接传输距离短,传输速率低,且只能单点对单点通信。为了实现更大距离的直接传输和更高的传输速率,在 RS-232C 的基础上进行改进,制定出新的接口标准,如 RS-422 和 RS-485 标准。下面介绍 RS-485 标准。

一、RS-485 接口标准的新概念与新定义

RS-485 是 RS-232C 的改进型标准,因此,RS-232C 标准的一些基本内容、基本信号线及信号传输联络过程等仍然被 RS-485 沿用。但 RS-485 标准引入了一些新概念和新定义,现说明如下。

1. 采用双线平衡方式传输

所谓平衡方式,是指双端发送和双端接收,所以,传输信号需要两条线 AA′ 和 BB′,发送端和接收端分别采用平衡发送器(驱动器)和差动接收器,如图 8.16 所示。RS-485 采用双绞线传输,与 RS-232C 采用单线传输不同。它通过平衡发送器把逻辑电平转换成电位差,进行传输。

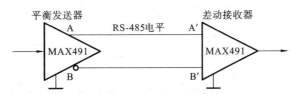

图 8.16 RS-485 标准的传输连接

2. 采用电位差值定义信号逻辑

采用两条传输线之间的电位差值来定义逻辑 1 和逻辑 0。当 AA′ 线的电平比 BB′ 线的电

平高 200 mV 时,表示逻辑 1,当 AA′线的电平比 BB′的电平低 200 mV 时,表示逻辑 0。RS-485 采用电位差值定义信号逻辑与 RS-232C 采用高压电平定义信号逻辑不同。

3. 允许多点对多点通信

由于采用电位差值定义信号和差动接收器,以及双绞线连接,为多点连接提供了条件,使其能够一点对多点或多点对多点之间,进行发送与接收。

4. 采用 4 芯水晶头连接器

4 芯水晶头连接器类似于电话线的接头,比 RS-232C 标准的 DB-9 型或 DB-25 型连接器使用方便且价格低廉。

二、平衡发送器/差动接收器的作用

平衡发送器/差动接收器是实现上述 RS-485 标准新概念和新定义的硬件支持,从物理层面来讲,RS-232C 标准与 RS-485 标准的不同之处主要是后者使用了平衡发送器/差动接收器。

平衡发送器/差动接收器,简称收发器,可进行全双工和半双工传送。例如,MAX 公司有 MAX485/491 芯片,其中 MAX485 用于半双工传送,而 MAX491 可用于全双工传送。现在对收发器 MAX485/491 的引脚功能和信号的逻辑定义进行分析。

1. 收发器芯片 MAX491 的引脚功能

MAX491 的引脚如图 8.17 所示,其引脚功能的定义如表 8.2 所示。

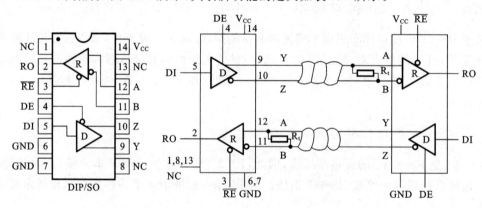

图 8.17 MAX491 外部引脚

表 8.2 MAX485/491 引脚功能的定义

引脚		名称	功能
MAX485	MAX491		
1	2	RO	接收器输出:当 $V_A-V_B \geqslant +200$ mV 时,RO=1;当 $V_A-V_B \leqslant -200$ mV 时,RO=0
2	3	$\overline{RE}$	接收器输出允许:当 RE=0 时,允许输出;当 RE=1 时,输出呈高阻(三态)
3	4	DE	驱动器输出允许:当 DE=1 时,允许输出;当 DE=0 时,输出呈高阻(三态)
4	5	DI	驱动器输入:当 DI=0 时,Y=0,Z=1;当 DI=1 时,Y=1,Z=0
5	6,7	GND	接地

续表

引脚		名称	功能
MAX485	MAX491		
—	9	Y	驱动器非反向输出
—	10	Z	驱动器反向输出
6	—	A	接收器非反向输入和驱动器非反向输出
—	12	A	接收器非反向输入
7	—	B	接收器反向输入和驱动器反向输出
—	11	B	接收器反向输入
8	14	V_{CC}	正电源：4.75 V$\leqslant V_{CC}\leqslant$5.25 V
—	1,8,13	NC	不连接

2. 信号的逻辑定义

MAX485/491 芯片信号逻辑功能如表 8.3 所示。

表 8.3 MAX485/491 对信号的逻辑定义

发送端(驱动器)			接收端(接收器)	
输入(DI)	输出		输入	输出（RO）
	Y(A)	Z(B)	V_A-V_B	
1	1	0	$\geqslant +0.2$ V	1
0	0	1	$\leqslant -0.2$ V	0

从表 8.3 可知，MAX485/491 对接收端的信号逻辑定义如下：

当差动输入 $V_A-V_B\geqslant +200$ mV 时，输出为逻辑 1；

当差动输入 $V_A-V_B\leqslant -200$ mV 时，输出为逻辑 0。

对发送端的信号逻辑定义与驱动器的输出端有关，当发送端的驱动器输入为逻辑 1 时，驱动器的非反向输出端(Y)为逻辑 1，而驱动器的反向输出端(Z)为逻辑 0；当驱动器的输入为逻辑 0 时，它的非反向输出端为逻辑 0，而它的反向输出端为逻辑 1。可见，经过 MAX485/491 的转换，实现了 RS-485 接口标准对信号逻辑定义的要求。

三、RS-485 接口标准的特点

① 由于采用差动发送/接收和双绞线平衡传输，所以共模抑制比高、抗干扰能力强。因此，特别适合在干扰比较严重的环境下工作，如大型商场和车间使用。

② 传输速率高，可达 10 Mb/s(传输 15 m)，传输信号摆幅小(200 mV)。

③ 传输距离长，不使用 MODEM，采用双绞线，传输距离为 1.2 km(100 kb/s)。

④ 能实现多点对多点通信。

四、RS-485 接口标准在多点对多点通信中的应用

RS-485 标准，目前已在许多方面得到应用，尤其是在不使用 MODEM 的情况下、多点对多点通信系统中，如工业集散分布式系统、商业 POS 收银机、考勤机，以及智能大楼的联网中用得很多。

RS-485 接口标准采用共线电路结构,在一对平衡传输线的两端配置终端电阻之后,将终端设备的发送器、接收器或组合收发器挂在平衡传输线上的任何位置,可实现多个驱动器(32个)和多个接收器(32个)共用同一传输线的多点对多点的通信,其配置如图 8.18 所示。

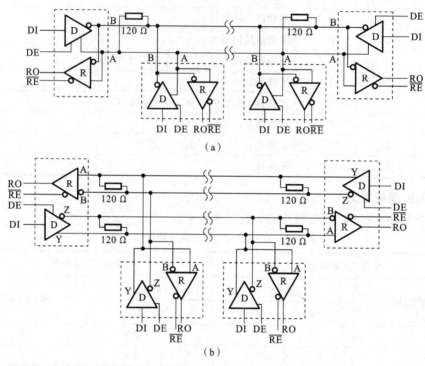

图 8.18 RS-485 接口标准多点对多点的共线电路结构
(a) 半双工 RS-485 共线联网; (b) 全双工 RS-485 共线联网

8.4.3 RS-232C 与 RS-485 的转换

在实际应用中,往往会遇到一些仪器设备配置的是 RS-485(或 RS-422)接口标准,而计算机配置的是 RS-232C 接口标准,在要求这些仪器或设备与计算机进行通信时,两者的接口标准就不一致,此时,就出现了 RS-232C 与 RS-485 的转换问题。

实际上,只需将数据发送线 TxD 转换为差动信号,将接收的差动信号转换为数据接收线 RxD,而 RS-232C 定义的其他信号则不需要转换,维持不变。具体方法为:在发送端接口电路的发送数据线 TxD 上加接平衡发送器 MAX485/491,将单根数据信号线 TxD 转换为差动信号线 AA′与 BB′,并通过两根双绞线发送出去。在接收端加接差动接收器 MAX485/491,将从两根双绞线 AA′与 BB′上传来的差动信号转换为单根数据信号,通过接口电路的接收数据线 RxD 接收进来。

8.5 串行通信接口电路

串行传输相比并行传输而言,有许多特殊问题需要解决,而 CPU 本身又不处理这些问题,都交给接口电路去完成,因此,串行通信接口设计所涉及的内容比并行接口设计要复杂得多。下面讨论串行通信接口电路的任务(功能)及组成。

8.5.1 串行通信接口的基本任务

1. 实现数据格式化

因为来自计算机或终端的数据是未经格式化的普通并行数据,所以接口电路应具有实现不同串行通信方式下的数据格式化的功能。在异步方式下,接口电路需自动生成起止式的字符数据帧格式。在面向字符的同步方式下,接口电路需要自动生成数据块的帧格式。

2. 进行串-并转换

在发送端,接口电路需要把由计算机或终端送来的并行数据转换为串行数据后,再发送出去。在接收端,接口电路需要把从接收器接收的串行数据转换为并行数据后,再送至计算机或终端。

3. 进行错误检测

在发送端,接口电路需对传输的字符数据自动生成奇偶校验位或其他校验码。在接收端,接口电路需要对所接收的字符数据进行奇偶校验或其他校验码的检测,以确定所接收的数据中是否有错误信息和是什么性质的错误,并记入状态寄存器中,以供 CPU 进行处理。

4. 提供符合 RS-232C 接口标准所定义的信号线

远距离通信使用 MODEM 时,接口电路需要提供 9 根信号线。对于近距离零 MODEM 方式,接口电路只需提供 3 根信号线。

5. 进行 TTL 与 EIA 逻辑关系及逻辑电平的转换

计算机和终端均采用正逻辑和 TTL 电平。它们与 EIA 采用的负逻辑及高压电平不兼容,需要在接口电路中相互转换。一般是将专门的转换芯片(如 MAX232)添加到接口电路中。

6. 进行数据传输速率的控制

串行通信要求双方的数据传输速率一致,这意味着接口电路需对串行通信的数据传输速率进行控制。一般是单独设计一个波特率时钟发生器,并添加到接口电路中,或者由 UART 收/发器自带(内嵌)波特率时钟发生器。

8.5.2 串行通信接口电路的组成

串行通信接口电路一般由可编程串行通信接口芯片(如通用同步和异步收发器)、波特率时钟发生器、EIA 与 TTL 转换器,以及地址译码电路组成。若采用 RS-485 接口标准,则接口电路还应包括平衡发送器和平衡接收器。其中,同步收/发器和异步收/发器是串行通信接口电路的核心芯片,能实现上面提出的串行通信接口基本任务的大部分工作,采用它们来设计串行通信接口,会使电路结构比较简单。

在微机系统中,使用较多的串行通信接口芯片有 16450、8250、16550 和 8251A。它们是 CPU 的重要外围支持芯片。微机系统采用 8250 或 16550 作为系统串行通信接口芯片,而用户常常采用 8251A 作为扩展串行通信接口芯片。

8.6 基于 8251A(USART)用户扩展串行通信接口

8251A 是一种功能很强的异步和同步(USART)双功能通信接口芯片,它支持 RS-232C 接口标准,能实现串行通信接口电路的大部分任务,并且可以灵活地选择数据格式及进行接收/发送控制,因此,它是用户进行串行通信接口设计的常用芯片。采用 8251A 设计串行接口电路,只需附加少量的配套芯片即可。如波特率时针发生器,电平转换器。

8.6.1 8251A 的外部特性

8251A 是一个 28 引脚的双列直插芯片,其外部引脚如图 8.19 所示。信号线可分为两类:面向 CPU 的和面向 MODEM 的。8251A 的外部引脚功能如表 8.4 所示。

表 8.4 8251A 外部引脚功能

面向 CPU	面向 MODEM	状态及时钟
$D_0 \sim D_7$	TxD	TxRDY
$\overline{WR}$	RxD	RxRDY
$\overline{RD}$	$\overline{RTS}$	SYNDET
RESET	$\overline{CTS}$	$\overline{TxC}$
$\overline{CS}$	$\overline{DTR}$	$\overline{RxC}$
$C/\overline{D}$	$\overline{DSR}$	

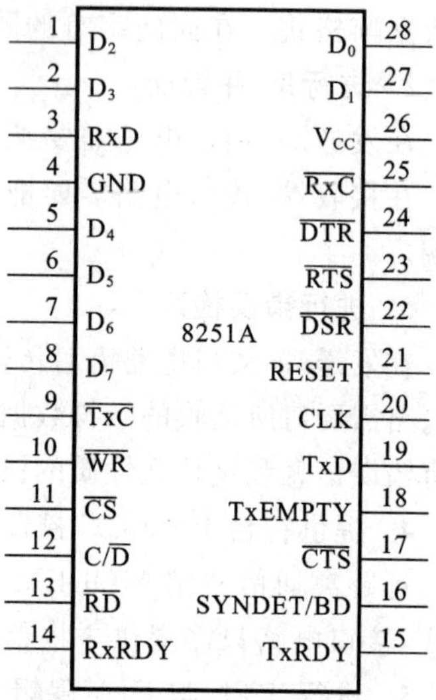

8251A 引脚图(图 8.19):
1-D_2, 2-D_3, 3-RxD, 4-GND, 5-D_4, 6-D_5, 7-D_6, 8-D_7, 9-$\overline{TxC}$, 10-$\overline{WR}$, 11-$\overline{CS}$, 12-$C/\overline{D}$, 13-$\overline{RD}$, 14-RxRDY, 15-TxRDY, 16-SYNDET/BD, 17-$\overline{CTS}$, 18-TxEMPTY, 19-TxD, 20-CLK, 21-RESET, 22-$\overline{DSR}$, 23-$\overline{RTS}$, 24-$\overline{DTR}$, 25-$\overline{RxC}$, 26-V_{CC}, 27-D_1, 28-D_0

图 8.19 8251A 引脚图

下面对表 8.4 中 8251A 的引脚功能作简要介绍。

● 6 根 RS-232C 标准信号线:TxD、RxD、$\overline{DTR}$、$\overline{DSR}$、$\overline{RTS}$、$\overline{CTS}$。它们是为了满足 RS-232C 接口标准而设置的,其功能已在 8.4.1 节 RS-232C 标准中定义过了。

● 一对状态线:TxRDY,发送准备好,表示发送端已准备好发送数据;RxDRY,接收准备好,表示接收端已准备好接收数据。

它们可作为中断方式传输的中断请求线,向 CPU 申请中断;也可作为查询方式的状态查询,其状态存放在 8251A 内部状态寄存器中的 D_1D_0 两位,以供 CPU 进行查询。

● 一对时钟线:$\overline{TxC}$,发送时钟线,输入;$\overline{RxC}$,接收时钟线,输入。

它们是由波特率时钟发生器产生的时钟脉冲信号,用以控制传输波特率。

● 同步字符捡出线:SYNDET,用于同步通信。表示接收端已收到对方发来的同步字符。

● 2 根地址线:$\overline{CS}$ 片选信号,$\overline{CS}$ 为低电平表示选中;$C/\overline{D}$ 片内寄存器选择线,当 $C/\overline{D}=1$,写命令口或读状态;当 $C/\overline{D}=0$,读/写数据。

可见,8251A 内部只有两个端口,命令字与状态字共一个端口,写数据和读数据共一个端口。

● 8 根数据线($D_0 \sim D_7$),2 根读/写控制线($\overline{DR}/\overline{WR}$)。

8.6.2 8251A 内部寄存器及编程命令

8251A 内部逻辑如图 8.20 所示。图中,发送器和接收器完成串-并转换、数据格式化、奇偶校验及数据的接收/发送操作。读/写控制逻辑包含方式命令寄存器、工作命令寄存器和状态寄存器 3 个寄存器,分别存放 CPU 对 8251A 发送来的方式命令、工作命令及 8251A 的状态字。这 3 个寄存器共用 1 个端口,向该端口写操作时,是写方式命令或工作命令;从该端口读操作时,是读状态字。下面分别介绍这3个寄存器的方式命令、工作命令及状态字的格式及各位的功能。8251A是用户扩展的串行接口芯片,其端口地址如表3.3所示,数据接口为308H,命令和状态口为309H。

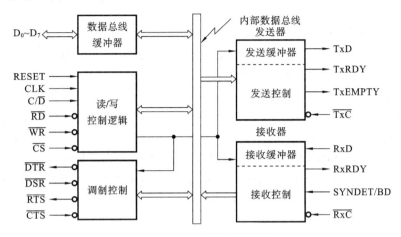

图8.20　8251A内部结构框图

1. 方式命令

方式命令的作用是指定8251A的通信方式及其方式下的数据帧格式。因为8251A支持异步和同步两种通信方式,所以方式命令的各位在不同通信方式下的功能有所不同。方式命令的格式如图8.21所示。

D_7	D_6	D_5	D_4	D_3	D_2	D_1	D_0
S_1	S_0	EP	PEN	L_1	L_0	B_1	B_0
停止位		奇偶校验		字符长度		波特率因子	
(同步)	(异步)			00=5位		(异步)	(同步)
×0=内同步	00=不用	×0=无校验		01=6位		00=不用	00=同步
×1=外同步	01=1位	01=奇校验		10=7位		01=×1	—
0×=双同步	10=1.5位	11=偶校验		11=8位		10=×16	—
1×=单同步	11=2位					11=×64	—

图8.21　8251A方式命令的格式

8位方式命令,可分为4个字段,每个字段2位,其功能定义如下。

① B_1B_0 决定8251A是作同步方式还是作异步方式通信接口使用,若 $B_1B_0=00$,作同步方式通信接口,否则,作异步方式通信接口。在异步方式下,这两位选择波特率因子。

② L_1L_0 设置字符长度。有4种字符长度可选,在计算机或终端中只有7位或8位两种选择。

③ PEN及EP决定是否使用奇偶校验位,以及使用奇偶校验位时是采用奇校验还是偶校验。PEN=0,不进行奇偶校验,PEN=1,要进行奇偶校验。EP=0,进行奇校验,EP=1,进行偶校验。

④ S_1S_0 对异步方式和对同步方式的作用不同。对异步方式是决定停止位的数目,有1位、1.5位和2位三种选择。对同步方式是决定同步字符数目及提供同步字符的方式,有单字同步、双同步及内同步、外同步之分。

例如,在某异步通信中,数据格式采用8位数据位,1位起始位,2位停止位,奇校验,波特率因子是 16，其方式字为 11011110B＝DEH。若将方式命令写入命令端口，则程序段如下。

  MOV DX,309H ;8251A 命令端口
  MOV AL,0DEH ;异步方式命令字
  OUT DX,AL

又如，在同步通信中，若帧数据格式为：字符长度 8 位，双同步字符，内同步方式，奇校验，则方式命令字是 00011100B＝1CH。若将方式命令写入命令端口，则程序段如下。

  MOV DX,309H ;8251A 命令端口
  MOV AL,1CH ;同步方式命令字
  OUT DX,AL

2. 工作命令

工作命令的作用是控制串行接口的内部复位、发送、接收、清除错误标志等操作，以及设置 $\overline{RTS}$、$\overline{DTR}$ 联络信号有效。如果是异步通信，并且是零 MODEM 方式，即在不使用联络信号的情况下，工作命令的 8 位中，有一些位就无关紧要，而有些关键位是必须使用的，称为关键位。工作命令的格式如图 8.22 所示。

D_7	D_6	D_5	D_4	D_3	D_2	D_1	D_0
EH	IR	RTS	ER	SBRK	RxEN	DTR	TxEN
进入搜索方式	内部复位	发送请求	错误标志复位	发中止符	接收允许	数据终端准备好	发送允许
	1=内部复位		1=错误标志复位		1=允许收		1=允许发
	0=不复位		0=不复位		0=不允许收		0=不允许发

图 8.22 8251A 工作命令的格式

现介绍 8 位工作命令字中的几个关键位。

① TxEN 和 RxEN 分别是发送器和接收器的允许位，当进行全双工通信时，发送和接收器同时工作，所以这两位必须同时被置 1。进行半双工通信时，只把其中的一位置 1，仅允许发送，或仅允许接收。

例如，在异步通信时，若允许接收，同时允许发送，则程序段如下。

  MOV DX,309H ;8251A 命令端口
  MOV AL,00000101B ;置 RxEN＝1,TxEN＝1,允许接收和发送
  OUT DX,AL

② ER 进行状态寄存器的出错位的复位。该位置 1，将使状态寄存器中的 3 个错误标志位被清除。

③ IR 进行内部复位。一般在对 8251A 写初始化程序时，都要先进行内部复位之后，才写方式命令，接着再写工作命令。并且，只要在工作命令中，包含有 IR＝1，就一定会进行内部复位。

例如，若要使 8251A 内部复位，则程序段如下。

  MOV DX,309H ;8251A 命令端口
  MOV AL,01000000B ;置 IR＝1,使内部复位
  OUT DX,AL

注意：只要工作命令中包含 IR＝1 的任何代码都能实现内部复位，如 50H,60H,…,FFH 等。

3. 状态字

状态字的作用是向 CPU 提供何时才能开始接收或发送，以及接收的数据中有无错误的信息。如果是异步通信，并且是在不考虑 MODEM，即不使用联络信号的情况下，在状态字的

8位中,有一些位就无关紧要,而有些关键位是必须使用的,称为关键位。状态字的格式如图8.23所示。

D_7	D_6	D_5	D_4	D_3	D_2	D_1	D_0
DSR	SYNDET	FE	OE	PE	TxE	RxRDY	TxRDY
数传机就绪	同步字符检出	格式错	溢出错	奇偶错	发送器空	接收准备好	发送准备好
		1=格式错 0=无错	1=溢出错 0=无错	1=奇偶错 0=无错		1=接收就绪 0=未就绪	1=发送就绪 0=未就绪

图 8.23 8251A 状态字的格式

现介绍 8 位状态字中的几个关键位。

① D_0 和 D_1 的 TxRDY 和 RxRDY 分别是发送和接收准备好位。只有状态字中的 TxRDY=1,才能发送字符,RxRDY=1,才能接收字符;否则,就要等待。

例如,串行通信时,在发送程序中,需检查状态字的 D_0 位是否置 1,即查 TxRDY=1? 其程序段如下。

```
L: MOV DX,309H        ;8251A 状态端口
   IN AL,DX
   AND AL,01H         ;查发送器是否准备好
   JZ L               ;未就绪,则等待
```

又如,串行通信时,在接收程序中,需查状态字的 D_1 位是否置 1,即查 RxRDY=1? 其程序段如下。

```
L1: MOV DX,309H       ;8251A 状态端口
    IN AL,DX
    AND AL,02H        ;查接收器是否准备好
    JZ L1             ;未就绪,则等待
```

② $D_3 D_4 D_5$ 三位是错误状态位,分别代表奇偶校验错、溢出错和格式错。

● D_3,奇偶错 PE(Parity Error)。当奇偶错被接收端检测出来时,PE 置 1。PE=1(有效),并不禁止 8251A 工作。

● D_4,溢出错 OE(Overrun Error)。若当前一个字符尚未被 CPU 取走,后一个字符已变为有效,则 OE 置 1。OE 有效,并不禁止 8251A 的操作,但是,将被溢出的字符丢掉了。

● D_5,帧出错 FE(Framing Error)(只用于异步方式)。若接收端在任一字符的后面都没有检测到规定的停止位,则 FE 置 1。

以上 3 个错误状态位,在编写通信程序的接收程序时,一定要先检测这 3 位的状态,确定接收数据没有错误之后,再检查 RxRDY 是否准备好。若有错误,则应先进行出错处理。

3 个错误状态位均由工作命令字的 IR 位复位。

在接收程序中,若要检查出错信息,则程序段如下。

```
    MOV DX,309H        ;8251A 状态端口
    IN AL,DX
    TEST AL,38H        ;检查 D5 D4 D3 三位(FE、OE、PE)
    JNZ ERROR          ;若其中有一位为1,则出错,并转入错误处理程序
    ⋮
ERROR:⋯
```

其 C 语言程序段如下。
```
if(0!=inportb(0x309)&0x38)
    printf("error\n");
```

4. 8251A 的方式命令字、工作命令字和状态字之间的关系

8251A 的方式命令字、工作命令字和状态字之间的关系是：方式命令字只是约定了双方通信的方式(同步/异步)及其数据格式(数据位和停止位长度、校验特性、同步字符特性)、传输速率(波特率因子)等参数，但没有规定数据传输的方向是发送还是接收，故需要工作命令字来控制发送/接收，但何时才能发送/接收呢？这就取决于 8251A 的工作状态，即状态字。只有当 8251A 进入发送/接收准备好的状态时，才能真正开始数据的传输。

8.6.3 8251A 的初始化内容与顺序

在异步方式下，8251A 的初始化内容包括：先写内部复位命令，再写方式命令，最后写工作命令几部分。为了提高可靠性，往往还在写内部复位命令之前，向命令口写一长串 0，作为空操作。在同步方式下，8251A 的初始化还包括设置同步字符。

因为方式命令字和工作命令字均无特征位标志，且都是送到同一命令端口，所以在向 8251A 写入方式命令字和工作命令字时，需要按一定的顺序，这种顺序不能颠倒或改变，若改变了这种顺序，8251A 就不能识别，也就不能正确执行。这种顺序是：内部复位→方式命令字→工作命令字 1→工作命令字 2⋯，如图 8.24 所示。

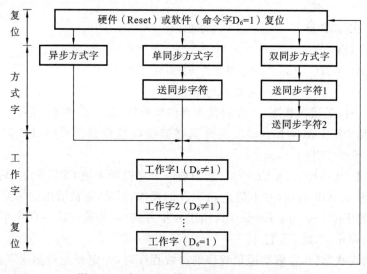

图 8.24 向 8251A 命令端口写入命令的顺序

8.6.4 基于 8251A 的串行通信接口设计

下面以两台微机之间进行双机串行通信的硬件连接和软件编程来说明 8251A 在实际中是如何应用的，并分别用 RS-232C 和 RS-485 两种不同标准进行设计，以了解它们之间的差别。

例 8.4 采用 RS-232C 标准的串行通信接口设计。

(1) 要求

在甲乙两台微机之间进行串行通信，甲机发送，乙机接收。要求把甲机上开发的其长度为 2DH 的应用程序传送到乙机中去。采用起止式异步方式，字符长度为 8 位，2 位停止位，波特率因子为 64,无校验,波特率为 4800 b/s。CPU 与 8251A 之间用查询方式交换数据。端口地址分配是:309H 为命令/状态端口,308H 为数据端口。

(2) 分析

由于是近距离传输,不需 MODEM,采用 RS-232C 的 3 芯屏蔽通信电缆把甲、乙两台微机直接连接。由于是采用查询 I/O 方式,接收/发送程序中只需检查接收/发送准备好的状态是否置位,一旦置位即可收/发。

(3) 设计

① 接口硬件电路。

根据以上分析,可把两台微机都当作 DTE,它们之间只需 TxD、RxD、SG 三根线连接就能通信。采用 8251A 作为接口的主芯片,再配置波特率时钟发生器、RS-232C 与 TTL 电平转换电路、地址译码电路等就可构成一个串行通信接口,如图 8.25 所示。

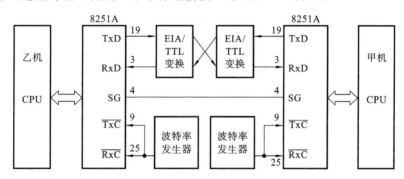

图 8.25　RS-232C 标准双机串行通信接口电路框图

② 软件编程。

接收和发送程序分开编写,每个程序段中包括 8251A 初始化,状态查询和输入/输出等部分。

串行通信甲机的汇编语言发送程序段如下。

```
DATA SEGMENT
        BUF_T DB 45 DUP(?)
DATD ENDS
CODE SEGMENT
        ASSUME CS: CODE, DS: DATA
START: MOV AX,DATA
       MOV DS,AX
       MOV DX,309H              ;8251A 命令端口
       MOV AL,00H               ;空操作,向命令端口发送任意数
       OUT DX,AL
       MOV AL,40H               ;内部复位(使 D₆=1)
       OUT DX,AL
       NOP
       MOV AL,11001111B         ;方式命令字
       OUT DX,AL
```

```
                MOV AL,00110111B      ;工作命令字(RTS、ER、RxE、DTR、TxEN 均置1)
                OUT DX,AL
                MOV SI,OFFSET BUF_T   ;发送区首址
        L1:     MOV DX,309H           ;状态端口
                IN AL,DX              ;查发送是否准备好?(TxRDY=1?)
                AND AL,01H
                JZ L1                 ;发送未准备好,则等待
                MOV DX,308H           ;
                MOV AL,[SI]           ;发送准备好,则从发送区取1个字节发送
                OUT DX,AL
                INC SI                ;发送区地址加1
                DEC CX                ;字节数减1
                JNZ L1                ;未发送完,继续
                MOV AX,4C00H          ;已发送完,回DOS
                INT 21H
        CODE ENDS
                END START
```

串行通信甲机的 C 语言发送程序段如下。

```c
unsigned int i;
unsigned char send[45];              //发送缓冲区
unsigned char *p;
p=send;
outportb(0x309,0x00);                //空操作,向命令端口发送任意数
outportb(0x309,0x40);                //内部复位(使 D_6=1)
delay(1);
outportb(0x309,0x0cf);               //方式命令字
outportb(0x309,0x37);                //工作命令字(RTS、ER、RxE、DTR、TxEN 均置1)
for(i=0;i<45;i++)
{
    while(inportb(0x309)&0x01==0);   //查发送是否准备好?(TxRDY=1?)
    outportb(0x308,*p);              //发送一个字节
    p++;
}
```

串行通信乙机的汇编语言接收程序如下。

```
DATA SEGMENT
    BUF_R 45 DUP(?)
DATA ENDS
CODE SEGMENT
    ASSUME CS:CODE,DS:DATA
BEGIN: MOV AX,DATA
```

```
                MOV DS,AX
                MOV DX,309H         ;8251A 命令端口
                MOV AL,0AAH         ;空操作,向命令端口送任意数
                OUT DX,AL
                MOV AL,50H          ;内部复位(含 D₆=1)
                OUT DX,AL
                NOP
                MOV AL,11001111B    ;方式字
                OUT DX,AL
                MOV AL,00010100B    ;工作命令字(ER、RxE 置 1)
                OUT DX,AL
                MOV DI,OFFSET BUF_R ;接收区首址
        L2:     MOV DX,309H         ;状态端口
                IN AL,DX            ;先查接收是否出错
                TEST AL,38H         ;同时查 3 种错误
                JNZ ERR             ;有错,转出错处理
                AND AL,02H          ;再查接收是否准备好(RxRDY=1?)
                JZ L2               ;接收未准备好,则等待
                MOV DX,308H         ;
                IN AL,DX            ;接收准备好,则接收 1 个字节
                MOV [DI],AL         ;并存入接收区
                INC DI              ;接收区地址加 1
                LOOP L2             ;未接收完,继续
                JMP STOP            ;已完,程序结束,退出
        ERR:(略)
        STOP:   MOV AX,4C00H        ;返回 DOS
                INT 21H
        C ENDS
                END BEGIN
```

串行通信乙机的 C 语言接收程序段如下。

```c
unsigned char recv[45];
unsigned char i,tmp;
void main()
{
    outportb(0x309,0x0aa);       //空操作,向命令端口送任意数
    outportb(0x309,0x50);        //内部复位(含 D₆=1)
    delay(1);
    outportb(0x309,0x0cf);       //方式字
    outportb(0x309,0x14);        //工作命令字(ER、RxE 置 1)
    for(i=0;i<45;i++)
```

```
            {
                tmp=inportb(0x309);              //读状态端口
                if(tmp&0x38!=0x00)               //先查接收是否出错
                {
                    printf("Error! \n");         //打印出错信息
                    break;                       //退出
                }
                else
                {
                    if(tmp&0x02==0x00)           //再查接收是否准备好(RxRDY=1?)
                        break;
                    else
                        recv[i]=inportb(0x308);  //接收准备好,则接收1个字节
                }
            }
        }
```

例 8.5 采用 RS-485 标准的异步串行通信接口电路设计。

(1) 要求

甲、乙两台微机之间,按 RS-485 标准进行零 MODEM 方式、全双工异步串行通信,双方在各自的键盘上按键向对方发送字符时,同时又可接收对方发来的字符。字符格式为 1 位停止位,7 位数据位,无校验,波特率因子为 16。按 Esc 键,退出。试设计异步串行通信接口电路。

(2) 分析

本例与上例不同之处有两点:一是传送方式不同,本例是全双工,上例是半双工;二是通信标准不同,本例采用 RS-485 标准,上例采用 RS-232C。因此,在接口电路组成、通信电缆、连接器,以及通信程序编写都有所不同。

(3) 设计

① 硬件设计。

由于 RS-485 标准是把原来由 RS-232C 标准采用单端发送/单端接收信号,改成差动发送和差动接收,因此,RS-485 接口电路的组成是在可编程串行接口芯片 8251A 的基础上,增加差动收/发器 MAX491,以便实现从单端到差动的转换和全双工通信,而电路的其他部分(如波特率时钟发生器)与 RS-232C 的要求一样。各通信站点之间通过接线盒转接,并采用带 4 芯水晶插头的双绞线进行连接。RS-485 串行通信接口电路如图 8.26 所示。该接口电路不仅可实现点对点的串行通信,还可以实现多点对多点串行通信。

② 软件编程。

RS-485 标准所采用的通信方式和数据格式及数据传输速率的控制方法均与 RS-232C 标准相同,只是传输信号时所用的通信线及对信号的逻辑定义有所不同。RS-485 用两根通信线传输信号,而 RS-232C 用一根通信线传输信号;RS-485 用两根通信线之间的电压差值定义逻辑 0 和逻辑 1,而 RS-232C 用一根通信线与地之间的电压值定义逻辑 0 和逻辑 1。这些物理层的定义并不影响软件编程,因此,串行通信程序的编写与 RS-232C 的编程完全一样,在 RS-232C 标准下编写的发送/接收程序在 RS-485 标准下同样可以执行。

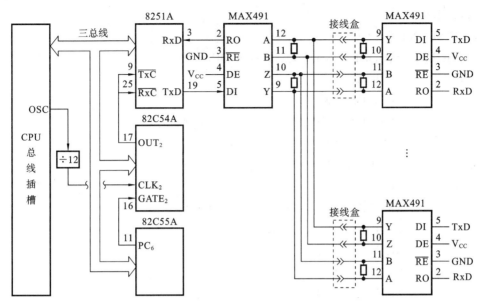

图 8.26　RS-485 串行通信接口电路原理框图

RS-485 全双工异步串行通信程序流程图如图 8.27 所示。

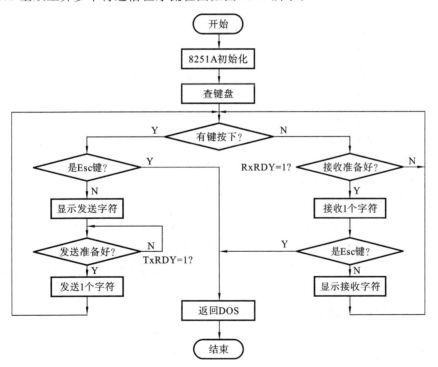

图 8.27　RS-485 全双工异步串行通信程序流程图

RS-485 全双工异步串行通信汇编语言程序如下。

```
DATA SEGMENT
    DATA51 EQU 308H         ;8251A 数据端口
    CTRL51 EQU 309H         ;8251A 命令/状态端口
    ERROR_MESS DB 'DATA IS BAD!',0DH,0AH,'$'
```

```
        DATA ENDS
        CODE SEGMENT
            ASSUME CS:CODE,DS:DATA,CS:CODE
        BEGIN:      MOV AX,DATA
                    MOV DS,AX
                    MOV DX,CTRL51       ;8251A 初始化
                    XOR AX,AX           ;空操作
        LL:         CALL CHAR_OUT
                    LOOP LL
                    MOV AL,40H          ;内部复位
                    OUT DX,AL
                    MOV AL,4AH          ;8251A 方式命令
                    OUT DX,AL
                    MOV AL,37H          ;8251A 工作命令
                    OUT DX,AL
        KB_TR:      MOV AH,0BH          ;获取按键字符
                    INT 21H
                    CMP AL,0            ;有键按下？
                    JE RECEIVE          ;若无键按下,则转接收
                    MOV AH,01           ;若有键按下,则从键盘读入,并显示
                    INT 21H
                    CMP AL,1BH          ;是 Esc 键？
                    JZ OVER             ;是,则退出,并返回 DOS
                    MOV BL,AL           ;保存获取的按键字符,以备发送
        TRANSMIT:   MOV DX,CTRL51       ;发送数据
                    IN AL,DX
                    TEST AL,01          ;发送准备好？$T_XRDY=1$？
                    JZ TRANSMIT         ;未准备好,则等待
                    MOV DX,DATA51       ;已准备好,则将获取的按键字符发送出去
                    MOV AL,BL
                    OUT DX,AL
                    JMP KB_TR           ;发送 1 个字符后,再转获取按键字符
        RECEIVE:    MOV DX,CTRL51       ;接收数据
                    IN AL,DX
                    TEST AL,38H         ;先查,接收数据有错误吗？
                    JNZ ERROR           ;有错,转 ERROR,处理错误
                    TEST AL,02          ;无错误,再查接收数据准备好？$R_XRDY=1$？
                    JZ KB_TR            ;未准备好,即无数据接收,则转获取按键字符
                    MOV DX, DATA51      ;已准备好,则接收 1 个字符
```

```
                IN AL, DX
                MOV DL, A              ;显示接收的字符
                MOV AH, 02H
                INT 21H
                JMP KB_TR              ;显示字符后,再转获取按键字符
ERROR:          LEA DX, ERROR_MESS     ;错误处理
                MOV AH, 09H
                INT 21H
                JMP KB_TR              ;处理错误后,再转获取按键字符
OVER:           MOV AX, 4C00H          ;退出,返回 DOS
                INT 21H
CHAR_OUT PROC NEAR                     ;送数子程序
                OUT DX, AL
                PUSH CX
                MOV CX, 100            ;延时
GG:             LOOP GG
                POP CX
                RET
CHAR_OUT ENDP
CODE ENDS
        END BEGIN
```

RS-485 全双工异步串行通信 C 语言程序如下。

```c
#define DATA51 0x308
#define CTRL51 0x309
void main()
{
    unsigned char sletter,status,rletter,i;
    outportb(CTRL51,0x00);       //8251A 初始化
    for(i=0;i<50;i++)            //空操作
    {
        outportb(DATA51,i);
        delay(10);
    }
    outportb(CTRL51,0x40);       //内部复位
    outportb(CTRL51,0x4A);       //8251A 方式命令
    outportb(CTRL51,0x37);       //8251A 工作命令

    for(;;)                       //判断是否 Esc 键
    {
        if (kbhit())              //若无键按下,则转接收
```

```
            {
                if((sletter=getche())==0x1b)     //是 Esc？是，则退出，并返回 DOS
                {
                    return;
                }
                else
                {
                    status=inportb(CTRL51);      //获取 8251 TXRDY 状态
                    if((status&0x01)!=0)         //已准备好,则将键入的字符发送出去
                    {
                        outportb(DATA51,sletter);
                    }
                }
            }
            else
            {
                status=inportb(CTRL51);          //已准备好，即有数据传送过来，则接收 1 个字符
                if((status&0x02)!=0)
                {
                    rletter=inportb(DATA51);     //接收数据
                    printf("\n%c\n",rletter);    //显示数据
                }
            }
        }
    }
}
```

(4) 讨论

该程序未考虑波特率的选择，若要求传输的波特率可选，则涉及 82C54A 的初始化及计数初值的计算等程序段，可参考文献[2][3]。

8.7 基于 16550(UART)的微机系统串行通信接口

8.5 节和 8.6 节讨论了以 8251A 为核心的串行通信接口，为用户如何设计扩展串行通信接口提供了实际例子。本节将讨论以 16550 为核心的微机系统的串行通信接口。

系统的串行通信接口是微机系统的标准配置和资源，分析和了解它，对用户利用系统的资源来开发串行通信应用程序有实际意义。

16550 是一种通用异步收发器(UART)，作为异步通信接口芯片，它支持 RS-232C 接口标准，能实现异步全双工通信。它比 8251A 具有更强的中断控制能力，并且自带内置式波特率时钟发生器和 16 B 的 FIFO 数据存储器，从而提高了数据吞吐量和传输速率。下面先介绍 16550 的外部特性、内部寄存器及其编程方法，然后讨论基于 16550 的通信程序设计。

8.7.1 16550 的外部引脚特性

16550 是 40 引脚,其信号线分布如图 8.28 所示。各引脚的功能定义如表 8.5 所示。

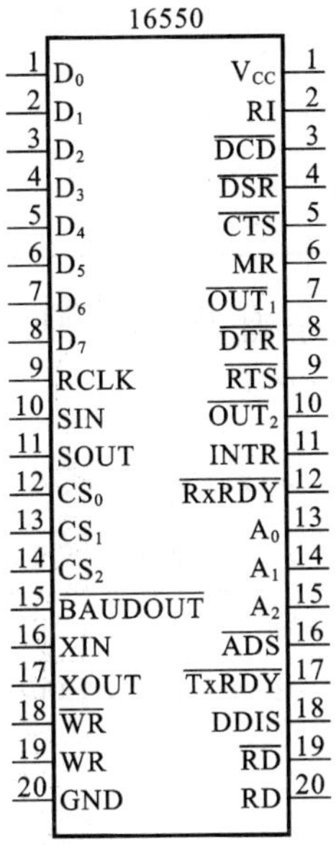

图 8-28 16550 外部引脚图

表 8.5 16550 的引脚功能

引脚名称	方向	功能说明
$D_0 \sim D_7$	双向	系统与 16550 传输数据、命令和状态的数据线
$A_0 \sim A_2$	输入	16550 内部寄存器的寻址信号,3 位地址可寻址 8 个端口
$CS_0\ CS_1\ CS_2$	输入	16550 的 3 个片选信号,只有 3 个片选全部有效,才可以选中 16550
$\overline{TxRDY}$	输出	发送器准备好,用于申请 DMA 方式发送数据
$\overline{RxRDY}$	输出	接收器准备好,用于申请 DMA 方式接收数据
$\overline{ADS}$	输入	地址选通信号,低电平有效。有效时能锁存地址信号
$\overline{RD}\ \ RD$	输入	读信号,两个信号中只要一个有效,就可以读出 16550 内部寄存器的内容
$\overline{WR}\ \ WR$	输入	写信号,两个信号中只要一个有效,就可以对 16550 内部寄存器写入信息
DDIS	输出	驱动器禁止输出信号,高电平有效。禁止外部收发器对系统总线的驱动
MR	输入	主复位信号,高电平有效。有效时迫使 16550 进入复位状态
INTR	输出	中断请求信号,高电平有效
SIN	输入	串行数据输入线
SOUT	输出	串行数据输出线
XIN	输入	时钟信号,是 16550 工作的基准时钟
RCLK	输入	接收时钟,是 16550 接收数据时的参考时钟
XOUT	输出	时钟信号,是 XIN 的输出,可作为其他定时信号
$\overline{BAUDOUT}$	输出	波特率输出信号,为 XIN 分频之后的输出。它常与 RCLK 相连
$\overline{OUT_1}\ \ \overline{OUT_2}$	输出	用户定义的输出引脚,用户可自定义它的功能(如用于开放/禁止中断)

续表

引脚名称	方向	功能说明
$\overline{DTR}$	输出	数据终端准备好信号,DSR 输入数据设备准备好信号
$\overline{RTS}$	输出	请求发送信号
$\overline{CTS}$	输入	允许发送信号
RI	输入	振铃指示信号
$\overline{DCD}$	输入	载波检出信号

8.7.2 16550 的内部寄存器及端口地址

1. 16550 的内部寄存器

16550 内部有 11 个可访问的寄存器,其端口地址分配如表 8.6 所示。

表 8.6 16550 内部寄存器及端口地址

DL	被访问的寄存器	$A_2 A_1 A_0$	COM1 端口	COM2 端口
0	接收缓冲寄存器 RBR(读)与发送保持寄存器 THR(读)	000	3F8H	2F8H
0	中断允许寄存器 IER	001	3F9H	2F9H
1	波特率除数寄存器低字节 DLL	000	3F8H	2F8H
1	波特率除数寄存器高字节 DLM	001	3F9H	2F9H
×	中断识别寄存器 IIR(读)与 FIFO 控制寄存器 FCR(写)	010	3FAH	2FAH
×	线路控制寄存器 LCR	011	3FBH	2FBH
×	MODEM 控制寄存器 MCR	100	3FCH	2FCH
×	线路状态寄存器 LSR	101	3FDH	2FDH
×	MODEM 状态寄存器 MSR	110	3FEH	2FEH
×	暂存 Scratch	111	3FFH	2FFH

2. 内部寄存器的端口地址共用问题

16550 内部有 11 个寄存器,但系统只给它分配了 8 个端口地址,因此,必然会出现端口地址共用的问题。从表 8.6 可以看到,接收缓冲寄存器 RBR 及发送保持寄存器 THR 与波特率除数寄存器低字节 DLL 共用 1 个端口,中断允许寄存器 IER 与波特率除数寄存器高字节 DLM 共用 1 个端口。

为了识别,专门在线路控制寄存器中设置了一个波特率除数寄存器访问位 DL(D_7 位)。当要设置波特率,去访问波特率除数寄存器时,必须使 DL 位置 1。若需访问 RBR 和 THR 或 IER 时,则必须使 DL 位置 0。而访问那些不共用端口地址的寄存器时,DL 位可以为任意值。另外,RBR 与 THR 共用 1 个端口,IIR 与 FCR 共用 1 个端口。不过它们是对同一端口分别进行读或写的寄存器。

3. 16550 内部寄存器的格式

(1) 线路控制寄存器 LCR

线路控制寄存器 LCR 的格式如图 8.29 所示。LCR 的作用是选择起止式数据格式,为此,在 LCR 中安排了 5 位($D_0 \sim D_4$)来定义起止式数据格式,它们的含义如图 8.29 所示。

例如,数据格式为 8 位数据位,2 位停止位,校验允许,偶校验,无附加位,无空隔发送,禁止除数锁存。其 LCR 的代码为 00011111B。将它写入 LCR 的端口,就确定了通信的数据格式。

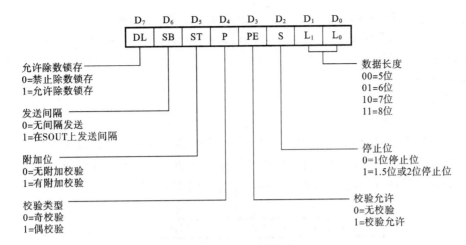

图 8.29 LCR 的格式

```
MOV DX,3FBH        ;COM1 的 LCR 的端口地址
MOV AL,00011111B   ;数据格式代码
OUT DX,AL
```

(2) 线路状态寄存器 LSR

线路状态寄存器 LSR 的格式如图 8.30 所示。LSR 用来向 CPU 提供接收和发送过程中自动产生的状态,包括发送和接收是否准备好,接收过程是否发生错误,以及什么性质的错误,所以,在发送或接收串行数据之前,需要检测 LSR 的相应位,以决定何时开始收发及进行错误处理。8 位线路状态寄存器的含义如图 8.30 所示。

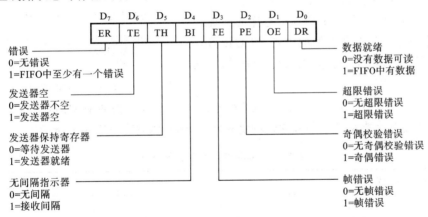

图 8.30 LSR 的格式

下面是利用 LSR 的内容进行收发处理的程序段。

```
START:MOV DX,3FDH       ;LSR 端口地址
      IN AL,DX           ;读取 LSR 的内容
      TEST AL,00011110B  ;检查有无接收错误及中止信号
      JNZ ERR            ;有错,转出错处理
      TEST AL,01H        ;无错,再查接收是否准备好,DR=1?
      JNZ RECEIVE        ;接收已准备好,则转接收程序
      TEST AL,20H        ;接收未准备好,再查发送是否准备好,THRE=1?
```

```
        JNZ TRANS           ;发送已准备好,则转发送程序
        JMP START           ;发送也未准备好,等待
ERR:…
TRANS:…
RECEIVE:…
```

(3) 中断允许寄存器 IER

中断允许寄存器 IER 的格式如图 8.31 所示,只使用低 4 位,高 4 位写 0000。IER 可允许或禁止接收器中断、发送器中断、接收器错误中断及 MODEM 中断。如果 16550 以中断方式传输串行数据,则需使用 IER。如果采用查询方式,则不使用 IER。

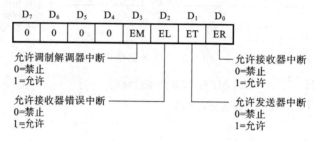

图 8.31 IER 的格式

例如,若允许接收与发送中断,则中断允许寄存器 IER 的代码为 00000011B。

(4) 中断识别寄存器 IIR

中断识别寄存器 IIR 的格式如图 8.32 所示。IIR 用于指示是否存在尚未处理的中断源,以及是什么类型的中断源。所以,中断处理程序必须查询 IIR,来确定发生了什么样类型的中断,以便转移到相应的中断服务程序中去。如果采用查询方式,则不使用 IIR。

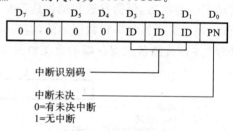

图 8.32 IIR 的格式

IIR 的高 4 位不用,全部写 0,只有低 4 位有效。D_0 位表示是否有中断,$D_1 \sim D_3$ 位是中断识别码,表示是什么类型的中断和它们的优先级,具体编码内容如表 8.7 所示。

表 8.7 16550 的中断类型及优先级

D_3	D_2	D_1	D_0	优先级	类型	复位控制
0	0	0	1	—	没有中断	—
0	1	1	0	1	接收器错误(奇偶校验,帧,超限)中断	通过读线路寄存器复位
0	1	0	0	2	接收器准备好中断	通过读数据复位
1	1	0	0	2	字符超时中断	通过读数据复位
0	0	1	0	3	发送器准备好中断	通过写发送器复位
0	0	0	0	4	调制解调器状态中断	通过读调制解调器状态复位

从表 8.7 可以看出,接收器错误中断优先级最高,接着是接收器准备好中断,字符超时中断,发送器准备好中断。

例如,检查是否是接收器产生中断,其程序段如下。

```
MOV DX,3FAH          ;IIRD 端口地址
IN AL,DX             ;读取中断类型码
CMP AL,04H           ;是接收器中断?
JE RECV_INT          ;是,转接收中断处理程序
   ⋮
RECV_INT …
```

(4) FIFO 控制寄存器 FCR

FIFO 控制寄存器 FCR 的格式如图 8.33 所示。FCR 用于允许或禁止使用缓存 FIFO,以及使用多大的 FIFO,以便缓冲正在发出或接收的数据。为此,在 FCR 中安排了 D_0 位(EN)来允许与禁止; $D_7 D_6$ 两位用来定义 FIFO 的深度,即指示应该用怎样的触发器水平来产生中断。这种水平就是指示在中断产生之前,接收缓冲器应该装满多少个字节。

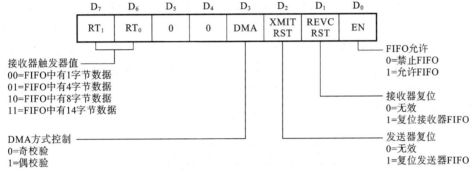

图 8.33　FCR 的格式

(5) 波特率除数寄存器

16550 内部的波特率发生器包含一个 16 位的波特率除数(即分频系数)寄存器,实际使用时分高字节 DLM 和低字节 DLL 两个除数寄存器。所以,设置波特率时,先将 80H 写入线路控制寄存器 LCR,使波特率除数寄存器访问位 DL 置 1,表示要使用波特率除数寄存器,再将波特率除数低 8 位和高 8 位,分别写入 DLL 和 DLM。

16550 对 1.8432 MHz 的输入时钟进行分频,分频系数即除数的计算公式为

$$除数 = 1843200 \div (波特率 \times 16) \tag{8.5}$$

根据式(8.5)可算出不同波特率所需设置的除数,然后分高/低字节写入除数寄存器。表 8.8 列出了几种常用的波特率所对应的除数。

表 8.8　波特率与除数(分频系数)对照表

波特率/(b/s)	高 8 位	低 8 位	波特率/(b/s)	高 8 位	低 8 位
100	04H	80H	9600	00H	0CH
300	01H	80H	19200	00H	06H
600	00H	C0H	38400	00H	03H
2400	00H	30H	57600	00H	02H
4800	00H	18H	115200	00H	01H

例如,要求波特率为 19200 b/s,设置除数寄存器的程序段如下。

```
MOV DX,3FBH              ;LCR 寄存器端口地址
MOV AL,10000000B         ;除数寄存器访问位 DL 置 1
OUT DX,AL
```

```
MOV DX,3F8H        ;DLL 寄存器端口地址
MOV AL,06H         ;写入低位除数
OUT DX,AL
MOV DX,3F9H        ;DLM 寄存器端口地址
MOV AL,0           ;写入高位除数
OUT DX,AL
```

(6) 数据寄存器 THR 和 RBR

16550 内部有两个数据寄存器都是 8 位,并共用一个端口。用于发送的称为发送保持寄存器 THR,用于接收的称为接收缓冲寄存器 RBR。

(7) MODEM 控制寄存器 MCR

MODEM 控制寄存器 MCR 的格式如图 8.34 所示。MCR 用来设置对 MODEM 的联络控制信号和芯片自检。这些信号告诉 MODEM 计算机将要发送字符、接收字符。例如,D_0 位 DTR 告诉 MODEM 计算机已打开并准备接收来自 MODEM 的信息;D_1 位 RTS 告诉 MODEM 计算机准备向 MODEM 发送信息;D_4 位 LB 是供 16550 本身自检诊断而设置的,当该位置 1 时,16550 处于诊断方式。在这种方式下,16550 芯片内部实现自问自答,进行联络,并且 SIN 引脚与芯片内部逻辑脱钩,发送器的移位输出端自动与接收器的移位输入端接通,形成"环路"进行自发自收的操作。在正常通信时,LB 位置 0。

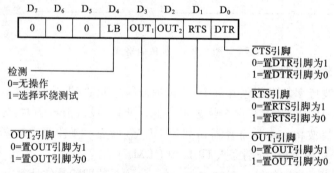

图 8.34 MCR 的格式

若要自发自收进行诊断,使 LB 有效,则程序段如下。

```
MOV DX,3FCH        ;MCR 端口地址
MOV AL,00010011B   ;LB 位置 1
OUT DX,AL
```

例如,若要使 MCR 的 DTR、RTS 有效,OUT₁、OUT₂ 及 LB 无效,则可用下列程序段。

```
MOV DX,3FCH        ;MCR 端口地址
MOV AL,00000011B   ;MCR 的控制字
OUT DX,AL
```

另外,16550 还有 MODEM 状态寄存器 MSR,若不使用 MODEM,该寄存器也不使用,故不作介绍。

8.7.3 16550 的编程

16550 的编程分为两部分:一是初始化;二是接收和发送操作,并且接收和发送又有查询

和中断两种方式。若采用中断方式时,接收和发送的数据都要经过 FIFO 缓冲器。接收时,从通信线上接收的数据先存入 FIFO,然后从它读入内存。发送时,先将要发送的数据写入 FIFO,然后从它发送到通信线上。所以,对 16550 的编程比 8251A 要复杂。

1. 16550 的初始化

初始化在硬件或软件复位后进行,包括对线路控制寄存器 LCR 与波特率除数寄存器编程。通过对 LCR 编程,选定异步串行传输的数据格式,通过对波特除数寄存器编程确定串行传输的速率。

例如,若要求使用 COM1 接口,异步方式传输的数据位为 8 位,偶校验,1 位停止位,波特率为 4800 b/s,则初始化程序段如下。

```
        LCR  EQU  3FBH           ;线路控制寄存器端口
        DLL  EQU  3F8H           ;波特率除数寄存器低字节端口
        DLM  EQU  3F9H           ;波特率除数寄存器高字节端口
        FIFO EQU  3FAH           ;FIFO 控制器端口
        START PROC NEAR
            MOV AL,10000000B     ;波特率除数寄存器访问位置 1
            OUT LCR,AL
            MOV AX,0018H         ;波特率除数
            OUT DLL,AL           ;写入波特率除数低字节
            MOV AL,AH
            OUT DLM,AL           ;写入波特率除数高字节
            MOV AL,00011011B     ;编程 LCR,使之生成 8 位数据,偶校验,1 位停止位
            OUT LCR,AL
            MOV AL,00000111B     ;编程 FCR,使之允许接收和发送,并清除 FIFO
            OUT FCR,AL
            RET
        START ENDP
```

上述程序段说明,在编程 LCR 和波特率除数寄存器之后,16550 仍然不能工作,还必须编程 FCR,允许发送器和接收器工作。

2. 16550 的查询方式数据传输

初始化之后就可以进行数据的发送或接收。查询方式数据传输是在发送或接收串行数据之前,需要检测线路状态寄存器 LSR 内发送器和接收器的状态是否已准备好,以及是否出现了错误。

(1) 发送串行数据

例如,若要求把 AH 中的内容发送给 16550 并通过其串行数据引脚 SOUT 发送出去,则发送串行数据程序段如下。

```
        SEND PROC NEAR
            LSR  EQU  3FDH       ;线路状态端口
            DATA EQU  3F8H       ;数据端口
            PUSH AX              ;保存 AX
        L:  IN   AL,LSR          ;读线路状态端口
            TEST AL,20H          ;检测 TH 位,发送器是否就绪
```

```
        JZ L                ;发送器未就绪,则等待
        MOV AL,AH           ;发送器就绪,则取数据
        OUT DATA,AL         ;从数据端口发送数据
        POP AX              ;恢复 AX
        RET
SEND ENDP
```

(2) 接收串行数据

例如,要求从 16550 中读取接收到的数据,并检测接收数据过程中是否出现错误。如果检测到一个错误,则在 AL 中返回一个 ASCII 码"?";如果未出现错误,则在 AL 中返回的是接收的字符。其程序段如下。

```
RECV PROC NEAR
    LSR EQU 3FDH            ;线路状态端口
    DATA EQU 3F8H           ;数据端口 RECV PROC NEAR
LOP: IN AL, LSR             ;读线路状态端口
     TEST AL,01H            ;检测 DR 位,接收器是否就绪
     JZ LOP                 ;接收器未就绪,则等待
     TEST AL,0EH            ;先检测 3 个错误位
     JEZ ERR                ;有错误,则处理错误
     IN AL,DATA             ;无错误,则从数据端口读数据
     RET
ERR: MOV AL,'?'             ;返回一个"?"
     RET
RECV ENDP
```

3. 16550 的中断方式数据传输

以上例子是查询方式的串行数据传输,不涉及中断处理,程序比较简单。如果采用中断方式传输数据,则程序会复杂一点,此时必须对 16550 的中断允许寄存器 IER 和中断识别寄存器 IIR 编程,并且还要对中断控制器 82C59A 编程,以及填写或修改中断向量。因此,16550 在中断方式的初始化和数据传输的编程内容与 16550 在查询方式的不一样。

(1) 中断方式初始化

除了查询方式所包含的内容之外,还对 IER 编程,以允许接收器、发送器、接收器错误及 MODEM 4 个中断源中的一个和几个同时中断。

例如,若要求异步串行传输的数据位为 8 位,偶校验,1 位停止位,波特率为 4800 b/s,并允许接收器和线路错误中断,则初始化程序段如下。

```
    LCR EQU 3FBH            ;线路控制寄存器端口
    DLL EQU 3F8H            ;波特率除数寄存器低字节端口
    DLM EQU 3F9H            ;波特率除数寄存器高字节端口
    FCR EQU 3FAH            ;FIFO 控制寄存器端口
    IER EQU 3F9H            ;中断允许寄存器端口
    IIR EQU 3FAH            ;中断识别寄存器端口
START PROC NEAR
```

```
            MOV AL,10000000B    ;波特率除数寄存器访问位置1
            OUT LCR,AL
            MOV AX,0018H        ;波特率除数
            OUT DLL,AL
            MOV AL,AH
            OUT DLM,AL
            MOV AL,00011011B    ;编程LCR,使之生成8位数据,偶校验,1位停止位
            OUT LCR,AL
            MOV AL,00000111B    ;编程FCR控制器,使之允许接收和发送,并清除FIFO
            OUT FCR,AL
            MOV AL,5            ;编程中断允许寄存器,使之允许接收器和线路错误中断
            OUT IER,AL
            RET
    START ENDP
```

(2) 16550对中断源的识别

16550通过中断识别寄存器IIR来判断是否有中断请求和是什么类型的中断(中断类型码)。因此,中断处理程序必须检查IIR的内容,以确定是什么事件引起了中断,并将程序转移到处理该事件的服务程序。

例如,下面的程序段就是根据IIR的内容,分别将控制转移到接收器中断服务程序RECV、发送器中断服务程序TRANS及线路错误中断处理程序ERR。

```
            ⋮
            PUSH AX
            IN AL,IIR           ;检查中断识别寄存器,以确定中断类型
            CMP AL,6            ;是接收器错误中断吗?
            JE ERR              ;是,则转移到接收器错误处理中断程序
            CMP AL,2            ;是发送器中断吗?
            JE TRANS            ;是,则转移到数据发送中断服务程序
            CMPAL,4             ;是接收器中断吗?
            JE RECV             ;是,则转移到数据接收中断服务程序
    ERR:⋯
    TRANS:⋯
    RECV:⋯
```

(3) 中断方式接收数据

从16550接收数据一般分两步。第一步,接收器每中断一次就进入一次数据接收中断服务程序RECV,在服务程序中从接收数据寄存器读取一个数据,并将其存储到FIFO存储器中。第二步在主程序中从FIFO存储器中读数据READ(程序略)。

(4) 中断方式发送数据

把数据通过16550发送出去也是分两步。第一步,在主程序中把待发送的数据装填到输出FIFO,此时,需检查FIFO是否装满。第二步,发送器每中断一次就进入一次数据发送中断服务程序TRANS,在服务程序中将其存储到FIFO存储器中的数据发送出去(程序略)。

8.7.4 基于 16550 的串行通信接口设计

下面以 MFID 微机实验平台的串行接口与 PC 微机系统的串行接口 COM1 进行串行通信为例，进一步说明微机系统中所采用的串行接口芯片 16550 的编程方法。

例 8.6 PC 微机串行接口的通信程序设计。

(1) 要求

甲、乙两台微机进行串行通信，甲机采用系统配置的串行接口 COM1，乙机采用用户扩展的串行接口。要求甲机用查询方式发送 1 KB 数据，乙机用中断方式接收。数据格式为 8 位数据，1 位停止位，奇校验。波特率为 2400 b/s。

(2) 分析

由于这两个串口所采用的串行接口芯片不同，甲机 COM1 的串口芯片是 16550 芯片，乙机扩展的串口芯片是 8251A。因此，对甲机的串口采用本节所述的方法进行编程，对乙机的串口按 8.6 节所述方法进行编程。

(3) 设计

① 硬件连接。

实际上，甲机的串口 COM1 是 PC 机本机的两个串口之一，乙机的扩展串口是设置在 MFID 实验平台上的串口，因此，用 RS-232 串行通信屏蔽电缆将 PC 机的串口 COM1 与实验平台 MFID 的串口连接起来，分别对两个串口进行软件设计，就可实现两机的串行通信，如图 8.35 所示。

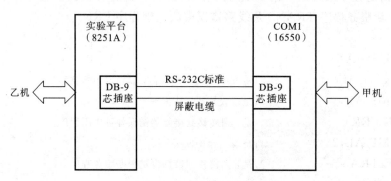

图 8.35 PC 机与实验平台串行通信连接图

② 软件设计。

通信程序由 PC 微机 COM1 的发送程序和实验平台 MFID 的接收程序组成，分开编写。

● PC 机 COM1 汇编语言发送程序如下。

```
DATA SEGMENT
        LCR  EQU 3FBH      ;线路控制端口
        DLL  EQU 3F8H      ;波特率除数寄存器低字节口
        DLM  EQU 3F9H      ;波特率除数寄存器高字节口
        IE   EQU 3F9H      ;中断允许寄存器端口
        LSR  EQU 3FDH      ;线路状态端口
        DATA EQU 3F8H      ;数据端口
        FCR  EQU 3FAH      ;控制器 FCR 端口
```

```
              BUF_T DB 1024 DUP(?)    ;发送缓冲区
DATA ENDS
CODE SEGMENT
        ASSUME CS:CODE,DS:DATA
START:MOV AX,DATA
        MOV DS,AX
        CALL INIT_16550        ;调用子程序 INIT_16550 初始化
        MOV CX,3FFH            ;发送字节数→CX
        MOV SI,OFFSET BUF_T
L:      IN AL,LSR              ;读线路状态端口
        TEST AL,20H            ;检测 TH 位,发送器是否就绪
        JZ L                   ;如果发送器未就绪,则等待
        MOV AL,[SI]            ;如果发送器就绪,则取数据
        OUT DATA,AL            ;从数据端口发送数据
        INC SI
        LOOP L                 ;未完,继续发送
        MOV AX,AX,4C00H        ;已完,返回 DOS
        INT 21H
INIT_16550 PROC NEAR           ;初始化 16550
        MOV AL,10000000B       ;波特率除数寄存器访问位置 1
        OUT LCR,AL
        MOV AX,0030H           ;波特率除数
        OUT DLL,AL             ;波特率除数低字节
        MOV AL,AH
        OUT DLM,AL             ;波特率除数高字节
        MOV AL,00001011B       ;编程 LCR,使之生成 8 位数据,奇校验,1 位停止位
        OUT LCR,AL
        MOV AL,00H
        OUT IE,AL              ;禁止中断
        MOV AL,00000111B       ;编程 FCR,使之允许接收和发送,并清除 FIFO
        OUT FCR,AL
        RET
INIT_16550 ENDP
CODE ENDS
        END START
```

PC 机 COM1 C 语言发送程序如下。

```
#define LCR 0x3FB
#define DLL 0x3F8
#define DLM 0x3F9
#define IE 0x3F9
```

```c
#define LSR 0x3FD
#define DATA 0x3F8
#define FCR 0x3FA
void main()
{
    unsigned char send[1024];      //发送缓冲区
    unsigned int i;
    Init_16550();                  //初始化16550
    for(i=0;i<1024;i++)
    {
        while(inportb(LSR)&0x20==0x00);   //读线路状态端口
        outportb(DATA,send[i]);    //发送数据
    }
}
void Init_16550()                  //初始化16550
{
    outportb(LCR,0x80);            //波特率除数寄存器访问位置1
    outportb(DLL,0x30);            //波特率除数低字节
    outportb(DLM,0x00);            //波特率除数高字节
    outportb(LCR,0x0b);            //编程LCR,使之生成8位数据,奇校验,1位停止位
    outportb(IE,0x00);             //禁止中断
    outportb(FCR,0x07);            //编程FCR,使之允许接收和发送,并清除FIFO
}
```

● 实验平台 MFID 接收程序。

MFID 的串口以中断方式接收从 PC 机 COM1 发来的 1 KB 数据,数据格式和波特率要与 COM1 的保持一致,即为 8 位数据,奇校验,1 位停止位,波特率为 2400 b/s。MFID 的串口电路是以 USART-8251A 为核心,将接收准备好的引脚 RxDRY 连到系统的 IRQ_3,申请中断。波特因子为 16。

实验平台 MFID 的汇编语言接收程序如下。

```
STACK SEGMENT PARA STACK
    DW 2000 DUP(?)
STACK ENDS
DATA SEGMENT PARA DATA
        DATA51 EQU 308H        ;8251A 数据端口
        CTRL51 EQU 309H        ;8251A 命令/状态端口
        OCW1 EQU 21H           ;82C59A 的 OCW₁ 端口
        OCW2 EQU 20H           ;82C59A 的 OCW₂ 端口
        INT_OFF DW             ;保存原中断向量的 IP
        INT_SEG DW             ;保存原中断向量的 CS
        BUF_R DB 1024 DUP(0)   ;接收缓冲区
```

```
                POINT DB
DATA ENDS
CODE SEGMENT
                ASSUME CS:CODE, DS:DATA, ES:DATA, SS:STACK
SW PROC NEAR
START:  MOV AX, DATA
        MOV DS, AX
        MOV ES, AX
        MOV AX, STACK
        MOV SS, AX
        CALL INIT_51              ;初始化 8251A
        MOV AX, 350BH             ;取 IRQ$_3$ 原中断向量,并保存
        INT 21H
        MOV INT-OFF, BX
        MOV BX, ES
        MOV INT-SEG, BX
        CLI
        MOV DX, SEG REC_INT       ;装入新中断向量
        MOV DS, DX
        MOV DX, OFFSET REC_INT
        MOV AX, 250BH
        INT 21H
        MOV AX, DATA              ;恢复数据段
        MOV DS, AX
        IN AL, OCW1               ;开放 IRQ$_3$
        AND AL, 11110111B         ;IRQ$_3$ 的屏蔽命令字(OCW$_1$)
        OUT OCW1, AL
        MOV CX, 1024
        MOV AX, OFFSET BUF_R
        MOV POINT, AX
        STI                       ;开中断
WAIT1:  HLT                       ;等待中断
        DEC CX                    ;传送字节数减 1
        JNZ WAIT1
        CLI                       ;恢复原中断向量
        MOV DX, INT-SEG
        MOV DS, DX
        MOV DX, INT-OFF
        MOV AX, 250BH
        INT 21H
```

```
            MOV AX,DATA              ;恢复数据段
            MOV DS,AX
            IN AL,OCW1               ;屏蔽 IRQ₃
            OR AL, 08H               ;IRQ₃ 的屏蔽命令字(OCW₁)
            OUT OCW1,AL
            STI                      ;开中断
            MOV AX,4C00H             ;返回 DOS
            INT 21H
    REC_INT PROC FAR                 ;中断服务程序
            PUSH AX
            PUSH DI
            CLI                      ;关中断
            IN AL, DATA51            ;从 8251A 接收器读数据
            MOV DI,POINT
            MOV [DI],AL              ;存入接收缓冲区 BUF_R
            INC DI
            MOV POINT,DI
            MOV AL, 63H              ;给 82C59A 发 EOI 信号
            OUT OCW2, AL             ;指定结束方式(OCW₂)
            POP DI
            POP AX
            STI                      ;开中断
            IRET                     ;中断返回
    REC_INT ENDP
    INIT_51 PROC NEAR                ;初始化 8251A
            MOV DX,CTRL51
            XOR AX,AX                ;空操作
    LL:     CALL CHAR_OUT
            LOOP LL
            MOV AL,40H               ;内部复位
            OUT DX,AL
            MOV AL,01011110B         ;8251A 方式命令
            OUT DX,AL
            MOV AL,00010100B         ;8251A 工作命令
            OUT DX,AL
            RET
    INIT_51 ENDP
    CHAR_OUT PROC NEAR               ;送数子程序
            OUT DX,AL
```

```
            PUSH CX
            MOV CX,100              ;延时
GG：        LOOP GG
            POP CX
            RET
CHAR_OUT ENDP
CODE ENDS
            END START
```

实验平台 MFID C 语言接收程序如下。

```c
#include <stdio.h>
#include <conio.h>
#include <dos.h>
#define DATA51 0x308
#define CTRL51 0x309
#define OCW1 0x21
#define OCW2 0x20
void interrupt newhandler();
unsigned int n;
unsigned char recv[1024];
void main()
{
    unsigned char tmp;
    void interrupt (*oldhandler)();     //保存原中断向量
    n=1023;
    Init_51();                          //初始化 8251A
    oldhandler=getvect(0x0b);           //获取原中断向量,并保存
    disable();                          //关中断
    setvect(0x0b,newhandler);           //设置新中断向量
    tmp=inportb(OCW1);
    tmp &= 0x0f7;
    outportb(OCW1,tmp);                 //开放 IRQ3
    enable();                           //开中断
    while(n);                           //等待中断
    disable();                          //关中断
    setvect(0x0b,oldhandler);           //恢复原中断向量
    tmp=inportb(OCW1);
    tmp |= 0x08;
    outportb(OCW1,tmp);                 //屏蔽 IRQ3
    enable();                           //开中断
}
```

```c
void interrupt newhandler()              //中断服务程序
{
    disable();                           //关中断
    recv[1023-n]=inportb(DATA51);        //接收数据
    n--;
    outportb(OCW2,0x63);                 //给82C59A发EOI信号
    enable();
}
void Init_51()                           //初始化8251A
{
    outportb(CTRL51,0x00);
    for(i=0;i<50;i++)                    //空操作
    {
        outportb(DATA51,i);
        delay(10);
    }
    outportb(CTRL,0x40);                 //内部复位
    outportb(CTRL,0x5e);                 //8251A方式命令
    outportb(CTRL,0x14);                 //8251A工作命令
}
```

习 题 8

1. 串行通信有哪些基本特点？
2. 什么是串行通信的全双工和半双工？
3. 什么是误码率？串行通信中最常用的校验方法是什么？
4. 异步串行通信过程中常见的错误有几种？产生这些错误的原因是什么？
5. 错误校验为什么一般都只在接收方进行？
6. 串行通信的基本方式有异步通信方式和同步通信方式。何谓异步通信？何谓同步通信？试说明这两种方式的不同之处。
7. 什么是波特率？波特率在串行通信数据传输速率控制中起什么作用？
8. 什么是位周期？当位周期是 0.833 ms 时，其波特率是多少？
9. 发送/接收时钟脉冲在串行数据传输起什么作用？
10. 什么是波特率因子？使用波特率因子有什么意义？
11. 波特率、波特率因子和时钟脉冲（发送时钟与接收时钟）之间的关系是什么？
12. 当波特率为 9600 bps，波特率因子取 16 时，则发送器和接收器的时钟频率应选择为多少？
13. 如何设计一个波特率时钟发生器？（可参考例 8.3）
14. 在串行通信中，为什么要采用格式化数据？
15. 异步通信起止式帧数据格式是怎样的？起始位和停止位各有何作用？

16. 设异步通信的1帧字符有8个数据位,无校验,1个停止位。如果波特率为4800 bps,则每秒能传输多少个字符?

17. 同步通信面向字符的帧数据格式是怎样的?同步字符的作用如何?

18. EIA-RS-232C 串行接口标准定义了9根主信道接口信号线(TxD,RxD,$\overline{RTS}$,$\overline{CTS}$,$\overline{DSR}$,$\overline{DTR}$,SG,RI 和 DCD),它们的功能是什么?

19. 采用 EIA-RS-232C 标准进行通信时,对近距离只使用3根接口信号线就可以,是哪三根信号线?

20. EIA-RS-232C 标准对信号的逻辑1和逻辑0是如何定义的?为什么要这么定义?

21. EIA-RS-232C 标准与 TTL 之间进行什么转换?如何实现这种转换?

22. EIA-RS-232C 标准的连接器(插头插座)有哪两种类型?它们是否兼容?

23. RS-485 标准是 RS-232C 的改进型标准,具体作了哪些改进?其传输速度、直接传输距离以及可靠性等指标有哪些提升?

24. 如何实现 RS-232C 向 RS-485 的转换?

25. 串行通信接口电路的基本任务有哪些?

26. 串行通信接口电路一般由哪几部分组成?

27. 串行接口芯片 8251A 的软件模型主要体现在它的方式命令、工作命令和状态字,你对这2个命令和状态的功能、格式了解吗?

28. 8251A 初始化的内容是什么?在对 8251A 进行编程时,应按什么顺序向它的命令端口写入命令字?为什么要采用这种顺序?

29. 甲、乙两机进行异步串行通信,要求传送 ASCII 码字符、偶校验、两位停止位,传输速率为1200 bps,TxC 和 RxC 的时钟频率为 19200 Hz。试写出 8251A 的方式命令字?

30. 若甲、乙两机近距离进行全双工异步串行通信,并且清除状态寄存器中的错误标志位,则 8251A 的工作命令是什么?

31. 若要求进行内部复位,则 8251A 的工作命令的内容是什么?

32. 采用 RS-485 标准进行一点对多点串行通信接口电路组成与采用 RS-232C 标准的串行通信接口电路组成有哪些不同?

33. 16550 串行通信接口的软件模型就是内部的11个可访问的寄存器,只有了解与熟悉这些寄存器的格式和使用方法才能利用 16550 编写串行通信程序,但内容比较复杂,你打算如何处理?

34. 16550 内部有11个寄存器,但系统只给分配了7个端口地址,必然会产生端口地址共用问题,那么 16550 是如何解决端口地址共用的?

35. 如何利用 UASRT-8251A 设计一个 RS-232C 标准的串行通信接口?(可参考例8.4)

36. 如何利用 UASRT-8251A 设计一个 RS-485 标准的异步串行通信接口?(可参考例8.5)

37. 如何利用 UART-16550 设计一个串行通信接口?(可参考例8.6)

第 9 章 A/D 与 D/A 转换器接口

9.1 模拟量接口

微型计算机在实时控制、在线动态测量和对物理过程进行监控,以及图像、语音处理领域的应用中,都要与一些连续变化的模拟量(如温度、压力、流量、位移、速度、光亮度、声音等模拟量)打交道,但数字计算机本身只能识别和处理数字量,因此,必须经过转换器,把模拟量 A 转换成数字量 D,或将数字量 D 转换成模拟量 A,才能实现 CPU 与被控对象之间的信息交换。所以,微机在面向过程控制、自动测量和自动监控系统与各种被控、被测对象发生关系时,需要设置一种"模拟量接口"。

显然,模拟量接口电路的作用是把微处理器系统的离散的数字信号与模拟设备中连续变化的模拟信号电压、电流之间建立起适配关系,以便计算机执行控制与测量任务。

从硬件角度来看,模拟量接口就是微处理器与 A/D 转换器和 D/A 转换器之间的连接电路,前者称为模入接口,后者称为模出接口。本章将讨论这种接口的原理、设计方法及如何进行控制程序的设计。

9.2 A/D 转换器

A/D 转换器(简称 ADC)的功能是把模拟量变换成数字量。由于实现这种转换的工作原理和采用的工艺技术不同,所以生产出种类繁多的 A/D 转换器芯片。ADC 按分辨率分为 4 位、6 位、8 位、10 位、14 位、16 位和 BCD 码的 312 位、512 位等;按照转换速度可分为超高速、高速、中速及低速等;ADC 按转换原理可分为直接 ADC 和间接 ADC。直接 ADC 有逐次逼近型、并联比较型等,其中,逐次逼近型 ADC 易于用集成工艺实现,且能达到较高的分辨率和速度,故目前集成化的 A/D 转换芯片采用逐次逼近法者居多;间接 ADC 有如电压/时间转换型(积分型)、电压/频率转换型、电压/脉宽转换型等,其中,积分型 ADC 电路简单、抗干扰能力强,且能达到高分辨率,但转换速度较慢。有些 ADC 还将多路开关、基准电压源、时钟电路、二-十译码器和转换电路集成在一个芯片内,使用起来十分方便。

9.2.1 A/D 转换器的主要技术指标

ADC 是模拟接口的对象,了解 ADC 主要技术可以了解各项指标会对 ADC 接口设计产生什么影响,从而在设计中加以考虑。

1. 分辨率

分辨率是指 ADC 能够把模拟量转换成二进制数的位数。例如,用 1 个 10 位 ADC 转换一个满量程为 5 V 的电压,则它能分辨的最小电压为 5000 mV/1024≈5 mV。若模拟输入值的变化小于 5 mV 的电压,则 ADC 无反映,输出保持不变,即只能分辨出 5 mV 以上的变化。同样 5 V 电压,若采用 12 位 ADC,则它能分辨的最小电压为 5000 mV/4096≈1 mV。可见,

ADC 的数字量输出位数越多,其分辨率就越高。

ADC 的分辨率反映在它的输出数据线的宽度上,如 ADC0809 的分辨率是 8 位,它的数据线也是 8 根;AD574A 的分辨率是 12 位,它的数据线也是 12 根。因此,分辨率不同会影响 ADC 接口与系统数据总线的连接。当分辨率即 ADC 的输出数据线宽度大于微机系统数据总线宽度时,就不能一次传输,而需两次传输,要增加附加电路(缓冲寄存器),从而影响接口电路的组成及数据传输的途径。

2. 转换时间

转换时间是指从输入启动转换信号开始到转换结束,得到稳定的数字量输出为止所需的时间,一般为 ms 级和 μs 级。转换时间的快慢将会影响 ADC 接口与 CPU 交换数据的方式。低速和中速 ADC 一般采用查询或中断方式,而高速 ADC 就应采用 DMA 方式。

9.2.2 A/D 转换器的外部特性

从外部特性来看,无论是哪种 ADC 芯片,都必不可少地设置有 4 种基本外部信号线。这些信号线是实现 A/D 转换操作的条件,也是设计 ADC 接口硬件电路的依据。

1. 模拟信号输入线

这是来自被转换对象的模拟量输入线,有单通道输入与多通道输入之分。

2. 数字量输出线

这是 ADC 的数字量数据输出线。数据线的根数表示 ADC 的分辨率。

3. 转换启动线

此信号一到,A/D 转换才能开始,启动转换信号不到,ADC 不会自动开始转换,并且是发一次启动信号只能转换一次,采集一个数据。

4. 转换结束线

转换完毕后由 ADC 发出 A/D 转换结束信号,利用它以查询或中断方式向微处理器报告转换已经完成。只有转换结束信号出现时,微处理器才可以开始读取数据。

可见,在选择和使用 A/D 转换芯片时,除了要满足用户的转换速度和分辨率要求之外,还要注意 ADC 的连接特性。

各厂家的 A/D 转换芯片不仅产品型号五花八门,性能各异,而且功能相同的引脚命名也各不相同,没有统一的名称,如表 9.1 所示的几种芯片,其功能相同的"转换启动"和"转换结束"信号,不仅名称不一,而且逻辑定义各异,选用时要加以注意。

表 9.1 几种 A/D 转换芯片的引脚对照

芯 片	转 换 启 动	转 换 结 束
ADC0816(0809)	START	EOC
AD570(571)	$B/\overline{C}=0$	$\overline{DR}$
ADC0804	$\overline{WR} \cdot \overline{CS}$	$\overline{INTR}$
ADC7570	START	$\overline{BUSY}=1$
ADC1131J	CONVCMD	STATUS 下降边
ADC1210	$\overline{SC}$	$\overline{CC}$
AD574	$EC \cdot (R/\overline{C}) \cdot CS$	STS=0

9.3 A/D 转换器与 CPU 接口的原理和方法

ADC 与微处理器的接口包括 ADC 与 CPU 的连接、数据传输及数据处理等内容。

9.3.1 A/D 转换器与 CPU 的连接

ADC 与 CPU 连接时，要根据不同 ADC 芯片的外部特性，采用不同的连接方法，有几个引脚信号线值得注意。

1. ADC 的启动信号

首先，ADC 的转换启动方式有脉冲启动和电平启动之分。若是脉冲启动，则只需接口电路提供 1 个宽度满足启动要求的脉冲信号即可。一般采用 $\overline{IOW}$ 或 $\overline{IOR}$ 的脉宽就可以了。若是电平启动，则要求启动信号的电平在转换过程中保持不变，否则（如中途撤销）就会停止转换而产生错误结果。为此，就应增加处理电路（如 D 触发器、单稳电路）或采用可编程并行 I/O 接口芯片来锁存这个启动信号，使之在转换过程中维持不变。

其次，ADC 的转换启动信号有单个信号启动和由多个信号组合起来的复合信号启动之分。若是由单个信号启动，如 ADC 0809 的 START，则只需接口电路提供 1 个 START 正脉冲信号。若是由复合信号启动，如 AD574A 的 CE · (R/$\overline{C}$=0) · $\overline{CS}$，则 CE、R/$\overline{C}$=0 和 $\overline{CS}$ 三个信号要同时满足要求才能启动。

2. ADC 的输入信号

ADC 的模拟信号输入有多通道和单通道之分。若是多通道，则要求接口电路提供通道地址线及通道地址锁存信号线，以便选择和确定输入模拟量的通道号。若是单通道，则不需要处理。

3. ADC 的输出信号

首先，在 ADC 芯片内的数据输出是否为三态锁存器。若是，则 ADC 的数据线可直接挂在 CPU 的数据总线上，否则，须在 ADC 的输出数据线与 CPU 的数据总线之间外加三态锁存器才能连接。

其次，ADC 的分辨率与系统数据总线的宽度是否一致。若一致，则数据线可直接连接；若不一致，则数据线不能直接连接，应增加附加电路（缓冲寄存器）。好在高分辨率的 A/D 转换芯片内一般都包含了高/低字节锁存器，故不需另外增加缓冲寄存器。

4. ADC 的转换结束信号

A/D 转换结束后，通过转换结束信号通知 CPU，转换已经结束。转换结束信号的逻辑定义，有的是高电平有效，有的是低电平有效。转换结束信号，可用于查询方式的状态信号，或中断方式、DMA 方式的申请信号。

9.3.2 A/D 转换器的数据传输

采集的数据用什么方式传输到内存，这是数据采集系统设计中的一个重要内容，因为数据传输的速度是关系到数据采集速率的重要因素。假定 ADC 的转换时间为 T，每次转换后将数据存入指定的内存单元所需的时间为 τ，则采集速率的上限为 $f_0 = \dfrac{1}{T+\tau}$。所以，为了提高数据采集速率，一是采用高速 A/D 转换芯片，使 T 尽量小；一是减少数据传输过程中所花的时间

τ，特别是高速或超高速数据采集系统，τ 的减少显得尤为重要。

ADC 与内存之间交换数据，根据不同的要求，可采用查询、中断、DMA 方式，以及在板 RAM 技术。不同的方式体现了数据传输的方法不同，也使 ADC 接口电路的组成不同，编程的方法也不同。所谓在板 RAM 方法是对于超高速数据采集系统，ADC 速度非常快，采用 DMA 方式传输也跟不上转换的速度，故在 ADC 板上设置 RAM，把采集的数据先就近存放在 RAM 中，然后，再从板上的 RAM 取出数据送到内存。这也是数据采集系统中为解决转换速度快，而传输速度跟不上的一种方法。

9.3.3　A/D 转换器接口控制程序中的在线数据处理

ADC 接口控制程序，也就是数据采集程序，其程序的基本结构是循环程序。因为数据采集往往要采样多个点的数据，而每一次启动，只能采集（转换）1 个数据，所以，采集程序要循环执行多次，直至采样次数已到为止。

除此之外，在实际应用中，对采集到的数据一般都要进行一些处理，包括生成数据文件、存盘、显示、打印、远距离传输等。有的还要将采集的数据作为重要参数参与运算，进行进一步的加工。虽然这些处理不属于 ADC 接口控制程序的内容，但它们是 A/D 转换之后，常常需要进行的操作，因此，往往也把其中的一些操作放在 A/D 转换程序之中。例如，将采集到的数据在屏幕上显示出来，以便观察 A/D 转换的结果是否正确。又如，将前端机采集的数据生成数据文件，再传输到上位机去进行加工等。

以上是 ADC 与 CPU 接口的基本原理和方法，下面讨论 ADC 接口电路设计。

9.4　A/D 转换器接口设计

9.4.1　A/D 转换器接口设计方案的分析

从上述 ADC 接口的原理和方法讨论可以得出，在分析和设计一个 ADC 接口（包括硬件电路与软件编程）时，可以从以下几个问题入手。

① ADC 的模拟量输入是否是多通道？是，则需选择通道号，应提供通道选择线；不是，则不作处理。

② ADC 的分辨率是否大于系统数据总线宽度？是，则需增加锁存器，并提供锁存器选通信号；不是，则不作处理。

③ ADC 芯片内部是否有三态输出锁存器？无，则数据线不能与系统的数据线直接连接，故需增加三态锁存器，并提供锁存允许信号；有，则不作处理。

④ ADC 的启动方式是脉冲触发还是电平触发？是脉冲，则提供脉冲信号；是电平，则提供电平信号，并保持到转换结束。

⑤ A/D 转换的数据采用哪种传输方式？有无条件传输、查询方式、中断方式和 DMA 多种方式选择。传输的方式不同，接口的硬件组成和软件编程就不同。

⑥ A/D 转换的数据进行什么样的处理？有显示、打印、生成文件存盘、远距离传输等多种处理。

⑦ ADC 接口电路采用什么元器件组成？有普通 IC 芯片、可编程并行口芯片、GAL 器件等多种选择。

前面 4 项是由接口对象 ADC 决定的(可从芯片手册中查到),用户无法改变,只能按照它的要求在设计中给予满足。后面 3 项是可以改变的,设计者应根据设计目标灵活选用。

9.4.2 A/D 转换器接口设计

例 9.1 查询方式的 ADC 接口电路设计。

(1) 要求

利用 ADC0804 采集 100 个数据,采集的数据以查询方式传输到内存 BUFR 区。接口电路采用普通 IC 芯片组成。

(2) 分析

ADC0804 是单个模拟量输入,故不提供通道选择信号。ADC0804 的分辨率为 8 位,并具有三态输出锁存器,故可与系统数据总线直接相连。ADC0804 的启动方式为脉冲启动,当它的输入引脚 $\overline{CS}$ 和 $\overline{WR}$ 两个信号同时有效时,就开始转换。转换结束信号是 $\overline{INTR}$,当 $\overline{INTR}=0$ 时,表示转换结束。

数据传输方式为查询方式,故需将转换结束状态信号作为查询的对象。

(3) 设计

① 硬件设计。

由以上分析可知,本接口电路只需提供转换启动信号和提供读取转换结束状态信号的通路。而数据线不作处理,直接连接。为此,要设计端口地址译码电路,产生 $\overline{CS}$,并由 $\overline{CS}$ 和 $\overline{WR}$ 共同组成启动信号。同时,还要设置一个三态门,将转换结束信号 $\overline{INTR}$ 引到数据线的某一位(D_7)上,以便 CPU 读取状态。接口电路原理图如图 9.1 所示。

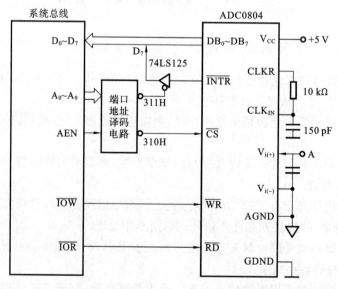

图 9.1 查询方式 ADC 接口电路原理图

② 软件设计。

本例的程序流程图如图 9.2 所示。由于是单通道,且采用普通 IC 芯片组成接口电路,故在流程图中未出现通道选择和初始化模块。

查询方式数据采集汇编语言程序如下。

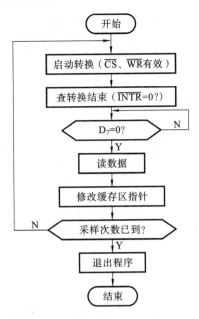

图 9.2 查询方式数据采集程序流程

```
SSTACK SEGMENT
    DB 256 DUP(0)
SSTACK ENDS
DATA SEGMENT
    START_P EQU 310H        ;转换启动端口
    STATE_P EQU 311H        ;状态端口
    DATA_P EQU 310H         ;数据端口
    BUFR DB 100(0)          ;数据缓冲区
DATA ENDS
CODE SEGMENT
ASSUME CS: CODE, DS: DATA, SS: SSTACK
BEGIN: MOV SI,OFFSET BUFR   ;缓冲区指针
    MOV CX,100              ;采样次数
    ;启动转换
START: MOV AL,00H           ;(可以是其他值)
    OUT START_P,AL          ;使CS和WR同时有效
    ;查转换结束
WAIT1: IN AL,STATE_P
    AND AL,80H              ;查转换是否结束? INTR=0?
    JNZ WAIT1               ;未结束,等待;已结束,读数据
    ;读数据
    IN AL, DATA_P
    MOV [SI],AL             ;数据传输到 BUFR 区
    INC SI                  ;缓冲区地址加1
```

```
            DEC CX                    ;采样次数减1
            JNZ START                 ;未完,继续启动
            MOV AX,4C00H              ;已完,退出
            INT21H
CODE ENDS
            END BEGIN
```

查询方式数据采集 C 语言程序如下。

```c
#define START_P 0x310
#define STATE_P 0x311
#define DATA_P 0x310
unsigned char buf[100];           //数据缓冲区
void main()
{
    unsigned char i;
    outportb(START_P,0x00);       //启动转换,使$\overline{CS}$和$\overline{WR}$同时有效
    for(i=0;i<100;i++)
    {
        while(inportb(STATE_P)&0x80!=0x00);//查转换是否结束?$\overline{INTR}$=0?
        buf[i]=inportb(DATA_P);   //数据传输到 BUFR 区
    }
}
```

(4) 讨论

① 本程序是一个典型的循环结构,说明了 A/D 转换数据采集程序的基本结构总是循环程序结构。

② ADC0804 的转换启动信号是由系统的 $\overline{IOW}$ 信号与片选信号 $\overline{CS}$ 共同组成的。当系统完成对芯片的写操作时,也就产生了转换启动的脉冲信号。这个脉冲信号只与 $\overline{IOW}$ 及地址信号 $\overline{CS}$ 有关,而与写入的数据无关。这意味着不论写什么数据都可以产生转换启动脉冲信号。这种写操作称为假写。利用假写操作产生启动转换脉冲信号的 ADC 很多,后面的例子中还会遇到。

例 9.2 中断方式的 ADC 接口设计。

(1) 要求

采用 ADC0809,从通道 7 采集 100 个数据,采集的数据以中断方式传输到内存缓冲区,并将转换结束信号 EOC 连到 IRQ_4 上,请求中断。

(2) 分析

要实现上述设计要求,至少有 3 个方面的问题需要考虑:被控对象 ADC0809 的特性、接口电路结构形式、中断处理。下面分别进行分析。

① ADC0809 的外部特性。

ADC0809 的外部引脚和内部逻辑分别如图 9.3 和图 9.4 所示。

ADC0809 的外部引脚是接口硬件设计的依据,下面结合 ADC0809 的时序(见图 9.5),来分析各引脚信号的功能及何时有效。

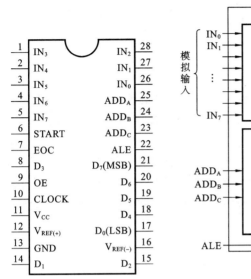
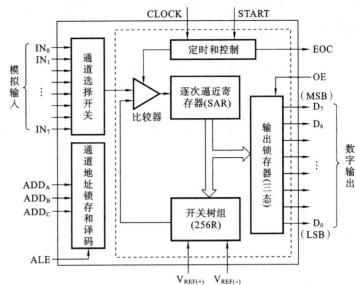

图 9.3　ADC08081/0809 引脚图　　　图 9.4　ADC0809 内部逻辑原理图

ADC0809 有 8 个模拟量输入端($IN_0 \sim IN_7$),相应设置 3 根模拟量通道地址线($ADD_A \sim ADD_C$),用以编码来选择 8 个模拟量输入通道。并且,还设置 1 根通道地址锁存允许信号 ALE,高电平有效。当选择通道地址时,需使 ALE 变高,锁存由 $ADD_A \sim ADD_C$ 编码所选中的通道号将该通道的模拟量接入 ADC。

ADC0809 的分辨为 8,有 8 根数字量输出线($D_7 \sim D_0$),带有三态输出锁存缓冲器,并设置了 1 根数据输出允许信号 OE,高电平有效。当读数据时,要使 OE 置高,打开三态输出缓冲器,把转换的数字量送到数据线上。

ADC0809 的转换启动信号是 START,高电平有效。转换结束信号为 EOC,转换过程中为低电平,转换完毕变为高电平,可利用 EOC 的上升沿申请中断,或作查询之用。

ADC0809 的时序如图 9.5 所示。ADC0809 的时序是接口软件编程的依据。从图 9.5 可以看到,要启动转换应该是先通过 ADD 引脚选择通道号后,使 ALE 和 START 引脚都为高

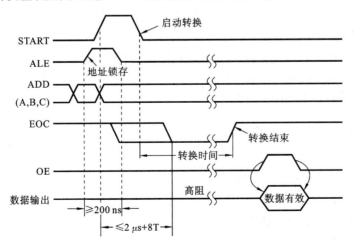

图 9.5　ADC0809 的时序

电平;要读取数据应该是等待转换结束信号线 EOC 变高电平后,在 OE 引脚加高电平,才能从数据线上读取数据。

② 接口电路结构形式。

接口电路采用可编程并行接口芯片 82C55A。

③ 中断处理。

由于本例题是利用系统的中断资源,故不需要进行中断系统的硬件设计和 82C59A 的初始化,而只需做两件事:一是中断向量的修改;二是使用中断控制器 82C59A 的 OCW_1 和 OCW_2 两个命令字。

(a) 中断向量的修改:修改的对象是 IRQ_4 的中断向量。修改的步骤和方法见 5.9.1 节。

(b) 对 82C59A 两个命令的使用:在主程序中用命令 OCW_1 屏蔽/开放 IRQ_4 的中断请求;在服务程序中返回主程序之前,用 OCW_2 发中断结束 EOI,清除 IRQ_4 在中断控制器内部 ISR 寄存器中置 1 的位。

(3) 设计

① 硬件设计。

根据上述分析可知,本接口电路要提供 ADC0809 模拟量通道号选择信号、启动转换信号、读数据允许信号。这些信号都可由 82C55A 接口芯片实现。而 EOC 的中断请求直接连到系统总线的 IRQ_4 上。中断方式的 ADC 接口电路如图 9.6 所示。

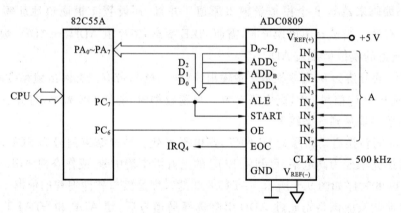

图 9.6 中断方式的 ADC 接口电路原理

② 软件设计。

本例的程序流程图如图 9.7 所示。整个程序分主程序和中断服务程序两部分。

中断方式数据采集的汇编语言程序如下。

```
STACK SEGMENT PARA 'STACK'
      DW 256 DUP(?)
STACK ENDS
DATA SEGMENT PARA 'DATA'
      OLD_OFF DW ?
      OLD_SEG DW ?
      BUFR DB 100 DUP(0)
      PRT DW ?
DATA ENDS
```

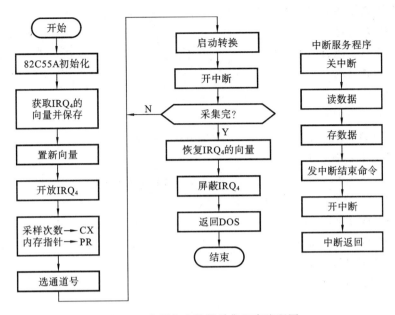

图 9.7 中断方式数据采集程序流程图

```
CODE SEGMENT
    ASSUME CS:CODE, DS:DATA, ES:DATA, SS:STACK
ADC_START:
        MOV AX,DATA
        MOV DS,AX
        MOV ES,AX
        MOV AX,STACK
        MOV SS,AX
        MOV DX,303H           ;82C55A 初始化
        MOV AL,90H            ;82C55A 的方式命令字
        OUT DX,AL
        MOV AL,0EH            ;置 PC_7=0,使 START 和 ALE 无效
        OUT DX,AL
        MOV AL,0CH            ;置 PC_6=0,使 OE 无效
        OUT DX,AL
        MOV AX,350CH          ;取 IRQ_4 的中断向量,并保存
        INT 21H
        MOV OLD_OFF,BX
        MOV BX,ES
        MOV OLD_SEG,BX
        CLI
        MOV DX,SEG A_D        ;置新中断向量
        MOV DS,DX
        MOV DX,OFFSET A_D
```

```
            MOV AX,250CH
            INT 21H
            MOV AX,DATA            ;恢复数据段
            MOV DS,AX
            STI                    ;开放中断请求
            IN AL,21H
            AND AL,0EFH            ;开放中断请求 IRQ$_4$
            OUT 21H,AL
            MOV CX,100             ;设置采样次数和内存指针
            MOV AX,OFFSET BUFR
            MOV PRT,AX
            MOV DX,300H            ;82C55A 的 A 端口
            MOV AL,07H             ;选通道号
            OUT DX,AL
  BEGIN：   MOV DX,303             ;启动转换
            MOV AL,0FH             ;产生 START 启动脉冲信号
            OUT DX,AL
            NOP
            NOP
            MOV AL,0EH
            OUT DX,AL
            STI                    ;开中断
            HLT                    ;等待中断
            DEC CX                 ;修改采样次数
            JNZ BEGIN              ;未完,继续启动
            CLI                    ;已完,恢复 IRQ$_4$ 原中断向量
            MOV AX,250CH
            MOV DX,OLD_SEG
            MOV DS,DX
            MOV DX,OLD_OFF
            INT 21H
            MOV AX,DATA            ;恢复数据段
            MOV DS,AX
            STI                    ;屏蔽中断请求
            IN AL,21H
            OR AL,10H              ;屏蔽中断请求 IRQ$_4$
            OUT 21H,AL
            MOV AX,4C00H           ;返回 DOS
            INT 21H
  A_D PROC FAR                     ;中断服务程序
```

```
        PUSH AX              ;寄存器进栈
        PUSH DX
        PUSH DI
        CLI                  ;关中断
        MOV DX,303H          ;82C55A 的命令端口
        MOV AL,0DH           ;产生 OE 信号,打开三态锁存器,准备输出
        OUT DX,AL
        NOP
        NOP
        MOV AL,0CH
        OUT DX,AL
        MOV DX,300H          ;82C55A 的 A 端口
        IN AL,DX             ;读数据
        NOP
        MOV DI,PRT           ;存数据
        MOV[DI],AL
        INC DI
        MOV PRT,DI
        MOV AL,20H           ;发中断结束命令 EOI,中断结束
        OUT 20H,AL
        POP DI               ;寄存器出栈
        POP DX
        POP AX
        STI                  ;开中断
        IRET                 ;中断返回
A_D ENDP
CODE ENDS
        END ADC_START
```

中断方式数据采集的 C 语言程序如下。

```c
#include <stdio.h>
#include <dos.h>
#include <conio.h>
void interrupt (*oldhandler)();
void interrupt newhandler();
unsigned char n;
unsigned char buf[100];
void main()
{
    unsigned char tmp;
    n=99;
```

```
    outportb(0x303,0x90);              //82C55A 的方式命令字
    outportb(0x303,0x0e);              //置 PC_7=0,使 START 和 ALE 无效
    outportb(0x303,0x0c);              //置 PC_6=0,使 OE 无效
    oldhandler=getvect(0x0c);          //取 IRQ_4 的中断向量,并保存
    disable();                         //关中断
    setvect(0x0c,newhandler);          //置新中断向量
    enable();                          //开中断
    outportb(0x300,0x07);              //选通道号
    outportb(0x303,0x0f);              //产生 START 启动脉冲信号
    delay(10);
    outportb(0x303,0x0e);
    while(n);                          //等待中断
    disable();                         //关中断
    setvect(0x0c,oldhandler);          //恢复原中断向量
    tmp=inportb(0x21);
    tmp |=0x10;
    outportb(0x21,tmp);                //屏蔽中断请求 IRQ_4
}
void interrupt newhandler()
{
    disable();
    outportb(0x303,0x0d);              //产生 OE 信号,打开三态锁存器,准备输出
    delay(1);
    outportb(0x303,0x0c);
    buf[99-n]=inportb(0x300);          //读数据
    outportb(0x20,0x20);               //发中断结束命令 EOI,中断结束
}
```

(4) 讨论

① 如果要求将中断请求改为 IEQ$_9$,则数据采集程序在哪些部分需要修改?如何修改?

② 多通道 ADC 的通道地址选择线有两种:一种是采用系统的地址线;另一种是采用系统的数据线。本例是使用系统数据线的低 3 位 $D_2D_1D_0$,分别连到 ADC0809 的 3 根通道地址线选择线 ADD$_C$~ADD$_A$ 上。

例 9.3 采用 GAL/PAL 器件的 ADC 接口设计。

(1) 要求

以 GAL20V8 作为 ADC0809 与 CPU 的接口,进行 5 号通道的数据采集,采集 1 KB,通过查询方式把数据传输到内存缓冲区。

(2) 分析

本例的特点是接口电路是采用 GAL 器件。因此,要对 GAL20V8 如何使用进行分析,以及考虑如何实现通道选择。

① 接口电路结构形式。

采用GAL20V8作为接口电路,其设计思想是:利用GAL器件对信号的逻辑变换功能来协调CPU与ADC0809两者之间信号线的不兼容。把CPU送来的控制线和地址线,作为GAL的输入信号,在GAL器件内部按一定的逻辑关系进行组合,生成一组新的功能信号输出,例如,START、OE、ALE,它们作为ADC的接口控制信号,送到ADC0809。另外,还要提供这些信号的I/O端口地址,例如:ADC启动转换端口/转换结束状态端口 STA_EOC=30CH,ADC通道锁存端口/读数据端口 ALE_OE=30EH,允许中断申请端口 INT_EN=30DH。所以,问题的关键是要找到GAL的输出与输入的关系。

为此,首先分析GAL20V8两侧的信号。输入信号包括来自系统总线的有$A_0 \sim A_9$、$\overline{IOR}$、$\overline{IOW}$、AEN及D_7和来自ADC0809的EOC。输出信号主要是输出到ADC0809的START、OE、ALE和输出到系统总线的IRQ_2、D_7。其中,数据线D_7的功能是由设计者定义的,它是一根双向线:输入时,作中断申请允许控制,并规定低电平有效。当$D_7=0$时,允许ADC0809用EOC申请中断;当$D_7=1$时,禁止申请中断。输出时,供查询之用,作为ADC0809的状态EOC返回给CPU,并规定高电平有效。当$D_7=1$时,转换结束;当$D_7=0$时,转换未结束。

在分析了GAL器件的这些输入与输出信号之后,就可以根据ADC接口信号线的要求及端口地址的分配,写出一组逻辑表达式。表达式的格式采用与或最简式,并把输出信号放在表达式左边,输入信号放在表达式右边。

$$\text{START} = /IOW * /AEN * A_9 * A_8 * /A_7 * /A_6 * /A_5 * /A_4 * A_3 * A_2 * /A_1 * /A_0 \quad (9.1)$$

$$D_7 = /IOR * /AEN * EOC * A_9 * A_8 * /A_7 * /A_6 * /A_5 * /A_4 * A_3 * A_2 * /A_1 * /A_0 \quad (9.2)$$

$$\text{IRQE} = /IOW * /AEN * /D_7 * A_9 * A_8 * /A_7 * /A_6 * /A_5 * /A_4 * A_3 * A_2 * /A_1 * A_0 \quad (9.3)$$

$$\text{IRQ} = \text{IRQE} * EOC \quad (9.4)$$

$$\text{ALE} = /IOW * /AEN * A_9 * A_8 * /A_7 * /A_6 * /A_5 * /A_4 * A_3 * A_2 * A_1 * /A_0 \quad (9.5)$$

$$\text{OE} = /IOR * /AEN * A_9 * A_8 * /A_7 * /A_6 * /A_5 * /A_4 * A_3 * A_2 * A_1 * /A_0 \quad (9.6)$$

● 式(9.1)是ADC0809转换启动START的产生条件,其含义是只要向端口30CH写入任意一个字节数据,就可使START有效,启动转换。

● 式(9.2)是D_7信号线的双功能定义:当采用查询方式时,D_7作为转换结束信号,即从端口30CH读转换结束状态EOC,并且当$D_7=1$时,表示转换结束;当$D_7=0$时,表示转换未结束。当采用中断方式时,D_7作为中断允许控制信号,并且当$D_7=0$时,允许中断;当$D_7=1$时,不允许中断。

● 式(9.3)是产生中断请求允许信号IRQE的条件,即向端口30DH写入00H,置$D_7=0$时,允许中断;置$D_7=1$时,禁止中断。

● 式(9.4)产生中断请求信号IRQ,在中断请求允许时一旦转换结束,EOC变高,就使IRQ有效,向CPU申请中断。

● 式(9.5)是ADC0809通道地址锁存ALE的产生条件,即通道号选择。向端口30EH写入一个模拟量通道号,就会使ALE有效,将通道号锁存在通道地址锁存器中。

● 式(9.6)是ADC0809输出使能OE的产生条件,即数据输出允许。从端口30EH读数据时,使OE有效,打开三态输出锁存缓冲器,将数据送到数据总线上。

以上表达式的逻辑组合关系,完全满足了ADC0809接口电路信号线的要求及I/O端口的分配。

(3) 设计

① 硬件连接。

利用上述的基本思路和方法,设计了采用 GAL/PAL 器件的 ADC0809 与 CPU 的接口,如图 9.8 所示。图中,对 ADC0809 的控制信号和中断申请信号由 GAL20V8 产生,通道地址由数据线的低 3 位 $D_0 \sim D_2$ 编码产生,输出数据线直接连到系统的数据总线上,整个接口电路包括端口地址译码只用了一个 GAL20V8 芯片。

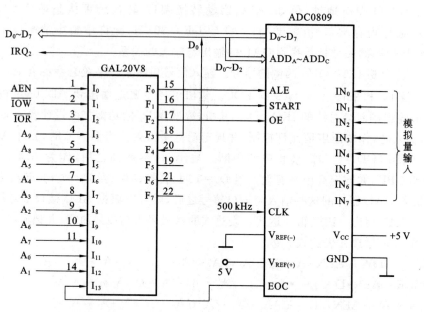

图 9.8 采用 GAL/PAL 器件的 A/D 转换器接口电路原理

② 软件编程。

采用 GAL/PAL 器件的 A/D 转换器数据采集的汇编语言程序段如下。

```
STACK SEGMENT PARA 'STACK'
        DW 200 DUP(?)
STACK ENDS
DATA SEGMENT PARA PUBLIC 'DATA'
        BUFR DB 1024 DUP(0)     ;存储区
        N=$-BUFR                ;采样次数
        STA_EOC EQU 30CH        ;ADC 启动转换端口/转换结束状态端口
        ALE_OE EQU 30EH         ;ADC 通道锁存端口/读数据端口
        INT_EN EQU 30DH         ;允许中断申请端口
        PORT EQU 5              ;通道号
DATA ENDS
CODE SEGMENT
        ASSUME DS:DATA, CS:CODE, SS:STACK
ADC PROC FAR
START: MOV AX,DS                ;标准序
        PUSH AX
        MOV AX,00
```

```
            PUSH AX
            MOV AX,DATA
            MOV DS,AX
            ;送通道号
    INIT:   MOV AL,PORT              ;通道号
            OUT ALE_OE,AL            ;送 ADC 通道锁存端口
            MOV CX,N                 ;采集次数→CX
            MOV DI,OFFSET BUFR       ;存储区首址
            ;启动转换
    BEGIN:  MOV AL,00H               ;任意数
            OUT STA_EOC,AL           ;送 ADC 启动转换端口
            ;查转换结束
    L:      IN AL,STA_EOC            ;转换结束状态端口
            AND AL,80H               ;查 EOC=1?（D_7=1?）
            JZ L                     ;转换未结束,等待;已结束,读数据
            ;读数据
            IN AL,ALE_OE             ;从数据端口读数据
            NOP
            MOV[DI],AL               ;保存数据
            INC DI                   ;内存地址加 1
            DEC CX                   ;次数减 1
            JNZ BEGIN                ;未完,继续
            RET                      ;已完,返回 DOS
    ADC ENDP
    CODE ENDS
            ENDSTART
```

采用 GAL/PAL 器件的 A/D 转换器数据采集的 C 语言主程序段如下。

```c
#include <stdio.h>
#include <conio.h>
#include <dos.h>
void main
{
    unsigned char buf[1024];          //储存区
    unsigned int i;
    outportb(ALE_OE,0x05);            //送 ADC 通道锁存端口,此处为 5
    for(i=0;i<1024;i++)
    {
        outportb(STA_EOC,0x00);       //送 ADC 启动转换端口
        while(inportb(STA_EOC)&0x80==0x00);  //查 EOC=1?（D_7=1?）
        buf[i]=inportb(ALE_OE);       //保存数据
    }
}
```

(4) 讨论

① 本例的数据采集程序是采用查询方式,如果是采用中断方式,程序应如何修改。

② 本例实际上是单通道数据采集,如果要求8个通道可选,程序要添加哪些程序段。

③ GAL/PAL 器件在第2章端口地址译码电路也使用过,试比较本例 GAL/PAL 的用途与第2章的用途有什么不同。

例 9.4 DMA 方式的 ADC 接口电路设计。

(1) 要求

8 位 ADC 共采集 4 KB 数据,采集的数据用 DMA 方式送到从 30400H 单元开始的内存保存,以待处理,内存地址以加 1 方式递增。使用 DMAC 82C37A 的通道 1,采用单一的传输方式。

(2) 分析与设计

采用 DMA 方式的数据采集系统电路如图 9.9 所示。

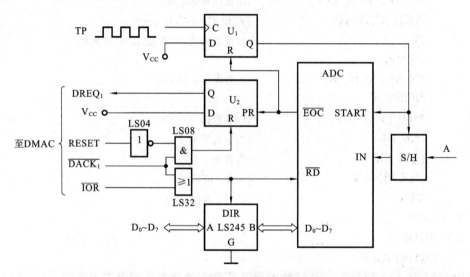

图 9.9 DMA 方式的 ADC 接口原理图

该电路包括 ADC、采样保持器 S/H、A/D 转换启动逻辑 U_1、DMA 申请寄存器 U_2 及 DMA 回答信号逻辑等部分。DMA 控制器 82C37A 未在图中画出,只在左侧画出了它的部分信号线。图中使用 82C37A 的通道 1。其工作过程如下。

A/D 转换启动逻辑在定时脉冲 TP 到来时,U_1 输出高电平(U_1 的 Q 端变高),使采样保持器 S/H 处于保持状态(加高电平,进入保持;加低电平,进入采样),并同时启动 A/D 转换(START=1,开始转换)。当 A/D 转换结束后,转换结束信号 EOC 使 U_2 置位(U_2 的 Q 端变高),因而产生 DMA 请求信号 $DREQ_1$,送到 82C37A,请求 DMA 传输。转换结束信号 EOC 同时还清除启动逻辑(U_1 的 Q 端变低),并使采样保持器处于采样状态,准备下一次采集。

DMA 控制器 82C37A 收到请求信号 $DREQ_1$ 之后,向 CPU 申请总线控制权,获得同意后,它再向 ADC 发 DMA 请求回答信号 $\overline{DACK_1}$。这个回答信号 $\overline{DACK_1}$,一方面与 82C37A 发出的 $\overline{IOR}$ 信号相"或"后送到 ADC 的 $\overline{RD}$ 线上,将转换结果读到数据总线,然后,82C37A 再发 MEMW 信号(图中未画出),将数据线上的数据写入指定的内存单元;另一方面使 DMA 申请寄存器 U_2 复位,撤除 DMA 请求 $DREQ_1$,释放总线,以便进行下一次 DMA 传输。

这样,在定时脉冲 TP 作用下,不断地启动 A/D 转换,转换结果在 82C37A 控制下,不断高速地传输到内存,直到全部数据采集完毕。设计时,要注意定时脉冲 TP 输出的间隔时间应大于 ADC 的转换时间。定时脉冲可采用 82C54A 定时/计数器来产生,图中未画出。

(3) DMAC 传输参数的设置

从 6.6 节用户对系统 DMA 资源的使用可知,由于系统的 DMA 控制器初始化已经被系统在上电时设置好了,用户要做的仅仅是设置相关的 DMA 传输参数,然后等待 A/D 转换器申请 DMA 传送。对传输参数的设置可参考 6.6.1 节和 6.6.2 节的内容。

另外,在传送开始之前,还要填写页面地址寄存器,将高于 16 位以上的地址写入页面地址寄存器。例如,假设传送的内存首地址是 32000H,则页面寄存器的内容为 3,基地址寄存器中内容为 2000H。如果寻址范围不超过 16 位地址,则可不使用写页面地址寄存器。本例根据题意,需要启用通道 1 的页面地址寄存器。

根据上述分析,以 82C37A 的通道 1 为例,编写本例所要求的 DMA 传输参数设定程序。DMA 方式数据采集的汇编语言程序段如下。

```
ADC_SETUP PROC NEAR
        CLI                     ;关中断
        MOV AL,04H              ;命令字,禁止 82C37A 工作
        OUT 08H,AL
        MOV AL,01000101B        ;工作方式字:单传方式,地址加 1,非自动预置,DMA 写,通道 1
        OUT 0BH,AL              ;送入工作方式寄存器
        OUT 0CH,AL              ;清先/后触发器(软命令)
;设置页面地址(最高 4 位地址)
        MOV AL,03H              ;页面地址(最高 4 位地址)
        OUT 83H,AL              ;通道 1 的页面寄存器
;设置基地址(低 16 位)
        MOV AL,00H              ;低 8 位地址
        OUT 02H,AL              ;通道 1 的基地址寄存器
        MOV AL,04H              ;高 8 位地址
        OUT 02H,AL              ;通道 1 的基地址寄存器
;设置字节数
        MOV AL,0FFH             ;字节数低 8 位
        OUT 03H,AL              ;通道 1 的字节计数器
        MOV AL,0FH              ;字节数高 8 位
        OUT 03H,AL              ;通道 1 的字节计数器
        STI                     ;开中断
        MOV AL,01H              ;清通道 1 的屏蔽位,允许 DREQ₁ 请求
        OUT 0AH,AL              ;开通通道 1,准备接受 DREQ₁ 的到来
        RET
ADC_SETUP ENDP
```

DMA 方式数据采集的 C 语言程序片段如下。
```
void ADC_Setup()
{
    disable();                  //关中断
```

```
        outportb(0x08,0x04);          //命令字,禁止82C37A工作
        outportb(0x0b,0x45);          //工作方式字:单传方式,地址加1,非自动预置,DMA写
        outportb(0x0c,0x45);          //清先/后触发器(软命令)

        //设置页面地址(最高4位地址)
        outportb(0x83,0x03);          //页面地址(最高4位地址)
        //设置基地址(低16位)
        outportb(0x02,0x00);          //低8位地址
        outportb(0x02,0x04);          //高8位地址
        //设置字节数
        outportb(0x03,0x0ff);         //字节数低8位
        outportb(0x03,0x0f);          //字节数高8位
        enable();                     //开中断
        outportb(0x0a,0x01);          //清通道1的屏蔽位,允许DREQ₁请求
}
```

以上程序可作为数据采集系统的一个子程序供主程序调用。主程序应包括 A/D 转换定时启动等部分。

9.5 D/A 转换器

9.5.1 D/A 转换器的主要技术指标

1. 分辨率

分辨率是指 DAC 能够把多少位二进制数转换成模拟量。例如:DAC0832 能够把 8 位二进制数转换成电流,故 DAC0832 的分辨率是 8 位;AD390 能够把 12 位二进制数转换成电压,故 AD390 的分辨率是 12 位。分辨率体现在 DAC 的数据输入线的宽度,因此,不同的分辨率将影响 DAC 与 CPU 的数据线连接。当分辨率大于数据总线宽度时,需增加附加电路(缓冲寄存器)。

2. 转换时间

转换时间是指数字量从输入到 DAC 开始至完成转换,模拟量输出达到最终值所需的时间。DAC 的转换时间很快,一般为微秒级和纳秒级,比 ADC 的要快得多。

9.5.2 D/A 转换器的外部特性

DAC 的外部信号线包括:
① 数字信号输入线;
② 模拟信号输出线;
③ $\overline{CS}$ 信号线和 $\overline{WR}$(或 $\overline{WR_1}$, $\overline{WR_2}$)信号线(用于形成 DAC 的启动转换信号);
④ 数据输入锁存控制线;
⑤ 模拟量输出通道地址线。

其中,前 3 种信号线是 DAC 的基本信号,后 2 种是附加信号线。附加信号线有时也集成

在 DAC 芯片内部。

当 DAC 芯片内部设置了三态输入锁存器,则在外部就有输入锁存允许信号线。有的芯片(如 DAC0832)设置了两级输入锁存器,相应地在外部就有两级输入锁存允许信号线。如果有的芯片(如 AD390)设置了输入模拟量开关,则在外部就有模拟量输出通道地址选择信号。

另外,在 DAC 的外部信号线中,没有像 ADC 那样专门的"转换启动"信号线,也没有"转换结束"信号线。

9.6 D/A 转换器与 CPU 接口的原理和方法

9.6.1 D/A 转换器与 CPU 的连接

DAC 与 CPU 的接口包括硬件连接和软件编程。由于 DAC 不设置专门的转换启动信号线和转换结束信号线,故接口电路中不需要设置这两种信号。DAC 与 CPU 之间的数据传输很简单,是无条件传输。

9.6.2 D/A 转换器接口的主要任务

① DAC 工作时,只要 CPU 把数据送到它的输入端,写入 DAC,DAC 就开始转换,而不需要设置专门的启动信号去触发转换开始。

② DAC 也不提供转换结束之类的状态信号,所以 CPU 向 DAC 传输数据时,也不必查询 DAC 的状态,只要两次传输数据之间的间隔不小于 DAC 的转换时间,就能得到正确结果。

③ 如果 DAC 芯片不带三态输入锁存器或者带有三态锁存器但分辨率大于数据总线的宽度,则需要增加附加的锁存缓冲器。为此,接口要提供一些对锁存器的锁存控制信号。

所以,DAC 接口的主要任务是采用无条件方式向 DAC 写数据和解决 CPU 与 DAC 之间的数据缓冲问题。

9.6.3 D/A 转换器接口设计方案的分析

分析与设计 DAC 接口,相对于 ADC 接口来讲,比较简单一些,可从以下几个方面入手。

① DAC 的模拟量输出是否是多通道? 是,则需选择通道号,并提供选择线;不是,则不作处理。

② DAC 的分辨率是否大于系统数据总线的宽度? 是,则需增加锁存器,并提供锁存选通信号;不是,则不作处理。

③ DAC 芯片内部是否有三态输入锁存器? 无,则数据线不能与系统的 DB 直接连接,故需增加三态输入锁存器,并提供锁存允许信号;有,则不作处理。

④ DAC 的启动方式,只有脉冲触发一种。DAC 不设专门的转换启动信号,是利用$\overline{CS}$和$\overline{IOW}$共同进行假写操作,来实现脉冲启动的。

⑤ DAC 的数据传输方式,只有无条件传输一种。

⑥ DAC 接口电路采用什么元器件组成? 有普通 IC 芯片、可编程并行口芯片、GAL 器件等多种选择。

9.7 D/A 转换器接口电路设计

例 9.5 DAC0832 接口电路设计。

(1) 要求

通过 DAC0832 产生锯齿波和三角波,按任意键,停止波形输出。

(2) 分析

因为被连的对象是 DAC0832,故应首先分析 DAC0832 的连接特性及工作方式,然后根据连接特性及工作方式进行接口设计。

① 连接特性。

DAC0832 是分辨率为 8 位的乘法型 DAC,芯片内部带有两级缓冲寄存器,它的内部结构和外部引脚如图 9.10 所示。

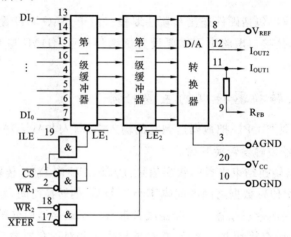

图 9.10 DAC0832 的内部结构和外部引脚

图 9.10 中有两个独立的缓冲器,要转换的数据先送到第一级缓冲器,但不进行转换,只有数据送到第二级缓冲器时才能开始转换,因而称为双缓冲。为此,设置了 5 个信号控制这两个锁存器进行数据的锁存。其中,ILE(输入锁存允许)、$\overline{CS}$(片选)和 $\overline{WR_1}$(写信号 1)3 个信号组合控制第一级缓冲器的锁存,$\overline{WR_2}$(写信号 2)和 $\overline{XFER}$(传递控制)两个信号组合控制第二级缓冲寄存器的锁存。

对于锁存控制信号 LE_1 和 LE_2 来说,当 $LE_1(LE_2)=1$ 时,不锁存;当 $LE_1(LE_2)=0$ 时,数据锁存在寄存器中。因此,当 ILE 端为高电平,并且 CPU 执行 OUT 指令时,则 $\overline{CS}$ 与 $\overline{WR_1}$ 同时为低电平,使得 $\overline{LE_1}=1$,8 位数据送到第一级缓冲器;当 CPU 写操作完毕,$\overline{CS}$ 和 $\overline{WR_1}$ 都变高电平时,使 $\overline{LE_1}=0$,对输入数据锁存,实现第一级缓冲。同理,当 $\overline{XFER}$ 与 $\overline{WR_2}$ 同时为低电平时,使得 $\overline{LE_2}=1$,第一级缓冲的数据送到第二级缓冲器;当 $\overline{XFER}$ 和 $\overline{WR_2}$ 的上升沿使 $\overline{LE_2}=0$,将这个数据锁存在第二级缓冲器,并开始转换。

DAC0832 最适合要求多片 D/A 转换器同时进行转换的系统,此时,需要把各片的 $\overline{XFER}$ 和 $\overline{WR_2}$ 连在一起,作为公共控制点,并且分两步操作。首先,利用各芯片的 $\overline{CS}$ 与 $\overline{WR_1}$ 先单独将不同的数据分别锁存到每片 DAC0832 的第一级缓冲器中。然后,在公共控制点上,同时触发,即当 $\overline{XFER}$ 与 $\overline{WR_2}$ 同时变为低电平时,就会把各个第一级缓冲器的数据传送到对应的第二级缓冲器,使多个 DAC0832 芯片同时开始转换,实现多点并发控制。

DAC0832 工作的时序关系如图 9.11 所示。图中表示,两个数据,数据 1 和数据 2 分别用 $\overline{CS_1}$ 和 $\overline{CS_2}$ 锁存到两个 DAC0832 的第一级缓冲器中,最后用 $\overline{XFER}$ 信号的上升沿将它们同时锁存到各自的第二级缓冲器,进行 D/A 转换。

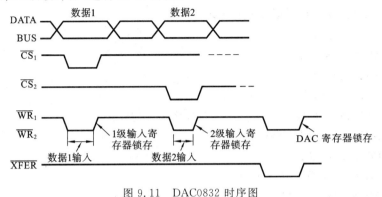

图 9.11 DAC0832 时序图

② DAC0832 的工作方式。

DAC0832 有单缓冲、双缓冲和直通 3 种工作方式。

● 单缓冲是只进行一级缓冲,具体可用第一组或第二组控制信号对第一级或第二级缓冲器进行控制。

● 双缓冲是进行两级缓冲,用两组控制信号分别进行控制。一般用于多片 DAC0832 同时开始转换。

● 直通就是不进行缓冲,CPU 送来的数字量直接送到第二级缓冲器,并开始转换。此时,ILE 端加高电平,其他控制信号都接低电平。

(3) 设计

① 硬件设计。

采用 82C55A 作为 DAC 与 CPU 之间的接口芯片,并把 82C55A 的 A 端口作为数据输出,而 B 端口的 $PB_0 \sim PB_4$ 5 根线作为控制信号来控制 DAC0832 的工作方式及转换操作,如图 9.12 所示。

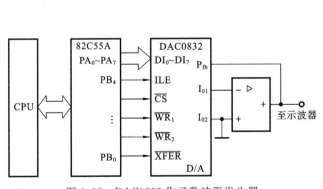

图 9.12 DAC0832 作函数波形发生器

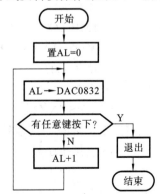

图 9.13 DAC0832 产生锯齿波的程序流程图

② 软件编程。

根据设计要求产生连续的锯齿波,可知本例的 D/A 转换程序是一个循环结构,其程序流程图如图 9.13 所示。

产生锯齿波的程序段如下。若把 DAC0832 的输出端接到示波器的 Y 轴输入,运行下列程序,便可在示波器上看到连续的锯齿波波形。

锯齿波发生器的汇编语言程序段如下。

```
CODE SEGMENT
        ASSUME CS:CODE,DS:CODE
            ORG 100H
START: MOV AX,CS
        MOV DS,AX
        ;82C55A 初始化
        MOV DX,303H              ;82C55A 的命令口
        MOV AL,10000000B         ;82C55A 的方式字
        OUT DX,AL
        ;指派 B 口控制 DAC 的转换
        MOV DX,301H              ;82C55A 的 B 口地址
        MOV AL,00010000B         ;置 DAC0832 为直通工作方式,ILE 置为 1,
                                 ;$\overline{CS}$、$\overline{WR_1}$、$\overline{WR_2}$、$\overline{XFER}$均置为 0
        OUT DX,AL                ;生成锯齿波的循环
        MOV AL,0H                ;输出数据从 0 开始
LOP:    MOV DX,300H              ;82C55A 的 A 端口地址
        OUT DX,AL                ;AL 的值送 DAC0832
        MOV BL,AL                ;保存 AL→BL
        MOV AH,0BH               ;检查是否有任意键按下
        INT 21H
        CMP AL,0FFH
        JE STOP                  ;有,则停止输出波形
        MOV AL,BL                ;无,恢复 AL 的值
        INC AL                   ;AL 加 1
        JMP LOP                  ;继续循环输出波形
STOP:   MOV AX,4C00H             ;退出
        INT 21H
CODE ENDS
        END START
```

锯齿波发生器的 C 语言程序段如下。

```c
#include <conio.h>
#include <dos.h>
void main()
{
    unsigned char i=0;
    outportb(0x303,0x80);    //82C55A 的方式字
    outportb(0x301,0x10);    //置 DAC0832 为直通工作方式,ILE 置 1,
                             //$\overline{CS}$、$\overline{WR_1}$、$\overline{WR_2}$、$\overline{XFER}$均置为 0
```

```
    //生成锯齿波的循环
    while(! kbhit())
    {
        outportb(0x300,i);
        i++;
    }
}
```

若要求产生三角波,则程序只需将生成锯齿波的循环修改为生成三角波的循环,程序的其他部分保持不变。三角波发生器的汇编语言程序段如下。

```
            ⋮
            ;生成三角波的循环
            MOV DX, 300H          ;82C55A 的 A 端口地址
            MOV AL, 0H            ;输出数据从 0 开始
L1:         OUT DX, AL
            MOV BL,AL             ;保存 AL→BL
            MOV AH,0BH            ;检查是否有任意键按下
            INT 21H
            CMP AL,0FFH
            JE STOP               ;有任意键按下,则停止输出波形
            MOV AL,BL             ;无,恢复 AL 的值
            INC AL                ;AL 加 1
            JNZ L1                ;AL 是否加满? 未满,继续
            MOV AL, 0FFH          ;已满,AL 全置 1
L2:         OUT DX, AL
            MOV BL,AL             ;保存 AL→BL
            MOV AH,0BH            ;检查是否有任意键按下
            INT 21H
            CMP AL,0FFH
            JE STOP               ;有,则停止输出波形
            MOV AL,BL
            DEC AL                ;输出数据减 1
            JNZ L2                ;AL 是否减到 0? 不为 0,继续
            JMP L1                ;为 0,AL 加 1
            ⋮
```

三角波发生器的 C 语言程序段如下。
```
unsigned char i=0;
while(1)
{
    for(i=0;i<256;i++)
    {
        outportb(0x300,i)        //输出数据从 0 开始
```

```
            if(kbhit())                    //检查是否有任意键按下
                return;
        }
        for(i=255;i>=0;i--)
        {
            outportb(0x300,i);              //输出数据从 255 开始
            if(kbhit())                    //检查是否有任意键按下
                return;
        }
    };
```

(4) 讨论

① 利用 DAC 产生锯齿波输出的方法是,将从 0 开始逐渐递增的数据送到 DAC,直到 FFH,再回到 0。重复上述过程,就可得到周期性的锯齿波电压。实际上,从 0 到 FFH,中间分为 256 个小台阶,但从宏观上看,是一个线性增长的电压直线。

② 实际上,本例是利用 DAC 作为函数波形发生器,可以产生任何一种波形。如果要求产生正弦波,程序应如何编写。

习 题 9

1. 什么是模拟量接口?在微机的哪些应用领域中要用到模拟接口?
2. 什么是 A/D 转换器的分辨率?分辨率对 A/D 转换器的接口设计有什么影响?
3. 什么是 A/D 转换器的转换时间?转换时间对 A/D 转换器的接口设计有什么影响?
4. 分析 A/D 转换器的外部信号引脚特性对 A/D 转换器的接口设计有什么意义?
5. A/D 转换器与 CPU 的接口电路设计时,需要给 A/D 转换器提供哪些基本信号线?
6. A/D 转换器与 CPU 交换数据可以采用哪几种方式?根据什么条件来选择传输方式?
7. 分析与设计一个 A/D 转换器接口方案时,一般应从哪几个方面入手?
8. 为什么 A/D 转换数据采集程序总是一个循环结构?
9. 查询方式的数据采集程序一般包括哪些模块(程序段)?
10. 中断方式的数据采集程序一般包括哪些模块(程序段)?
11. MDA 方式的数据采集程序一般包括哪些模块(程序段)?
12. 数据采集程序中的在线数据的处理是指哪些内容?
13. 采用 GAL 器件设计数据采集系统的接口电路时,最主要的工作是什么?
14. 试比较 D/A 转换器与 A/D 转换器在外部特性、转换启动方式、数据传送方式等主要差别?这些差别对 D/A 转换器接口设计与 A/D 转换器接口设计会有什么不同?
15. D/A 转换器接口的主要任务是什么?
16. 分析与设计一个 D/A 转换器接口方案时,一般应从哪几个方面入手?
17. 什么是假写(读)操作?
18. 如何设计一个采用查询方式的 A/D 转换器接口?(可参考例 9.1)
19. 如何设计一个采用中断方式的 A/D 转换器接口?(可参考例 9.2)
20. 如何设计一个采用 DMA 方式的 A/D 转换器接口?(可参考例 9.4)
21. 利用 DAC 作为函数波形发生器,可以产生任何一种波形。如何设计一个产生三角波与锯齿波的 D/A 转换器接口?(可参考例 9.5)

第10章 基本人机交互设备的接口

人机交互设备是指在人和计算机之间建立联系、交流信息的输入/输出设备。随着计算机应用领域的日益广泛,人机交互设备除了那些常规的键盘、显示器、打印机等之外,涌现了许多新型的人机交互设备和多媒体设备。它们功能强大,操作方便,更具人性化的特点,使人与计算机的交流更加友好、便捷,为计算机的普及和推广应用提供了条件。

本章主要讨论几种常规人机交互设备的接口方法,原因是,这些设备是微机应用系统开发中经常遇到的,并且需要用户自己来设计它们的接口,因此,讨论它们具有实际意义和实用价值。而那些功能强大、结构复杂的人机交互设备或多媒体设备,一般都由系统随机配备好了,几乎没有必要来设计它们的接口,而且技术难度高,一般用户难以做到。

10.1 键盘接口

10.1.1 键盘的类型

键盘是微型计算机系统中最基本的人机对话输入设备。按键有机械式、电容式、导电橡胶式、薄膜式等多种。

键盘的结构有线性键盘和矩阵键盘两种形式。线性键盘是有多少按键,就有多少根连线与微机输入接口相连,因此只适用于按键少的应用场合,常用于某些微机化仪器中。矩阵键盘需要的接口线数目是行数(n)+列数(m),容许的最大按键数是n×m,显然,矩阵键盘可以减少与微机接口的连线数。它是一般微机常用的键盘结构。

根据矩阵键盘的识键和译键方法的不同,矩阵键盘可分为非编码键盘和编码键盘两种,编码键盘本身具有自动检测被按下的键,并完成去抖动、防串键等功能,而且能提供与被按键功能对应的键码(如ASCII码)送往CPU,因此硬件电路复杂,价格较贵,但编码键盘的接口简单。非编码键盘只提供按键开关的行列开关矩阵。而按键的识别、键码的确定与输入、去抖动等工作要由接口电路和相应的程序完成。非编码键盘本身的结构简单,成本较低,微机系统中,多采用非编码键盘。

10.1.2 键盘的结构与工作原理

下面对线性键盘和矩阵键盘的结构与工作原理进行讨论。

1. 线性键盘的结构与工作原理

线性键盘由若干个独立的按键组成,每个按键的两端,一端接地,另一端与接口的数据线直接连接,如图10.1所示。当无键按下时,所有数据线都是高电平,为全1(0FFH);当其中任意一键按下时,它所对应的数据线的电平就变成低电平,故逻辑0表示有按键闭合。

线性键盘的接口比较简单,把它的数据线与并行接口芯片(如82C55A)相连,即完成硬件连接。接口的程序也不复杂,一是判断是否有键按下,通过查询接口输入数据是否为全1。若是全1,无键按下;若不是全1,则有键按下。二是确定按下的是哪一个键,根据哪一个数据位

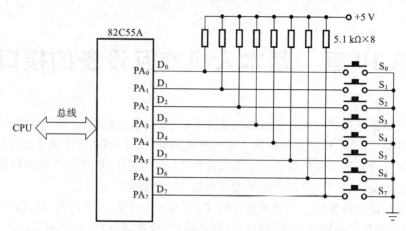

图 10.1 线性键盘结构及接口

是逻辑 0，则与此位数据线相连的键被按下。至于每个按键的功能，可由用户定义，以便当按下某个键时，就可转去执行相应的操作。

例如，在图 10.1 中要求当按下 S_0 键时报警，按下 S_1 键时解除报警，按下 S_2 键时退出。其程序流程如图 10.2 所示。82C55A 的 3 个端口地址为 300H、301H 和 303H。

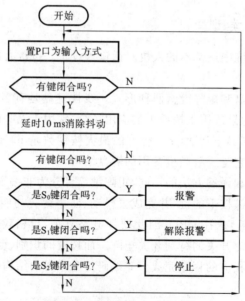

图 10.2 线性键盘的程序流程

线性键盘查找按键的汇编语言程序段如下。

```
        MOV DX, 303H            ;初始化 82C55A
        MOV AL, 10010000B
        OUT DX, AL
KB:     MOV DX, 300H            ;读键状态
        IN AL, DX
        AND AL, 07H             ;查低 3 位
        CMP AL, 07H             ;查有无键按下？
        JZ KB                   ;无键按下，返回
```

```asm
        CALL DELAY1              ;延时去抖
        MOV DX,300H              ;再读键状态
        IN AL,DX
        AND AL,07H               ;查低 3 位
        CMP AL,07H               ;再查有无键按下？
        JZ KB                    ;无键按下,返回
        TEST AL,01H              ;是 S0 键？
        JZ BJ                    ;是,转报警子程序
        TEST AL,02H              ;是 S1 键？
        JZ JBJ                   ;是,转解除报警
        TEST AL,03H              ;是 S2 键？
        JZ STP                   ;是,停止,退出
        JMP KB                   ;不是,返回
DELAY1：延时子程序
        ⋮
BJ：报警子程序
        ⋮
JBJ：解除报警子程序
        ⋮
STP：MOV AX,4C00H                ;退出
        INT 21H
```

线性键盘查找按键 C 语言子程序段如下。

```c
unsigned char tmp;
outportb(0x303,0x90);              //初始化 82C55A
do
{
    tmp=inportb(0x300);            //读键状态
    if(tmp&0x07!=0x07)             //查低 3 位,判断有无键按下？
    {
        delay(10);                 //延时去抖
        tmp=inportb(0x300);        //再读键状态
        if(tmp&0x07!=0x07)         //查低 3 位,查有无键按下？
        {
            if(tmp&0x01==0x00)     //是 S0 键？
                BJ();              //是,转报警子程序
            if(tmp&0x02==0x00)     //是 S1 键？
                JBJ();             //是,转解除报警
            if(tmp&0x03==0x00)     //是 S2 键？
                STP();             //是,停止,退出
        }
    }
}while(!kbhit());
```

2. 矩阵键盘的结构与工作原理

矩阵键盘的结构如图 10.3 的所示。按键排成 n 行 m 列，并且在行线或列线上通过电阻接高电平。按键的行线与列线交叉点互不相通，是通过按键来接通的。下面以 4×4 键盘为例说明矩阵键盘的工作原理。

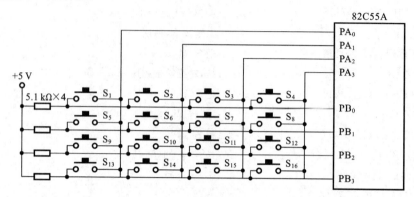

图 10.3　矩阵键盘的结构

矩阵键盘与线性键盘一样，首先确定是否有按键按下，然后再识别按下的是哪一个键。这个工作是采用一种扫描的方法进行，可以是逐行扫描（行扫描）或逐列扫描（列扫描）的方式。图 10.3 中，$PA_0 \sim PA_3$ 与键盘的列线连接，$PB_0 \sim PB_3$ 与键盘的行线连接，并且 4 条行线都通过电阻接高电平。

① 检测有无按键按下。从 $PA_0 \sim PA_3$ 输出 4 位 0，使 0 列～3 列都为 0，读入行线 $PB_0 \sim PB_3$ 的值，若 $PB_0 \sim PB_3$ 为全 1，则没有键按下。如果为非全 1，则表示有键按下。

② 如果没有键按下，则返回步骤①，等待按键。

③ 如果有键按下，则寻找是哪一个键。为此，再进行逐列扫描，找出按键在矩阵中的位置，称为行列值或键号。先从 0 列开始，使 $PA_0=0$，$PA_1 \sim PA_3$ 为 1，检测 $PB_0 \sim PB_3$ 的电平：若 $PB_0=0$，表示 S_1 键按下；同理，若 $PB_1 \sim PB_3$ 分别为 0，则表示是 S_5、S_9、S_{13} 键按下。如果 $PB_0 \sim PB_3$ 的电平都为 1，则说明这一列没有键按下，就对第二列进行扫描，于是向 1 列输出 0，其他列输出 1，再检测 $PB_0 \sim PB_3$ 的电平。依次逐列检测，直到找出被按下的键为止。

10.1.3　非编码键盘接口设计

下面以 3×4 矩阵键盘为例说明非编码键盘的接口方法。

例 10.1　非编码键盘接口设计。

(1) 要求

设计一个小型的 3×4 矩阵非编码键盘接口电路。

(2) 分析

由于按键较少，只有 12 个键，采用一片 82C55A 作为接口芯片。同时考虑是非编码键盘，操作过程对键盘的识键和译键采用软件扫描的方法。

(3) 设计

① 硬件设计。

以 82C55A 并行接口芯片作为微机与键盘的接口，采用逐行扫描，把行线与微机输出接口相连，列线与微机输入接口相连。为此，PA 定义为输出端口，PB 定义为输入端口，如图 10.4 所示。

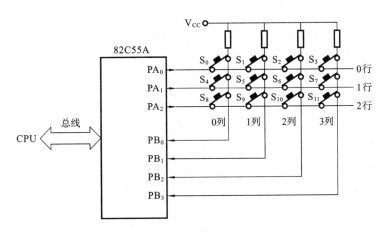

图 10.4 非编码键盘接口方法

② 软件设计。

采用软件扫描的方法实现识键和译键,扫描的步骤如下。

● 判别是否有键按下。$PA_0 \sim PA_2$ 输出全为 0,读入 $PB_0 \sim PB_3$,只要有一位为 0,即表明有键被按下。

● 去抖动。延时 10~20 ms,等待按键通/断引起的抖动消失。延时后,再读 B 端口,若还有键闭合,则认为按键已稳定。

● 找到被按下的键。从 0 行开始,输出 0,顺序逐行扫描。每扫描一行,读入列线值,从 0 列开始,逐列检查是否为 0。若为 0,则该列有键按下;若为 1,则该列无键按下。这样按顺序扫描每一行并检查其列值,直到找到某列线为 0,则该列与扫描行交点的按键就是被按下的按键。其行列值编号,就是按键的键号。

● 根据找到的键号,转去执行该键的子程序。

以上是按行扫描,也可以按列扫描,就是将列线作输出,行线作输入按上述方法扫描键盘。

下面给出图 10.4 按行扫描的查找按键子程序。设 82C55A 的 A 端口地址为 300H,B 端口地址为 301H,控制寄存器地址为 303H。

非编码键盘查找按键的汇编语言程序段如下。

```
        ;82C55A 初始化
        MOV DX,303H
        MOV AL,82H          ;方式 0,A 端口输出,B 端口输入
        OUT DX,AL
        ;检查是否有键按下
BEGIN:  MOV DX,300H
        MOV AL,0H           ;令各行线为 0
        OUT DX,AL
WAIT1:  MOV DX,301H         ;读入列线值
        IN AL,DX
        AND AL,0FH          ;屏蔽无关位
        CMP AL,0FH          ;检查是否有列线为 0
        JZ WAIT1            ;无,等待
```

```
                MOV CX,7FFH      ;延时,去抖动
L0：   LOOP L0                   ;有,延时(参考值)
       ;识别被按下的键
ST：   MOV BL,3                  ;设行数为 3
       MOV BH,4                  ;设列数为 4
       MOV AL,0FEH               ;设起始行扫描码为 0FEH(从 0 行开始)
       MOV CL,0FH                ;设列线屏蔽码为 0FH(只检测低 4 位)
       MOV CH,0FFH               ;设起始键号＝0FFH(-1 的补码)
L1：   MOV DX,300H
       OUT DX,AL                 ;扫描一行
       ROL AL                    ;修改行扫描码,指向下一行
       MOV AH,AL
       MOV DX,301H
       IN AL,DX                  ;读入列线值
       AND AL,CL                 ;屏蔽无关位
       CMP AL,CL                 ;检查是否有列线为 0
       JNZ L2                    ;有,转去找为 0 的列线
       ADD CH,BH                 ;无,修改键号,指向该行末列键号
       MOV AL,AH                 ;取回扫描码
       DEC BL                    ;行数减 1
       JNZ L1                    ;未完,转下一行
       JMP BEGIN                 ;重新开始
L2：   INC CH                    ;键号加 1,指向本行首列键号
       RCR AL                    ;右移一位,检测一列
       JC L2                     ;该列非 0,检查下一列
       MOV AL,CH                 ;该列为 0,键号送 AL
       JMP KeyTable              ;转查找键盘编码表子程序,获取"与"键功能对应的键码
```

或直接转到按键相应的子程序,其程序段如下。

```
       CMP AL,0                  ;是 0 号键按下?
       JZ  K0                    ;是,转 0 号键子程序
       CMP AL,1                  ;是 1 号键按下?
       JZ  K1                    ;是,转 1 号键子程序
          ⋮
       CMP AL,0AH                ;是 10 号键按下?
       JZ  K10                   ;是,转 10 号键子程序
          ⋮
       CMP AL,0BH                ;是 11 号键按下?
       JZ  K11                   ;是,转 11 号键子程序
```

非编码键盘查找按键的C语言子程序如下。
```c
unsigned char scan=0x0fe;
unsigned char row,col,key;
outportb(0x303,0x82);
outportb(0x300,0x00);              //将行全部置0,查看是否有键按下
do
{
    if(inportb(0x301)&0x0f!=0x0f)  //若读入的值的低4位不为全1,则表示有键按下
    {
        delay(10);                 //延时10 ms后再进行逐行扫描
        for(i=0;i<3;i++)           //从第0行到第2行依次进行扫描
        {
            outportb(0x300,scan);  //发送扫描码
            rol(&scan,1);          //扫描码循环左移一位,指向下一行
            tmp=inportb(0x301);
            if(tmp&0x0f==0x0f)     //若读入的列值为全1,则表示第i行无键按下,继续扫描
                                   //下一行
            {
                continue;
            }
            else                   //有,则判断是哪一列
            {
                row=i;             //获取当前行值
                if(tmp&0x01==0x00) //获取当前列值
                    col=0;
                if(tmp&0x02==0x00)
                    col=1;
                if(tmp&0x04==0x00)
                    col=2;
                if(tmp&0x08==0x00)
                    col=3;
                key=row*4+col;
                KeyTable();        //调用查表函数
            }
        }
    }
}while(!kbhit());
void rol(unsigned char * value,unsigned char n)  //8位无符号数,循环左移函数
{
    unsigned char a,b,c;
```

```
        a= *value>>(8-n);
        b= *value<<n;
        *value=a|b;
}
```
或直接转到按键相应的子程序,其程序段如下。
```
switch(key)
{
    case 0:                         //是 0 号键按下?
        K0();                       //转 0 号键子程序
    break;
    case 1:                         //是 1 号键按下?
        K1();                       //转 1 号键子程序
    break;
    case 2:                         //是 2 号键按下?
        K2();                       //转 2 号键子程序
    break;
     ⋮
}
```

从上述非编码键盘的工作原理及工作过程可以看出,实现键盘功能的大部分任务都是由软件完成的,占用 CPU 较多的时间,为了减少 CPU 的负担,采用键盘控制器支持芯片,以硬件的方法进行重复扫描、去抖及获取按键键码的操作。例如,82C79A 键盘/数码显示器接口芯片就是这类器件,将在后面讨论。

10.2 LED 数码显示器接口

显示器是人机交互的输出设备,与键盘一样也是人机交流不可缺少的外部设备。操作人员输入的数据、字符和计算机运行状态、结果可以通过显示器实时地显示出来。显示器的门类很多,性能各异,如 CRT 显示器、LCD 显示器、LED 显示器、触摸屏等。那些高性能的大屏显示器作为系统的基本配置随主机一起提供给用户使用,本节仅讨论适应于小型微机应用系统的 LED 显示器接口。

10.2.1 LED 显示器的结构与原理

发光二极管是一种将电能转变成光能的半导体器件。在小型专用微机系统和单板机等场合,它是主要的显示器件,在通用微机系统中,也常用作状态指示器。常用的 LED 有 7 段数码显示器和点阵式显示器。每一段实际上是一个压降为 1.2~2.5 V 的二极管。下面介绍 7 段数码管的结构原理。

7 段数码显示器是将多个 LED 管组成一定字形的显示器,有共阴极和共阳极两种结构,如图 10.5 所示。

共阴极是把所有 LED 管的阴极连在一起,并接地,根据二极管导通的条件,分别对每只 LED 管的阳极加不同的电平使其导通(点亮)或截止(熄灭),阳极加高电平点亮,加低电平熄灭。

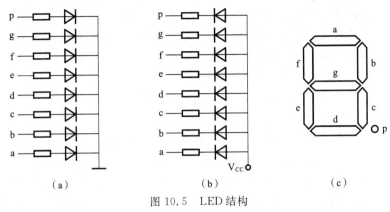

图 10.5　LED 结构

(a) 共阴极；　(b) 共阳极；　(c) 内部排列

共阳极则相反,把所有 LED 管的阳极连在一起,并接高电平,然后分别对每只 LED 管的阴极加不同的电平,阴极加低电平点亮,加高电平熄灭。

图 10.5 中的电阻是限流电阻,以防发光二极管烧毁,其阻值一般取为使流经 LED 管的电流为 10~20 mA。

10.2.2　LED 显示器的字形码

7 段数码显示器实际上为 8 段,其中的 7 段 a~g 用来显示十进制或十六进制数字和某些符号。另一段用来显示小数点 P。这 8 个段构成 LED 显示器段选的 8 位数据,可与微机的 8 位接口对应,其段选数据格式如图 10.6 所示。

数据位	D_7	D_6	D_5	D_4	D_3	D_2	D_1	D_0
显示段	p	g	f	e	d	c	b	a

图 10.6　LED 显示器段选数据格式

为了达到显示某一字形的目的,需要用不同的段进行组合,以便点亮所需的段。表达这种不同的段进行组合的数据,称为字形码或段码,如表 10.1 所示。

表 10.1　七段 LED 显示器字形码表

要显示的字符	0	1	2	3	4	5	6	7	8	9	A	b	C	d	E	F
共阴字形码	3FH	06H	5BH	4FH	66H	6DH	7DH	07H	7FH	6FH	77H	7CH	39H	5EH	79H	71H
共阳字形码	40H	79H	24H	30H	19H	12H	02H	78H	00H	10H	08H	03H	46H	21H	06H	0EH

例如,在共阴极的 LED 上要显示数字 2,则应点亮 a、b、g、e、d 段,其他的段不亮,根据 8 段段选的数据格式,用一个字节表示,其字形码为 5BH。对共阳极显示器,则数字 2 的字形码为 24H。

表 10.1 中,所列是没有小数点的 7 段 LED 显示器的字形码,根据 LED 显示器的结构与工作原理,读者不难写出带小数点的 8 段字形码,并且还可以自己造出一些其他的字形和符号。例如,图中没有的 H 字母的字形码,分别是 76H(共阴极)和 09H(共阳极)。

10.2.3　LED 显示器的显示方式

LED 显示器有静态显示和动态显示两种方式。静态显示是在显示某个字符时,构成这个字符的发光二极管总是处在点亮状态,直到显示新的字符为止,这样不仅功耗大,而且由于每个字符需要一个固定的锁存器,占用的硬件资源多。因此,在显示位数比较多的应用中,不采用静态显示方式,而采用动态显示方式。

动态显示是用扫描的方法使多位显示器逐位轮流循环显示。为此,把各位显示器的 8 根段线并联在一起,并设置两个端口,一个用于发送"位控"信号,控制显示器的哪一位显示;另一个用于发送"段控"信号,控制显示器发光二极管的哪些段点亮,即字形码。扫描过程是:先从"段控"端口发出一个字形码(这个字形码会送到每个显示器的段线上,但还不能点亮显示器),再从"位控"端口发出一个控制信号,指定哪一位显示器显示,该位显示器就点亮,并持续 1～5 ms,然后熄灭所有的显示器。这种依次从"段控"端口发字形码信息,再从"位控"端口发位控信号,点亮显示器并持续一段时间,然后熄灭的过程,就可以把要显示的字符从头到尾显示一遍,即为一个扫描周期。当这个扫描周期符合视觉暂留效应的要求时,人们就觉察不出字符的变动与闪烁,而感觉每位显示器都在显示。

动态扫描显示有软件程序控制扫描和硬件定时扫描两种。目前的实际应用中,LED 显示器大都采用硬件实现动态扫描。LED 显示器接口方法将在下一节介绍 82C79A 之后再讨论。

10.3 可编程键盘/LED 接口芯片 82C79A

82C79A 兼有键盘输入接口和字符显示器输出接口两种用途。作输入接口时,有扫描键盘、扫描传感矩阵和选通输入三种方式。本节只讨论扫描键盘输入方式,在这种方式中,键盘可设置 64(8×8)个键,经扩充可达 128($8\times8\times2$)个键,具有自动去抖动功能。

作显示输出接口时,设有 16 个 8 位显示存储器 RAM 存储字形码,可接 16 个 8 段数码显示器或 8 个 8 段数码显示器。不接数码显示器时,也可接普通的指示灯。

10.3.1 外部特性与内部模块

1. 外部特性

82C79A 芯片是一种具有 40 条引脚的双列直插式芯片,其引脚功能及引脚信号分类如图 10.7 所示。

外部引脚信号分为面向 CPU、面向键盘和面向显示器 3 组,各引线功能如下。

(1) 面向 CPU 的信号线

● $D_0 \sim D_7$:双向数据线,用于 CPU 和 82C79A 芯片之间传送数据、命令和状态信息。

● CLK:系统时钟,为 82C79A 芯片提供内部定时。

● RESET:复位线,高电平复位,复位后 82C79A 的状态为 16 个字符显示(左进方式),编码扫描键盘(双键锁定),时钟设置为 31。

● $\overline{CS}$:片选线,低电平时 82C79A 芯片被选中。

● A_0:地址线,进行片内端口选择。当 A_0 为 0 时,选中数据寄存器;当 A_0 为 1 时,选中命令/状态寄存器。

● $\overline{RD}$:读信号,低电平有效。

● $\overline{WR}$:写信号,低电平有效。

● IRQ:中断请求线,高电平有效,向 CPU 申请中断。

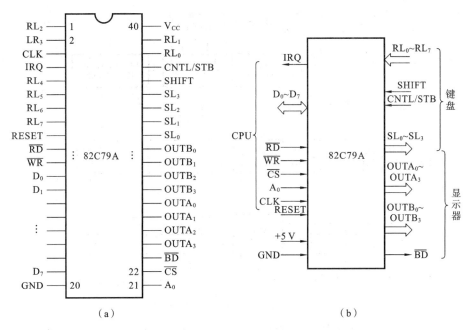

图 10.7　82C79A 芯片引脚功能及引脚信号分类
(a) 引脚功能；　(b) 引脚信号分类

(2) 面向键盘的信号线
- $SL_0 \sim SL_3$：行扫描线，用作键盘矩阵的行扫描，可编程设定为编码输出或译码输出方式。
- $RL_0 \sim RL_7$：返回线，用作键盘矩阵的列线值返回。
- SHIFT：移位信号，高电平有效，用于扩充键的功能，产生上/下档键。
- CNTL：控制线，高电平有效，用于扩充键的控制功能，产生多种功能键。

(3) 面向显示器的信号线
- $SL_0 \sim SL_3$：位扫描线，用作字符显示器的位扫描，可编程设定为左进或右进方式。这 4 根线与键盘共用。
- $OUTA_0 \sim OUTA_3$ 为 A 组显示信号输出线，$OUTB_0 \sim OUTB_3$ 为 B 组显示信号输出线。它们用作向显示器输出字形码。两组可独立使用，也可合并使用。输出的字形码与位扫描线 $SL_0 \sim SL_3$ 同步，刷新各位显示字符，实现按位分时显示。
- $\overline{BD}$：显示消隐线，低电平有效。用来在显示数据切换时或收到消隐命令时，将显示消隐。

2. 内部模块

82C79A 芯片的内部模块结构如图 10.8 所示，由显示器/键盘共用的模块、键盘接口模块、LED 显示器接口模块组成，它们提供了实现 82C79A 接口功能的硬件支持。下面重点介绍几个模块的功能。

(1) 显示器/键盘共用的模块

共用的模块包括扫描计数器和定时控制部分。
- 扫描计数器。

扫描计数器用编程命令设置为编码扫描或译码扫描两种方式。

编码扫描方式：4 位计数器按二进制计数，从扫描线 $SL_0 \sim SL_3$ 输出，经外部译码器译码后，产生 16 根扫描信号线，供键盘和显示器使用。

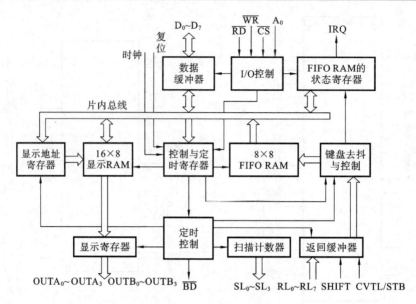

图 10.8 82C79A 芯片的内部模块结构

译码扫描方式:4 位计数器的最低两位经内部译码后,从 $SL_0 \sim SL_3$ 输出 4 根扫描线,直接作为键盘和显示器扫描信号。但此时只能扫描 4×8 的键盘矩阵和 4 位数码显示器。

- 定时控制。

将外部时钟信号 CLK 分频为内部所需要的 100 kHz 时钟。

(2) 键盘接口模块

键盘接口模块包括返回缓冲器、键盘去抖动、FIFO RAM 及状态寄存器。

- 返回缓冲器。

在键盘扫描方式中,返回线 $RL_0 \sim RL_7$ 与键盘矩阵列线相连,返回缓冲器锁存来自 $RL_0 \sim RL_7$ 的列线返回值。在逐行扫描时搜寻一行中闭合键所在的列,当有键闭合时,将键盘的行号、列号编码和附加的控制(CTRL)、移位(SHIFT)状态一起形成键盘按键的数据,送至 FIFO RAM,供 CPU 读取。键盘按键的数据格式如表 10.2 所示。

表 10.2 键盘按键的数据格式

D_7	D_6	D_5	D_4	D_3	D_2	D_1	D_0
CTRL	SHIFT	SL_2	SL_1	SL_0	RL_2	RL_1	RL_0
控制	移位	行号编码			列号编码		

其中,$SL_2 \sim SL_0$ 是按键的行编码,由行扫描计数器的值确定;$RL_2 \sim RL_0$ 是按键的列编码,由列线返回值确定。从 6 位行列编码可知,82C79A 支持 64 个键的键盘矩阵。再加上 CTRL 和 SHIFT 两位附加按键参加编码,可以扩展到 128 个键。

- 键盘去抖动。

在键盘扫描方式中,当有键闭合时,自动去抖动后读入键值。

- FIFO RAM 及状态寄存器。

FIFO RAM 是一个 8×8 的先进先出片内存储器,用于暂存从键盘输入的数据。为了报告 FIFO RAM 中有无数据和空、满等的状态,设置 FIFO RAM 状态寄存器。只要 FIFO RAM 存储器有数据未取走,状态寄存器就产生 IRQ 信号请求中断,要求 CPU 读取数据。

(3) LED 显示器接口模块

LED 显示器接口模块包括显示存储器 RAM、显示寄存器和显示地址寄存器。

- 显示存储器 RAM。

用来存储显示数据,容量为 16×8 位,对应 16 个数码显示器。

- 显示寄存器。

用于存放显示内容。在显示过程中它与显示扫描配合,轮流从显示 RAM 中读出显示信息并依次驱动被选中的显示器件,循环不断地刷新显示字符编码,使显示器件呈现稳定的显示字符。8 位显示寄存器分为 A、B 两组,$OUTA_0 \sim OUTA_3$ 和 $OUTB_0 \sim OUTB_3$ 可以单独送数,显示 4 位字符,也可以组成一个 8 位字符。

- 显示地址寄存器。

存放读/写显示 RAM 的地址指针,指出显示字符从哪一位开始。它由命令设定,并可设置成每次读出或写入之后自动加 1。

10.3.2 编程命令与状态字

可编程键盘/LED 接口芯片 82C79A 为非系统配置的接口芯片,其端口地址见表 10.3。82C79A 只有两个端口地址,30DH 为命令端口和状态端口共用,30CH 为数据端口。

1. 编程命令

82C79A 芯片可执行的命令共有 8 条,它们决定了 82C79A 芯片的操作方式。命令字的一般格式如图 10.9 所示。

D_7	D_6	D_5	D_4	D_3	D_2	D_1	D_0
特征位			命令参数				

图 10.9 82C79A 的命令字一般格式

其中,高 3 位为特征位,有 8 种编码对应着 8 个不同的命令字。低 5 位是命令参数位,表示不同命令字的含义。表 10.3 列出了 8 个不同的命令字。

表 10.3 82C79A 的命令字

命令名称	特征码和命令参数							
	D_7	D_6	D_5	D_4	D_3	D_2	D_1	D_0
设置键盘及显示方式	0	0	0	D	D	K_2	K_1	K_0
设置扫描频率	0	0	1	P	P	P	P	P
读 FIFO RAM	0	1	0	AI	×	A_2	A_1	A_0
读显示 RAM	0	1	1	AI	A_3	A_2	A_1	A_0
写显示 RAM	1	0	0	AI	A_3	A_2	A_1	A_0
禁写显示 RAM/消隐	1	0	1	×	IWA	IW	BBL	ABLB
清除	1	1	0	CD_2	CD_1	CD_0	CF	CA
结束中断/设置错误方式	1	1	1	E	×	×	×	×

注:标有"×"的位无用。

下面分别讨论命令的格式与含义。

(1) 设置键盘及显示方式命令

- 000：命令特征码。
- K_0：用来设定扫描方式。$K_0=0$ 为编码扫描；$K_0=1$ 为译码扫描。
- K_2K_1：用来设定输入方式。有 4 种键盘输入方式，如表 10.4 所示。

在键盘输入方式中，双键锁定和 N 键轮回是多键按下时的两种不同处理方式。当在双键锁定方式下检测到两键同时按下时，只把后释放的键当做有效键；当在 N 键轮回方式下检测到有若干键按下时，键盘扫描能根据它们被发现的顺序依次将相应键盘数据送入 FIFO RAM 中。

另外，82C79A 输入方式中的扫描传感器输入和选通输入不是用于键盘输入的，而是用于矩阵传感器和普通的并行输入。

- DD：用来设定显示输出方式。有 4 种显示输出方式，如表 10.5 所示。

表 10.4 键盘工作方式

K_2	K_1	方式
0	0	扫描键盘输入，双键锁定
0	1	扫描键盘输入，N 键轮回
1	0	（扫描传感器输入）
1	1	（选通输入）

表 10.5 显示工作方式

D	D	方式
0	0	8 个字符显示，左进方式
0	1	16 个字符显示，左进方式
1	0	8 个字符显示，右进方式
1	1	16 个字符显示，右进方式

在显示输出方式中，左进方式是指显示字符从最左一位（最高位）开始，逐个向右顺序输出，左进方式也是手机拨号的显示方式；右进方式是指显示字符从最右一位开始，最高位从右边进入，以后逐个左移。右进方式也是袖珍计算器的显示方式。

例如，要求扫描键盘输入，双键锁定；8 个字符显示，右进方式。键盘和 LED 显示器的扫描方式为编码扫描，则 82C79A 的工作方式命令为 00010000B。

(2) 设置扫描频率命令

- 001：命令特征码。
- PPPPP：用来设定对外部输入 CLK 的分频系数 N（N 值可为 2～31），以便获得 82C79A 内部要求的 100 kHz 的扫描频率。

例如，外部提供的时钟 LCK 为 2.5 MHz，要求产生 100 kHz 的扫描频率，则设置扫描频率的命令为 00111001B。

(3) 读 FIFO RAM 命令

- 010：命令特征码。
- $A_2 \sim A_0$：用来指定读取键盘 FIFO RAM 中字符的起始地址，可以指定 FIFO RAM 中的 8 个地址单元中的任意一个作为读取的起始地址。
- AI：自动地址增量标志位。当 AI=1 时，每次读出 RAM 后，地址自动加 1 指向下一存储单元；当 AI=0 时，读出后地址不变。

需要特别指出的是，该命令并不是实际从 FIFO RAM 中读取数据，仅仅是指定读取键盘的 FIFO RAM，而不是实际读取显示器 RAM，因此，若要实现实际读键盘的数据，还必须接着在该命令后面从数据端口读数。

例如，要求从键盘读 1 个字节数据，读数据后地址不自动加 1，其程序段如下。

```
MOV DX,30DH        ;82C79A 命令端口
MOV AL,40H         ;指定读 FIFO RAM,地址不自动加 1
MOV DX,30CH        ;82C79A 数据端口
IN  AL,DX          ;读 1 个字节数据
```

(4) 读(写)显示 RAM 命令

● 011(100):命令特征码。

● $A_0 \sim A_3$:用来指定写(读)显示 RAM 中字符的起始地址,可以指定显示 RAM 中的 16 个地址单元中的任意一个作为写(读)的起始地址。

● AI:自动地址增量标志。当 AI=1 时,每次写(读)后地址自动增 1,当 AI=0 时,写(读)后地址不变。一旦数据写入,82C79A 的硬件便自动管理显示 RAM 的输出并同步扫描信号。

同样,需要特别指出的是,该命令并不是实际向显示器 RAM 中写入(读取)数据,仅仅是指定写入(读取)显示器的 RAM,而不是实际写入(读取)键盘的 FIFO RAM,因此,若要实际实现写入(读取)显示器数据,还必须接着在该命令后面从数据端口写入(读取)数据。

实际应用中,一般都是写入显示 RAM,以便显示某个字符,而从显示 RAM 读取字符很少使用。

例如,如果要求向显示器 RAM 写入数据,并且从 0 位起,地址自动加 1,其程序段如下。

```
MOV DX,30DH        ;82C79A 的命令口
MOV AL,90H         ;写显示 RAM 命令,从 0 位起,地址自动加 1
OUT DX,AL
MOV SI,OFSET BUF
MOV DX,30CH        ;82C79A 的数据口
MOV AL,[SI]        ;从内存单元中取显示代码送显示 RAM
OUT DX,AL
```

(5) 禁写显示 RAM/消隐命令

● 101:命令特征码。

● IWA、IWB:为 A 组、B 组显示 RAM 写入禁止位。IWA(IWB)=1 时,A 组(B 组)显示 RAM 禁止写入,此时 CPU 向显示 RAM 写入数据,不会影响 A 组(B 组)显示。

● BLA、BLB:消隐设置位,分别用于对 A、B 两组显示输出消隐。当 BL=1 时,相应组的显示输出被消隐;当 BL=0 时,恢复显示。

该命令通常在采用双四位显示器时使用。

(6) 清除命令

● 110:命令特征码。

● $CD_2 CD_1 CD_0$:用来设定清除显示 RAM 的方式,表 10.6 列出了定义的 4 种清除方式。

表 10.6 $CD_0 \sim CD_2$ 定义的清除方式

CD_2	CD_1	CD_0	清 除 方 式
1	0	×	将显示 RAM 全部清除
	1	0	将显示 RAM 置成 20H
	1	1	将显示 RAM 置成全 1
0			不清除(若 CA=1,则 $CD_1 CD_0$ 仍有效)

- CF:用来置空 FIFO 存储器。当 CF=1 时,执行清除命令后,FIFO RAM 被置空,使中断线 IRQ 复位。
- CA:总清特征位。当 CA=1 时,同时清除 FIFO RAM 和显示 RAM,显示 RAM 的清除方式由 CD_1CD_0 决定。

(7) 结束中断/设置错误方式命令
- 111:命令特征码。
- E:在键盘扫描 N 键轮回方式中,当 E=1 时,设定一种特定错误方式,该方式在 82C79A 的去抖周期内发现多键同时按下时,将 FIFO 状态字中的 S/E 标志位置 1,并产生中断请求信号和阻止写入 FIFO RAM。

2. 状态字

82C79A 芯片的状态字主要用来指示 FIFO RAM 中的字符数和有无错误发生。其格式如图 10.10 所示。

D_7	D_6	D_5	D_4	D_3	D_2	D_1	D_0
Du	S/E	O	U	F	N	N	N

图 10.10 状态字格式

- Du:显示无效标志位。Du=1 表示显示无效。当执行 RAM 清除命令时,该位为 1。
- S/E:传感信号结束/特殊错误方式标志位。在键盘工作方式中为特殊错误方式,S/E=1 表示出现多键同时按下的错误。
- O:超出标志位。当向已满的 FIFO RAM 中写入,使 FIFO RAM 中的字符个数 n>8 而产生重叠时,O 被置为 1。
- U:"空"标志位。当 FIFO RAM 中的字符个数 n=0 时,U 被置为 1。
- F:"满"标志位。当 FIFO RAM 中的字符个数 n=8 时,F 被置为 1。
- NNN:表示 FIFO RAM 中待 CPU 取走的字符个数为 n。

例如,当要求采用查询方式从键盘 FIFO RAM 读取数据时,先应该查状态寄存器是否有数据可读。这可以查标志位"空"、"满"或者查待 CPU 取走的字符个数 n,其程序段如下:

```
LOOP1: MOV DX,30DH        ;读状态字
       IN AL,DX
       TEST AL,07H        ;检查是否有待 CPU 取走的字符
       JZ LOOP1           ;无,再查
```

10.3.3 数码显示器接口设计

例 10.2 LED 显示器接口设计。

(1) 要求

设计一个 8 位 LED 显示器,要求从 0 位开始显示 13579H 六个字符,显示方式为左进,采用编码扫描。

(2) 分析

采用 82C79A LED 显示器接口芯片可以实现上述要求。

(3) 设计

① 硬件设计。

接口以 82C79A 为核心，为了用硬件实现 LED 显示器的动态扫描，使用 1 个扫描译码器 7445 作显示器的位控，1 个反向器驱动器 7406 作段控，如图 10.11 所示。

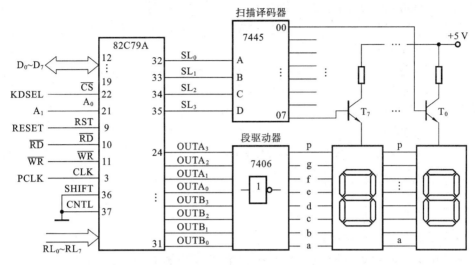

图 10.11 LED 接口电路

图 10.11 中，8 个 LED 显示器相同的段连到一起，由 7406 驱动，实现段控。LED 显示器为共阳极，每个阳极通过开关三极管及限流电阻与 +5 V 连接，三极管的导通与截止由 7445 的 8 个输出端控制，实现 8 位显示器的位控。当 82C79A 的扫描信号 SL 经 7445 译码所产生的输出信号循环变化时，就可以使各个显示器轮流点亮或熄灭，实现 LED 显示器的动态扫描。

图中的 LED 显示器为共阳极，但段控使用 7406 反相驱动，因此字形码与共阴极的一样。

② 软件设计。

下面是从 0 位开始显示 13579H 六个字符的汇编语言程序，六个字符的字形码存放在内存的 BUF 区域。

LED 显示的汇编语言程序如下。

```
CODE SEGMENT
ASSUME CS：CODE，DS：CODE
        ORG 100H
BEGIN：JMP START
        BUF DB 06H,4FH,6DH,07H,67H,76H
START：MOV AX, CODE
        MOV CS, AX
        MOV DS, AX
        MOV DX,30DH      ;82C79A 的命令口
        MOV AL,00H       ;显示方式:8 字符显示,左端输入,编码扫描
        MOV DX,AL
        MOV AL,39H       ;分频系数为 25,产生 100 kHz 扫描频率
        OUT DX,AL
        MOV AL,90H       ;写显示 RAM 命令,从 0 位起,地址自动加 1
        OUT DX,AL
```

```
            MOV  SI,OFSET BUF    ;显示字符首址
            MOV  CX,06H          ;显示字符数
    L:      MOV  DX,30CH         ;数据口
            MOV  AL,[SI]         ;从内存单元中取显示代码送显示 RAM
            OUT  DX,AL
            INC  SI              ;缓存地址加 1
            DEC  CX              ;字数减 1
            CALL DELAY1
            JNZ  L               ;未完,继续
            MOV  AX,4C00H        ;已完,返回
            INT  21H
            CODE ENDS
            END  BEGIN
```

LED 显示的 C 语言程序段如下。
```
unsigned char display[6]={0x06,0x4f,0x6d,0x07,0x67,0x76};
outportb(0x30d,0x00);         //显示方式:8字符显示,左端输入,编码扫描
outportb(0x30d,0x39);         //分频系数25,产生 100 kHz 扫描频率
outportb(0x30d,0x90);         //写显示 RAM 命令,从 0 位起,地址自动加 1
for(i=0;i<6;i++)
{
    outportb(0x30c,display[i]);  //从内存单元中取显示代码送显示 RAM
    delay(50);                   //延时
}
```

例 10.3 键盘及 LED 显示器接口设计。

(1) 要求

设计键盘及 LED 显示器接口,连接一个 24 键的键盘矩阵和 8 个共阳极数码显示器。键盘采用编码扫描、双键锁定工作方式。显示器采用编码扫描、右进工作方式,显示 HELLO 五个字符。外部时钟 CLK=2.5 MHz。

(2) 分析

键盘部分,为了实现 24 键的键盘矩阵,采用 3 行 8 列的结构形式。同时为了满足编码扫描工作方式,故使用 82C79A 的 3 根扫描输出信号 $SL_0 \sim SL_2$,接至译码器 74LS156 的输入端,经译码后,产生低电平有效的 3 根输出线 $\overline{Y_0} \sim \overline{Y_2}$,作为键盘矩阵的 3 个行扫描信号。键盘矩阵的 8 个列线信号与 82C79A 的返回信号 $RL_0 \sim RL_7$ 相连接。键盘的 8 个列线信号,在无按键按下时全部为高电平。

显示器部分,由于采用编码扫描方式,并且有 8 位字符显示器,将扫描输出信号 $SL_0 \sim SL_3$ 送至 BCD 码译码器 74LS45 的输入端,经译码后的 8 个输出信号作为 8 个显示器的选通信号,即位选通信号,轮流刷新 8 位显示器。字形码的显示输出由 82C79A 的 $OUTA_0 \sim OUTA_3$、$OUTB_0 \sim OUTB_3$ 经 74LS06 反相后,接至 LED 显示器的 8 个段,每个输出线驱动一个段,各个字符显示器相同的段连接到一起。之所以要经过 74LS06 反相,是因为显示器采用共阳极的数码显示器。显示的字符由显示 RAM 的内容提供。

(3) 设计

① 硬件设计。

根据上述分析,24 键的键盘矩阵和 8 个共阳极数码显示器接口电路原理如图 10.12 所示。

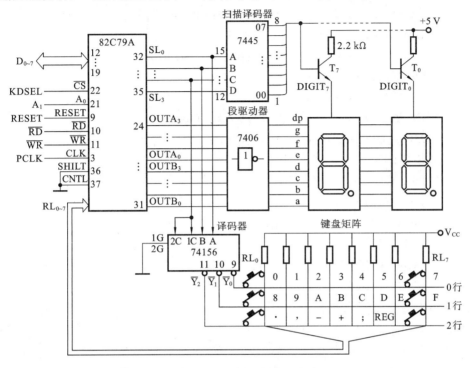

图 10.12 键盘/显示器接口电路

82C79A 的两个端口地址:30DH 为命令/状态端口,30CH 为数据端口。

② 软件设计。

● 键盘输入汇编语言程序段。执行下面程序段后,可从内存区 BUF 中读取被按下键的 10 个代码。

键盘输入汇编语言程序段如下。

```
        CODE SEGMENT
        ASSUME CS：CODE, DS：CODE
                ORG 100H
START： JMP BEGIN              ;从 0100H 处执行第一条指令
        BUF DB 10 DUP(0)
BEGIN： MOV AX,CODE
        MOV DS,AX              ;设置数据段的段地址
        MOV DX,30DH
        MOV AL,00H             ;设定键盘输入工作方式(编码扫描、双键锁定)
        OUT DX,AL
        MOV AL,39H             ;设置分频系数为 25,产生 100 kHz 的扫描频率
        OUT DX,AL
        MOV DI,OFSETBUF
```

```
            MOV CX,10
    LOOP1: MOV DX,30DH        ;读状态字
            IN AL,DX
            TEST AL,07H        ;检查是否有待CPU取走的字符
            JZ LOOP1           ;无,再查
            MOV AL,40H         ;有键入代码,读FIFO RAM
            OUT DX,AL
            MOV DX,30CH
            IN AL,DX           ;读出数据(键入代码)
            MOV [DI],AL        ;存入内存BUF
            INC DI
            DEC CX
            JNZ LOOP1
            MOV AX,4C00H       ;退出
            INT 21H
            CODE ENDS
            END START
```

键盘输入C语言程序段如下。

```c
unsigned char buf[10];
unsigned char i;
outportb(0x30d,0x00);          //设定键盘输入工作方式(编码扫描、双键锁定)
outportb(0x30d,0x39);          //设置分频系数为25,产生100 kHz的扫描频率
for(i=0;i<10;i++)
{
    while(inportb(0x30d)&0x07==0x00);   //检查是否有待CPU取走的字符
    outportb(0x30d,0x40);      //有键入代码,读FIFO RAM
    buf[i]=inportb(0x30c);     //存入内存BUF
}
```

● 显示输出汇编语言程序段。要求从 0 位开始显示"HELLO"五个字符,五个字符的字形码存于内存的 BUF 中。

显示输出汇编语言程序段如下。

```
CODE SEGMENT
ASSUME CS:CODE, DS:CODE
        ORG 100H
START: JMP BEGIN                ;从0100H处执行第一条指令
        BUF DB FH,38H,38H,79H,76H   ;HELLO字符的字形码
BEGIN: MOV AX,CODE
        MOV DS,AX               ;设置数据段的段地址
        MOV DX,30DH
        MOV AL,10H              ;设置显示器工作方式(编码扫描、右进)
```

```
              OUT DX,AL
              MOV AL,39H          ;分频系数为25,产生100 kHz的扫描频率
              OUT DX,AL
              MOV AL,90H          ;写显示RAM命令,从0号单元起,地址自动加1
              OUT DX,AL
              MOV CX,5H           ;设置显示字符数
              MOV SI,OFFSET BUF   ;字形码的内存区首地址
         L:   MOV DX,30CH
              MOV AL,[SI]
              OUT DX,AL           ;从内存中取字形码送显示RAM
              INC SI              ;修改地址指针
              DEC CX              ;修改计数器值
              JNZ L               ;未完,继续
              MOV AX,4C00H        ;已完,退出
              INT 21H
    CODE ENDS
              END START
```

执行此段程序,在LED显示器上显示"HELLO"五个字符。

LED显示器输出的C语言程序段如下。

```
unsigned char buf[]={0x0f,0x38,0x38,0x79,0x76};//HELLO字符的字形码
outportb(0x30d,0x10);           //设置显示器工作方式(编码扫描、右进)
outportb(0x30d,0x39);           //分频系数为25,产生100 kHz扫描频率
outportb(0x30d,0x90);           //写显示RAM命令,从0号单元起,地址自动加1
for(i=0;i<5;i++)
{
    outportb(0x30c,buf[i]);     //从内存中取字形码送显示RAM
}
```

(4) 讨论

① "HELLO"五个字符的字形码在内存区的存放顺序与在显示器上的顺序相反,这是什么原因?

② 如果显示的字符不是从第0位而是从第2位或第3位开始显示,程序要如何修改?

10.4 打印机接口

打印机是微型计算机系统中一种常用的输出设备,它可以打印字母、数字、文字、字符和图形等。目前打印机技术正朝着高速度、低噪声、美观清晰和彩色打印的方向发展。打印机的种类很多,性能差别也很大。当前流行的有针式打印机、激光打印机、喷墨式打印机等。

由于打印接口直接面向的对象是打印机接口标准,而不是打印机本身,所以打印机接口的设计要按照打印机接口标准的要求来进行。本节先讨论打印机接口标准,然后进行打印机接口设计。

10.4.1 并行打印机接口标准

并行打印机接口标准 Centronics 对接口信号线定义、工作时序及连接器作了规定,任何型号的打印机接口都必须遵循。Centronics 也是绘图仪的接口标准。

1. 信号线定义

Centronics 标准定义了 36 芯插头座,其中数据线 8 根、控制输入线 4 根、状态输出线 5 根、+5 V 电源线 1 根、地线 15 根,另有 3 根未用。具体引线的名称、脚号及功能如表 10.7 所示。

在 Centronics 标准定义的信号线中,最主要的是 8 根并行数据线 $DATA_1 \sim DATA_8$,2 根握手联络信号线 $\overline{STROBE}$、$\overline{ACK}$ 及 1 根状态线 BUSY,应作为重点了解与应用。

表 10.7 并行打印接口标准 Centronics 的信号定义

插座号	信号名称	方向	功能说明	插座号	信号名称	方向	功能说明
1	$\overline{STROBE}$	入	选通	13	SLCT	出	联机
2	$DATA_0$	入	数据最低位	14	$\overline{AUTOFEEDXT}$	入	自动走纸
3	$DATA_1$	入		16			逻辑地
4	$DATA_2$	入		17			机架地
5	$DATA_3$	入		19~30			双绞线的回线
6	$DATA_4$	入		31	$\overline{INIT}$	入	初始化命令(复位)
7	$DATA_5$	入		32	$\overline{ERROR}$	出	无纸、脱机、出错指示
8	$DATA_6$	入		33			地
9	$DATA_7$	入	数据最高位	35	+5 V		通过 4.7 kΩ 电阻接+5 V
10	$\overline{ACK}$	出	打印机准备好	36	$\overline{SLCTIN}$	入	允许打印机工作
11	BUSY	出	打印机忙	15,18			不用(未定义)
12	PE	出	无纸(纸用完)	34			

注:表中"入"、"出"方向是从打印机的立场出发的。

2. 工作时序

Centronics 标准对打印机接口的工作时序,即打印机与 CPU 之间传送数据的过程作了规定,如图 10.13 所示。

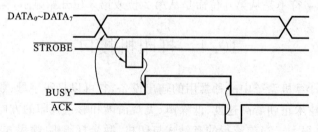

图 10.13 并行打印机接口标准工作时序

打印机与 CPU 之间传送数据的过程是按照 Centronics 打印机接口标准对工作时序的规定进行的,因此,以查询方式为例,其工作步骤如下:

① 当 CPU 要求打印机打印数据时，CPU 首先查询 BUSY。若 BUSY=1，打印机忙，则等待；当 BUSY=0，打印不忙时，才送数据。

② CPU 通过并行接口，把数据送到 $DATA_0 \sim DATA_7$ 数据线上，此时数据并未进入打印机。

③ CPU 再送出一个数据选通信号 $\overline{STROBE}$（负脉冲），把数据线上的数据输入到打印机的内部缓冲器。

④ 打印机在收到数据后，通过引脚 11 向 CPU 发出"忙"（置 BUSY=1）信号，表明打印机正在处理输入的数据。等到输入的数据处理完毕（打印完 1 个字符或执行完 1 个功能操作），打印机撤销"忙"信号，置 BUSY=0。

⑤ 打印机在引脚 10 上送出一个回答信号 $\overline{ACK}$ 给主机，表示上一个字符已经处理完毕。

如此重复工作，直到把全部字符打印出来。

以上是采用查询方式的数据交换过程，若采用中断方式，则不用查 BUSY 信号，而是利用回答信号 $\overline{ACK}$ 去申请中断，在中断服务程序中向打印机发送打印数据。

3. 打印机连接器

Centronics 接口标准对打印机连接器规定为 D-36 芯插头/插座。而 PC 机机箱配置的打印机接口插座简化为 D-25 芯，去掉了 Centronics 中的一些未使用信号和地线。很明显，打印机接口标准的连接器与 PC 机的打印机接口插座不兼容，因此要对两者信号线的排列做一些调整，要特别注意两者相应信号线的对接。具体如图 10.14 所示。

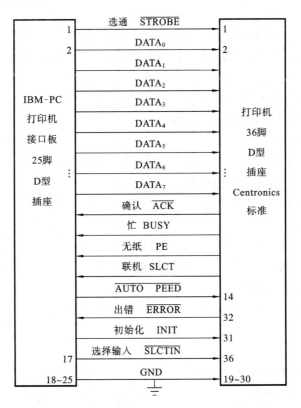

图 10.14 打印机与 PC 机并口信号线连接图

打印机 Centronics 标准连接器通过 25 芯屏蔽电缆与 PC 机机箱的打印机接口插座对接起来，实现系统与打印机的信息传送。

10.4.2 并行打印机接口设计

例 10.4 并行打印机接口设计。

(1) 要求

为某应用系统配置一个并行打印机接口,通过接口采用查询方式把存放在 BUF 缓冲区的 256 个字符(ASCII 码)送去打印。

(2) 分析

由于打印机接口面向的对象是打印机接口标准而不是打印机本身,因此打印机接口的设计要根据打印机接口标准的要求进行设计。接口硬件电路设计要以标准所定义的信号线为依据,而软件设计应以接口标准所规定的工作时序为依据。

(3) 设计

① 打印机接口电路设计。

打印机接口电路原理框图如图 10.15 所示。

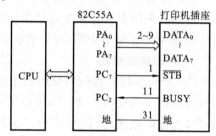

该电路的设计思路是:按照 Centronics 标准对打印机接口信号线的定义,最基本的信号线需要 8 根数据线($DATA_0 \sim DATA_7$)、1 根控制线($\overline{STROBE}$、$\overline{STB}$)、1 根状态线(BUSY)和 1 根地线。为此,采用 82C55A 作打印机的接口比较合适。选用 82C55A 的 A 端口作数据口输出 8 位打印数据,工作方式为 0 方式。分配 PC_7 作控制信号,由它输出 1 个负脉冲作为数据选通信号 $\overline{STROBE}$,将数据线上的数据输入打印机缓冲器,这实际上是用软件的方法来产生选通信号。另外,分配 PC_2 作状态线来接收打印机的忙状态信号 BUSY,这样就满足了打印机 Centronics 接口标准中主要信号线的要求(其他状态信号略)。

图 10.15 并行打印机接口电路框图

② 接口控制程序设计。

打印机控制程序的流程是根据打印接口标准 Centronics 的工作时序要求拟定的,其程序框图如图 10.16 所示。

打印机控制汇编语言程序如下。

```
DATA SEGMENT
        CTL55 EQU 303H      ;82C55A 的控制口
        PA55  EQU 300H      ;82C55A 的 A 端口
        PC55  EQU 302H      ;82C55A 的 C 端口
        BUF DB 256 DUP(?)   ;存放 ASCII 字符的存储区
DATA ENDS
CODE SEGMENT
ASSUME CS:CODE, DS:CODE
START: MOV AX,DATA
        MOV DS,AX
        MOV DX,303H         ;82C55A 命令端口
        MOV AL,10000001B    ;工作方式字
        OUT DX,AL           ;(A 端口 0 方式,输出,$C_4 \sim C_7$ 输出,$C_0 \sim C_3$ 输入)
```

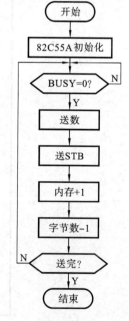

图 10.16 打印控制程序流程图

```
        MOV AL,00001111B      ;PC₇位置高,使$\overline{STB}$=1
        OUT DX,AL
        MOV SI,OFFSET BUF     ;打印字符的内存首址
        MOV CX,0FFH           ;打印字符个数
L:      MOV DX,302H           ;C端口地址
        IN AL,DX              ;查打印机是否忙吗？即 BUSY=0？(PC₂=0)
        AND AL,04H
        JNZ L                 ;忙,则等待;不忙,则向 A 端口送数
        MOV DX,300H           ;A 端口地址
        MOV AL,[SI]           ;从内存取数
        OUT DX,AL             ;送数到 A 端口
        MOV DX,303H           ;送控制信号$\overline{STB}$负脉冲
        MOV AL,00001110B      ;置 STB 信号为低(PC₇=0)
        OUT DX,AL             ;负脉冲宽度(延时)
        NOP
        NOP
        MOV AL,00001111B      ;置$\overline{STB}$为高(PC₇=1)
        OUT DX,AL
        INC SI                ;内存地址加 1
        DEC CX                ;字符数减 1
        JNZ L                 ;未完,继续
        MOV AX,4C00H          ;已完,退出
        INT 21H
CODE ENDS
        END START
```

打印机控制的 C 语言程序如下。

```c
#define CTL55 0x303
#define PA55 0x300
#define PB55 0x301
#define PC55 0x302
unsigned char buf[256];
void main()
{
    unsigned char i;
    outportb(0x303,0x81);           //(A端口0方式,输出,C₄~C₇输出,C₀~C₃输入)
    outportb(0x303,0x0f);           //PC₇位置高,使 STB=1
    for(i=0;i<256;i++)
    {
        while(inportb(0x302)&0x04!=0);  //忙,则等待;不忙,则向 A 端口送数
        outportb(0x300,buf[i]);     //送数到 A 端口
```

```
            outportb(0x303,0x0e);        //置STB信号为低(PC_7=0)
          delay(1);                      //负脉冲宽度(延时)
            outportb(0x303,0x0f);        //置STB为高(PC_7=1)
      }
  }
```

习　题　10

1. 什么是人机交互接口？你知道基本的人机交互设备有哪些？

2. 试分别说明线性键盘和矩阵键盘的结构与工作原理？

3. LED 数码显示器的字形码是如何构成的？你能否按照字形码的格式构造共阴极的几个字符"HELLO"？

4. LED 数码显示器的显示方式有哪两种？试说明 LED 显示器动态扫描方法与过程？

5. 可编程接口芯片 82C79A 具有什么样的功能？

6. 82C79A 的软件模型体现在它的编程命令与状态字，其中前面的 4 个命令字和状态字使用较多，你对它们的格式及使用方法熟悉吗？

7. 并行打印机接口标准 Centronics 所定义的接口信号线是设计打印机接口电路的依据，其中插座号 1～10 号线，以及 +5 V 电源线与地线必不可少，你能说明这些信号线的作用吗？

8. Centronics 标准对打印机与 CPU 之间传送数据的工作时序所作的规定，即工作时序图是编写打印机控制程序的依据。你能以查询方式为例说明打印机与 CPU 之间传送数据的过程吗？

9. 如何设计一个利用软件扫描的小型键盘接口？（可参考例 10.1）

10. 如何利用 82C79A 设计一个 LED 数码显示器接口？（可参考例 10.2）

11. 如何利用 82C79A 设计一个键盘与 LED 显示器同时工作的接口？（可参考例 10.3）

12. 如何按 Centronics 标准设计一个查询方式的并行打印机接口？（可参考例 10.4）

第 11 章 PCI 总线接口

PCI(Peripheral Component Interconnect)的含义是外围器件互连。PCI 是现代微机系统的多总线结构中的总线,已广泛用于当前高端微机、工作站及便携式微机。

PCI 总线技术仍在不断发展与提升,继 PCI 总线之后又有 PCI-X 总线和 PCI Expres 总线。PCI-X 总线采用分离事物处理方式,消除了等待状态,大幅度地提高了总线的利用率,它有很好的向下兼容性,目前所有的 PCI 设备都可以利用 PCI-X 插槽,不会因为 PCI-X 本身的提升而要求更换已有的 PCI 设备。PCI Expres 总线是基于串行差动传输、高带宽、点对点的总线技术。与 PCI 和 PCI-X 的并行传输不同,采用 4 根信号线,两根差分信号线用于发送,另外两根差分信号线用于接收,信号频率为 2.5 GHz,理论上最高传输速率可达 16 GB/s,适用于高速设备,如图像处理。但考虑到在低端和低利润的商用机上实现 PCI 的组件及制造成本,PCI 标准将会继续采用下去,而且 PCI Expres 总线在软件层保持与 PCI 及 PCI-X 总线兼容。目前广泛采用的是 PCI 总线。

11.1 PCI 总线的特点

1. 独立于微处理器

PCI 总线是独立于各种微处理器的总线标准,不依附于某一具体微处理器。为 PCI 总线设计的外围设备是针对 PCI 总线协议的,而不是直接针对微处理器的,因此,这些设备的设计可以不考虑微处理器。PCI 总线支持多种微处理器及将来新发展的微处理器,在更改微处理器品种时,只需更换相应的总线桥组件即可。

2. 传输速率高

PCI 总线支持 33 MHz、66 MHz 时钟频率和 32 位、64 位数据宽度。因此,在 33 MHz 时钟频率和 32 位数据宽度时,数据传输传输率为 133 MB/s;若数据宽度升级到 64 位,则传输速率可达 266 MB/s。如果时钟频率为 66 MHz 和数据宽度升级到 64 位,PCI 总线的理论带宽达到 524 MB/s。这有力地改善了数据传输 I/O 瓶颈问题,使高性能 CPU 的功能得以较好的发挥,适应高速设备数据传输的需要。

3. 多总线共存

PCI 总线可通过桥与其他总线共存于一个系统中,容纳不同速度的设备一起工作。通过 HOST-PCI 桥芯片,使 PCI 总线和 CPU 总线连接;通过 PCI-ISA 桥芯片,PCI 总线又与 ISA 总线连接,构成一个分层次的多总线系统,使高速设备和低速设备挂在不同的总线上,既满足了新设备的发展要求,又继承了原有资源,扩大了系统的兼容性。

4. 支持突发传输

PCI 总线的基本传输是突发传输。突发传输与单次传输不同,单次传输要求每传输一个数据之前都要在总线上先给出数据的地址,而突发传输只要在第一个数据开始传输之前将首地址发到总线上,然后,每次只传输数据而地址是自动加 1,这样就减少了地址操作的开销,加快了数据传输的速度。突发传输方式适合从某一地址开始顺序地存取一批数据的场合,但要求这批数据一定是连续存放,而不能中间有间隔。

5. 支持即插即用

所谓即插即用,就是一块符合 PCI 协议的 PCI 扩展卡,一插入 PCI 插槽就能用,不需要用户做资源的选择和配置,即无须用户去设置各种跳线和开关。配置软件会自动扫描与识别新插入的设备,并根据资源的使用情况进行配置,避免可能出现的资源冲突。即插即用的功能大大方便了用户对计算机的使用。

6. 支持并行操作

PCI 桥支持完全总线并行操作,与微处理器总线、PCI 总线和扩展总线同步使用,并行操作,保证微处理器和总线主控制器同时工作,而不必等待后者操作完成。

7. 支持总线主设备

允许总线主设备进行同级 PCI 总线访问和通过 PCI-to-PCI 与扩展总线桥访问主存储器和扩展总线设备。另外,PCI 总线主设备能够访问停留于总线级别较低的另一个 PCI 总线上的目标设备。

8. 支持多达 256 个 PCI 总线

PCI 技术规范定义了 PCI 总线的扩展连接,使得一个系统中可以构造一个 256 个 PCI 总线级联的复杂系统。

9. 支持三类地址空间访问

PCI 总线的访问支持存储器地址空间、I/O 地址空间和配置地址空间三类地址的访问。

10. 总线信号较少

总线信号使用经济,一个 PCI 目标设备只有 47 个必需的信号线,主设备只有 49 个必需的信号线。另外,PCI 支持隐式总线仲裁。PCI 总线的低功耗,适应 5 V 和 3.3 V 两种电源环境。

11.2 PCI 总线的信号定义

使用 PCI 总线的设备,有主设备和从设备之分。主设备是指取得了总线控制权的设备,而被主设备选中进行数据交换的设备称为从设备或目标设备。

PCI 总线标准所定义的信号线分成必需的和可选的两大类。必需的信号线,主设备有 49 条,目标设备有 47 条。可选的信号线有 51 条,主要用于 64 位扩展、中断请求、高速缓存支持等。利用这些信号线便可以传输数据、地址,实现接口控制、仲裁及系统的功能。PCI 协议 2.2 定义的 PCI 总线信号如图 11.1 所示,主设备(a)和从设备(b)分别列出。其中,信号线的输入/输出方向是站在 PCI 设备(包括主设备与从设备)的立场,而不是站在中央处理器或仲裁器的立场来定义的。因此,有些信号线对于主设备和从设备,其方向不同。

下面按功能分组进行说明。在说明中,所使用的信号类型的符号含义如下:

IN——单向标准输入信号。

OUT——单向标准输出信号。

T/S——双向三态输入/输出信号。

S/T/S——持续的且低电平有效的三态信号。该信号一次只能由一个拥有者驱动。当它从有效变为浮空之前至少维持一个时钟周期。另一个拥有者要驱动该信号,必须等待该信号的原驱动者将其变为浮空之后的一个时钟周期才开始。如果信号处于持续的浮空而无其他拥有者驱动,则需要一个上拉电阻来保持这个状态。

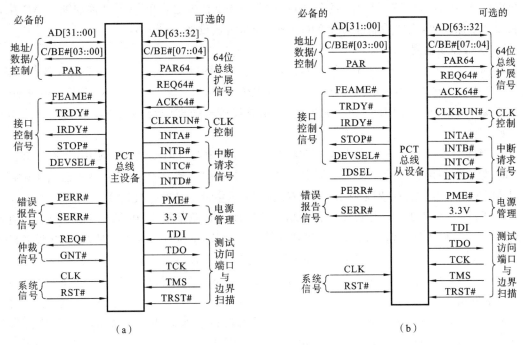

图 11.1 PCI 总线信号

O/D——漏极开路,允许多个设备以线或形式共享该信号。

#——指明信号是低电平有效,即低电平激活该信号。

1. 系统信号

● CLK IN——PCI 系统总线时钟信号,为所有 PCI 传输提供时序,并且对于所有的 PCI 设备都是输入。其频率最高可达 33 MHz/66 MHz,这一频率也称为 PCI 的工作频率。最低频率可为 0 Hz(DC),这个低频率是为了满足静态调试和低功耗要求的。

● RST# IN——复位信号,用来使 PCI 专用的寄存器、定序器和信号复位到初始状态。

2. 地址和数据信号

● AD[31::00]T/S——地址和数据复用的输入/输出信号。PCI 总线上地址和数据的传输,必须在 FRAME# 有效期间进行。当 FRAME# 有效时的第 1 个时钟,AD[31::00]上传输的是地址信号,称地址期。地址期为一个时钟周期。对于 I/O 空间,仅需 1 个字节的地址;而对存储器空间和配置空间,则需要双字节的地址。当 IRDY# 和 TRDY# 同时有效时,AD[31::00]上传输的为数据信号,称数据期。

一个 PCI 总线传输周期中包含一个地址期和接着的一个或多个数据期。数据期由多个时钟周期组成。数据分 4 个字节,其中,AD[07::00]为最低字节,AD[31::24]为最高字节。传输数据的字节数是可变的,可以是 1 个字节、2 个字节或 4 个字节,这由字节允许信号来指定。

● C/BE#[03::00]T/S——总线命令和字节允许复用信号。在地址期,这 4 条线上传输的是总线命令(代码);在数据期,它们传输的是字节允许信号,用来指定在整个数据期中,AD[31::00]上哪些字节为有效数据。其中,C/BE#[0]对应第 1 个字节(最高字节),C/BE#[1]对应第 2 个字节,C/BE#[2]对应第 3 个字节,C/BE#[3]对应第 4 个字节(最低字节)。

● PAR T/S——奇偶校验信号。针对 AD[31::00]和 C/BE#[03::00]进行奇偶校验,

可被所有 PCI 设备使用。对于地址信号，在地址期之后的一个时钟周期，PAR 稳定并有效；对于数据信号，在 IRDY♯（写操作）或 TRDY♯（读操作）有效之后的一个时钟周期，PAR 稳定并有效。写操作时，由主设备驱动 PAR；读操作时，由从设备驱动 PAR。

3. 接口控制信号

● FRAME♯ S/T/S——帧周期信号，由当前主设备驱动，表示一次传输的开始和持续。当 FRAME♯ 有效时，预示总线传输开始，并且先传地址，后传数据。在 FRAME♯ 有效期间，数据传输继续进行。当 FRAME♯ 无效时，预示总线传输结束，并在 IRDY♯ 有效时进入最后一个数据期。

● IRDY♯ S/T/S——主设备准备好信号。IRDY♯ 要与 TRDY♯ 联合使用，只有二者同时有效时，数据方能传输，否则，进入等待周期。在写周期，IRDY♯ 有效时，表示数据已由主设备提交到 AD[31::00]线上；在读周期，IRDY♯ 有效时，表示主设备已做好接收数据的准备。

● TRDY♯ S/T/S——从设备准备好信号。同样，TRDY♯ 要与 IRDY♯ 联合使用，只有两者同时有效，数据才能传输，否则，进入等待周期。在写周期，TRDY♯ 有效时，表示从设备已准备好接收数据；在读周期内，该信号有效时，表示数据已由从设备提交到 AD[31::00]线上。

● STOP♯ S/T/S——从设备要求主设备停止当前的数据传输的信号。显然，该信号应由从设备发出。

● LOCK♯ S/T/S——锁定信号。当一个设备进行可能需要多次传输才能完成的操作时，LOCK♯ 有效，以便让此设备独占资源。也就是说，对此设备的操作具有排他性。例如，某一设备带有自己的存储器，那它必须能锁定，以便实现对该存储器的完全独占性访问。

● IDSEL IN——初始化设备选择信号。在参数配置读/写传输期间，用作片选信号。

● DEVSEL♯ S/T/S——设备选择信号。该信号有效，说明总线上某处的某设备已被选中，并作为当前访问的从设备（即表示驱动它的设备已成为当前访问的从设备）。

4. 仲裁信号

● REQ♯ T/S——总线占用请求信号。该信号有效，表明驱动它的设备要求使用总线。例如，在 DMA 控制器要求占用 PCI 总线时，就可以利用该信号提出请求。它是一个点到点的信号线，任何主设备都有它自己的 REQ♯ 信号，从设备没有 REQ♯ 信号。

● GNT♯ T/S——总线占用允许信号。该信号有效，表示申请占用总线的设备的请求已获得批准。它也是一个点到点的信号线，任何主设备都有自己的 GNT♯ 信号，从设备没有 GNT♯ 信号。

5. 错误报告信号

● PERR♯ S/T/S——数据奇偶校验错误报告信号。一个设备只有在响应设备选择信号（DEVSEL♯）和完成数据期之后，才能报告一个 PERR♯。对于每个数据接收设备，如果发现数据有错误，就应在数据收到后的两个时钟周期内将 PERR♯ 激活。如果有一连串的数据期且每个数据期都有错，那么，PERR♯ 的持续时间将多于一个时钟周期。由于该信号是持续的三态信号，因此，该信号在释放前必须先驱动为高电平。

● SERR♯ O/D——系统错误报告信号。用作报告地址奇偶错、特殊命令序列中的数据奇偶错，以及其他可能引起灾难性后果的系统错误。SERR♯ 信号一般接到微处理器的 NMI 引脚上，如果系统不希望产生非屏蔽中断，就应该采用其他方法来实现 SERR♯ 的报告。由于 SERR♯ 是一个漏极开路信号，因此，报告此信号的设备只需将该信号驱动通过 PCI 周期即可。该信号复位，需要一个上拉过程，一般这种上拉复位需要 2~3 个时钟周期才能完成。

6. 中断信号

PCI 有 4 条中断线，它们是 INTA♯、INTB♯、INTC♯和 INTD♯。中断信号是电平触发，低电平有效，使用漏极开路方式驱动，此类信号的建立和撤销与时钟不同步。

中断在 PCI 总线中是可选项。单功能设备只有一条中断线，并且只能使用 INTA♯，其他 3 条中断线没有意义。多功能设备最多可以使用 4 条中断线。一个多功能设备中的任何功能都可以连接到 4 条中断线中的任何一条上，两者的最终对应关系由配置空间的中断引脚寄存器定义。对于多功能设备，可以多个功能公用同一条中断线，也可以各自占用一条中断线，或者两种情况的组合。但对于单功能设备，只能使用 INTA♯发中断请求。

PCI 还有其他可选信号线，不在此介绍，可参考文献[11][12]。

上述总线信号中，对一般用户在设计 PCI 总线接口电路时，只使用了其中的一部分，它们是地址/数据线 AD[31::00]，命令/字节使用线 C/BE♯[03::00]，接口控制信号线（FRAM♯、TRDY♯、IRDY♯、STOP♯、DEVSEL♯、IDSEL♯），中断请求线 INTA♯～INTD♯，以及仲裁信号线 REQ♯、GNT♯，要重点学习与理解。

11.3 PCI 总线命令

总线命令的编码及类型说明如表 11.1 所示。总线命令出现于地址周期的 C/BE♯[03::00]线上。需要指出的是，PCI 总线命令不能在用户程序中使用，它是供系统对 PCI 总线进行操作时使用的。这里不作全面介绍，见文献[11]。

表 11.1 总线命令表

C/BE♯[03::00]	命令类型说明
0000	中断响应（读取中断号）命令
0001	特殊周期命令
0010	I/O 读（从 I/O 空间映象中读数据）命令
0011	I/O 写（向 I/O 空间映象中写数据）命令
0100	保留
0101	保留
0110	存储器读（从内存空间映象中读数据）命令
0111	存储器写（向内存空间映象中写数据）命令
1000	保留
1001	保留
1010	配置读（从配置空间读）命令
1011	配置写（向配置空间写）命令
1100	存储器多行读命令
1101	双地址周期命令
1110	存储器行读命令
1111	存储器写并无效命令

下面介绍几个主要的命令，着重理解其含义与作用。

1. 中断响应命令

在地址期中，当 C/BE♯[03::00]=0000，表示为中断响应命令。中断响应命令是一条读命令,其作用是读取中断类型号(简称中断号)。中断号由系统中断控制器提供,PCI 总线对中断控制器的寻址采用隐含方式,即该地址是逻辑地址而不明显地出现在地址周期。回送的中断号的长度由字节使能来指明,并且是一个单字节(因为系统只能处理 256 个中断)。PCI 中断响应周期及中断共享的情况将在后面讨论。

2. I/O 读命令

I/O 读命令用来从一个映射到 I/O 地址空间的设备中读取数据。AD[31::00]上只提供一个字节地址,但 32 位都必须完全译码;而字节允许信号表示传输数据的长度,必须与字节地址一致。

3. I/O 写命令

I/O 写命令用来向一个映射到 I/O 地址空间的设备写入数据。32 位地址都必须参加译码,字节允许信号表示数据长度,且必须与字节地址一致。

4. 存储器读命令

存储器读命令用来从一个映射到存储器地址空间的设备读取数据。从设备可以为该设备进行预先读取,但要保证在本次 PCI 传输之后保存于临时缓冲器中的数据的一致性。

5. 存储器写命令

存储器写命令用来向一个映射到存储器地址空间的设备写入数据。对于该命令的实现可采用完全同步的方式,或采用其他方法。

6. 配置读命令

配置读命令用来从每个设备的配置空间读取数据。如果一个设备的 IDSEL 引脚有效,且 AD[01::00]=00,那么该设备即被选定为配置读命令的目标。在一个配置命令的地址期内,AD[07::02]用于从每个设备的配置空间中的 64 个双字节寄存器中选出一个。AD[31::11]无意义,AD[10::08]表示一个多功能设备的哪个功能设备被选中。

7. 配置写命令

配置写命令用来向每个设备的配置空间写入数据。一个设备被选中的条件是,它的 IDSEL 信号有效且 AD[01::00]=00。其余的与配置读命令相同。

11.4 PCI 总线数据传输

PCI 总线数据传输的基本传输方式是突发传输。一次 PCI 的突发传输由一个地址期和一个或多个数据期组成,支持存储器空间和 I/O 空间的突发传输。PCI 的突发传输是指主桥电路(位于主 CPU 总线和 PCI 总线之间,即北桥)可以将针对存储器的多次访问在不影响正常操作的前提下合并为一次传输,然后由主桥电路完成针对存储器的突发访问周期,以最大限度地提高系统的性能。

由于对 I/O 空间的访问一般只有一个数据期,目前还不能执行对 I/O 空间的突发访问,因此不能合并对 I/O 空间的访问。

11.4.1 PCI 总线数据传输协议

根据 PCI 总线协议,PCI 总线上所有的数据传输基本上都是由 FRAME♯、IRDY♯ 和 TRDY♯ 三条信号线控制的。

当数据有效时,数据源设备要无条件地设置好信号 IRDY♯ 或 TRDY♯(写操作由主设备设置 IRDY♯,读操作由从设备设置 TRDY♯)。接收方也要在适当的时间发出准备好的信号。FRAME♯信号有效后的第一个时钟上升沿是地址期的开始,此时传输地址信息和总线命令。下一个时钟上升沿开始一个或多个数据期,每逢 IRDY♯ 和 TRDY♯ 同时有效时,所对应的时钟上升沿就使数据在主、从设备之间传输。在此期间,可由主设备或从设备分别通过将 IRDY♯ 和 TRDY♯ 置为无效而插入等待周期。

如果主设备设置了 IRDY♯ 信号,就不能改变 IRDY♯ 和 FRAME♯,直到当前的数据期完成为止。如果从设备设置了 TRDY♯ 信号和 STOP♯ 信号,就不能改变 DEVSEL♯、TRDY♯ 或 STOP♯,直到当前的数据期完成为止。这就是说,不管是主设备还是从设备,只要启动了数据传输,就必须进行到底。

当最后一次数据传输到来时(有时紧接地址期之后),主设备应撤销 FRAME♯ 信号而建立 IRDY♯ 信号,表明主设备已做好了最后一次数据传输的准备,待从设备发出 TRDY♯ 信号后,才表示最后一次数据传输完成,此时,FRAME♯ 和 IRDY♯ 信号均被撤销,接口信号回到空闲状态。

以上分析表明,在 PCI 总线的传输过程中,一般遵循如下规则。

① FRAME♯ 和 IRDY♯ 定义了总线的忙/闲状态。当其中一个有效(FRAME♯ 无效和 IRDY♯ 有效)时,总线是忙的;当两个都无效时,总线处于空闲状态。

② 一旦 FRAME♯ 信号被置为无效,在同一传输期间就不能重新设置。

③ 除非设置了 IRDY♯ 信号,一般情况下不能设置 FRAME♯ 信号无效。

④ 一旦主设备设置了 IRDY♯ 信号,直到当前数据期结束为止,主设备不能改变 IRDY♯ 信号和 FRAME♯ 信号的状态。

11.4.2 PCI 总线数据传输过程

PCI 总线数据传输过程包括传输的启动及读/写过程和传输的终止过程。由于 PCI 总线采用地址/数据线复用技术,因此,每一次 PCI 总线传输都由一个地址期和一个或几个数据期组成。

现在来分析 32 位 PCI 总线上数据读/写操作的过程,实际上读/写过程反映了 PCI 总线的地址、数据和控制信号之间的互动关系。从数据传输过程中可以看出,PCI 总线的数据读/写过程和已往的 ISA 总线的读/写过程不同,不仅考虑了主、从设备之间的联络,而且考虑了所传数据的宽度,因此参与控制的信号线增多了。

1. PCI 总线上的读操作

图 11.2 表示了 PCI 总线上一次读操作的过程。从图 11.2 中可看出,一旦 FRAME♯ 信号有效,地址期就开始,并在时钟 2 的上升沿处稳定有效。在地址期内,AD[31::00]线上传输一个有效地址,而 C/BE♯[03::00]线上传输一个总线命令。数据期是从时钟 3 的上升沿处开始的,在此期间,AD[31::00]线上传输的是数据,而 C/BE♯ 线作为字节使能信号指明数据线上哪些字节是当前要传输的,并且从数据期的开始一直到传输的完成,C/BE♯ 始终保持有效状态。

图 11.2 中的 DEVSEL♯ 信号和 TRDY♯ 信号是由被地址期内所发地址选中的从设备提供的,并且要求 TRDY♯ 一定是在 DEVSEL♯ 之后出现,而 IRDY♯ 信号是发起读操作的主设备发出的。数据的真正传输是在 IRDY♯ 和 TRDY♯ 同时有效的时钟上升沿进行的,只要这两个信号中的一个无效时,就表示需插入等待周期,此时不进行数据传输。如图 11.2 所示,时

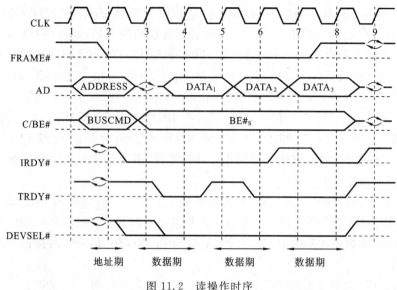

图 11.2 读操作时序

钟 4、6、8 处各进行了一次数据传输，而在时钟 3、5、7 处插入了等待周期。

在读操作中的地址期和数据期之间，AD 线上要有一个交换期，这要由从设备发出 TRDY♯ 信号比地址的稳定有效晚一拍来实现，即由从设备延迟产生 TRDY♯ 信号来实现交换期。但在交换期过后，AD[31∷00] 线改由从设备驱动，以便向主设备传输数据。

在时钟 7 处尽管是最后一个数据期，但由于主设备因某种原因不能完成最后一次传输（具体表现是此时的 IRDY♯ 无效），故 FRAME♯ 不能撤销，只有在时钟 8 处，IRDY♯ 变为有效后，FRAME♯ 信号才能撤销。

2. PCI 总线上的写操作

图 11.3 表示了总线上一次写操作的过程。总线上的写操作与读操作相类似，也是 FRAME♯ 信号的有效就预示着地址周期的开始，且在时钟 2 的上升沿处达到稳定有效。整个数据期也与读操作基本相同，只是在第 3 个数据期中由从设备连续插入了 3 个等待周期（TRDY♯ 为无效）。时钟 5 处传输双方均插入了等待周期。

如图 11.3 所示，FRAME♯ 撤销必须以 IRDY♯ 有效为前提，以表明是最后一个数据期；另外，主设备在时钟 5 处因撤销了 IRDY♯ 而插入等待周期，表明要写的数据将延迟发送，但此时的字节使能信号不受等待周期的影响，不得延迟发送。

写操作与读操作的不同点是，在写操作中地址期与数据期之间没有交换周期，这是因为在写操作中，数据和地址是由同一个设备（主设备）发出的。

最后要强调的是，上述的读/写操作均是以多个数据期为例来说明的。如果是一个数据期，则 FRAME♯ 信号在没有等待周期的情况下，应在地址期（读操作应在交换周期）过后立即撤销。

3. PCI 总线传输的终止过程

主设备和从设备都可以提出终止一次 PCI 总线的传输要求，但是双方均无权单方面实施传输停止工作，需要相互配合，并且传输的最终停止控制要由主设备完成。这是因为所有传输的结束标志必须是 FRAME♯ 信号和 IRDY♯ 信号均为无效时，然后才进入总线空闲状态。

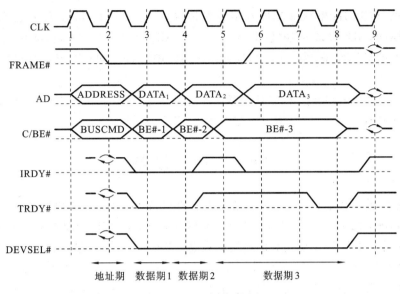

图 11.3 写操作时序

11.5 PCI 总线的三种地址空间

PCI 总线定义了 3 个物理地址空间:内存地址空间、I/O 地址空间和配置地址空间。其中,内存地址空间和 I/O 地址空间是通常意义的地址空间,而配置地址空间用于支持硬件资源配置和进行地址映射,并且被安排存放在总线桥的 PCI 配置空间头区域内。三者地址的寻址范围不同,存放的位置不同,最低两位的含义也不同。

(1) I/O 地址空间

在 I/O 地址空间中,要用 AD[31::00]译码得到一个以任意字节为起始地址的 I/O 端口的访问。即 32 位 AD 线全部用来提供一个统一的字节地址编码去寻址 I/O 端口。可见,PCI 的 I/O 端口地址是以字节为单位寻址,并且拥有 4 G 个字节地址空间。

为了保持字节允许与字节地址的一致,在 I/O 地址访问期间,AD[01::00]两位与 C/BE#[03::00]相配合,表示传输的最低有效字节。例如,当 AD[01::00]="00"时,C/BE[0]#有效;当 AD[01::00]="11"时,C/BE[3]#有效。如果两者矛盾,则 I/O 访问就无法完成,不传输任何数据,而以一个"目标终止"操作结束访问。

(2) 内存地址空间

在存储器地址空间中,要用 AD[31::02]译码得到一个以双字边界对齐为起始地址的存储器空间的访问。在地址递增方式下,每个地址周期过后地址加 4(4 个字节),直到传输结束。可见,PCI 的存储器地址是以双字为单位寻址,并且拥有 1 G 个双字地址空间。

在存储器访问期间,AD[01::00]两位的含义为:当 AD[01::00]=00 时,突发传输顺序为地址递增方式;当 AD[01::00]=01 时,为 Cache 行切换方式;当 AD[01::00]=1 时,为保留。

通过 PCI 总线访问存储器,所有目标设备都必须是突发传输,并且都应能实现突发传输周期,但不一定要支持 Cache 行操作。

(3) 配置地址空间

在配置的地址空间中,要用 AD[07::02]译码得到一个双字的配置空间(配置寄存器)

的访问。可见,PCI 的配置地址是以双字为单位寻址,并且只有 64 个双字地址空间。在配置空间访问期间,AD[01::00]两位的含义为:当 AD[01::00]=00 时,则配置访问是对当前 PCI 总线上的目标设备;当 AD[01::00]=01 时,则配置访问是对 PCI 总线桥后面的目标设备。

配置空间是既非 I/O 地址也非存储器地址的特殊地址空间,因此对配置空间的访问与一般的 I/O 或存储器访问不同,具体访问方法将在 11.7 节讨论。

11.6 PCI 设备

PCI 设备是系统中与 PCI 总线直接连接的物理设备,包括嵌入在 PCI 总线上的 PCI 器件或插入 PCI 插槽上的 PCI 卡,例如,PCI-ISA 总线接口卡、高速 PCI 硬盘接口控制器卡、高速 PCI 显示器卡等。不与 PCI 总线直接连接的设备,如低速的键盘、打印机、鼠标、LED 显示器等就不能叫做 PCI 设备,它们在系统中一般是与 ISA 总线直接连接,可以叫做 ISA 设备或用户设备。在 PCI 总线系统中所说的设备都是指 PCI 设备,而不是指其他的设备,如图 11.4 所示。从图 11.4 可以看出,用户设备要经过 ISA 总线和 PCI/ISA 桥才能与 PCI 总线连接而进入微机系统中来。

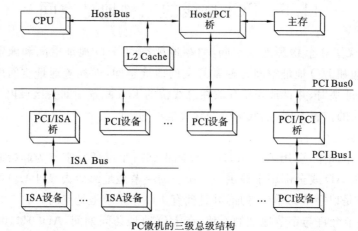

图 11.4 PCI 设备与用户设备(ISA)图

PCI 功能是一个 PCI 物理设备可能包含的具有独立功能的逻辑设备,一个 PCI 设备可以包含 1~8 个 PCI 功能(这与早期微机系统中的多功能卡类似)。例如,一个 PCI 卡上可以包含一个独立的打印机模块、两个独立的数据采集器和一个独立的 RS-485 通信模块等。这个打印机、采集器和通信模块就是 PCI 功能,它们可以在一个 PCI 卡上同时工作而不会互相干扰。

PCI 规范 2.2 要求对每个 PCI 功能都配备一个 256 个字节的配置空间。

所以,PCI 设备可分为单功能 PCI 设备和多功能 PCI 设备。单功能 PCI 设备是只包含一个 PCI 功能的 PCI 物理设备。多功能 PCI 设备是包含 2~8 个 PCI 功能的 PCI 物理设备。例如,在本章后面将要设计的 PCI-ISA 总线接口卡上,虽然设置了 SRAM 存储器和多种 I/O 接口,但是,它们并没有各自作为一个独立的 I/O 功能使用,因此这个 PCI 总线接口卡仍然是单功能 PCI 设备。PCI 规范 2.2 对单功能 PCI 设备,只要求配备一个 256 字节的配置空间,对多功能 PCI 设备,要求配备与功能数目相等的配置空间。

可见,PCI 设备和 PCI 功能在 PCI 协议中是有其不同的界定含义的,但人们一般都把 PCI 功能和 PCI 设备一起看成 PCI 设备,这对单功能设备是可以的,对多功能设备就要分开处理。

11.7 PCI 总线配置空间

11.7.1 PCI 配置空间的作用

PCI 总线配置空间是 PCI 设备和 PCI 功能专用的地址空间,按照 PCI 协议,所谓 PCI 配置空间是指 PCI 设备的配置空间,或 PCI 功能的配置空间。

因此,所有的 PCI 设备都必须提供 PCI 规范 2.2 规定的必需的配置空间,并且把配置空间安排在 PCI 设备(桥芯片)中。例如,PCI 总线接口芯片 PLX9054,就提供了 PCI 配置空间。因此,可以对 PLX9054 芯片进行 PCI 配置空间寻址,并且在初始化时用 IDSEL 信号线有效作为片选信号进行配置空间读/写的条件。

至于为什么在 PCI 总线中设置配置空间,其主要原因有三:一是为了支持设备的即插即用,实现资源的动态配置;二是多总线的应用使得不同总线之间的信息不能直接传输,而采用映射的方法传递,通过配置空间建立本地用户总线与 PCI 总线资源的映射关系;三是 PCI 总线本身的含义是外围设备(器件)互连,用 PCI 总线连接而构成的微机系统中,会把所有的部件都当做设备,包括微处理器、存储器、外围设备和扩展插卡,统统都是 PCI 总线连接的设备,只有主设备和目标设备之分。因此,PCI 协议要求给系统中每个设备设置一个统一格式和大小的配置空间,存放一些必要的配置信息,以便分别作个性化处理。

本节先从 PCI 配置空间的格式、功能和如何对它进行访问等几个方面来认识配置空间,在下一节 PCI-ISA 接口卡设计中还要讨论配置空间如何设置及初始化的问题。

11.7.2 PCI 配置空间的格式

每个 PCI 设备,即每个 PCI 卡都有 64 个双字配置空间,PCI 协议定义了这个配置空间的开头 16 个双字的格式和用途,称为设备的配置空间头区域或配置首部区或首部空间,剩下的 48 个双字的用途根据设备支持的功能不同而进行定义。目前,PCI 规范 2.2 定义了 3 种类型的头区域格式,0 类用于定义标准 PCI 设备,1 类用于定义 PCI-PCI 桥,2 类用于 PCI-CardBus 桥。一般用户都使用 0 类配置空间。

0 类配置空间头区域的布局格式如图 11.5 所示。从图 11.5 中可以看出,配置空间头区域实际上是由一些寄存器组成的,其中有 8 位寄存器、16 位寄存器、24 位寄存器和 32 位寄存器(但访问时都是以 32 位进行读/写),因此,配置空间头区域所支持的功能主要是由这些寄存器来实现的。对配置空间的访问也就是对配置寄存器的访问,并且以后凡是提到配置空间的"双字"、"双字地址",就是指"配置寄存器"。因此,要特别注意分清楚这些配置寄存器所处的位置,即每个配置寄存器在头区域的偏移量,以便去寻址和访问它们。

11.7.3 PCI 配置空间的功能

利用 PCI 配置空间头区域的配置寄存器提供的信息,可以进行设备识别、设备地址映射、设备中断申请、设备控制和提供设备状态等,这些功能都是实现 PCI 总线设备检测与资源动

31	24 23	16 15	8 7	0	
设备标志			厂商标志		00H
状态寄存器			命令寄存器		04H
分类代码				版本标志	08H
内含自测试	头区域类型	延时计时器		Cache行大小	0CH
0 基地址寄存器					10H
1 基地址寄存器					14H
2 基地址寄存器					18H
3 基地址寄存器					1CH
4 基地址寄存器					20H
5 基地址寄存器					24H
CARDBUS CIS 指针					28H
子系统标志			子系统厂商标志		2CH
扩展 ROM 基地					30H
保留				新功能指针	34H
保留					38H
MAX-LAT	MIN-GNT	中断引脚		中断线	3CH

图 11.5　0 类配置空间头区域结构布局格式

态配置的基础。其中,设备识别、设备地址映射、设备中断申请这几种功能与 PCI 总线接口设计者关系密切,故作重点介绍,其余的功能见文献[11]。在介绍这些配置寄存器的功能时,一定要对照图 11.5 进行查看。

1. 设备识别功能

设置 PCI 总线配置空间的目的之一是为了支持设备即插即用(PnP)和进行系统地址空间与 Local 地址空间之间的映射。系统加电后会对 PCI 总线上所有设备(卡)的配置空间进行扫描,检测是否有新的和是什么样的设备(卡),然后根据各设备(卡)所提出的资源要求,给它们分配存储器及 I/O 基地址、地址范围和中断资源,对其进行初始化。

有 7 个寄存器(字段)支持设备的识别。所有的 PCI 设备都必须设置这些寄存器,以便配置软件读取它们,来检测与确定 PCI 总线上有哪些设备和是什么样的设备。

● 厂商标志(Vendor ID)寄存器,在配置空间的偏移地址 00H 处,16 位,用以标明设备的制造厂商。一个有效的厂商标志由 PCI SIG 来分配,以保证它的唯一性。若从该寄存器中读出的值为 0FFFFH,则表示 PCI 总线未配置任何设备。

● 设备标志(Device ID)寄存器,在配置空间的偏移地址 02H 处,16 位,用以标明特定的设备,具体代码由厂商来分配。

● 版本标志(Revision ID)寄存器,在配置空间的偏移地址 08H 处,8 位,用来指定一个设备特有的版本号,其值由厂商来选定,该值可以为 0。该字段应当看做是设备标志的扩展。

● 分类码(Class Code)寄存器,在配置空间的偏移地址 09H 处,24 位,用于设备分类。该寄存器分成 3 个 8 位的字段,每段占一个字节。高位字节在偏移地址 0BH 处,是一个基本分类代码,对设备的功能进行粗略的分类;中间字节在偏移地址 0AH 处,叫做子分类代码,对设备的功能进行更详细的分类;低位字节在 09H 处,用来标志一个专用的寄存器级编程接口(如果有的话),以便独立于设备的软件可以与设备交互数据。设备分类码如表 11.2 所示。

表 11.2 设备分类码寄存器的编码

基本分类(0BH 段)		子分类(0AH 段)		专用寄存器级编程接口(09H 段)
名称	编码	名称	编码	
分类码定义确定之前已有的设备	00H	除 VGA 兼容设备之外的所有当前设备	00H	00H
		VGA 兼容设备	01H	
大容量存储控制器	01H	SCSI 总线控制器	00H	00H
		IDE 控制器	01H	
		软盘控制器	02H	
		IPI 总线控制器	03H	
		其他大容量存储控制器	80H	
网络控制器	02H	以太网控制器	00H	00H
		令牌网控制器	01H	
		FDDI 控制器	02H	
		其他网控制器	80H	
显示控制器	03H	VGA 兼容控制器	00H	00H
		XGA 控制器	01H	
		其他显示控制器	80H	
多媒体控制器	04H	视频设备	00H	00H
		音频设备	01H	
		其他多媒体设备	80H	
存储器控制器	05H	RAM	00H	00H
		FLASH 存储器	01H	
		其他内存储器	80H	
桥路设备	06H	主桥	00H	00H
		ISA 桥	01H	
		EISA 桥	02H	
		MC 桥	03H	
		PCI-PCI 桥	04H	
		PCMCIA 桥	05H	
		其他桥路设备	80H	
普通通信控制器	07H	通用 XT 兼容串行控制器	00H	00H
		16450 兼容串行控制器		01H
		16550 兼容串行控制器		02H
		并行口	01H	00H
		双向并行口		01H
		ECP1.X 并行口		02H
		其他通信设备	80H	00H

续表

基本分类(0BH 段)		子分类(0AH 段)		专用寄存器级编程接口(09H 段)
名称	编码	名称	编码	
通用系统外围芯片	08H	通用 8259PIC	00H	00H
		ISA PIC		01H
		EISA PIC		02H
		通用 8237DMA 控制器	01H	00H
		ISA DMA 控制器		01H
		EISA DMA 控制器		02H
		通用 8254 系统定时器	02H	00H
		ISA 系统定时器		01H
		EISA 系统定时器		02H
		通用 RTC 控制器	03H	00H
		ISA RTC 控制器		01H
		其他系统外围芯片	80H	00H
输入设备	09H	盘网控制器	00H	00H
		数字化仪	01H	
		鼠标控制器	02H	
		其他输入设备控制器	80H	
库站	0AH	通用站	00H	00H
		其他站	80H	
微处理器	0BH	386	00H	00H
		486	01H	
		Pentium	02H	
		Alpha	10H	
		Co-processor	40H	
串行总线控制器	0CH	Firewire(IEEE1394)	00H	00H
		ACCESS. BUS	01H	
		SSA	02H	
保留	07H~FEH			
其他设备	FFH			

● 头区域类型(Header Type)寄存器,在配置空间的偏移地址 0EH 处,8 位,有两个作用:一是用来表示配置空间内字节 10H~3FH 的布局类型;二是用以指出设备是否包含多功能。位 6~0 指出头区域类型,头区域类型根据 PCI 规范 2.2 有 3 类:0 类、1 类和 2 类。例如,0 类头区域对应图 11.5 的布局格式。该寄存器的位 7 指示单功能还是多功能设备,位 7 为 0,则表

示相应的设备为单功能设备;若该寄存器的位 7 为 1,则表示该设备为多功能设备。

● 子系统厂商标志(Subsystem Vendor ID)寄存器和子系统标志(Subsystem ID)寄存器分别在配置空间的偏移地址 02CH 处和 2EH 处,16 位,用于唯一地标志设备所驻留的插卡和子系统。利用这两个寄存器,即插即用管理器可以定位正确的驱动程序,加载到存储器。

利用上述寄存器可以配置和搜索系统中的 PCI 设备,例如,PLX 公司生产的 PCI 桥芯片 PLX9054,由 PCI SIG 分配给它的厂商号(标志)为 10B5H,公司分配给它的设备号(标志)为 5406H,子系统厂商标志为 10B5H,子系统标志为 9050。PLX9054 属于其他桥路设备,因此从表 11.2 中可以查到它的设备分类码为 0680H。将这些参数分别写入配置空间的 Vendor ID 寄存器、Device ID 寄存器、Subsystem Vendor ID 寄存器、Subsystem ID 寄存器和 Class Code 寄存器。当系统加电后,对 PCI 总线上所有 PCI 设备(卡)的配置空间进行扫描时,利用设备和厂商标志 540610B5H,就可以检测到 PCI 总线上是否有 PLX9054 的这种 PCI 设备。

2. 设备地址的映射功能

用于地址映射的寄存器内容都是系统分配的动态值,包括基地址寄存器和扩展 ROM 基地址寄存器。

(1) 地址空间映射

PCI 设备可以在地址空间中浮动,即 PCI 设备的起始地址不固定,是 PCI 总线中最重要的功能之一,它能够简化设备的配置过程。系统初始化软件在引导操作系统之前,必须要建立起一个统一的地址映射关系。也就是说,必须确定在系统中有多少存储器和 I/O 控制器,它们要求占用多少地址空间。在这些信息确定之后,系统初始化软件就可以把 PCI 设备扩展的存储器和 I/O 控制器映射到适当的系统地址空间,并引导系统。

为了使地址映射能够做到与相应的设备无关,在配置空间的头区域中安排了一组供映射时使用的 6 个 32 位的基址寄存器。在配置空间中,从偏移地址 10H 开始,为基址寄存器分配了 6 个双字(DWORD)单元的位置。0 号基址寄存器总是在 10H 处,1 号基址寄存器在 14H 处,以此类推,5 号基地址寄存器在 24H 处。

(2) 基址寄存器格式

基址寄存器为 32 位,所有的基址寄存器,位 0 均为只读位,用来决定是将 PCI 设备所需的(扩展的)地址空间映射到系统的存储空间还是 I/O 空间。该位若为 0,则表示映射到存储器空间;若为 1,则表示映射到 I/O 地址空间。

● 映射到 I/O 地址空间的基址寄存器

映射到 I/O 地址空间的基址寄存器,位 0 恒为 1,位 1 为保留位,并且保留位的读出值必须为 0。其余各位用来把扩展 I/O 空间的基地址映射到系统的 I/O 空间的基地址。其格式如图 11.6 所示。

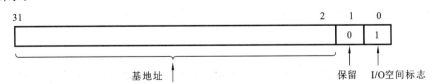

图 11.6　映射到 I/O 地址空间的基址寄存器格式

● 映射到存储器地址空间的基址寄存器

映射到存储器空间的基址寄存器,位 0 恒为 0。位 2~1 两位用来表示映射类型,即映射到 32 位或是 64 位地址空间;至于位 3,若数据是可预取的,就应将它置为 1,否则清零。其余各位用来将扩展存储器的基地址映射到系统存储器空间的基地址。其格式如图 11.7 所示。

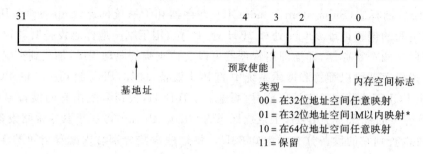

图 11.7 映射到存储器地址空间的基址寄存器格式

* PCI 规范 2.2 保留此编码

(3) 扩展 ROM 基址寄存器

有些 PCI 设备，需要拥有自己的 EPROM 作为扩展 ROM。为此，在配置空间的偏移地址 30H 处定义一个双字的寄存器，用来将 PCI 设备的扩展 ROM 映射到系统存储器空间。

该寄存器与 32 位基地址寄存器相比，除了位的定义和用途不同之外，其映射功能一样。凡是支持扩展 ROM 的 PCI 设备，必须设置这个寄存器。

3. 设备中断处理功能

用于中断处理的寄存器，其内容是系统动态分配的中断资源包括中断线寄存器和中断引脚寄存器。

(1) 中断线寄存器

该寄存器为 8 位，在配置空间的偏移地址 3CH 处，用以表示设备的中断请求与系统中断控制器 82C59A 的哪一个中断输入线 IR 相连接（实际上是通过中断路由控制寄存器把设备的中断请求路由到系统中断控制器）的信息，也就是中断请求号。这个寄存器的值为 0～15，对应 IRQ_0～IRQ_{15}。16～254 之间的值为保留值，255 表示没有中断引脚连到中断控制器。POST 系统自检程序在系统进行初始化和配置时，要将这些信息写入该寄存器。设备驱动程序和操作系统可以利用这个信息来确定中断的优先级和向量。凡是使用了一个中断的设备都必须使用它。

(2) 中断引脚寄存器

该寄存器为 8 位，在配置空间的偏移地址 3DH 处，用以表示 PCI 设备使用 PCI 总线的哪个中断引脚（Interrupt Pin）提出中断请求。该寄存器的值为 1 表示使用 INTA♯，为 2 表示使用 INTB♯，而 3 和 4 分别表示使用 INTC♯ 和 INTD♯。单功能设备指定使用 INTA♯，如果设备不使用中断引脚，则必须将该寄存器清零。中断引脚寄存器的内容是在 PCI 接口设计时，根据 PCI 设备是单功能或多功能设备，用硬件连线的方式指定。

11.7.4 PCI 配置空间的映射关系

所谓 PCI 设备地址映射是指 PCI 总线两侧的系统地址空间与本地地址空间之间的传递方式，由于两者的地址空间的大小（地址线宽度）和描述方式不同，不能采用通常的直接传递的方法，而采用一种间接的方法，把 Local 总线（如 ISA 总线）扩展的 I/O 及存储器地址映射到系统的 I/O 及存储器地址。这样一来，处理器对系统的 I/O 及存储器地址访问，也就是对本地的 I/O 及存储器地址访问。为此，在 PCI 桥芯片 PLX9054 内部安排了 PCI 和 Local 两侧各自的配置寄存器,为实现系统与本地两种资源的配置和映射提供支持。

根据 PCI 协议,在 PCI-ISA 桥芯片 PCI9054 内部,必须设置符合 PCI 协议的配置空间头区域,其中用于地址空间映射的,除了 PCI 一侧的 6 个基地址寄存器 $BAR_0 \sim BAR_5$,还有 Local 一侧的 2 组配置地址空间 Space0 和 Space1。每组配置空间包含 3 个寄存器:本地地址空间范围寄存器 LASxRR、本地地址空间基地址寄存器 LASxBA 和本地总线描述寄存器 LBRDx[①]。这些寄存器的格式,参见文献[18]。

有了 PCI 和 Local 两侧的配置寄存器,设计者就可以利用 local 一侧的两组寄存器提出(设置)要求使用的地址空间,而系统则利用 PCI 一侧的 6 个基地址寄存器分配(配置)用户所要求的地址空间。为此,通过外部的串行 EEPROM 对 PCI 9054 的内部配置寄存器进行初始化,其过程是:事先将本地要求使用的资源作为初始值烧入 EEPROM 中,在系统启动时,PLX 9054 自动将 EEPROM 中的值读出并装入 Local 一侧的配置寄存器,然后系统的即插即用管理程序根据 Local 配置寄存器中的值,为 PCI 的配置寄存器分配 I/O 空间、内存空间等系统资源。

通过初始化,在 PLX9054 芯片内部建立起 PCI 配置空间(系统)与 Local 配置空间(本地)之间地址空间的对应关系,以便实现 PCI 与 Local 两者地址的映射,如图 11.8 所示。

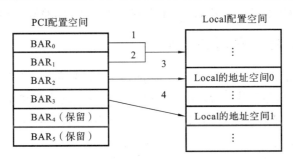

图 11.8　PCI 与 Local 映射关系图

1— Local 的配置空间存储器映射(定位到系统的存储空间)
2— Local 的配置空间 I/O 映射(定位到系统的 I/O 空间)
3— Local 的设备 I/O 映射(定位到系统的 I/O 空间)
4— Local 的设备存储器映射(定位到系统的存储空间)

在 PCI 9054 桥芯片设计时,已经指定了内部 PCI 与 Local 两侧的配置寄存器的功能,并确定了两侧配置寄存器对应的固定关系,如图 11.8 中的箭头所示。其中,PCI 的基地址寄存器 BAR_2 与 Local 的 Space0 对应,实现本地 I/O 端口地址空间与系统 I/O 端口地址空间的映射。基地址寄存器 BAR_3 与 Local 的 Space1 对应,实现本地存储器地址空间与系统存储器地址空间的映射。基地址寄存器 BAR_4、BAR_5 未使用。下面分别说明本地 I/O 地址和存储器地址是如何映射到系统的 I/O 地址和存储器地址的。

对本地 I/O 端口的映射,首先要根据本地端口地址的要求设置 PLX 9054 内部 Space0 的寄存器 LAS0RR、LAS0BA 和 LBRD0。例如,对本地 I/O 端口地址(300H~31FH)的访问,其基地址为 300H,地址范围为 1FH,因此 LAS0RR 的值为 E0H(1F 的反码),LAS0BA 的值为 300 H。系统初始化后,会动态分配一个映射到 300 H 的系统基地址,并存放在 PCI 配置空间的 2 号基地址寄存器 BAR_2 中。这样,当访问本地总线上的 I/O 设备时,位于底层的设备驱

---

① x=0 或 1。

动程序就可以根据 BAR$_2$ 中动态分配的值访问外设了。

同理，对本地存储器空间的映射关系也是如此。首先要设置 PLX9054 内部 Space1 的寄存器 LAS1RR、LAS1BA 和 LBRD1。如对本地 SRAM 的访问，其基地址为 20000000H，地址范围为 0001FFFFH。因此，SRAM 的 LAS1RR 的值为 FFFE0000H，LAS1BA 的值为 20000000H，LBRD1 的值为 000004FH。系统初始化后，会动态分配一个映射到 20000000H 的 PCI 基地址，并存放在 PCI 配置空间的 3 号基地址寄存器 BAR$_3$ 中。这样，当访问本地总线上的存储器 SRAM 时，位于底层的设备驱动程序就可以根据 BAR$_3$ 中动态分配的值访问存储器了。

另外，在图 11.8 中，PCI 的 BAR$_0$ 和 BAR$_1$ 两个基地址寄存器都可以与 Local 配置空间的基地址对应，用于将 Local 配置空间定位在系统的什么位置，以便 CPU 对它进行访问。有两种定位方法：一是把 Local 配置空间定位在系统的存储器地址中，就与 BAR$_0$ 对应，用存放在 BAR$_0$ 中的系统分配的存储器基地址作为 Local 配置空间的基地址；另一种是把 Local 配置空间定位在系统的 I/O 地址中，就与 BAR$_1$ 对应，用存放在 BAR$_1$ 中的系统分配的 I/O 基地址作为 Local 配置空间的基地址。

需要指出的是，在 PLX9054 芯片中不仅设置了上述 PCI 配置空间和 Local 配置空间的寄存器，还设置了有关 PCI 中断处理及 DMA 传输的一些寄存器，将在后面介绍。

11.7.5 PCI 配置空间的访问

如何利用这种映射关系实现对 Local 一侧的 I/O 端口和存储器访问是本节将要讨论的内容。对 PCI 配置空间的访问实际上就是对配置空间头区域的寄存器的访问。首先分析配置空间的访问与通常的存储器及 I/O 访问有什么不同的特点，然后讨论配置空间的访问方法。

一、配置空间的访问方法

配置空间是 PCI 协议要求设置的特殊地址空间，对它的访问也需要采用特殊的方法。微处理器不具备执行配置空间读/写的能力，它只能对存储器和 I/O 空间进行读写。因此，HOST-PCI 桥必须将某些由微处理器发出的 I/O 或存储器访问转换为配置访问，这称之为配置机构。PCI 规范 2.2 定义了这种配置机构，以便通过微处理器发出 I/O 访问驱使 HOST/PCI 桥进行配置访问。可见，PCI 桥的配置机构的作用是将微处理器对 I/O 访问转换成对配置空间的访问。

配置机构利用两个 32 位 I/O 端口寄存器来访问 PCI 设备的配置空间，一个叫做配置地址(Config Address)寄存器，其 I/O 地址为 0CF8H～0CFBH 四个字节，另一个叫做配置数据(Config Data)寄存器，其 I/O 地址为 0CFCH～0CFFH 四个字节，可以通过这两个 32 位端口寄存器来搜索要访问的目标 PCI 设备(卡)和获取配置信息。所以，为了找到 PCI 设备(卡)和访问配置寄存器，以获取 PCI 配置空间的配置信息，就要分两步进行，第一步向配置地址寄存器写目标地址，第二步从配置数据寄存器读数据，即从指定的地址读数据。

本节首先讨论如何找目标设备(卡)，然后再讨论如何访问配置寄存器。找 PCI 设备的步骤如下：

第一步，执行一次对 32 位配置地址寄存器写操作，将总线号、设备号、功能号的初始值写到 32 位配置地址寄存器。配置地址寄存器的格式如图 11.9 所示。

配置地址寄存器的最高位(第 31 位)为允许标志位，它必须为 1，当该值位为 1 时，才是对

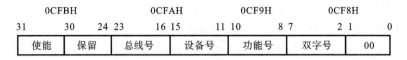

图 11.9 配置地址寄存器格式

PCI 总线上的配置寄存器访问，如果第 31 位为 0，只是一般的 PCI I/O 访问；位 30～位 24 保留，只读，且读时必须返回 0；位 23～16 共 8 位，存放总线号；位 15～11 共 5 位，存放设备号；位 10～8 共 3 位，存放功能号；位 7～2 共 6 位，存放双字寄存器号；位 1～0，写 00。

从图 11.9 看出，这个 32 位的配置地址寄存器最多可寻址包含 256 条总线，每个总线可挂 32 个设备，每个设备可包括 8 个功能，每个功能有 64 个双字，即配置空间的配置寄存器。

第二步，执行一次对 32 位配置数据寄存器的读操作，检查读取的值是不是目标设备，若不是，则改变配置地址寄存器的内容，再写入，并且再读配置数据寄存器，以此循环下去，直至获得要找的 PCI 设备(卡)。

下面举例说明查找 PCI 设备(卡)的方法。

二、配置空间访问举例

例 11.1 在 PCI 总线系统中查找 PCI 设备(PCI 接口卡)。

(1) 要求

通过两个 32 位 I/O 端口寄存器查找目标 PCI 设备。

(2) 分析

要访问 PCI 设备的配置空间，必须要先找到 PCI 设备，然后再去访问该设备的配置空间。查找 PCI 设备，可以根据 11.7.3 节 PCI 配置空间的设备识别功能和本节访问配置空间的方法去做，实际上就是查找 PCI 设备的设备号 Device ID 及厂商号 Vendor ID。其查找的过程如下。

首先，向 32 位配置地址寄存器(端口地址＝CF8H)写入 0x80000000H，其含义对照图 11.9 分析，可知：最高位(使能)为 1，表示是对配置空间写，不是对 I/O 空间写，该位必须为 1；总线号、设备号均为 0，表示从 0 号总线的 0 号设备开始进行搜索。

然后，从 32 位配置数据寄存器(端口地址＝CFCH)读入。如果读入的配置数据寄存器的值与目标 PCI 设备的 Device ID 及 Vendor ID 不相符，则依次递增设备号/总线号，重复上述操作直到找到该设备为止。如果查完所有的总线号与设备号仍不能找到该设备，则应当考虑硬件上的问题或设备确实不存在。

在上述搜索过程中并未对功能号进行搜索，这是因为是单功能设备，找到设备号就可以了，无需再找功能号。

(3) 程序

下面是为搜索 PLX9054 桥路设备，用 C++ 编写的一段程序。该桥路设备的 Device ID 为 0x5406、Vendor ID 为 0x10B5，并且是单功能设备。

```
#define _PCI9054 0x540610B5     //设备识别代码
static DWORD PCIBaseAdd=0;      //PCI 配置空间基地址变量
bool FindPCIDevice()            //查找 PCI 设备函数
{
```

```
        DWORD Conf_Addr;            //配置访问地址变量
        DWORD Conf_Data;            //配置访问数据变量
        Conf_Addr=0x80000000;       //允许配置空间操作,置总线号、设备号及功能号为初值为0
        do
        {
            outportd(0xcf8,Conf_Addr);      //将地址信息写入到配置地址寄存器,双字操作
            Conf_Data = inportd(0xcfc);     //读配置数据寄存器,双字操作
            Conf_Addr+=0x800;               //将配置地址的设备号加1,查找下一设备
        }while((Conf_Data!=_PCI9054)&&(Conf_Addr<0x80FF800));  //未找到卡,并且未搜索完
        if(Conf_Data == _PCI9054)
        {
            PCIBaseAdd = Conf_Addr - 0x800;  //得到PCI配置空间基地址
            return true;
        }
        else
            return false;
    }
```

在上述程序段中,先设置配置地址初值为0x80000000,即使能为1,总线号、设备号为0,表示从0总线、0设备开始进行设备搜索。每次从配置数据寄存器读出的PCI设备和厂商标志与已知的PLX公司的设备和厂商标志0x540610B5相比较,若相同,则找到设备;若不相同,则设备号加1,即Conf_Addr+=0x800,继续查找直到配置地址寄存器的值达到0x80FFF800,即遍历所有总线上的设备后还没找到,表示该PCI设备不存在。

当设备找到时,Conf_Addr的值即为该设备的PCI配置空间头区域的基地址(起始地址),从而将PCI的配置空间头区域定位。这样一来,就可以利用配置空间头区域的起始地址加上相应的偏移地址来访问PCI的配置寄存器(双字),获取配置信息。下面举例说明获取配置信息的方法。

例11.2 访配置空间,获取PLX9054 PCI接口卡的配置信息,即配置寄存器的内容。该卡的设备号ID为5406H,厂商号ID为10B5H。

(1)要求

寻找PCI接口卡,并获取系统分配给该卡的Local配置空间的基地址、卡上设备的I/O基地址、存储器基地址及中断请求线号等配置信息,并在屏幕上显示。

(2)分析

首先要确定题中要求获取的配置信息存放在哪些配置寄存器中,这可通过图11.8的PCI与Local映射关系得到;其次是要了解这些配置寄存器在头区域中的位置,即它们在配置空间的偏移地址,这可通过图11.5中PCI配置空间的格式得到,例如,设备标志和厂商标志的寄存器的偏移地址是00H,2号基地址寄存器的偏移地址是18H,等等。

解决本题的思路是:首先要找到PCI接口卡,然后在PCI接口卡的配置空间,按照获取配置信息的两步法,分别对配置寄存器进行访问,得到相应的结果。

(3)程序设计

获取配置信息的汇编语言程序如下。

```
DATA SEGMENT
    CONF_ADDR EQU 0CF8H                    ;32 位配置地址寄存器端口
    CONF_DATA EQU 0CFCH                    ;32 位配置数据寄存器端口
    PLX_ID EQU 540610B5H                   ;PCI 卡的设备及厂商 ID
    Local_BA DB 4 DUP(0)                   ;PCI 卡 Local 配置空间的基地址暂存空间
    IO_BA DB 4 DUP(0)                      ;PCI 设备的 I/O 基地址暂存空间
    MEM_BA DB 4 DUP(0)                     ;PCI 设备的存储器基地址暂存空间
    INT_LINE DB 2 DUP(0)                   ;PCI 设备的中断号暂存空间
    MES_NOT DB 0DH,0AH,'PCI Card not find or Address/Interrut Error !',0DH,0AH,'$'
    MES_local_BA DB 0DH,0AH,'PCI Card local Base Addrress :', 0DH,0AH,'$'
    MES_IO_BA DB 0DH,0AH,'PCI Card Device I/O Base Addrress :', 0DH,0AH,'$'
    MES_MEM_BA DB 0DH,0AH,'PCI Card Device Memory Base Addrress :',0DH,0AH,'$'
    MES_INT_LINE DB 0DH,0AH,'PCI Card Device Interrut Line :', 0DH,0AH,'$'
DATA ENDS
CODE SEGMENT
    ASSUME CS:CODE,DS:DATA,ES:DATA
START:
    MOV AX,DATA
    MOV DS,AX
    MOV ES,AX
.386                                       ;80386 指令
    MOV EBX,080000000H                     ;使能位为 1,从 0 号总线、0 号设备、0 号功能开始
NEXT:
    ADD EBX,100H                           ;功能号+1
    CMP EBX,081000000H                     ;是否已经遍历 PCI 总线号、设备号与功能号
    JNZ CONTINUE                           ;否,转 CONTINUE,继续找 PCI 卡
    MOV DX,OFFSET MES_NOT                  ;是,显示未找到 PCI 卡
    MOV AH,09H
    INT 21H
    MOV AH,4CH                             ;退出
    INT 21H

    ;查找 PCI9054 接口卡
CONTINUE:
    MOV DX,CONF_ADDR                       ;配置地址寄存器端口
    MOV EAX,EBX                            ;指向设备 ID 及厂商 ID 寄存器
    OUT DX,EAX
    MOV DX,CONF_DATA                       ;配置数据寄存器端口
    IN EAX,DX                              ;读取设备号及厂商号
    CMP EAX,PLX_ID                         ;检查是否是要找的 PCI 卡
    JNZ NEXT                               ;不是,继续找 PCI 卡;是,再读取配置寄存器
```

```asm
;读取 Local 配置空的基地址
        MOV DX,CONF_ADDR              ;配置地址寄存器端口
        MOV EAX,EBX
        ADD EAX,14H                   ;指向 1 号基地址寄存器 $BAR_1$
        OUT DX,EAX
        MOV DX,CONF_DATA              ;配置数据寄存器端口
        IN EAX,DX                     ;读取 Local 配置空间的基地址
        MOV DWORD PTR Local_BA, EAX
        AND EAX,1                     ;检查 I/O 基地址的标志位,是否为 1
        JZ NEXT                       ;不是,继续,转 NEXT
        MOV EAX,DWORD PTR Local_BA    ;是,去除 I/O 标志位,并保存
        AND EAX,0FFFFFFFEH
        MOV DWORD PTR Local_BA,EAX

;读取 PCI 卡设备的 I/O 基地址
        MOV DX,CONF_ADDR              ;配置地址寄存器端口
        MOV EAX,EBX
        ADD EAX,18H                   ;指向 2 号基地址寄存器 $BAR_2$
        OUT DX,EAX
        MOV DX,CONF_DATA              ;配置数据寄存器端口
        IN EAX,DX                     ;读取设备的 I/O 基地址
        MOV DWORD PTR IO_BA,EAX
        AND EAX,1                     ;检查 I/O 基地址的标志位,是否是 1
        JZ NEXT                       ;不是,继续,转 NEXT
        MOV EAX,DWORD PTR IO_BA       ;是,去除 I/O 标志位,并保存
        AND EAX,0FFFFFFFEH
        MOV DWORD PTR IO_BA,EAX

;获取 PCI 卡设备的存储器基地址
        MOV DX,CONF_ADDR              ;配置地址寄存器端口
        MOV EAX,EBX
        ADD EAX,1CH                   ;指向 3 号基地址寄存器 $BAR_3$
        OUT DX,EAX
        MOV DX,CONF_DATA              ;配置数据寄存器端口
        IN EAX,DX                     ;读取设备的存储器基地址
        MOV DWORD PTR MEM_BA,EAX
        AND EAX,1H                    ;检查存储器基地址的标志位,是否是 0
        JNZ NEXT                      ;不是,继续,转 NEXT
        MOV EAX,DWORD PTR MEM_BAS     ;是,去除存储器标志位,并保存
        AND EAX,0FFFFFFF0H
```

```
        MOV DWORD PTR MEM_BA,EAX


        ;获取 PCI 卡设备的中断号
        MOV DX,CONF_ADDR              ;配置地址寄存器端口
        MOV EAX,EBX
        ADD EAX,3CH                   ;指向设备的中断线寄存器 INTL_INE
        OUT DX,EAX
        MOV DX,CONF_DATA              ;配置数据寄存器端口
        IN EAX,DX                     ;读取设备的中断请求线号
        AND EAX,0FFH                  ;去掉与中断号无关的其他位,并保存
        MOV WORD PTR INT_LINE,AX


        ;显示结果
        MOV DX,OFFSET MES_local_BA    ;显示 Local 配置空间基址的提示信息
        MOV AH,09H
        INT 21H
        MOV AX,WORD PTR Local_BA      ;显示 Local 配置空间的基地址
        CALL DISP

        MOV DX,OFFSET MES_IO_BA       ;显示设备的 I/O 基址的提示信息
        MOV AH,09H
        INT 21H
        MOV AX,WORD PTR IO_BA         ;显示设备的 I/O 基地址
        CALL DISP

        MOV DX,OFFSET MES_MEM_BA      ;显示设备的存储器基址的提示信息
        MOV AH,09H
        INT 21H
        MOV AX,WORD PTR MEM_BA+2      ;显示设备的存储器基地址高 16 位
        CALL DISP
        MOV AX,WORD PTR MEM_BA        ;显示设备的存储器基地址低 16 位
        SHR AX,16
        CALL DISP

        MOV DX,OFFSET MES_INT_LINE    ;显示设备的中断请求线号的提示信息
        MOV AH,09H
        INT 21H
        MOV AX,WORD PTR INT_LINE      ;显示设备的中断请求线号
        CALL DISP
```

```
        MOV DX,OFFSET LIN_CAR        ;加回车符,换行符
        MOV AH,09H
        INT 21H
        MOV AH,4CH
        INT 21H                      ;退出

DISP PROC NEAR                       ;显示子程序
        PUSH DX
        PUSH CX
        PUSH BX
        MOV CX,4
        MOV BX,16
LOOP1:
        PUSH AX
        PUSH CX
        SUB BX,4
        MOV CX,BX
        SHR AX,CL
        AND AL,0FH                   ;首先取低4位
        MOV DL,AL
        CMP DL,9                     ;判断是否小于等于9
        JLE NUM                      ;若是,则为'0'-'9',ASCII 码加 30H
        ADD DL,7                     ;否则为'A'-'F',ASCII 码加 37H
NUM:
        ADD DL,30H
        MOV AH,02H                   ;显示
        INT 21H
        POP CX
        POP AX
        LOOP LOOP1
        POP BX
        POP CX
        POP DX
        RET                          ;显示子程序返回
DISP ENDP
CODE ENDS
        END START
```

由于读取 PCI 配置空间用到 32 位的配置寄存器,需要在 32 位模式下对其操作,故采用 32 位的 Win32 程序进行读写。而在 Windows 环境下,Win32 程序是上层应用程序,不能对硬件操作,因此需要通过调用底层驱动程序来完成对配置空间的访问。本例只编写访问配

置空间的上层 Win32 应用程序，驱动程序部分见第 12 章。为突出重点，下面给出获取配置空间信息的 Win32 程序段。其编程思路是先查找 PCI 设备，再获取设备的配置空间信息。

获取配置信息 C 语言程序如下。

```c
#include "stdafx.h"
#include <windows.h>
#include <winioctl.h>
#include <dos.h>
#include <conio.h>
⋮
#define _PCI9054      0x540610B5                        //PCI 卡标志
//----------------------------以下函数的实现请参见第 12.16.2 节----------------------------
bool OpenPortTalk(LPCTSTR DriverLinkSymbol);            //打开端口会话函数
void ClosePortTalk();                                   //关闭端口会话函数
int outportd(unsigned long PortAddress, unsigned long m_Word);  //写端口函数
unsigned long inportd(unsigned long PortAddress);       //读端口函数，
//-----------------------------------------------------------------------------------
bool FindPCIDevice();        //查找 PCI 设备函数,参见例 11.1FindPCI Device 函数
⋮
static DWORD PCIBaseAdd=0;                              //PCI 基地址,全局变量
int _tmain(int argc, _TCHAR* argv[])                    //主函数,程序入口
{
    int i;
    bool success=false;
    DWORD pcireg,pcireg1,IntrPin,IntrLine,IntrCsr;
    success=OpenPortTalk(_T("\\.\MFADVWDM1"));
                                //通过设备链接名打开设备会话,建立到设备的连接
    if(! success)
    {
        printf("驱动程序加载失败\n");
        return 0;
    }
    if(! FindPCIDevice())                               //查找目标设备
    {
        printf("未找到指定的 PCI 设备\n");
        return 0;
    }
    for (i=0;i<=15;i++)                    //读取配置空间信息,并显示信息
    {
        outportd(0x0cf8,PCIBaseAdd+4*i);   //写配置地址寄存器
        switch (i)
        {
```

```
case 0：                                    //读取厂商标志/设备标志
    pcireg=inportd(0x0cfc);                 //读配置数据寄存器
    printf("厂商标志/设备标志(00H):%x\n",pcireg);        //显示
    break;
case 1：                                    //读取命令/状态
    pcireg=inportd(0x0cfc);
    printf("命令/状态(04H):%X\n",pcireg);
    break;
case 2：                                    //读取版本标志/分类代码
    pcireg=inportd(0x0cfc);
    printf("版本标志/分类代码(08H):%X\n",pcireg);
    break;
case 3：                                    //读取 Cache 大小/延时计时
    pcireg=inportd(0x0cfc);
    printf("cache 大小/延时计时(0CH):%X\n",pcireg);
    break;
case 4：                                    //读取 0 号基地址寄存器
    pcireg=inportd(0x0cfc);
    printf("PCI 基址 0(10H):%X\n",pcireg);
    break;
case 5：                                    //读取 1 号基地址寄存器和中断状态寄存器
    pcireg=inportd(0xcfc);
    printf("PCI 基址 1(14H):%x\n",pcireg);
    IntrCsr=inportd((pcireg-1) + 0x68);     //0x68 是 IntrCSR 寄存器偏移地址
    printf("中断状态寄存器(14H):%x\n",IntrCsr);
    break;
case 6：                                    //读取 2 号基地址寄存器
    pcireg=inportd(0x0cfc);
    pcireg1=pcireg-1;
    printf("PCI 基址 2(18H):%x\t\t",pcireg);
    printf("IO 基地址(18H):%x\n",pcireg1);
    break;
case 7：                                    //读取 3 号基地址寄存器
    pcireg=inportd(0x0cfc);
    printf("PCI 基址 3(1CH):%x\n",pcireg);
    break;
case 8：                                    //读取 4 号基地址寄存器
    pcireg=inportd(0x0cfc);
    printf("PCI 基址 4(20H):%x\n",pcireg);
    break;
case 9：                                    //读取 5 号基地址寄存器
```

```
        pcireg=inportd(0x0cfc);
        printf("PCI 基址 5(24H):%x\n",pcireg);
        break;
    case 10:                              //保留
        pcireg=inportd(0x0cfc);
        printf("保留(28H):%x\n",pcireg);
        break;
    case 11:                              //保留
        pcireg=inportd(0x0cfc);
        printf("保留(2CH):%x\n",pcireg);
        break;
    case 12:                              //读取扩展 ROM 基址寄存器
        pcireg=inportd(0x0cfc);
        printf("扩展 ROM 基址(30H):%x\n",pcireg);
        break;
    case 13:                              //保留
        pcireg=inportd(0x0cfc);
        printf("保留(34H):%x\n",pcireg);
        break;
    case 14:                              //保留
        pcireg=inportd(0x0cfc);
        printf("保留(38H):%x\n",pcireg);
        break;
    case 15:                              //读取中断引脚和中断线寄存器
        pcireg=inportd(0x0cfc);
        printf("中断引脚和中断线寄存器(3CH):%x\n",pcireg);
        IntrPin=(pcireg & 0x0FF00)/0x100;
        IntrLine=(inportd(0x0CFC) & 0x00FF);
        printf("中断引脚(3CH):%x\n",IntrPin);
        printf("中断线(3CH):%x\n",IntrLine);
        break;
    }
}
ClosePortTalk();
char tmp=getch();          //程序结束后,保留 DOS 窗口
return 1;
```

11.8 PCI 接口卡的设计

下面要设计的 PCI 接口卡实际上是 PCI 总线与用户总线 ISA 之间的总线桥,关于总线桥的作用、特点,桥与接口的区别等已在前面第 2 章介绍过,现在讨论总线桥的具体设计。

11.8.1 PCI 接口卡设计要求

1. 要求

设计一个符合 PCI 规范 2.2 的 PCI-Local 总线接口卡。接口卡的一侧为 PCI 总线,插入微机的 PCI 插槽;接口卡的另一侧为 Local 总线(与 ISA 总线兼容),与扩展微机应用系统连接。该系统需要使用的资源是:I/O 端口为 300H~30FH,存储区为 20000000H~0001FFFFH,中断号为 IRQ_{10},DMA 的申请号为 $DREQ_0$。要求通过 PCI-Local 总线接口卡实现对 Local 的 I/O 设备和存储器访问,并实现中断功能和 DMA 功能。

2. 分析

从设计要求可以看出,其目标是通过 PCI-Local(ISA)总线接口卡,将本地的 I/O 设备和扩展存储器 SRAM 加入到系统中,构成一个基于 PCI 总线的微机应用系统,这涉及 PCI 总线、PCI-Local 总线接口卡、Local 总线及其 I/O 设备与 SRAM 等部分的设计,其中 PCI-Local 总线接口卡的设计是关键与重点。

11.8.2 PCI 总线接口卡的设计方案

PCI 总线接口卡的设计一般有以下两种方案。

1. 采用可编程逻辑器件 CPLD 或 FPGA

采用 CPLD 或 FPGA 可编程逻辑器件实现 PCI 总线接口的最大优点在于硬件资源的冗余度小,物尽其用,可优化性及灵活性强。首先,对于一个用户实际应用的 PCI 接口卡,并非要实现 PCI 规范中的所有功能,可编程逻辑器件可以依据接口功能进行最优化设计,只实现必需的 PCI 接口功能,以节约资源;其次,可以将 PCI 接口卡上的其他用户逻辑与 PCI 接口逻辑集成在一个芯片上,实现紧凑的系统设计。目前几乎所有的可编程器件生产厂商都提供经过严格测试的 PCI 接口功能模块,用户只需进行组合设计即可,如 Xilinx 公司的 Logicore、Altera 公司的 AMPP(Altera Megafunction Partners Program)等。

但是,采用可编程逻辑器件方案实现 PCI 接口的难度较大,开发周期长。尤其是在小批量的应用中,不宜采用可编程逻辑器件来进行 PCI 接口设计。

2. 采用专用接口芯片

采用专用 PCI 接口芯片来实现 PCI 接口卡,开发人员只需要考虑实现自己要求的功能,而不用考虑 PCI 接口芯片的内部构造,这样就使设计者可以把主要精力放在对整个系统的设计上,以实现完整的 PCI 主控模块和目标模块接口功能,将复杂的 PCI 总线接口转换为相对简单的接口,尤其是对那些需要实现 DMA 传输比较复杂的操作,选用专用芯片可以降低开发难度,且性能比较稳定。它的缺点是用户可能只用到了芯片中部分的 PCI 接口功能,造成了一定的资源浪费,对大批量生产的产品不易降低成本。目前,有一些厂家提供这类专用芯片,如 AMCC 公司的 S593x,PLX 公司的 PLX9052、PLX9054 等。

本设计采用专用 PCI 桥 PLX9054 来设计 PCI 接口卡。PLX9054 功能强大,能够实现 PCI 规范 2.2,其内部结构复杂,包括大量可编程的 32 位寄存器。下面从应用的角度介绍它的主要功能及使用要点。

11.8.3 PCI 总线接口芯片 PLX9054

1. PLX9054 的主要特性

PLX9054 是由美国 PLX 公司生产的符合 PCI 规范 2.2 的 PCI 总线和 Local 总线桥,实现在 PCI 和 Local 之间总线协议转换与传递信息，逻辑结构很复杂，内部集成了 0 类配置空间、中断处理电路、设备级的 DMA 控制器、可编程的 FIFO，可作为总线的主设备和从设备。

PLX9054 是功能很强的 PCI-Local 通用接口（桥）芯片，本设计中只用了其中的一部分功能，想详细了解的读者可查看文献[18]。

2. 利用 PLX9054 设计 PCI 接口卡需考虑的几个问题

利用 PLX9054 进行 PCI 总线接口卡设计，主要任务是根据实际需求来配置 PLX9054 接口芯片。下面几个问题是在设计之前应该了解清楚的，以便对 PLX9054 进行配置，实现设计目标的要求。

- 本地工作方式。PLX9054 的本地工作模式有 M 模式、C 模式、J 模式 3 种。经过分析对比可以得出，采用 C 模式是一种比较理想的选择，本设计采用 C 模式。
- 数据传输方式。PLX9054 支持主模式、从模式、DMA 传输方式 3 种。从本设计的实际应用来看，选择从模式，并且利用 PLX9054 内部的 DMA 控制器实现 DMA 传输。
- 基地址的选择。为了进行本地到 PCI 的地址空间（包括 I/O 及存储器）映射，需要设置本地 I/O 和存储器的基地址。在本设计中为了保持与 ISA 兼容，选择 I/O 基地址为 0x300，存储器基地址为 0x2000000。
- 地址空间大小。为了保持系统的稳定性和有效利用系统资源，需要对映射空间的范围进行设定，在本设计中，I/O 空间大小为 32 B，存储空间为 128 KB。因此，可以设置范围寄存器限制其空间大小。对于超过范围的地址，PLX9054 将不会响应。
- 是否有中断支持。在本设计中，需要进行中断处理，因此，需设置为支持中断。
- 是否有 DMA 支持。本设计需支持 DMA 传输功能。

3. PLX9054 初始化

PLX9054 需要由一片串行 EEPROM 对其内部配置寄存器进行初始化。事先把用户所需要用到的资源作为初始值烧入 EEPROM 中，在系统启动时，PLX9054 自动将 EEPROM 中的值读出并装入 Local 配置空间的寄存器，然后系统的即插即用管理程序根据寄存器中的值分配中断号、内存空间、I/O 空间等系统资源，并装入 PCI 配置空间的寄存器。通过初始化，在 PLX9054 芯片内部建立起 PCI 配置空间与 Local 配置空间之间地址空间的对应关系，为实现 PCI 与 Local 两者地址空间的映射提供了条件。

11.8.4 PCI 总线接口卡电路设计

PCI 总线接口卡的硬件模块如图 11.10 所示。PCI 接口卡以 PLX9054 芯片为核心，CPLD 器件为辅助逻辑控制和串行 EEPROM 芯片共 3 个大芯片组成。其信号线的走向是：

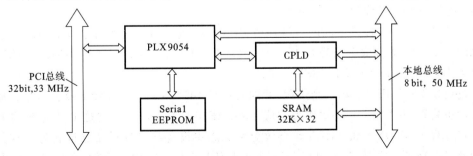

图 11.10　PCI 总线接口卡电路框图

PCI 总线通过 PLX9054 转换为 Local 总线，Local 总线中的地址线(LA)及数据线(LD)直接引出，接到本地总线。Local 总线的另一部分信号通过 CPLD 器件转换为 SRAM 及 I/O 设备的控制信号，再连到本地总线。然后，扩展 SRAM 芯片和 I/O 扩展板挂到 Local 总线上。

基于 PCI 总线应用系统的接口卡具体硬件如图 11.11 所示。图 11.11 实际上包含了 PCI 总线接口卡和接口卡后面应用系统的 SRAM 和 I/O 设备。在具体设计时，分 PCI-Local 总线接口卡和微机应用系统两部分进行，本例仅讨论 PCI 接口卡的设计。

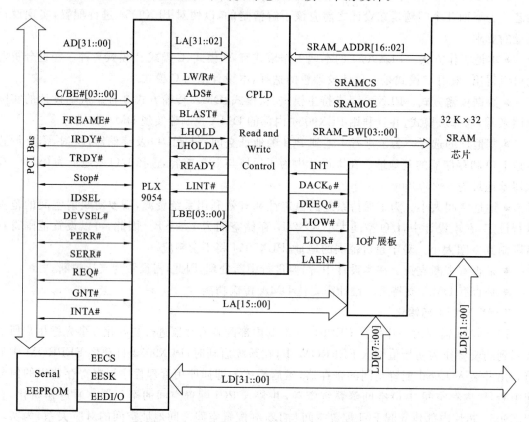

图 11.11 基于 PCI 总线的微机应用系统电路原理框图

现在分别介绍 PLX9054、串行 EEPROM 和 CPLD 器件在 PCI-Local 接口卡中的作用。

1. PLX9054 的作用

PLX9054 实现 PCI 总线和 Local 总线协议的转换，提供两侧接口信号线，以及对 EEPROM 的接口信号线。

(1) 提供与 PCI 总线的接口信号

PCI 接口卡与 PCI 插槽之间的信号是由 PLX9054 提供的。这些信号包括地址数据复用信号 AD[31::00]、总线命令信号 C/BE#[03::00]、PCI 协议控制信号 FRAME#、IRDY#、TRDY#、STOP#、IDSEL、DEVSEL# 等。

通过拉低 FRAME# 启动一个进程，并同时在 C/BE#[03::00] 总线上放置命令。被选中的目标设备将置 DEVSEL# 有效作为响应 FRAME# 的握手信号。这是 PCI 总线的第一次握手。在进程中，IRDY# 和 TRDY# 有效分别标志主设备和目标设备已准备好。这是 PCI 总线的第二次握手。主、从双方可以分别通过使 IRDY#、TRDY# 失效，在传输过程中插入等待状态。

(2) 产生 Local 总线信号

Local 总线信号是由 PLX9054 产生的。这些信号线在图 11.11 中以 L 字母开头，如地址线 LA 和数据线 LD 等。

(3) 提供与串行 EEPROM 的接口

为实现即插即用功能，要求使用 EEPROM 来保存一些设备与厂商的标志性信息，以便初始化配置寄存器。接口卡与 EEPROM 之间的连接及通信由 PLX9054 完成。

在复位之后，PLX9054 将会从串行 EEPROM 中读取数据。第一个双字用于标志该串行 EEPROM 是否已被编程过，如果全为"1"，则表示串行 EEPROM 为空；如果全为"0"，则表示没有串行 EEPROM。在这两种情况下，PLX9054 都会使用默认值。等系统启动之后，再用编程工具 PLXMON 对串行 EEPROM 编程即可。

2. 串行 EEPROM 的作用

接口卡上有一个串行 EEPROM，用来设置 PLX9054 的内部寄存器，串行 EEPROM 的内容包括即插即用(PnP)需要的设备和功能信息、PCI 内存资源分配，以及 PLX9054 内部寄存器的初值。

计算机通电时，系统的 PCI RST♯ 信号会设置默认值到 PLX9054 的内部寄存器。作为回应，PLX9054 向它的本地总线发出复位信号 LRESET♯，然后检测是否有串行 EEPROM 与其相连，如果有，并且串行 EEPROM 的头 48 位不全为 1，则 PLX9054 装载串行 EEPROM 的内容到它的内部寄存器。否则，PLX9054 的内部寄存器使用默认值。需要注意的是，PLX9054 配置寄存器的值只能被这个串行 EEPROM 进行配置或由 PCI 主设备写入。

3. CPLD 器件的作用

采用 CPLD 器件是为了解决 PLX9054 的 Local 总线信号与被控对象信号线不匹配的问题，完成把 PLX9054 的部分 Local 总线信号转换为对扩展存储器和 I/O 设备的读/写控制信号，实现对扩展存储器和扩展 I/O 设备的控制。由 CPLD 器件产生的控制信号有以下几种。

① 对本地扩展存储器的接口控制信号，包括 SRAM 的片选信号 SRAMCS、对 SRAM 存储器的地址译码 SRAM_ADDR[16::02]、对 SRAM 的输出使能控制 SRAMOE、对 SRAM 产生的字节使能 SRAM_BW[03::00]。

② 对本地扩展 I/O 设备的接口控制信号，包括读/写等控制线 LIOW♯、LIOR♯、LAEN、IRQ、DREQ，经过驱动与隔离之后，与 16 位地址线、8 位数据线一起用插头(座)和长线牵引出来，供 I/O 设备使用。

③ 其他控制信号，LHOLDA 对 PLX9054 产生的本地总线仲裁的应答信号。LHOLD 指明 PLX9054 请求使用本地总线。READY 对 PLX9054 产生的数据准备好信号，作为外部等待信号。

11.8.5 PCI 接口卡配置空间初始化

1. PCI 接口卡配置空间初始化的内容

保存在 EEPROM 上的除了有一些与设备和厂商相关的标志性信息(如 PLX9054 的设备厂商标识号为 540610B5H)外，还有本地所要求的资源信息。例如，本地 I/O 设备基地址为 0x300，I/O 空间大小为 32 B，存储器基地址为 0x2000000，存储空间为 128 KB。这两个基地址值可根据需要设定，不一定是本例中的值。但是，如果一经设定，其硬件译码电路也就固定了，若要修改其值，则相应译码电路也需修改。对于超过范围的地址，PLX9054 将不会响应。

另外，还有本地所使用的中断号 IRQ_{10} 与 DMA 通道号 $DREQ_0$，也保存在 EEPROM 中。

PLX9054 利用串行 EEPROM 对其内部配置寄存器进行初始化。在 EEPROM 中需事先将上述信息烧入对应的寄存器，在系统启动时，PLX9054 自动将 EEPROM 中的值读出并装入其相应的寄存器，然后系统的即插即用管理程序根据寄存器中的值为 PLX9054 分配中断号、内存空间、I/O 空间等系统资源。

在 PLX9054 初始化结束后，系统配置程序会遍历总线上的所有设备，并检测各设备资源的需求；在收集到这些信息后，将它们列举出来，通报给操作系统。如果寄存器配置正确，则在系统正常情况下，启动后会找到相应的设备；如果配置有错，则可能导致系统引导过程中死机或者直接在 BIOS 中就死机，造成系统无法启动。

2. 初始化的配置工具 PLX MON

配置空间的初始化是由专门的软件工具操作的，开发人员只要根据需求选择不同选项，就可实现对 PLX 芯片的配置工作，使用相当方便。例如，PLX 公司随 RDK 开发板提供的一个配置工具 PLX MON，它可以实现对 PLX9054 和 EEPROM 的配置，并创建 BIN 文件，然后，通过其他编程器进行烧入。如果想要详细了解其操作步骤，可以参看文献[19]。

11.8.6 基于 PCI 总线的接口程序设计

前面 10 章所分析与设计的接口，都是通过用户总线（ISA 总线）对 I/O 设备进行访问的。下面的程序是利用从 PCI 配置空间获取的基地址对 I/O 设备进行控制和对 SRAM 存储器进行读写，借以了解如何通过 PCI 总线对 I/O 设备进行访问。为了使访问过程的细节更清楚，先采用汇编语言编写程序。再用 C 语言编写功能相同的程序供读者分析比较。

例 11.3 PCI 步进电机接口程序。

（1）要求

通过 PCI 总线对步进电机进行控制，其设计要求与例 7.2 相同。

（2）分析

对 I/O 端口的访问，在 PCI 总线结构下与在 PC 微机 ISA 总线下的不同之处，主要是 I/O 端口资源是动态分配的，按照 PCI 配置空间的约定，设备 I/O 端口的基地址存放配置空间的 2 号基地址寄存器。步进电机作为一种 I/O 设备，其 I/O 端口的基地址由系统动态分配，因此，首先需要确定 I/O 端口的基地址，有了基地址，访问接口电路的寄存器就与以前的方法一样了。

（3）设计

程序由主程序和两个子程序组成，主程序完成并行接口 82C55A 的初始化，对步进电机的启动、运行及关闭等操作，这些操作与例 7.2 的没有什么不同。两个子程序中，第一个 Sub_Find PCI Card 子程序是为了搜索 PCI 卡，找到目标 PCI 卡。第二个 Sub_Read IO Base Addr 子程序是为了获取设备 I/O 基地址，用作寻址 82C55A 内部寄存器。这个 I/O 基地址是系统分配的，不是用户指定的。

PCI 步进电机接口汇编语言源程序如下：

```
;-------------------配置端口-------------------
CONF_ADDR        EQU 0CF8H        ;32 位配置地址寄存器端口
CONF_DATA        EQU 0CFCH        ;32 位配置数据寄存器端口
;-------------------设备标识-------------------
PLX_DEVID        EQU 540610B5H    ;PCI 卡设备及厂商 ID
```

```asm
;------------------------8255 相关寄存器偏移地址------------------------
EA_8255_PA          EQU 0H                  ;82C55A A 端口的偏移
EA_8255_PB          EQU 1H                  ;82C55A B 端口的偏移
EA_8255_PC          EQU 2H                  ;82C55A C 端口的偏移
EA_8255_COM         EQU 3H                  ;82C55A 命令端口的偏移
;------------------------数据段定义------------------------
DATA SEGMENT
;提示信息定义
Msg_NotFindPCI      DB 0DH,0AH,'PCI Card not find or address error!',0DH,0AH,'$'
Msg_NoIOBaseAddr    DB 'No IO Base Address!',0DH,0AH,'$'
Msg_IOBaseAddr      DB 0DH,0AH,'IO Base Address:',0DH,0AH,'$'
MESSAGE             DB 0DH,0AH,'Hit Sw2 to start,hit sw1 to quit.',0DH,0AH,'$'
;变量定义
dwIOBaseAddr        DB 4 DUP(0)             ;设备的 I/O 基地址暂存区
dwPCIConfBaseAddr   DB 4 DUP(0)             ;PCI 配置空间基地址暂存区
dbPSTA              DB 05H,15H,14H,54H,50H,,51H,41H,45H     ;相序表
DATA ENDS

;------------------------堆栈段定义------------------------
STACK1 SEGMENT PARA STACK 'STACK'
    DW 200 DUP(?)
STACK1 ENDS
;------------------------代码段定义------------------------
CODE SEGMENT
  ASSUME SS:STACK1,CS:CODE,DS:DATA
.386
START: MOV AX,STACK1
    MOV SS,AX
    MOV AX,DATA
    MOV DS,AX
    CALL Sub_FindPCICard            ;调用搜索 PCI 卡子程序,找到目标 PCI 卡
    CALL Sub_ReadIOBaseAddr         ;读取设备 I/O 基地址,用作寻址 82C55A 内部寄存器
    MOV AX,DATA
    MOV DS,AX
    MOV DX,OFFSET MESSAGE
    MOV AH,09H                      ;显示提示信息
    INT 21H
    MOV BX,WORD PTR dwIOBaseAddr    ;取设备的 I/O 基地址
    MOV DX,BX
    ADD DX,EA_8255_COM              ;加 82C55A 命令端口的偏移量形成命令端口
```

```
        MOV AL,81H                          ;82C55A 初始化命令
        OUT DX,AL
        MOV AL,09H                          ;关闭 74LS373(置 PC_4=1),保护电机
        OUT DX,AL
        MOV BX,WORD PTR dwIOBaseAddr        ;取设备的 I/O 基地址
L: MOV DX,BX
        ADD DX,EA_8255_PC                   ;形成 C 端口
        IN AL,DX
        AND AL,01H                          ;检测开关 SW_2 是否按下(PC_0=0?)
        JNZ L                               ;未按 WS_2,等待
        MOV BX,WORD PTR dwIOBaseAddr        ;取设备的 I/O 基地址
        MOV DX,BX
        ADD DX,EA_8255_COM                  ;形成 82C55A 命令端口
        MOV AL,08H                          ;打开 74LS373(置 PC_4=0),启动电机
        OUT DX,AL
RELOAD: MOV SI,OFFSET dbPSTA                ;设置相序表指针,进行运行方向控制
        MOV CX,8                            ;设置循环次数
        MOV BX,WORD PTR dwIOBaseAddr        ;取设备的 I/O 基地址
LOP: MOV DX,BX
        ADD DX,EA_8255_PA                   ;形成 82C55A 的 A 端口
        MOV AL,[SI]                         ;送相序代码
        OUT DX,AL
        MOV BX,0FFFFH                       ;延时,进行速度控制
DELAY1: DEC BX
        JNZ DELAY1
        MOV BX,WORD PTR dwIOBaseAddr        ;取设备的 I/O 基地址
        MOV DX,BX
        ADD DX,EA_8255_PC                   ;形成 C 端口
        IN AL,DX
        AND AL,02H                          ;检测开关 SW_1 是否按下(PC_1=0?)
        JZ OVER                             ;已按 WS_1,停止电机
        INC SI                              ;未按 WS_1,继续运行
        DEC CX
        JNZ LOP                             ;未到 8 次,继续八拍循环
        JMP RELOAD                          ;已到 8 次,重新赋值
OVER: MOV BX,WORD PTR dwIOBaseAddr          ;取设备的 I/O 基地址
        MOV DX,BX
        ADD DX,EA_8255_COM                  ;形成 82C55A 的命令端口
        MOV AL,09H                          ;关闭 74LS373(置 PC_4=1),保护电机
        OUT DX,AL
```

```
        MOV AX,4C00H                            ;返回DOS
        INT 21H


;----------------------------------------------------------------
;功能:查找PCI卡子程序
;输出变量:dwPCIConfBaseAddr
;----------------------------------------------------------------
Sub_FindPCICard PROC
        PUSHAD
        PUSHFD
        MOV EBX,80000000H
FINDLOOP:
        MOV DX,CONF_ADDR                        ;写配置地址寄存器
        MOV EAX,EBX
        OUT DX,EAX
        MOV DX,CONF_DATA                        ;读配置数据寄存器
        IN EAX,DX
        CMP EAX,PLX_DEVID
        JZ FOUND                                ;发现PCI卡,转FOUND
        ADD EBX,800H                            ;未发现,继续找,设备号加1
        CMP EBX,80FFFF00H
        JNZ FINDLOOP
        MOV DX,OFFSET Msg_NotFindPCI            ;找遍了,尚未发现PCI卡,则显示找不到
        MOV AH,09H
        INT 21H
        JMP NOTFOUND
FOUND:
        MOV EAX,EBX
        MOV DWORD PTR dwPCIConfBaseAddr,EAX     ;保存PCI配置空间的基地址
NOTFOUND:
        POPFD
        POPAD
        RET
Sub_FindPCICard ENDP


;----------------------------------------------------------------
;功能:读取I/O基地址子程序
;结果变量:dwIOBaseAddr
;----------------------------------------------------------------
Sub_ReadIOBaseAddr PROC
```

```
        PUSHAD
        PUSHFD
        MOV EAX,DWORD PTR dwPCIConfBaseAddr    ;恢复 PCI 配置空间的基地址
        MOV DX, CONF_ADDR
        ADD EAX,18H                            ;指向配置空间的 2 号基地址寄存器
        OUT DX,EAX                             ;写配置地址寄存器
        MOV DX,CONF_DATA
        IN EAX,DX                              ;读配置数据寄存器
        MOV DWORD PTR dwIOBaseAddr,EAX
        AND EAX,1                              ;检查 I/O 基地址的标志位是否为 1
        JZ NOIOADDR                            ;若不为 1,则无 I/O 基地址,返回
        MOV EAX,DWORD PTR dwIOBaseAddr
        AND EAX,0FFFFFFFEH                     ;去除 I/O 基地址标志位
        MOV DWORD PTR dwIOBaseAddr,EAX         ;保存设备的 I/O 基地址
        JMP EXITREADIO
NOIOADDR:
        MOV DX,OFFSET Msg_NoIOBaseAddr
        MOV AH,9
        INT 21H
EXITREADIO:
        POPFD
        POPAD
        RET
Sub_ReadIOBaseAddr ENDP
CODE ENDS
END START
```

(4) 讨论

① 第 7.5 节例 7.2 步进电机控制程序与本例相比,其差别是两者的端口地址不同,前者使用本地设备的 I/O 地址,由用户指定,本例是使用系统动态分配的 I/O 地址,也就是本地设备的映射地址。为了得到这个映射地址,程序中增加两个程序段 Sub_FindPCICard 和 Sub_ReadIOBaseAddr。

② 根据 PCI 总线结构下,本地与系统两者 I/O 端口资源的映射关系(见 11.7.4 节),系统分配的 I/O 基地址存放在配置空间的 2 号基地址寄存器,因此,在搜索到 PCI 卡之后,再读取该卡配置空间的 2 号基地址寄存器内容,以它为基地址再加上本地 I/O 端口的偏移就形成了 I/O 设备的端口地址。

③ 本例的汇编语言程序,在系统 TASM 4.1 或以上编译,纯 DOS 下运行。在实际应用中,特别是在 Windows 环境下,一般不采用这种编程方法,而采用高级语言和开发工具来设计 PCI 控制程序。因此,本例作为对 PCI 总线结构、配置空间的作用及本地与系统资源的映射关系的了解有所帮助。

PCI 步进电机控制 C 语言程序如下。
```c
#include "stdafx.h"
#include <windows.h>
#include <winioctl.h>
#include <dos.h>
#include <conio.h>
  ⋮
#define _PCI9054 0x540610B5                              //设备识别码
//------------------------以下函数的实现请参见第 12.16.2 节------------------------
bool OpenPortTalk(LPCTSTR DriverLinkSymbol);              //打开端口会话函数
void ClosePortTalk();                                     //关闭端口会话函数
int outportd(unsigned long PortAddress, unsigned long m_Word);   //写双字函数
unsigned long inportd(unsigned long PortAddress);         //读双字函数
//------------------------------------------------------------------------
bool FindPCIDevice();           //查找 PCI 设备函数,参见例 11.1 的 FindPCIDevice 函数
void runStepM();                                          //步进电机控制函数

static DWORD PCIBaseAdd=0;                                //PCI 基地址,全局变量
static DWORD IOBaseAdd=0;                                 //I/O 基地址,全局变量
int _tmain(int argc, _TCHAR* argv[])                      //主程序,程序入口
{
    int i;
    bool success=false;
    DWORD pcireg,pcireg1,IntrPin,IntrLine,IntrCsr;
    success=OpenPortTalk(_T("\\.\MFADVWDM1"));    //通过设备链接名打开端口会
                                                  //话,建立到设备的连接
    if(! success)
    {
        printf("驱动程序加载失败\n");
        return 0;
    }
    if(! FindPCIDevice())                                 //查找目标 PCI 设备
    {
        printf("未找到指定的 PCI 设备\n");
        return 0;
    }
    outportd(0x0cf8,PCIBaseAdd+0x18);                     //读 2 号基地址寄存器
    IOBaseAdd=inportd(0x0cfc)-1;          //去掉最低位的 I/O 地址标志,得到 I/O 基地址
    printf("IO 基地址为:%x",IOBaseAdd);
    runStepM();                           //调用步进电机控制函数,对步进电机进行控制
```

```
        return 0;
        ClosePortTalk();                              //关闭端口会话,程序结束
        Return 1;
    }
    void runStepM()                                   //步进电机控制函数
    {
        int xu[8]={0x05,0x15,0x14,0x54,0x50,0x51,0x41,0x45};  //相序表
        unsigned int i=0,j=0;
        printf("按 SW2 运行,按下 Sw1 停止...\n");
        while((0x01&(inportd(IOBaseAdd+2)))!=0);      //是否按下 SW₂,PC₀=0?
        outportd(IOBaseAdd + 3,0x81);                 //82C55A 初始化
        outportd(IOBaseAdd + 3,0x09);                 //置 PC₄=1,关闭 74LS373
        do{
            outportd(IOBaseAdd,xu[i]);
            outportd(IOBaseAdd + 3,0x08);             //置 PC₄=0,打开 74LS373
            i++;
            if(i==8) i=0;
            Sleep(50);                                //延时
        }while((0x02&(inportd(IOBaseAdd + 2)))!=0);   //查 SW₁ 按下,PC₁=0?
        outportd(IOBaseAdd + 3,0x09);                 //置 PC₄=1,关闭 74LS373
    }
```

例 11.4 PCI 存储器读写程序。

(1) 要求

在 PCI 总线结构下,先向扩展存储器 SRAM 写入 256 个英文字母 P,然后再从 SRAM 读出。

(2) 分析

访问 PCI 卡上的扩展存储器与以前访问 PC 微机的存储器不同之处有两点:一是要确定扩展存储器基地址在配置空间的映射地址,即系统分配的存储器空间的基地址,故需要访问 PCI 配置空间的 3 号基地址寄存器;二是系统的存储器地址范围是 4 GB,而扩展的 Local 存储器地址范围只有 1 MB,因此,需要进入保护模式,才能访问 4 GB 范围内的存储单元。

(3) 设计

根据上述的分析,程序由主程序和 4 个子程序组成,主程序完成对扩展存储器的读写。

4 个子程序中的第一个子程序 Sub_FindPCIcard 和第二个子程序 Sub_ReadMemBaseAddr 用于寻找 PCI 卡及读取配置空间 3 号基地址寄存器,以确定扩展存储器的基地址;第三个子程序 Sub_Opena20 用于打开 A_{20} 地址线,允许访问 1 MB 以上存储空间;第四个子程序 Sub_Set4GB 是进入保护模式,重设段限长为 4 GB 后返回实模式。

PCI 存储器读写的汇编语言源程序如下。

```
;------------------------------ 配置端口 ------------------------------
CONF_ADDR           EQU 0CF8H          ;32 位配置地址寄存器端口
CONF_DATA           EQU 0CFCH          ;32 位配置数据寄存器端口
```

```
;------------------------------设备标识------------------------------
PLX_DEVID           EQU 540610B5H       ;PCI 卡设备及厂商 ID
;------------------------------数据段定义------------------------------
DATA SEGMENT
;全局描述符定义
    GDT_DEF         DW 00H,00H,00H,00H  ;全局描述符表 GDT,第一个为空描述符
                    DW 0FFFFH           ;段限长低 16 位
                    DW 00H              ;基地址低 16 位
                    DB 00H,92H          ;基地址中间 8 位,段属性低 8 位
                    DB 8FH,00H          ;段限长高 4 位,段属性高 4 位,基地址的高 8 位
    GDT_ADDR        DW 00H              ;存放 GDT 的长度(以字节为单位的长度减 1)
                    DW 00H,00H          ;存放 GDT 的线性基地址
;提示信息定义
    MESSAGE             DB 0DH,0AH,'PCI Card Expansion Memory!',0DH,0AH,'$'
    Msg_NotFindPCI      DB 0DH,0AH,'Pci Card Not Find Or Address Error!',0DH,0AH,'$'
    Msg_NoMemBaseAddr   DB 'No Memory Base Address!',0DH,0AH,'$'
    Msg_MemBaseAddr     DB 0DH,0AH,'Memory Base Address:',0DH,0AH,'$'
;变量定义
    dwMemBaseAddr       DB 4 DUP(0)     ;扩展存储器基地址暂存空间
    dwPCIConfBaseAddr   DB 4 DUP(0)     ;PCI 配置空间基地址暂存空间
DATA ENDS

STACK1 SEGMENT
    DB 100 DUP(?)
STACK1 ENDS

CODE SEGMENT
    ASSUME CS:CODE,DS:DATA,SS:STACK1,ES:DATA
.386P
START: MOV AX,DATA
    MOV DS,AX
    MOV ES,AX
    MOV AX,STACK1
    MOV SS,AX

    CALL Sub_FindPCICard            ;查找 PCI 卡
    CALL Sub_ReadMemBaseAddr        ;读取扩展存储器 SRAM 的基地址
    CALL Sub_Opena20                ;打开 A20 地址线,允许访问 1 MB 以上的存储空间
    MOV AX,DATA
    MOV DS,AX
```

```
        CALL Sub_Set4GB                    ;进入保护模式,重设段限长为 4 GB 后返回实模式

        MOV ESI,DWORD PTR dwMemBaseAddr    ;设置数据段的偏移
        MOV AX,0
        MOV DS,AX                          ;设置数据段的段地址
        MOV CX,100H
        MOV DL,'P'
LOOP1: MOV [ESI],DL                        ;向 SRAM 写 256 个 P 字母
        ADD ESI,1
        LOOP LOOP1

        MOV CX,200H                        ;延时
LOOP2: LOOP LOOP2

        MOV AX,DATA
        MOV DS,AX
        MOV ESI,DWORD PTR dwMemBaseAddr
        MOV AX,0
        MOV DS,AX
        MOV CX,100H
LOOP3: MOV DL,[ESI]                        ;从 SRAM 读 256 个字节内容并显示
        MOV AH,02H
        INT 21H
        ADD ESI,1
        LOOP LOOP3

        MOV AX,DATA
        MOV DS,AX
        MOV DX,OFFSET MESSAGE              ;显示提示信息
        MOV AH,09H
        INT 21H
        CALL Sub_Closea20                  ;关闭 A20 地址线
        MOV AX,4C00H                       ;退出
        INT 21H
;----------------------------------------------------------------
;功能:设置 4 GB 描述符
;输出变量:无
;----------------------------------------------------------------
Sub_Set4GB PROC                            ;进入保护模式,重设段限长为 4 GB 后返回实模式
        CLI
```

```
        PUSH DS
        PUSH ES
        MOV WORD PTR GDT_ADDR[0],(2*8-1)   ;GDT 的段限长存入 GDT_ADDR 中(低 16 位)
        MOV EAX,DS                          ;计算 GDT 描述符表的基地址(32 位)
        SHL EAX,4                           ;段地址 EAX=DS×16
        XOR EBX,EBX                         ;EBX 清零
        MOV BX,OFFSET GDT_DEF               ;BX=GDT 的偏移地址
        ADD EAX,EBX                         ;GDT 的基地址=EAX+EBX
        MOV DWORD PTR GDT_ADDR[2],EAX       ;GDT 的基地址存入 GDT_ADDR 中(高 32 位)
        LGDT QWORD PTR GDT_ADDR             ;加载到 GDT,确定 GDT 在存储器空间的位置

        MOV BX,8                            ;选择子为 8,表示 GDT 的第一个描述符,特权级是 0 级
        MOV EAX,CR0
        OR AL,1                             ;置保护模式允许位 PE=1,进入保护模式
        MOV CR0,EAX
        JMP FLUSH1                          ;清指令预取队列,使保护模式下代码段的选择子装入 CS

        FLUSH1:
        MOV DS,BX                           ;DS 装载具有 4 GB 界限的数据段描述符
        MOV ES,BX                           ;ES 装载具有 4 GB 界限的数据段描述符

        AND AL,0FEH                         ;置保护模式允许位 PE=0,进入实模式
        MOV CR0,EAX
        JMP FLUSH2                          ;清指令预取队列,使实模式下代码段的段值装入 CS
        FLUSH2:
        POP ES                              ;恢复实模式下 ES 的段值
        POP DS                              ;恢复实模式下 DS 的段值
        STI
        RET
Sub_Set4GB ENDP
;------------------------------------------------------------------
;功能:打开 $A_{20}$ 地址线
;输出变量:无
;------------------------------------------------------------------
Sub_Opena20 PROC                            ;打开 $A_{20}$ 地址线
        PUSH AX
        IN AL,92H
        OR AL,00000010B
        OUT 92H,AL
        POP AX
```

```
        RET
Sub_Opena20 ENDP
;┈┈┈┈┈┈┈┈┈┈┈┈┈┈┈┈┈┈┈┈┈┈┈┈┈┈┈┈┈┈┈┈┈┈┈┈┈┈┈┈┈
;功能:关闭 A₂₀ 地址线
;输出变量:无
;┈┈┈┈┈┈┈┈┈┈┈┈┈┈┈┈┈┈┈┈┈┈┈┈┈┈┈┈┈┈┈┈┈┈┈┈┈┈┈┈┈
Sub_Closea20 PROC                    ;关闭 A₂₀ 地址线
    PUSH AX
    IN AL,92H
    AND AL,11111101B
    OUT 92H,AL
    POP AX
    RET
Sub_Closea20 ENDP
;┈┈┈┈┈┈┈┈┈┈┈┈┈┈┈┈┈┈┈┈┈┈┈┈┈┈┈┈┈┈┈┈┈┈┈┈┈┈┈┈┈
;功能:查找 PCI 卡子程序
;输出变量:dwPCIConfBaseAddr
;(该子程序与例 11.3 的相同,为节省篇幅,在此不予列出)
;┈┈┈┈┈┈┈┈┈┈┈┈┈┈┈┈┈┈┈┈┈┈┈┈┈┈┈┈┈┈┈┈┈┈┈┈┈┈┈┈┈
           ⋮
;┈┈┈┈┈┈┈┈┈┈┈┈┈┈┈┈┈┈┈┈┈┈┈┈┈┈┈┈┈┈┈┈┈┈┈┈┈┈┈┈┈
;功能:读取存储器基地址子程序
;结果变量:dwMemBaseAddr
;┈┈┈┈┈┈┈┈┈┈┈┈┈┈┈┈┈┈┈┈┈┈┈┈┈┈┈┈┈┈┈┈┈┈┈┈┈┈┈┈┈
Sub_ReadMemBaseAddr PROC             ;读取扩展存储器基地址子程序
    PUSHAD
    PUSHFD
    MOV EAX,DWORD PTR dwPCIConfBaseAddr   ;恢复 PCI 配置空间的基地址
    MOV DX,CONF_ADDR                 ;写配置地址寄存器
    ADD EAX,1CH                      ;指向配置空间的 3 号基地址寄存器
    OUT DX,EAX
    MOV DX,CONF_DATA                 ;读配置数据寄存器
    IN EAX,DX                        ;读取扩展存储器的基地址
    MOV DWORD PTR dwMemBaseAddr,EAX
    AND EAX,1                        ;检查 MEMORY 基地址标志位是否为 0
    JNZ NOMEMADDR                    ;扩展存储器 SRAM 基地址不存在
    MOV EAX,DWORD PTR dwMemBaseAddr
    AND EAX,0FFFFFFF0H               ;去掉 MEMORRY 基地址标志位
    MOV DWORD PTR dwMemBaseAddr,EAX   ;保存 SRAM 基地址
    JMP EXITREADMEM
```

```
        NOMEMADDR:
            MOV DX,OFFSET Msg_NoMemBaseAddr    ;显示 MEM 基地址不存在
            MOV AH,9
            INT 21H
        EXITREADMEM:
            POPFD
            POPAD
            RET
Sub_ReadMemBaseAddr ENDP
CODE ENDS
END START
```

11.9 PCI 中断

下面讨论 PCI 设备的中断,PCI 设备仍然使用系统的中断控制器,PCI 设备的中断属于外部可屏蔽中断,其处理过程会涉及 PCI 接口芯片 PLX9054 的进一步应用。

11.9.1 PCI 中断的特点

由于在 PCI 总线协议下设备的中断申请、中断响应、中断资源分配和中断处理过程与 ISA 总线下的不同,因此其中断处理与 ISA 的中断处理有以下不同的特点。

1. 中断申请不同

PCI 总线:采用低电平触发、线或方式申请中断,这样就可以多个中断源使用同一个 PCI 中断请求线申请中断,并且应该在 PCI 中断请求线上提供一个上拉电阻,以便在没有产生中断请求时,该信号保持高电平(中断请求为无效)。

ISA 总线:以正跳变触发申请中断,中断申请线是分开的,不能共用,并且在 PCI 中断请求线上提供一个下拉电阻,以便在没有产生中断请求时,该信号保持低电平(中断请求为无效)。

2. 中断响应周期不同

PCI 总线:执行单周期响应,只有一个中断回答 INT-ACK,在 PCI 中断响应周期的地址期,不出现有效地址,其目标设备隐含为系统中断控制器;在 PCI 中断响应周期的数据期,回送的中断号是一个单字节,而且是最低字节。

ISA 总线:执行双周期响应,发两个中断回答 $INTA_1$ 和 $INTA_2$;在中断响应周期,系统中断控制器,读回一个字节的中断号。

3. 中断资源分配不同

PCI 总线:中断资源(中断号)是动态分配的,当有外部中断请求时,会根据中断资源使用的情况,经由内部中断路由器给它分配尚未使用的中断号,不会发生中断资源使用的冲突;为此,在 PCI 配置空间专门设置有中断线寄存器,中断线寄存器就用来保存中断号的路由器值。

ISA 总线:中断号的分配是固定的,外设一旦与中断请求线连接就固定不变。

4. 中断处理不同

PCI 总线:由于中断申请线是共用的,采用按中断优先级,并设置中断未决状态位的方法

分别处理不同中断源的中断事物。处理过程如图 11.12 所示。

ISA 总线：中断申请线是分开的，不存在中断线共用的问题。

5. 中断识别不同

PCI 总线，由于允许多个中断源使用一根中断请求线，对来自 PCI 设备向 PCI 总线的中断源采用查询方式进行识别。

ISA 总线：中断源的识别采用向量中断。

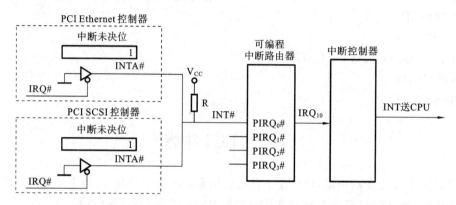

图 11.12 PCI 共享中断示意图

11.9.2 PCI 中断共享

PCI 中断请求信号是漏极开路的，连到同一个 PCI 中断请求线的多个设备可以同时驱动该信号有效，但必须使用电平触发方式请求中断，并且是低电平有效。因此，PCI 设备的中断申请是采用低电平触发的中断共享模式。系统板设计者应该在每根 PCI 中断线上提供一个上拉电阻，以便在没有设备产生中断请求时，该信号保持高电平（为无效）。

下面举例说明 PCI 设备共享中断及其处理过程。如图 11.12 所示，假设有两个 PCI 设备——SCSI 控制器和 Ethernet 控制器，后者的优先级高于前者。两者都使用同一条 PCI 中断线 INTA♯ 申请中断，并通过中断路由控制寄存器将它路由到系统中断线 IRQ_{10}。

首先，看看中断请求信号是如何发起的。每个设备都有一个集电极开路门电路，用于使中断请求信号 INTA♯ 有效，设备内部的 IRQ♯ 信号作为集电极开路门电路的使能信号。设备请求中断时，IRQ♯ 有效，打开门电路，使中断请求信号 INTA♯ 为有效（低电平），并将设备的中断未决状态位设置为 1。

一个设备或两个设备同时请求中断，都会使系统的 IRQ_{10} 有效，让中断控制器向微处理器发出中断请求。微处理器会自动保存中断现场，然后产生中断响应周期，获取中断号，再根据中断号查表得到中断服务程序入口地址（中断向量），转去执行中断服务程序。

那么，如何处理两个设备共享中断呢？假设两个设备都有可加载的设备驱动程序在系统 CONFIG.SYS 文件或注册表中，其出现的顺序是：SCSI 控制器在先，Ethernet 控制器在后，则表明 SCSI 控制器先申请，Ethernet 控制器后申请。但是，由于 Ethernet 控制器的优先级比 SCSI 控制器的优先级高，故首先处理 Ethernet 控制器的中断请求。微处理器先转去执行 Ethernet 控制器的中断服务程序，读 Ethernet 控制器的中断未决状态位，该位为 1，表示 Ethernet 控制器正在请求中断，因而开始 Ethernet 控制器的服务程序。服务完毕，Ethernet 控制器将其中断未决状态位清零，内部 IRQ♯ 信号失效。这时，由于 SCSI 控制器还在请求中断,系统板上的 INT♯信号仍为有效(低电平)。

Ethernet 控制器的中断服务程序执行完毕后,返回被中断程序。但马上又被中断,因为 SCSI 控制器仍在请求中断。微处理器再一次转到 Ethernet 控制器,并检查 Ethernet 控制器的中断未决状态位。由于中断未决状态位已清零,所以不再处理 Ethernet 控制器的中断,而是转到 SCSI 控制器的中断服务程序:先检查 SCSI 控制器的中断未决状态位,该位为 1,因而开始处理 SCSI 控制器的中断请求。服务完毕,SCSI 控制将其中断未决状态位清零,关闭集电极开路门电路,撤销中断请求线 INTA♯到地的通路。这时,上拉电阻自动使中断线 INTA♯变为高电平(失效),至此,所有中断都已处理。

从上述 PCI 设备共享中断的处理过程可以看出,在共享中断请求线的设备间存在隐含的优先级方案。上述例子中,一旦有 IRQ_{10} 中断,微处理器总是先转到 Ethernet 控制器的中断处理程序,只有当 Ethernet 控制器没有请求中断时,才从 Ethernet 控制器的中断服务程序转到 SCSI 控制器的中断服务程序。如果 Ethernet 控制器请求中断的频率很高,那么 SCSI 控制器很可能一直死等,从而得不到中断服务。所以,系统设计者在决定哪些 PCI 设备共享中断时,一定要注意搭配合理,并以正确的顺序登记中断表以隐含合理的优先级。

11.9.3 PCI 中断响应(回答)周期

执行中断响应周期的目的是获取中断号,PCI 总线执行的中断响应周期,与早期的 ISA 总线执行的双周期响应(两个中断回答)不一样,PCI 总线执行的是单周期响应(一个中断回答)。这可以通过 HOST-PCI 桥,放弃来自微处理器的第一个中断响应,而将微处理器的双周期中断响应转换成 PCI 单周期中断响应。PCI 中断响应周期如图 11.13 所示。

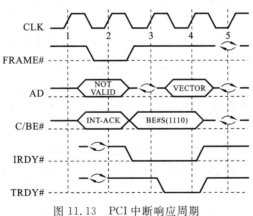

图 11.13　PCI 中断响应周期

在 PCI 中断响应周期的地址期,C/BE♯[03::00]线上的命令代码为 0000(INT-ACK),表示中断响应命令,AD[31::00]线上不出现有效地址,但必须用稳定数据驱动,以便当 PAR 有效时,奇偶校验位可以检测。在 PCI 中断响应周期的数据期,回送的中断号的长度由字节使能来指明(BE♯S=1110),并且是一个单字节(最低字节)。中断响应处理没有寻址机构,其目标设备隐含为系统中断控制器。

中断响应周期能插入等待状态,也能被终止。

11.9.4 PCI 设备的中断申请

PCI 的外部中断申请是通过 PCI-Local 桥提出的,因此,在 PCI 接口卡设计时要考虑对中断申请的处理。本设计所采用的 PCI 接口芯片 PLX9054 提供了多种中断源,支持其中断处理,也提供了一些寄存器进行中断请求的控制和中断源的查询。

1. 中断申请

PLX9054 中断源有两类型:一类是外部中断源;另一类是 PLX9054 内部中断源。外部中断源由 PLX9054 的 LINT♯ 脚引入,内部中断源由 PLX9054 内部产生(如 DMA 通道完成数据传输时产生的中断),不占用芯片引脚。所有中断源都是通过线或方式共享一个中断请求线 INTA♯。

本设计中的 PLX9054 是从模式工作方式,并且接口卡是单功能设备,因此 I/O 设备的中断申请信号经过 CPLD 器件接到 PLX9054 的输入引脚 LINT♯,然后由 PLX9054 的 INTA♯ 向 PCI 申请中断(见图 11.11)。

2. PCI 用于中断处理的寄存器

在 11.7 节的 PCI 配置空间中,介绍过中断引脚寄存器和中断线寄存器,其实还有一个很重要的中断命令/状态寄存器,它不出现在配置空间的头区域,而是放在 PLX9054 芯片另外位置,即 Local 配置空间。上述寄存器是 PCI 中断处理不可缺少的硬件支持,下面简要说明这几个寄存器的功能及使用。

(1) 中断引脚寄存器

中断引脚寄存器是 8 位寄存器,位于 PCI 配置空间的偏移地址 3DH 处,主要用于存放 PCI 的中断引脚号 INTA♯、INTB♯、INTC♯、INTD♯,来支持多功能设备的多个中断请求,但在单功能设备中,只能使用其中一个请求线 INTA♯,可通过初始化设定。设定后,可以从中断引脚寄存器中看出,PCI 设备是使用哪一个引脚去申请中断,具体对应关系参考 11.7.3 节。

(2) 中断线寄存器

中断线寄存器是 8 位寄存器,位于 PCI 配置空间的偏移地址 3CH 处,主要用于存放分配给 PCI 设备的中断请求输入线 IRQn,表示 PCI 设备的中断请求与中断控制器的哪个输入线 IRQ 连接,从而得到可屏蔽中断的中断号。该寄存器的值是由系统动态分配的,对应于系统的两片 82C59A 中断控制器的某个中断输入线($IRQ_0 \sim IRQ_{15}$),具体内容参考 11.7.3 节。

(3) 中断命令/状态寄存器

为了控制 PCI 中断源的中断请求和查找中断源,在配置空间的偏移地址 68H 处安排一个 32 位的中断命令/状态寄存器 INTCSR。该寄存器是命令和状态两用寄存器,详见文献[18]。

根据要求,通过对 INTCSR 寄存器的相应位写 1 或 0,来设置允许哪些中断,禁止哪些中断。例如,若允许 PCI 中断,则置 INTCSR[8]=1;若允许 Local 的外部输入中断,则置 INTCSR[11]=1;若允许 Local 的 DMA 通道 0 中断,则置 INTCSR[18]=1。若写 0,则禁止。

PCI 中断源的识别采用查询方式,这是通过 INTCSR 来识别中断源的。当某一个中断源被允许中断,并且在其被触发以后,在 INTCSR 中相应的位就会被置 1,因此,可以通过读取 INTCSR 中的值来判断是哪一个中断源产生的中断。例如,若要查是否有 Local 的外部输入中断,则检测 INTCSR[15]是否为 1;若要查是否有 Local 的 DMA 通道 0 中断,则检测 INTCSR[21]是否为 1。

一般地,内部中断在响应后,该位自动会清零,而外部中断则必须在中断服务程序中发中断结束命令,例如,Local 的外部输入中断就需要在程序中发中断结束命令来清除。

11.9.5 PCI中断程序举例

例11.5 PCI中断程序

(1) 要求

通过 SW 开关连到 Local 总线的 IRQ_{10} 申请中断,按一次 SW 开关产生一次中断,显示"PCI卡中断!",按10次 SW 开关后,或按任意键退出。采用指定中断结束方式来清除中断请求。电路原理图与第5章的图 5.10 相同。

(2) 分析

在 PCI 总线结构下,对中断的处理与在 PC 微机 ISA 总线下的差别有两点。首先,中断资源是动态分配的,外部中断的中断请求号是由系统分配的,并且存放在配置空间的中断线寄存器(INTLINER)。其次,PCI 中断申请的允许和禁止需经过总线桥的控制,并由桥芯片 PLX9054 上的中断控制/状态寄存器(INTCSR)进行控制。因此,需要对配置空间的中断线寄存器和 PLX9054 芯片内部的中断控制/状态寄存器进行访问。

PCI 总线下,仍然使用系统的中断资源,因此,对中断控制器 82C59A 的操作、中断服务程序的格式及编写方法与第5章的一样,没有什么差别。

(3) 程序设计

根据上述分析,程序中除了3个子程序之外,其余部分就是中断处理程序的一般内容。只在主程序的开头和结束有两个小程序段与第5章 PC 微机的中断处理程序不一样。它们是通过中断控制/状态寄存器实现对中断请求的允许与禁止,这是 PCI 总线中断要求的。

3个子程序中,Sub_FindPCICard 用于搜索 PCI 卡子程序,先必须找到目标 PCI 卡,然后再读取该卡的配置寄存器;Sub_Read9054IOBaseAddr 用于读取 PLX9054 芯片的基地址,以这个基地址加上 INTCSR 的偏移量,就可以对 INTCSR 进行访问;Sub_ReadINTLineNumber 用于读取 INTLINER 的中断申请号(如本例的 IRQ_{10}),它是由系统分配的,不是由用户指定的。

PCI 中断处理程序的汇编语言源程序如下。

```
;-------------------------配置端口-------------------------
CONF_ADDR       EQU 0CF8H           ;32位配置地址寄存器端口
CONF_DATA       EQU 0CFCH           ;32位配置数据寄存器端口
;-------------------------设备标识-------------------------
PLX_DEVID       EQU 540610B5H       ;PCI卡设备及厂商ID
;-------------------中断控制器相关寄存器偏移地址-------------------
INT_NUMBER      EQU 72H             ;IRQ10的中断号
INT_CSR         EQU 68H             ;PLX9054内部中断控制/状态寄存器的偏移地址
IRQ_MASK_2      EQU 11111011B       ;82C59A主片的中断屏蔽码,开放IRQ2中断
IRQ_MASK_10     EQU 11111011B       ;82C59A从片的中断屏蔽码,开放IRQ10中断
;-------------------------数据段定义-------------------------
DATA SEGMENT
;提示信息定义
MSG1 DB 0DH,0AH,'PCI卡中断!',0DH,0AH,'$'
MSG2 DB 0DH,0AH,'按任意键退出!',0DH,0AH,'$'
MSG3 DB 0DH,0AH,'按1次SW开关,产生1次中断!',0DH,0AH,'$'
```

```
    Msg_NotFindPCI        DB 0DH,0AH,'PCI Card Not Find Or Address Error!',0DH,0AH,'$'
    Msg_No9054IOBaseAddr  DB 'No 9054 IO Base Address!', 0DH, 0AH, '$'
;变量定义
    dwPCIConfBaseAddr DB 4 DUP(0)    ;PCI 配置空间基地址暂存空间
    dw9054IOBaseAddr  DB 4 DUP(0)    ;PLX9054 芯片 I/O 基地址暂存空间
    wINTLine          DB 2 DUP(0)    ;配置空间中断线(号)暂存空间
    dwCSReg           DW ?           ;原中断向量保存空间
    dwIPReg           DW ?
    dbIRQTimes        DB 00H         ;中断次数暂存空间
DATA ENDS
;------------------------------------堆栈段定义------------------------------------
STACK SEGMENT
    DB 100 DUP(?)
STACK ENDS
;------------------------------------代码段定义------------------------------------
CODE SEGMENT
    ASSUME CS:CODE,DS:DATA,SS:STACK,ES:DATA
START:
.386
    CLI
    MOV AX,DATA
    MOV DS,AX
    MOV ES,AX
    MOV AX,STACK
    MOV SS,AX
    CALL Sub_FindPCICard               ;找目标 PCI 卡
    Call Sub_Read9054IOBaseAddr        ;读取 PLX9054 芯片的 I/O 基地,用作寻址 INTCSR
    Call Sub_ReadINTLineNumber         ;读取中断线寄存器,获得中断请求号
    MOV DX,WORD PTR dw9054IOBaseAddr
    ADD DX,INT_CSR                     ;设置 PLX9054 内部中断控制/状态寄存器 INTCSR
    IN EAX,DX
    OR EAX,0900H                       ;置 b_8=1,b_11=1,允许 PCI 和 Local 产生中断
    OUT DX,EAX

    MOV AH,35H                         ;保存原中断向量
    MOV AL,INT_NUMBER
    INT 21H
    MOV AX,ES
    MOV dwCSReg,AX
    MOV dwIPReg,BX
```

```
        MOV AX,CODE                    ;设置新中断向量
        MOV DS,AX
        MOV DX,OFFSET INT_SERVICE
        MOV AL,INT_NUMBER
        MOV AH,25H
        INT 21H

        IN AL,21H                      ;82C59A 主片的 OCW$_1$ 的端口
        AND AL,IRQ_MASK_2              ;允许 82C59A 主片的 IRQ$_2$ 中断
        OUT 21H,AL
        IN AL,0A1H                     ;82C59A 从片的 OCW$_1$ 的端口
        AND AL,IRQ_MASK_10             ;允许 82C59A 从片的 IRQ$_{10}$ 中断
        OUT 0A1H,AL

        MOV AX,DATA
        MOV DS,AX
        MOV DX,OFFSET MSG2             ;显示提示符:'按任意键退出!'
        MOV AH,09H
        INT 21H
        MOV DX,OFFSET MSG3             ;显示提示符:'按一次 SW 开关,产生一次中断!'
        MOV AH,09H
        INT 21H
        MOV dbIRQTimes,0AH             ;设置中断次数为 10 次
        STI                            ;开中断

LOOP1:                                 ;等待中断
        CMP dbIRQTimes,0               ;判断中断 10 次后退出
        JZ EXITMAIN
        MOV AH,1                       ;按任意键退出
        INT 16H
        JNZ EXITMAIN
        JMP LOOP1                      ;未到 10 次,也没有任意键按下,继续等待

EXITMAIN: CLI
        MOV BL, IRQ_MASK_2             ;恢复 82C59A 主片的中断屏蔽码
        NOT BL
        IN AL,21H
        OR AL,BL
        OUT 21H, AL
        MOV BL,IRQ_MASK_10             ;恢复 82C59A 从片的中断屏蔽码
```

```
            NOT BL
            IN AL,0A1H
            OR AL,BL
            OUT 0A1H,AL

            MOV DX,dwIPReg              ;恢复原中断向量
            MOV AX,dwCSReg
            MOV DS,AX
            MOV AH,25H
            MOV AL,INT_NUMBER
            INT 21H

            MOV DX,WORD PTR dw9054IOBaseAddr
            ADD DX,INT_CSR              ;设置 PLX9054 内部中断控制/状态寄存器 INTCSR
            IN EAX,DX
            AND EAX,0F7FFH              ;置 b_{11}=0,禁止 Local 产生中断
            OUT DX,EAX
            MOV AX,4C00H                ;返回 DOS
            INT 21H

    INT_SERVICE PROC FAR                ;中断服务程序
            CLI
            PUSH AX
            PUSH DX
            PUSH DS
            DEC dbIRQTimes
            MOV AX,DATA
            MOV DS,AX
            MOV DX,OFFSET MSG1          ;显示:'PCI 卡中断'
            MOV AH,09H
            INT 21H
            MOV AL,20H                  ;中断结束命令 EOI
            OUT 0A0H,AL                 ;送到 82C59A 从片的 OCW_2 的端口
            OUT 20H,AL                  ;送到 82C59A 主片的 OCW_2 的端口
            POP DS
            POP DX
            POP AX
            STI                         ;开中断
            IRET                        ;中断返回
    INT_SERVICE ENDP
```

;--
;功能:查找 PCI 卡子程序
;输出变量:dwPCIConfBaseAddr
;(该子程序与例 11.3 的相同,为节省篇幅,在此不予列出)
;--

;--
;功能:读取 PLX9054IO 基地址子程序
;结果变量:dw9054IOBaseAddr
;--
Sub_Read9054IOBaseAddr PROC
    PUSHAD
    PUSHFD
    MOV EAX,DWORD PTR dwPCIConfBaseAddr   ;恢复 PCI 配置空间的基地址
    MOV DX,CONF_ADDR
    ADD EAX,14H   ;指向 PCI 配置空间的 1 号基地址寄存器
    OUT DX,EAX   ;写配置地址寄存器
    MOV DX,CONF_DATA
    IN EAX,DX   ;读配置数据寄存器
    MOV DWORD PTR dw9054IOBaseAddr,EAX
    AND EAX,1   ;检查 I/O 基地址的标志位是否为 1
    JZ NO9054IOADDR   ;若不为 1,则无 PLX9054 I/O 基地址
    MOV EAX,DWORD PTR dw9054IOBaseAddr
    AND EAX,0FFFFFFFEH   ;去除 I/O 基地址标志位
    MOV DWORD PTR dw9054IOBaseAddr,EAX   ;保存 PLX9054 I/O 基地址
    JMP EXITREADIO
    NO9054IOADDR:
    MOV DX,OFFSET Msg_No9054IOBaseAddr
    MOV AH,9
    INT 21H
    EXITREADIO:
    POPFD
    POPAD
    RET
Sub_Read9054IOBaseAddr ENDP

;--
;功能:读取 PCI 中断号子程序
;结果变量:WINTLine
;--

Sub_ReadINTLineNumber PROC

```
            PUSHAD
            PUSHFD
            MOV EAX,DWORD PTR dwPCIConfBaseAddr    ;恢复 PCI 配置空间的基地址
            MOV DX,CONF_ADDR
            ADD EAX,3CH                            ;指向 PCI 配置空间的中断线寄存器
            OUT DX,EAX                             ;写配置地址寄存器
            MOV DX,CONF_DATA
            IN EAX,DX                              ;读配置数据寄存器
            AND EAX,0FFH                           ;去除中断线寄存器的其他指示位,并保存
            MOV WORD PTR wINTLine,AX
            POPFD
            POPAD
            RET
Sub_ReadINTLineNumber ENDP
CODE ENDS
            END START
```

(4) 讨论

① PCI 总线结构下,用户的中断申请不能直接送到系统的中断控制器 82C59A,而必须通过配置空间进行中断资源动态分配指定一个中断号去申请中断(这个指定的中断号与用户使用的中断号无关),具体由配置空间中断引脚寄存器和中断线寄存器负责。处理过程中有关中断控制及状态信息的提供由 PLX9054 的中断控制/状态寄存器 INTCSR 负责。

因此,PCI 总线的中断处理比 PC 微机 ISA 总线的中断处理要复杂,除了第 5 章讨论过的对 82C59A 的那些操作之外,还要做两件事:一是从配置空间的中断线寄存器 INT-LINE 获取系统分配的中断请求号(如本例的 IRQ_{10}),用它向 82C59A 申请中断;二是通过中断控制/状态寄存器 INTCSR 允许或禁止外部中断请求(如本例允许的 PCI 和 Local 产生中断)。

② 程序中的中断号(INT_NUMBER)72H 是通过读取配置空间中断线寄存器所得到的 IRQ_{10} 经转换而来的。

11.10 PCI 总线 DMA 传输

11.10.1 PCI DMA 传输的特点

① DMA 传输在 PCI 协议中没有作具体规定,认为 DMA 传输方式在 PCI 总线出现后已无存在的必要,因为 PCI 协议数据传输的基本方式就是猝发传输,并且是在主设备与从设备之间传送,有了总线主控设备的定义规范。当然也不排斥有人要使用 DMA 方式进行数据传输,不过得自己设置 DMA 控制器,叫做设备级 DMA 控制器,例如,PCI 接口芯片 PLX9054 就包含了一个设备级 DMA 控制器。PCI 设备不使用系统的 DMA 控制器(磁盘驱动器除外)。

② PCI 设备使用自带的设备级 DMA 控制器,其内部寄存器的格式、宽度(为 32 位)及端口地址与系统级 DMA 控制器不兼容。因此,与早期微机使用系统级 DMA 控制器的 DMA 传输不同,在前面第 6 章中讨论过的处理方法也就不能照搬到这里来处理 PCI 的 DMA 传输。

③ 编程使用设备级的 DMA 控制器要做的工作有:PCI 总线 DMA 传输初始化、DMA 传输的启动,以及 DMA 传输结束是否要求中断等。

11.10.2 PCI DMA 传输过程

PCI 的 DMA 控制器必须是对于 PCI 总线和本地总线都是主设备,也就是说,既可以将数据从本地总线取出传到 PCI 总线上,也可以将数据从 PCI 总线上取出传输到本地总线上。

如果数据传输要求从本地空间传输到 PCI 空间,则 PLX9054 首先对本地总线执行读操作。在本地总线上可能有其他设备需要访问本地总线,因此 PLX9054 需要申请获得本地总线的控制权。在 PLX9054 获得控制权后将本地数据读入 PLX9054 的 FIFO 中。与此同时,PLX9054 将向 PCI 总线仲裁器申请 PCI 总线控制权,将数据从 FIFO 中写到 PCI 总线。一旦 DMA 传输完成,PLX9054 设定 DMA"传输结束位"结束 DMA 传输,如果设置中断允许,PLX9054 将根据设置发出中断请求。同样,可将数据从 PCI 总线传输到本地总线。

11.10.3 PCI DMA 控制器

PLX 9054 集成了两个互相独立的 DMA 通道,每个通道都支持 Block DMAScatter/Gather DMA,其中通道 0 还支持请求(Demand)DMA 传输方式。由于 PLX9054 的两个 DMA 通道都是由 DMA 控制器和专用的双向 FIFO 组成,当每个通道进行 DMA 传输时,PLX9054 对于 PCI 总线和本地总线都是主设备,也就是说,DMA 控制器可发起对本地总线和 PCI 总线操作。

PLX9054 进行 DMA 传输是由一些 DMA 相关的寄存器支持的。两个通道各自都有自己的寄存器,包括 DMA 模式寄存器、PCI 地址寄存器、Local 地址寄存器、DMA 传输字节数寄存器、DMA 描述指针寄存器、DMA 命令状态寄存器、DMA 双地址周期寄存器。

两个通道共用的寄存器有:模式/仲裁寄存器和 DMA 阀值寄存器。各寄存器的功能与格式见文献[18]。

11.10.4 PCI DMA 的初始化流程

PCI DMA 初始化流程如图 11.14 所示。从图中可以看出依次向模式寄存器、PCI 地址寄存器、Local 地址寄存器、传输字节数寄存器、描述寄存器中写入相关信息,然后通过命令状态寄存器发起 DMA 传输。当然,0 通道的 Demand 方式也可以通过外界输入一个低电平发起传输。

11.10.5 PCI DMA 程序举例

例 11.6 PCI DMA 传输程序。

(1) 要求

采用 DMA 方式从 PCI 一侧的主存储区向 Local 一侧的扩展存储区传送 26 个英文大写字母,传送完毕,显示扩展存储区所收到的内容。在传输过程中,若按下任意键,则退出。

(2) 分析

由于在 PCI 总线结构下,一般使用设备自己的 DMA 控制器 DMAC(设备级 DMAC),与在 PC 微机使用系统的 DMA 资源(系统级 DMAC)有很大的差别,设备级 DAMC 内部的寄存器是 32 位,系统级的是 16 位,两者完全不兼容。因此,要对设备级 DMAC 进行初始化,依次

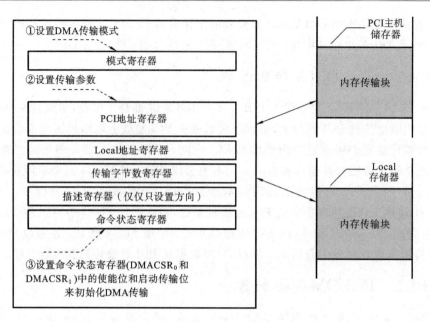

图 11.14 PCI DMA 初始化流程

向模式寄存器、PCI 地址寄存器、Local 地址寄存器、传输字节数寄存器、描述寄存器中写入相关信息,然后通过命令状态寄存器启动 DMA 传输,如图 11.14 所示。

设备级的 DAMC 安排在接口芯片 PLX9054 中,因此在访问 DMAC 内部寄存器时,其端口地址应以 PLX9054 的基地址,再加上各寄存器自身的偏移量。

(3) 设计

程序包括主程序和 3 个子程序,主程序完成对 PCI 卡设备级 DMA 控制器的初始化和启动 DMA 传输。3 个子程序中,只有第三个子程序 Sub_ReadMemBaseAddr 是 PCIDMA 传输新加的,用于读取扩展存储器 SRAM 的基地址(如 20000H),作为本例 DMA 传输的目标起始地址,这个基地址是系统分配的,不是由用户指定的。前两个子程序分别与例 11.3 和例 11.5 的相同。

PCI→Local 的 DMA 传输汇编语言源程序如下。

```
;------------------------配置端口------------------------
CONF_ADDR       EQU 0CF8H       ;32 位配置地址寄存器端口
CONF_DATA       EQU 0CFCH       ;32 位配置数据寄存器端口
;------------------------设备标志------------------------
PLX_DEVID       EQU 540610B5H   ;PCI 卡设备及厂商 ID
;---------------------DMAC 相关寄存器偏移地址---------------------
DMAMODE0        EQU 80H         ;通道 0 的模式寄存器的偏移地址(相对于 PCI 偏移)
DMAPADR0        EQU 84H         ;通道 0 的 PCI 地址寄存器的偏移地址
DMALADR0        EQU 88H         ;通道 0 的 Local 地址寄存器的偏移地址
DMASIZ0         EQU 8CH         ;通道 0 的传输字节数寄存器的偏移地址
DMADPR0         EQU 90H         ;通道 0 的描述寄存器的偏移地址
DMACSR0         EQU 0A8H        ;通道 0 的命令状/态寄存器的偏移地址
;------------------------数据段定义------------------------
```

```
DATA SEGMENT
;提示信息定义
Msg_NotFindPCI     DB 0DH,0AH,'Pci Card Not Find Or Address Error!',0DH,0AH,'$'
Msg_No9054IOBaseAddr    DB 'No 9054 IO Base Address!',0DH,0AH,'$'
Msg_NoMemBaseAddr       DB 'No Memory Base Address!',0DH,0AH,'$'
Msg_9054IOBaseAddr      DB 0DH,0AH,'9054 IO Base Address:',0DH,0AH,'$'
Msg_MemBaseAddr         DB 0DH,0AH,'Memory Base Address:',0DH,0AH,'$'
;变量定义
dbBuf                DB 26 DUP(0)
dwPCIConfBaseAddr DB 4 DUP(0)        ;PCI 配置空间基地址暂存空间
dw9054IOBaseAddr  DB 4 DUP(0)        ;PLX9054IO 基地址暂存空间
dwMemBaseAddr     DB 4 DUP(0)        ;扩展存储器基地址暂存空间
DATA ENDS
;----------------------------堆栈段定义----------------------------
STACK1 SEGMENT
DW 200 DUP(?)
STACK1 ENDS
;----------------------------代码段定义----------------------------
CODE SEGMENT
ASSUME SS: STACK1, CS: CODE, DS: DATA
.386P
START:
    MOV AX,STACK1
    MOV SS,AX
    MOV AX,DATA
    MOV DS,AX
     MOV SI,OFFSET dbBuf
    MOV CL,26
    MOV AL,'A'
LOADCHAR:                                   ;加载 26 个大写字母到主存 dbBuf 存储区
    MOV [SI],AL
    INC SI
    INC AL
    DEC CL
    JNE LOADCHAR

    CALL Sub_FindPCICard
    Call Sub_Read9054IOBaseAddr
    CALL Sub_ReadMemBaseAddr
```

```
        MOV DX,WORD PTR dw9054IOBaseAddr    ;设置 DMA 方式寄存器
        ADD DX,DMAMODE0
        MOV EAX,20457H                       ;送方式命令字 20457H
        OUT DX,EAX

        MOV DX,WORD PTR dw9054IOBaseAddr    ;设置 PCI 地址寄存器
        ADD DX,DMAPADR0
        MOV AX,OFFSET dbBuf                  ;送主存储器起始地址
        OUT DX,AX

        MOV DX,WORD PTR dw9054IOBaseAddr    ;设置 Local 地址寄存器
        ADD DX,DMALADR0
        MOV EAX,DWORD PTR dwMemBaseAddr     ;送扩展存储器起始地址
        OUT DX,EAX

        MOV DX,WORD PTR dw9054IOBaseAddr    ;设置传输字节数寄存器
        ADD DX,DMASIZ0
        MOV AL,1AH                           ;送字节数 26
        OUT DX,AL

        MOV DX,WORD PTR dw9054IOBaseAddr    ;设置描述寄存器,确定 DMA 的传输方向
        ADD DX,DMADPR0
        MOV AL,00H                           ;送 00H,表示从 PCI 传向 Local
        OUT DX,AL

        MOV DX,WORD PTR dw9054IOBaseAddr    ;设置命令状态寄存器
        ADD DX,DMACSR0
        MOV AL,03H                           ;送命令字 03H,启动通道 0 开始传送
        OUT DX,AL

CHECKHITKEY:
        MOV AH,1                             ;查有无任意键按下
        INT 16H
        JNZ EXITMAIN                         ;有任意键按下,则退出
        IN AL,DX                             ;再查命令/状态寄存器
        AND AX,10000B                        ;查 DMA 传输是否结束
        JZ CHECKHITKEY                       ;未结束,等待
        CALL Sub_DispMem                     ;显示目的存储区(SRAMD 的内容)
EXITMAIN:
        MOV DX,WORD PTR dw9054IOBaseAddr    ;命令/状态寄存器
```

```
            ADD DX,DMACSR0
            MOV AL,0H                           ;送命令字=0000B
            OUT DX,AL                           ;禁止通道 0 的 DMA 传送
            MOV AX,4C00H                        ;退出
            INT 21H
;------------------------------------------------------------------------
;功能:查找 PCI 卡子程序
;输出变量:dwPCIConfBaseAddr
;(该子程序与例 11.3 的相同,为节省篇幅,在此不予列出)
;------------------------------------------------------------------------
            ⋮
;------------------------------------------------------------------------
;功能:读取 PLX9054IO 基地址子程序
;结果变量:dw9054IOBaseAddr
;(该子程序与例 11.5 的相同,为节省篇幅,在此不予列出)
;------------------------------------------------------------------------
            ⋮
;------------------------------------------------------------------------
;功能:读取存储器基地址子程序
;结果变量:dwMemBaseAddr
;------------------------------------------------------------------------
Sub_ReadMemBaseAddr PROC                        ;读取扩展存储器基地址子程序
            PUSHAD
            PUSHFD
            MOV EAX,DWORD PTR dwPCIConfBaseAddr ;恢复 PCI 配置空间的基地址
            MOV DX,CONF_ADDR                    ;写地址口
            ;MOV EAX,EBX
            ADD EAX,1CH                         ;指向配置空间的 3 号基地址寄存器
            OUT DX,EAX
            MOV DX,CONF_DATA                    ;读数据口
            IN EAX,DX                           ;读取扩展存储器的基地址
            MOV DWORD PTR dwMemBaseAddr,EAX
            AND EAX,1                           ;检查 MEMORY 基地址标志位是否为 0
            JNZ NOMEMADDR                       ;扩展存储器 SRAM 基地址不存在
            MOV EAX,DWORD PTR dwMemBaseAddr
            AND EAX,0FFFFFFF0H                  ;去掉 MEMORRY 基地址标志位
            MOV DWORD PTR dwMemBaseAddr,EAX     ;保存 SRAM 基地址
            JMP EXITREADMEM
NOMEMADDR:
            MOV DX,OFFSET Msg_NoMemBaseAddr     ;显示 MEM 基地址不存在
            MOV AH,9
```

```
        INT 21H
    EXITREADMEM:
        POPFD
        POPAD
        RET
        RET
Sub_ReadMemBaseAddr ENDP


Sub_DispMem PROC                    ;从扩展存储器 SRAM 读 26 个字节内容并显示
        MOV AX,DATA
        MOV DS,AX
        MOV SI,OFFSET dwMemBaseAddr
        MOV CX,1AH
    LOOPX3:
        MOV DL,[SI]
        MOV AH,02H
        INT 21H
        ADD SI,1
        LOOP LOOPX3
        MOV DL,0DH
        INT 21H
        MOV DL,0AH
        INT 21H
        RET
Sub_DispMem ENDP


CODE ENDS
END START
```

(4) 讨论

① 为了给 Local 配置空间(即 PLX9054 内部寄存器存放空间)定位和获取扩展存储区 SRAM 的基地址,程序中对 PCI 配置空间的 1 号和 3 号基地址寄存器进行了读取,因为这两个基地址寄存器分别保存着 Local 配置空间和扩展存储区 SRAM 的基地址的映射地址。

② 配置空间有两套寄存器,PCI 配置寄存器和 Local 配置寄存器。PCI 配置空间的寄存器是 PCI 协议标准规定的格式,即配置空间头区域的格式,所包括的寄存器如图 11.5 所示。Local 配置空间寄存器是 PLX9054 接口芯片(桥)生产厂家设计的,包括两个 Local 地址空间,即 Local Space0 和 Local Space1,两个地址空间分别含有 Local 基地址、地址范围和 Local 总线描述寄存器。

此外,为在 PCI 总线结构下处理中断和 DMA 传输,在接口芯片(桥)PLX9054 内部还设置了中断控制/状态寄存器、DMA 控制器的若干个 32 位寄存器,这些寄存器在 PCI 配置空间头区域并不出现。

习 题 11

1. PCI 总线有哪些特点？
2. PCI 总线标准所定义的信号线分为哪两类？
3. 试结合图 11.2 和图 11.3 分析 PCI 总线数据传输时读/写操作的过程，它与 ISA 总线的读/写过程有什么不同？
4. PCI 总线协议定义了哪三种物理地址空间？这三种地址空间的寻址范围、寻址单位长度、存放位置及地址线的最低位 AD[1::0] 有何不同？
5. 什么是 PCI 设备？什么是 PCI 功能？
6. 按照 PCI 协议要求给系统中每个 PCI 设备（功能）设置一个统一格式和大小的配置空间，为什么 PCI 要设置配置空间？
7. PCI 配置空间有多大？其中 PCI 配置头区域的布局格式是怎样的？它是由哪些寄存器组成的？
8. 利用 PCI 配置空间可以实现哪些功能？
9. 所谓 PCI 设备地址映射是指的什么内容？PCI 配置空间的 6 个基地址寄存器 $BAR_0 \sim BAR_5$ 在 PCI 设备地址映射中各起什么作用？
10. 基地址寄存器的格式是怎样的？映射到 I/O 地址空间的基址寄存器与映射到存储器地址空间的基址寄存器如何识别？
11. 配置空间的访问与通常的存储器访问及 I/O 访问有什么不同？
12. 访问 PCI 设备的配置空间，获取 PCI 配置空间的配置信息的方法与步骤是什么？其中对配置地址寄存器的编程使用是关键，你对它的格式、各字段的含义及编程方法是否都搞清楚了？
13. PCI 总线接口卡的设计一般有哪两种方案？你对这两种方案有什么看法？
14. 采用 PLX9054 设计 PCI 接口卡需考虑的几个问题是什么？
15. PCI 总线接口卡电路一般包括哪些主要模块？各模块的作用是什么？
16. PCI 接口卡配置空间初始化的内容是哪些？
17. PCI 中断处理与 ISA 中断处理有哪些不同的特点？
18. 什么是 PCI 中断共享？试简要说明中断共享的基本思路？中断优先级在中断共享中有何作用？
19. PCI 配置空间用于中断处理的寄存器有中断引脚（Interrupt Pin）寄存器\中断线（Interrupt Line）寄存器和中断控制/状态寄存器（Interrupt Control/Status），它们各有何作用？
20. PCI DMA 传输与早期微机系统的 DMA 传输有什么不同？
21. PCI DMA 传输的初始化流程是怎样的？
22. 如何编程查找 PCI 设备的程序？（可参考例 11.1）
23. 如何编写访问 PCI 配置空间信息程序？（可参考例 11.2）
24. 如何编写访问 PCI I/O 端口程序？（可参考例 11.3）
25. 如何编写访问 PCI 存储器程序？（可参考例 11.4）
26. 如何编写 PCI 中断程序？（可参考例 11.5）
27. 如何编写 PCI DMA 传输程序？（可参考例 11.6）

第 12 章 微机接口技术中 PCI 设备驱动程序设计

12.1 为什么要使用设备驱动程序

早期的微机使用 MS-DOS 操作系统,用户应用程序与操作系统拥有相同的访问权,没有保护功能,应用程序可以直接操作硬件。

现代微机所使用的 Windows 操作系统,将其运行的软件划分为 4 个优先等级 0,1,2,3,其中 0 级最高,3 级最低,操作系统分配给 0 级,应用程序分配给 3 级。运行在 0 级的系统程序可以执行 CPU 所有的指令,访问硬件不受任何限制;运行在 3 级的应用程序能执行的指令受到限制,也不能对硬件直接操作。利用这一功能就可以把系统程序和应用程序分离开来,防止应用程序干扰或破坏系统软件,以提高系统的可靠性和健壮性。但是,用户的接口控制程序必须与硬件打交道,而且是深入设备的端口进行访问,实现对硬件的操作,显然,Windows 的保护机制与用户去控制和访问硬件产生了矛盾。

设备驱动程序是运行在 0 级的特殊程序,因此用户可以利用它来完成对硬件的操作,即在应用程序中调用相应的设备驱动程序例程实现对设备的访问,或者通过设备驱动程序例程向应用程序发事件来启动应用程序。这也就是本书开头就提到的现代微机接口技术需要考虑设备驱动程序,并把它作为接口下层的重要内容的原因。

今后,用户在 Windows 环境下进行接口设计与开发时,在软件方面不仅要写上层应用程序,还要写底层设备驱动程序。

本章将着重讨论新添硬件设备驱动程序设计的方法,以及应用程序与设备驱动程序通信的方法。下面首先简要介绍 Windows 操作系统的体系结构、设备驱动程序与 Windows 操作系统的关系,以及 WDM 驱动程序的类型,然后讨论第 11 章 PCI 接口卡驱动程序的设计。如果要对驱动程序进行全面而深入的了解,请参考驱动程序的相关书籍和文献[14]~[17]。

12.2 Windows 体系结构下程序的分类

由 Windows 体系结构的层次可以看出,Windows 是由用户模式和内核模式两类代码构成的,因此在 Windows 操作系统环境中,一部分程序运行在用户模式下,另一部分程序则运行在内核模式下,如图 12.1 所示。

1. Windows 的用户模式程序

用户模式代码局限于无害操作,不能执行特权指令,尤其是不能执行 I/O 指令。用户模式程序包括用户应用程序、应用环境子系统、服务进程、系统支持进程等。下面仅介绍应用程序和应用环境子系统。

(1) 应用程序

如果应用程序要求使用那些被禁止执行的指令,则应用程序必须向操作系统提出请求,调用操作系统服务。在 Windows 环境下,应用程序不能直接调用操作系统服务,必须通过系统

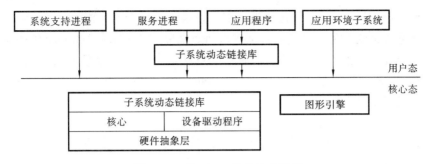

图 12.1 Windows 体系结构框图

提供的系统接口来与系统内核交互。该接口的作用就是将用户请求转换为相应的 Windows 内部系统调用。

Windows 的用户应用程序有两种，即 Win32 应用程序和 MS-DOS 应用程序，前者是 Windows 本机模式 32 位应用程序，后者是兼容 MS-DOS 的 16 位应用程序。两种应用程序在与设备驱动程序交互时，或者说对调用设备驱动程序的调用方式是不同的。

（2）应用环境子系统

相应地，在 Windows 的用户态提供了上述两种应用程序的应用环境子系统——Win32 子系统和 VDM 子系统。

● Win32 子系统，即应用程序编程接口 API，是 Windows 的本机模式应用环境。所有新加的 Windows 应用程序都依赖 Win32 子系统完成自己的工作，即都通过 API 来调用系统服务。所谓 Win32 应用程序都是基于 API 来编写的。所有其他应用环境子系统也需要使用 API 与内核打交道。

● VDM 子系统，即 DOS 虚拟机，它不是 Windows 的本机模式（没有 API），而是为早期 DOS 应用程序提供的一个 16 位的 MS-DOS 应用环境。由于 MS-DOS 应用程序没有足够的指令特权访问 I/O 端口，如果直接通过 I/O 端口访问设备，将会产生指令异常中断而无法运行程序。为此，VDM 采用拦截机制，将对 I/O 端口的访问拦截下来，再通过 API 调用系统服务。这种系统调用是由虚拟设备驱动程序（VDD）完成。

2. Windows 的内核模式程序

内核模式代码可以执行任何有效的处理器指令，包括 I/O 操作。内核模式程序包括操作系统核心、设备驱动程序、硬件抽象层、执行体、图形引擎等。

设备驱动程序是可加载的核心态模块，包括一系列独立的例程，是应用程序和相关硬件之间的接口。

Windows 使用 WDM（Win32 Driver Model）作为标准的驱动程序模型。WDM 提供了一种灵活的方式来简化驱动程序的开发，以实现对新添加硬件的支持。WDM 实现了模块化、层次化的模型驱动程序结构。对标准类接口的支持减少了 Windows 和 Windows NT 所需的设备驱动程序的数量和复杂性。在 Windows 平台上，采用 WDM 的驱动程序已成为技术主流。

设备驱动程序代码必须依赖硬件抽象层 HAL 中的代码，以便引用硬件寄存器和总线。硬件抽象层将微处理器与操作系统核心和设备驱动程序分开。这样一来，在设备驱动程序代码被移植到一个新的平台上时，只要重新编译即可运行，而不依赖平台。

3. 设备驱动程序与 Windows 的关系

任何操作系统下的设备驱动程序都与系统内核有着密切的关系，设备驱动程序必须与基本的系统代码相互作用,Windows 操作系统下的设备驱动程序也不例外,上述 Windows 体系结构中的程序分类也说明了这种关系。从逻辑功能来说,Windows 是由一个操作系统核心和多个驱动程序组成的。也就是说,设备驱动程序是 Windows 操作系统的重要组成部分,它的正常工作需要 Windows 其他内核组件的支持,同时 Windows 的大部分的内核组件也必须与设备驱动程序交互来完成它们的功能。

12.3 Windows 的驱动程序类型

Windows 的驱动程序也有用户模式和内核模式两种驱动程序,如图 12.2 所示。

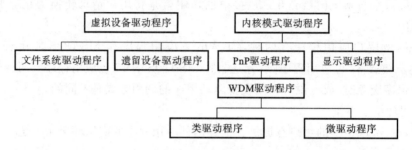

图 12.2 Windows 中的设备驱动程序类型

1. 用户模式设备驱动程序

用户模式设备驱动程序是指虚拟设备驱动 VDD(Virtual Device Driver)程序,是按用户模式运行的系统级代码。由于 Windows 用户模式不允许直接访问硬件,因此虚拟设备驱动程序 VDD 也不能直接访问硬件设备,必须依赖运行于内核模式的驱动程序(如 WDM),通过内核模式驱动程序才能访问硬件。在后面的驱动程序设计中,将会看到 VDD 程序作为 MS-DOS 应用程序与 WDM 内核模式设备驱动程序之间的桥梁而发挥作用。

2. 内核模式驱动程序

由运行于内核模式的系统级代码组成,允许直接访问硬件,因而它们用来直接控制硬件。内核模式驱动程序可以进一步分为三种基本类型:最高层驱动程序(如文件系统驱动程序(FSD))、中间层驱动程序(如显示和打印设备驱动程序)、底层驱动程序(如 PnP 硬件总线驱动程序)。WDM 驱动程序是一种 PnP 驱动程序,它同时还遵循电源管理协议。

因此,在 Windows 操作系统下的驱动程序开发有三个领域:文件系统驱动程序、显示驱动程序和 WDM 驱动程序。其中,文件系统驱动程序针对的是存储设备;显示驱动程序针对的是显示设备、SCSI 和网络设备等特定领域;WDM 驱动程序针对的则是计算机应用系统开发所面对的设备与资源。所以,WDM 内核模式驱动程序的开发是用户主要的研究对象。本章主要讨论的也就是 WDM 内核模式驱动程序。

本教材以后所说的驱动程序或 WDM 程序就是指内核驱动程序,不包括虚拟设备驱动程序,除非特别指明是虚拟设备驱动程序。

12.4 驱动程序的主要例程

驱动程序是一个庞大的例程与函数的组合体,内容很复杂。在 WDM 驱动程序模型中,可以把一个完整的驱动程序看做一个匣子,其中包含了许多支持例程。当操作系统遇到一个

IRP(I/O 请求包)时,就调用这个匣子中的例程来执行该 IRP 的操作,如图 12.3 所示。

图 12.3 WDM 驱动程序例程

所以,WDM 驱动程序开发者的工作任务之一,就是如何根据设计要求为这个匣子选择所需要的例程,并在不同阶段调用它们去处理相应的 I/O 请求。下面简要介绍常用的几个设备驱动程序的基本例程。

1. 初始化例程(DriverEntry)

当 I/O 管理器把驱动程序加载到操作系统中时,执行驱动程序的初始化例程 DriverEntry。I/O 管理器利用这个例程创建系统对象,去识别和访问驱动程序。

2. 添加设备例程(AddDevice)

添加设备例程用于支持 PnP 管理器的操作,PnP 管理器利用这个例程把设备对象放在设备堆栈的顶部,并调用一系列调度例程。调度例程是设备驱动程序提供的主要函数,如打开、关闭、读取、写入函数等。当要求执行一个 I/O 操作时,I/O 管理器产生一个 IRP,并且通过某个调度例程调用驱动程序。

3. 启动 I/O 例程(StartIo)

根据 IRP 请求包的主功能执行相应的操作。例如若主功能是 IRP_MJ_DEVICE_CONTROL,则调用 DeviceControl 例程,进入到相应的端口操作。

4. 中断服务例程(ISR)

当处理一个设备的中断时,内核的中断调度程序把控制权转交给这个例程。在 Windows 的 I/O 模型中,中断服务例程 ISR 运行在高级的设备中断请求级(IRQL)上,所以它越简单越好,一般是做初始化的工作,尽快处理完后就退出,以避免对低优先级中断产生阻塞,然后调用运行在低级 IRQL 上的中断延迟调用例程 DPC,以执行中断例程处理的剩余部分。只有用于中断驱动设备的驱动程序才有 ISR,例如,文件系统就没有 ISR。

5. 中断延迟调用例程(DPC)

DPC 完成在中断服务例程 ISR 执行以后的大部分中断处理工作。DPC 例程在低于 ISR 例程的中断请求级 IRQL 上运行,从而避免对其他中断产生阻塞。DPC 例程完成启动设备的中断服务程序操作。

6. 派遣例程(Dispatch)

派遣例程是由用户编写并注册,由 I/O 管理器调用完成具体硬件操作的例程。I/O 管理器根据 I/O 请求包中的请求码调用不同的例程来完成硬件操作。因此,派遣例程的编写是设备驱动程序中的关键内容。

例如,派遣例程 DeviceControl,根据不同的控制代码调用读/写例程,完成应用程序请求的操作。

以上是设备驱动程序的常用例程,另外,可根据需要增加其他的例程。例如,需要处理 DMA 传输时,就增加 AdapterControl 例程。

12.5　设备驱动程序与用户应用程序有哪些不同

与应用程序相比,驱动程序有如下特点。

(1) 设备驱动程序属于 Windows 内核模式程序,是控制计算机硬件设备的软件,处于用户模式的应用程序通过驱动程序对设备进行操作,因此驱动程序是应用程序与硬件设备连接的桥梁。

(2) 驱动程序不能主动地进行硬件操作,它主要为应用程序提供服务,而应用程序是进行硬件操作的主体,所有的操作都由应用程序发起。

(3) 驱动程序的设计、安装、调试与应用程序不同,开发过程复杂,需使用专门的开发工具,如 Windows 的 DDK 或 DriverWorks。

(4) 驱动程序是内核模式程序,必须符合内核模式程序的编程规则,涉及操作系统内核、动态链接库 DLL、WDM 驱动程序的模型与框架的生成和使用。不像编写用户应用程序那样直观。

以上设备驱动程序与应用程序不同的特点也可以说是设备驱动程序设计的难点,是在以前应用程序中未曾遇到过的新问题与新技术。

12.6　编写设备驱动程序需要了解的几个技术问题

1. 有选择地调用驱动程序的支持例程

驱动程序是由多个例程组合在一起的,即由不同的支持例程完成不同的操作功能,例如,I/O 端口读/写例程完成对 I/O 设备的操作,存储器读/写例程完成对存储单元的操作,中断和 DMA 传输由相关的例程进行处理,根据需要有选择地调用某些例程。按照驱动程序的这一特点,在设计驱动程序时,首先要分析驱动程序对对象进行什么样的操作,然后有针对性地编写驱动程序。例如,对 I/O 设备操作,实质上是对设备接口的端口操作,需要编写 I/O 端口读/写支持例程。因此,凡是涉及 I/O 端口操作的请求都可以调用这个例程来进行处理。同理,对存储器操作及中断、DMA 处理也可编写相应的例程来进行操作。一个完整的驱动程序可能很复杂,程序很长,但经过上述的分割与归纳之后,不仅使任务单一化,而且同类型的驱动例程可以共享,提高程序效率。

2. 驱动程序与上层应用程序关系密切

驱动程序进行什么样的操作是根据应用程序的请求(控制码)执行的,执行操作所需的数据与地址也来自应用程序。如果没有应用程序的请求,驱动程序是不会自动运行的,并且如果没有应用程序传递过来的数据与地址,驱动程序也运行不下去。当驱动程序执行完毕,它也会向应用程序返回执行的结果及相关信息。因此,应用程序与驱动程序之间的通信是驱动程序开发需要考虑的内容。

3. 应用程序与驱动程序的通信方法与过程

应用程序与驱动程序的通信主要是利用系统 API 函数 DeviceIoControl 和驱动程序中的相关派遣例程来完成,前者用于向驱动程序传递控制码及数据、地址信息,后者执行控制代码所要求的操作，并返回结果。另外，在对设备进行操作之前，必须先建立与设备的连接，这个工作由 API 函数 CreateFile 打开设备句柄，建立到设备的连接，并通过设备符号链接名与驱动程序发生关系，即加载设备驱动程序，而在驱动程序中通过相关例程创建设备符号链接名，给 CreateFile 函数使用。

不同类型的应用程序与驱动程序的通信过程不同，上述过程是 Win32 应用程序与驱动程序之间的通信，而 MS-DOS 应用程序与驱动程序之间还必须增加中间层即虚拟设备驱动程序进行通信，因为 MS-DOS 程序不能调用 API 函数 DeviceIoControl，要由 VDD 程序进行转换，所以在 Windows 环境运行 MS-DOS 程序需要写三种程序：MS-DOS 应用程序、VDD 程序及驱动程序。

4. 了解与熟悉相关 API 函数与驱动程序例程的参数

无论是应用程序中的 API 函数还是驱动程序中的支持例程都包含一系列参数，所以了解与熟悉其参数的含义及使用很重要，是编写驱动程序必备的基本知识，应认真对待。这些参数可以在 MSDN 和 DDK 等帮助文件中查到。

5. 了解与熟悉 PCI 配置空间的结构及其访问方法

驱动程序的设计与硬件紧密相关，因此需要对设备硬件细节有所了解。对于 PCI 设备而言，WDM 驱动程序对设备的操作本质上是对 PCI 总线的操作，而作为挂在 PCI 总线上的设备，其相关的信息（如地址资源、存储空间）则是保存在配置空间中，因此，对设备的操作需要获取这些信息才能进行。另外，也需要了解 PCI 协议相关的知识。这些是编写 PCI 设备驱动程序必备的硬件基础，这方面的内容可参考本书 11.7 节和文献[20]。

6. 合理选择开发工具

驱动程序的编写方法与所采用的开发工具有关，目前常用的开发工具有 Driver Studio 和 DDK 两种。应该指出的是，这两种开发工具其本质是一样的。

DDK 是微软提供的编写设备驱动程序的 API 函数库及相关的工具集合，利用 DDK 编写驱动程序与利用 SDK 编写 Windows 应用程序的思想一样，都是通过调用 API 函数来完成各种操作。但是 DDK 提供的 API 都是运行在内核模式，而应用程序 API 则运行在用户模式，因此，在具体的编程细节上又有很大的差别。DriverStudio 工具并没有对驱动程序开发进行本质上的改变，但是它采用面向对象的编程方法，将 DDK 封装成了完整的 C++ 函数库，并提供了完整的类库来简化设备驱动程序编写，通过驱动程序向导插件（VC 6.0）可以很容易地生成驱动程序框架。用户只需要利用封装好的类对象进行硬件操作即可，对于一般驱动程序而言，大大地提高了程序编写效率。用 DriverStudio 工具进行驱动程序开发类似于在 Windows 中采用 MFC 框架进行应用程序编程。

DDK 与 DriverStudio 相比，前者不依赖于第三方提供的类（对象），而是直接对设备进行读写操作，因此需要考虑底层的实现细节，包括在应用程序中需要获取配置空间信息，虽然增加了编程的难度与复杂性，但编程灵活，不受框架的限制，并且对设备的操作直观，从学习接口技术需要了解硬件操作过程的角度来看是有帮助的。本书以 DriverStudio 为主，同时也在部分实例中采用 DDK 进行设计，以供读者分析与比较这两种工具的特点。

总之，设计设备驱动程序所面临的主要问题是如何进行硬件操作，硬件操作与设备密切相关，设备不同，硬件操作也不同。硬件驱动程序的功能虽然千差万别，但基本功能都是完成设备的初始化，对端口和存储器的读写操作，中断的设置、响应和调用，以及对 DMA 传输的处理。因此，在建立了初步的知识框架之后，结合后续章节的实例，体会上述知识点在实例中的应用，将会加深对设备驱动程序的理解。

12.7 PCI 接口卡驱动程序设计要求与程序结构

在第 11 章已经对 PCI 接口卡的硬件电路进行了详细的分析与设计。现在要对 PCI 卡的设备驱动程序进行设计。

12.7.1 设计要求

设计一个符合 PCI 规范 2.2 的 PCI-Local 总线接口卡的驱动程序。接口卡的设备 I/O 端口地址为 300H～30FH，扩展存储区为 20000000H～0001FFFFH，中断号为 IRQ_{10}，DMA 的申请号为 $DREQ_0$。要求设备驱动程序完成下述功能。

① 获取 PCI 接口卡的配置空间信息。
② 实现 Win32 应用程序对 I/O 端口的访问。
③ 实现 MS-DOS 应用程序对 I/O 端口的访问。
④ 实现 Win32 应用程序对存储器的访问。
⑤ 实现 Win32 应用程序中断功能。
⑥ 实现 MS-DOS 应用程序中断功能。
⑦ 实现 Win32 应用程序 DMA 传输的功能。

12.7.2 PCI 接口卡的程序结构

根据设计要求，PCI 接口卡的软件整体结构如图 12.4 所示，图中包括用户模式程序和内核模式程序，其中，应用程序分为 16 位的 MS-DOS 应用程序和 32 位的 Win32 应用程序，驱动程序分为用户态的 VDD 程序和核心态的 WDM 程序。Win32 应用程序直接通过 API 函数调用内核设备驱动程序实现对硬件设备的访问，而要实现 MS-DOS 应用程序对硬件的访问，就

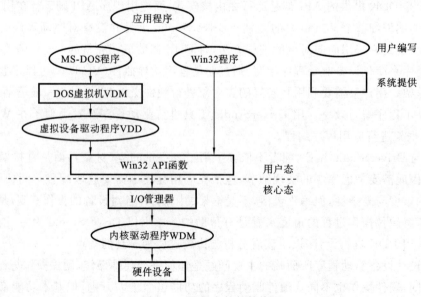

图 12.4 PCI 卡软件结构图

需要经过处在 ring3 层的虚拟设备驱动 VDD 程序，由 VDD 程序通过 API 函数调用 WDM 程序，也就是利用 VDD 程序来作为上层应用程序和内核驱动程序 WDM 之间的桥梁。

从图 12.4 可以看出，在 Windows 环境下，实现微机对设备控制不只是编写上层的应用程序，还要编写相应的设备驱动程序，可能还需要编写虚拟设备驱动程序，这是现代微机接口技术与 16 位微机接口技术在软件方面存在的差别。

下面根据设计要求分别讨论访问 PCI 配置空间、I/O 设备端口、扩展存储器及中断处理的驱动程序设计，并采用 DriverStudio 提供的工具编写。

12.8 访问 PCI 配置空间的驱动程序

对 PCI 设备所进行的操作基本上都与它的配置空间的信息有关，因此，获取 PCI 设备配置信息是所有其他操作的基础。获取 PCI 设备配置信息的目的是建立用户所用的资源与系统分配的资源之间的映射关系，获取的方法有三种：第一种是通过对 0xCF8 和 0xCFC 这两个 I/O 端口寄存器进行 32 位的读/写来获取配置寄存器的内容，这种方法在 11.8 节中讨论过的，其特点是直观，但需要了解 PCI 配置空间的结构及工作原理，采用 DDK 开发驱动程序时使用这种方法；第二种是在内核模式的设备驱动程序中利用 DriverStudio 提供的类获取 PCI 设备的配置空间信息，采用 DriverStudio 开发驱动程序时使用；第三种是通过 PCI BIOS 调用，调用时只需填写合适的功能号及相应的入口参数即可，使用方便，但掩盖了对硬件设备的操作。本节讨论获取配置空间信息的第二种方法。

12.8.1 驱动程序对配置空间的访问方法

在设备驱动程序中，利用 DriverStudio 的 KPciConfiguration 类来获取配置信息，并将结果传递到上层应用程序。由于这个 KPciConfiguration 类封装了访问（读写）PCI 设备配置空间的所有操作，所以在设备驱动程序中利用它来获取配置信息比较简单。其方法是：

首先创建并初始化一个类实例。

KPciConfiguration PciConfig;　　　　　　//定义一个 KPciConfiguration 对象
PciConfig.Initialize(m_Lower.DeviceObject());　　　　//初始化该对象

初始化完成后，就可以利用该类的成员函数来访问配置空间。

例如，利用成员函数 ReadBaseAddress/WriteBaseAddress 读/写基地址寄存器，利用 ReadCommandRegister/WriteCommandRegister 读/写命令寄存器，利用 ReadInterrupt/WriteInterrupt 读/写中断寄存器，或者直接通过 WriteHeader/ReadHeader 函数来访问所有的配置寄存器。

这种方法是由 DriverWorks 框架提供的，也是 PCI 接口卡驱动程序中采用的一种方式。这样的类实例在后面访问配置空间的驱动程序的一些操作中也会用到。

12.8.2 访问配置空间的驱动程序设计要点

● 所涉及的寄存器。主要是配置空间的双字寄存器，如在配置空间 PCI 侧的标志寄存器、基地址寄存器、中断引脚寄存器、中断线寄存器和在配置空间 Local 一侧的中断命令状态寄存器、DMA 信道的 DMA 模式寄存器、传送地址寄存器、字节数寄存器、描述寄存器、DMA 命令状态寄存器等。

- 设计目标。先搜索并找到所需的 PCI 设备,然后读取该设备配置空间的相关寄存器内容,以便建立设备在 Local 与 PCI 两侧的资源映射关系,供驱动程序对 I/O 端口和物理内存进行访问,以及处理中断与 DMA 传输之用。
- 软件实现对象。使用 KPciConfiguration 类,通过该类的成员函数可实现配置空间的读/写操作。

12.8.3 从 PCI 卡配置空间读取的信息举例

在 PCI 卡驱动程序设计中,访问配置空间获取配置空间信息是每个驱动程序都必不可少的一个组成部分,只不过所访问的对象随驱动程序设计目标不同而有所差异。如访问 I/O 端口与访问存储器时需要获取的配置空间信息是不同的,即所使用的类不相同。因此,关于访问配置空间的驱动程序就不单独举例,在后面的驱动程序实例中都可以看到。

图 12.5 所示是从 PCI 卡配置空间实时读取的现场信息截图,包括 PCI 配置空间头区域中所有配置寄存器的值,其中,系统动态分配的各种资源,如 I/O 基地址、存储器基地址、中断引脚和中断号等,作为驱动程序访问 I/O 端口、存储器,处理中断提供硬件支持。图 12.5 中的 PCI 卡的设备号(标志)、厂商号(标志)、版本号(标志)、分类代码等,作为标志用于搜索 PCI 卡。

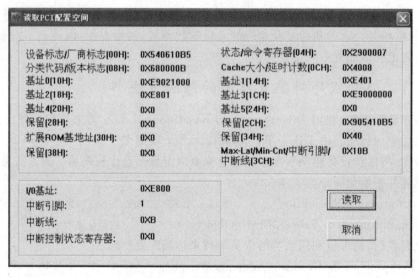

图 12.5 PCI 配置空间信息图

12.9 访问 I/O 设备端口的驱动程序

12.9.1 驱动程序对 I/O 端口的访问方法

在设备驱动程序中如何实现对 I/O 设备的访问是本节要讨论的问题,为此,首先要了解现代微机系统的处理器是如何访问用户使用的资源的。对于基于 PCI 总线的微机系统,用户使用的硬件资源,包括 Local 一侧的 I/O 设备和存储器,它们的地址范围可定位于系统的(即 PCI 一侧的)I/O 空间与存储空间,并且把 Local 一侧的 I/O 设备的地址范围定位于系统的 I/O 空间叫做 I/O 映射,把 Local 一侧存储器的地址范围定位于系统的存储空间叫做存储器映射。建立起这种地址映像关系之后,处理器对系统的 I/O 空间与存储空间的访问,也就是对用户资源的访问。可见,处理器是通过用户资源的映射地址而不是直接对用户资源的地址进行访问的。因此,驱动程序对 I/O 端口或存储器单元的访问是对端口或存储器单元映像地址的访问。

在 11.7.4 节中从硬件角度讨论了 PCI 一侧与 Local 一侧的地址映射关系(见图 11.8),而在驱动程序中,所讨论的是这种映射的一个逻辑模型。为了实现在驱动程序中访问 I/O 设备,DriverWorks 框架提供了一个 KIoRange 类。该类封装了有关 I/O 的操作,如初始化函数、向端口发送字节/字/双字函数、从端口读字节/字/双字函数等。因此,可以利用 KIoRange 类所提供的成员函数编写设备驱动程序,实现对 I/O 端口的访问。

12.9.2 访问 I/O 端口的驱动程序设计要点

- 资源分配情况。在 PCI 一侧,PCI 配置空间中 2 号基地址寄存器作为存放 I/O 端口基地址的映射地址(见图 11.8)。在 Local 一侧,I/O 端口的基地址为 300H,端口范围为 300H~30FH,共 16 B。
- 设计目标。是将用户对 Local 的 300H~30FH 端口访问映射成对 PCI 的以 2 号基地址寄存器中的内容为 I/O 基地址(如 E800H~E80FH,见图 12.5)的端口访问,实现 I/O 地址的映射功能。2 号基地址寄存器中的 I/O 基地址是动态值,不同的机器由于配置不同,这个动态分配的地址可能不一样。
- 软件实现对象。使用 KIoRange 类,通过该类的成员函数实现 I/O 端口的读/写操作。

12.9.3 驱动程序中创建一个 I/O 映射实例并进行 I/O 操作过程的程序段

```
KIoRange m_IoPortRange1;                               //创建 KIoRange 类实例
Unsigned char in_value;
NTSTATUS Status;
Status=m_IoPortRange1.Initialize(pResListTranslated,   //调用初始化函数 Initialize
    pResListRaw,
    PciConfig.BaseAddressIndexToOrdinal(2)     //指向 PCI 配置空间的 2 号基地址寄存器
);
If(! NT_SUCCESS(Status)
{
    m_IoPortRange1.Invalidate();               //若初始化不成功,则释放该对象并返回状态值
    Return Status;
}
⋮
m_IoPortRange1.outb(0x03,0x81);                //I/O 端口写成员函数
m_IoPortRange1.outb(0x0,0xfe);                 //I/O 端口写成员函数
in_value=m_IoPortRange1.inb(0x0);              //I/O 端口读成员函数
```

以上程序片段展示了进行 I/O 操作必须做的工作。
首先,建立一个 KIoRange 类实例,然后调用其初始化函数 Initialize 进行初始化,以便获

取 PCI 配置信息，具体来讲是获取配置空间的 2 号基地址寄存器的值，用于 I/O 映射。为此，在初始化参数中，使用了 PciConfig.BaseAddressIndexToOrdinal(2)函数。现在来解释这个函数的作用，PciConfig 是一个 KPciConfiguration 类实例，该实例封装了访问 PCI 设备配置空间的所有操作，在此处用到该类的成员函数 BaseAddressIndexToOrdinal(2)来获取配置空间 2 号基地址寄存器的值，也就是 I/O 设备基地址的映射地址。PCI 协议规定 PCI 配置空间中有 6 个基地址寄存器，其编号为 0~5，用于存放存储器基地址或 I/O 基地址的映像地址。在 PCI 接口卡中是将 2 号基地址寄存器用于 I/O 映射的，因此，此处参数为 2。通过初始化，就将该对象(KIoRange 类实例)与实际硬件的 I/O 基地址空间联系起来，为下面的其他操作打下基础。

接下来的判断语句用于检查初始化是否成功。若未成功，则通过 KIoRange 类实例的成员函数 Invalidate 释放该对象并返回状态值；若成功，则往下进行。

再接下来是对 I/O 端口进行读写操作，直接调用其成员函数 m_IoPortRange1.inb(0x0) 及 m_IoPortRange1.outb(0x03,0x81)即可，后面的三行代码是利用该对象进行 I/O 端口的操作，在此处需要注意，由于在初始化时已经给 KIoRange 类实例指定了基地址，故 KIoRange 类实例的 outb、inb 函数中的端口地址都是偏移地址。

12.9.4 访问 I/O 设备端口的驱动程序设计举例

例 12.1 步进电机控制的驱动程序设计。

(1) 设计要求

要求编写步进电机控制的 Win32 程序和相应的驱动程序，其中，Win32 控制程序是用户态程序，与第 7 章例 7.2(步进电机控制接口设计)的要求相同；驱动程序是内核程序，采用 DriverStudio 开发，要求对步进电机的 I/O 端口进行读写操作。步进电机控制的电路原理如图 12.6 所示。

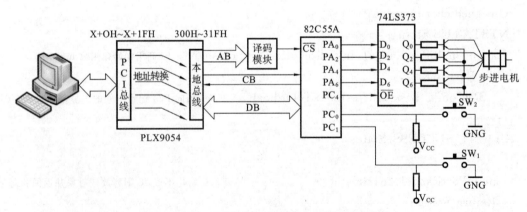

图 12.6 PCI 总线结构下步进电机控制的电路原理

(2) 设计分析

计算机对外部设备的控制实际上是通过对设备的接口来实现的。对于步进电机的控制，其本质是对端口的读/写操作，因此程序设计的关键是在于如何在驱动程序中实现对 I/O 端口的操作。为此，在应用程序中通过 API 函数调用，将端口和数据传送到驱动程序中，然后在驱动程序中调用相应的例程完成 I/O 操作，最后，将操作的结果返回给应用程序。为了增强程序的可读性，在应用程序中，将 I/O 端口的操作封装成 inportb 和 outportb 两个函数。

(3) 程序设计

程序包括 Win32 应用程序和 WDM 驱动程序两部分。

① 步进电机控制的 Win32 应用程序。

步进电机控制的 Win32 应用程序流程图如图 12.7 所示。

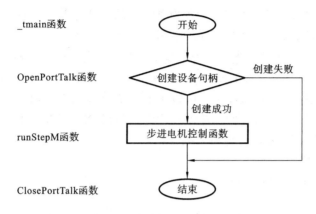

图 12.7 步进电机控制 Win32 应用程序流程图

步进电机控制 Win32 应用程序代码如下。

```
//头文件定义
#include "stdafx.h"
#include <windows.h>
#include <winioctl.h>
#include <dos.h>
#include <conio.h>
#define PORTTALK_TYPE 40001
#define IOCTL_READ_PORT_UCHAR \
    CTL_CODE(PORTTALK_TYPE, 0x904, METHOD_BUFFERED, FILE_ANY_ACCESS)
#define IOCTL_WRITE_PORT_UCHAR \
    CTL_CODE(PORTTALK_TYPE, 0x905, METHOD_BUFFERED, FILE_ANY_ACCESS)
```

程序头文件部分定义了三个符号常量,此常量与驱动程序中的定义一致,PORTTALK_TYPE 为会话类型,用以区别不同的设备驱动程序。IOCTL_READ_PORT_UCHAR 和 IOCTL_WRITE_PORT_UCHAR 用作 DeviceIoControl 应用程序 API 函数的参数,指定 I/O 操作类型(是读还是写),此代码会封装到 IRP 请求包的控制代码字段中,最终传递到驱动程序中,驱动程序根据此代码,决定调用哪个例程来完成 I/O 操作,其引用位置见 DeviceIoControl 函数调用。

```
//函数声明
bool OpenPortTalk(LPCTSTR DriverLinkSymbol);
void ClosePortTalk();
void outportb(unsigned short PortAddress, unsigned char byte);
unsigned char inportb(unsigned short PortAddress);
```

```
void runStepM();
HANDLE g_DriverHandle;
```

函数声明部分定义了步进电机控制程序中所调用的函数，OpenPortTalk 函数通过符号链接名来打开与指定的设备的会话（符号链接名是在驱动程序中建立的代表设备本身的一种标志），在对设备进行操作前，必须先建立与该设备的连接。OpenPortTalk 执行的结果是获取设备句柄，该句柄也是其他设备操作的基础。本例中获取的设备句柄存放在全局变量 g_DriverHandle 中。ClosePortTalk 函数用于关闭与设备会话，一般在程序结束时调用。outportb 函数用于向端口发送数据。端口地址为 16 位，数据长度为 8 位。该函数通过调用 DeviceIoControl 函数向驱动程序传递数据。inportb 函数用于读取端口数据，端口地址为 16 位。该函数也是通过调用 DeviceIoControl 函数向驱动程序传递数据，操作类型由程序头文件部分的控制代码决定。runStepM 函数是步进电机控制代码。

```
//主函数，程序入口点
int _tmain(int argc, _TCHAR * argv[])
{
    int i;
    bool success=false;
    success=OpenPortTalk(_T("\\.\MPNP1"));   //打开设备句柄,建立到设备的连接。设
                                             //备链接名 MPNP1 在驱动程序中定义
    if(! success)
    {
        printf("驱动程序加载失败\n");
        return 0;
    }
    runStepM();
    ClosePortTalk();
    return 1;
}
//步进电机控制函数
void runStepM()
{
//利用"设备端口的偏移地址"对步进电机接口芯片 82C55A 的端口进行操作,而 I/O 基地址已由 Studio
//KIoRange 类获取(在驱动程序完成),并进行了封装
    int xu[8]={0x05,0x15,0x14,0x54,0x50,0x51,0x41,0x45};  //相序表
    unsigned int i=0,j=0;
    printf("按 SW2 运行,按下 SW1 停止...\n");
    outportb(0x3,0x81);           //初始化 82C55A,命令口地址偏移量为 3
    outportb(0x3,0x09);           //置 PC$_4$=1,关闭 74LS373
    do{
        recv=inportb(2);          //此处的 2 为偏移地址,是 82C55A 的 C 端口地址
    }while((0x01&recv)! =0);      //查 SW$_2$ 是否按下
```

```
    outportd(0x3,0x08);              //置 PC₄=0,打开 74LS373
    do{
        outportd(0x0,xu[i]);         //向 82C55A 的 A 端口发相序代码,A 端口偏移地址为 0
        i++;
        if(i==8) i=0;
        Sleep(50);                   //延时
    }while((0x02&(inportd(0x2)))!=0); //查 SW₁ 是否按下
    outportd(0x3,0x09);              //置 PC₄=1,关闭 74LS373
}
//创建设备句柄的函数
//调用 API 函数 CreateFile 获取设备句柄
bool OpenPortTalk(LPCTSTR DriverLinkSymbol)
{
    g_DriverHandle=CreateFile(DriverLinkSymbol,  //设备符号链接名
        GENERIC_READ|GENERIC_WRITE,              //访问模式(写/读)
        0,                                       //共享模式
        NULL,                                    //指向安全属性的指针
        OPEN_EXISTING,                           //如何创建
        FILE_ATTRIBUTE_NORMAL,                   //文件属性
        NULL);                                   //用于复制文件句柄
    if(g_DriverHandle==INVALID_HANDLE_VALUE)
    {
        return false;
    }
    return true;
}
//关闭设备句柄函数
//调用 API 函数 CloseHandle 关闭设备句柄
void ClosePortTalk()
{
    CloseHandle(g_DriverHandle);    // g_DriverHandle 为在前面打开的设备句柄
}
//读 16 位端口函数
//通过调用 API 函数 DeviceIoControl 向驱动程序传递参数
unsigned char inportb(unsigned short PortAddress)
{
    unsigned int error;
    DWORD BytesReturned;            //实际读取的数据字节数
    unsigned char Buffer[3];        //定义 3 个字节的输入缓冲区,前两个字节存
                                    //放 16 位端口地址,第三个字节未用
```

```
        unsigned short * pBuffer;              //指向无符号短整型数据的指针
        pBuffer=(unsigned short *)&Buffer[0];   //此处是为了将16位整型数据分成两个
                                                //单字节存放到Buffer数组中
        *pBuffer=(unsigned char)PortAddress&0x0f;  //将函数参数传递进来的地址存放到
                                                //Buffer[0]和Buffer[1]中。此处只用到低8位
        error=DeviceIoControl(g_DriverHandle,   //由CreateFile函数返回的设备句柄
            IOCTL_READ_PORT_UCHAR,              //应用程序调用驱动程序的控制命令,即控制码。发送
                                                //不同的控制码,可以调用设备驱动程序的不同类型的功能
            &Buffer,      //输入数据缓冲区指针,应用程序传递给驱动程序的数据缓冲区地址
            2,            //输入数据的长度,应用程序传递给驱动程序的数据,以字节为单位。因为inportb
                          //函数仅需传递一个16位的地址给驱动程序,故其长度为2个字节。实际缓冲区
                          //定义为3个字节,最终传递给驱动程序的就是2个字节
            &Buffer,      //输出数据缓冲区指针,驱动程序返回给应用程序的数据缓冲区地址
            1,            //输出数据的长度,驱动程序返回给应用程序的数据,以字节为单位。因为inportb
                          //函数将获取端口的值,该值为8位,故返回的数据只需1个字节
            &BytesReturned,  //API函数DeviceIoControl实际返回值的长度,以字节为单位,本程
                          //序中返回值应该为1
            NULL);
        return(Buffer[0]);   //返回从驱动程序中获取的端口值。DeviceIoControl函数调用完成后,该
                             //值被驱动程序放置在Buffer[0]中,这是由调用该函数时的第5、6个参数决定的
}
//写16位的端口函数
//通过调用API函数DeviceIoControl向驱动程序传递参数
void outportb(unsigned short PortAddress, unsigned char byte)
{
        DWORD dwError=0;
        unsigned int error;
        DWORD BytesReturned;
        unsigned char Buffer[2];
        unsigned char * pBuffer;
        pBuffer=(unsigned char *)&Buffer[0];
        *pBuffer=(unsigned char)PortAddress&0x0f;
        Buffer[2]=byte;
        error=DeviceIoControl(g_DriverHandle,   //设备句柄
            IOCTL_WRITE_PORT_UCHAR,             //控制码
            &Buffer,      //输入数据缓冲区指针,应用程序传递给驱动程序的数据缓冲区地址
            3,            //输入数据的长度,应用程序传递给驱动程序的数据,以字节为单位
            NULL,         //输出数据缓冲区指针,驱动程序返回给应用程序的数据缓冲区地址
            0,            //输出数据的长度,驱动程序返回给应用程序的数据,以字节为单位
            &BytesReturned,  //返回从驱动程序中获取的端口值
            NULL);
```

② 步进电机控制的驱动程序相关例程代码。
//定义控制代码
#define PORTTALK_TYPE 40001
#define IOCTL_READ_PORT_UCHAR CTL_CODE(PORTTALK_TYPE, 0x904, METHOD_BUFFERED, FILE_ANY_ACCESS)
#define IOCTL_WRITE_PORT_UCHAR CTL_CODE(PORTTALK_TYPE, 0x905, METHOD_BUFFERED, FILE_ANY_ACCESS)

用 DriverStudio 向导生成的驱动程序框架一般包括两个类：一个是设备驱动程序类；另一个是设备对象类。驱动程序类是驱动程序的共性，并不涉及具体的设备，主要实现 WDM 的 DriverEntry 和 AddDevice 例程。设备对象类就是与硬件对应的功能设备对象(FDO)类，与硬件交互的例程都是针对于此类的。本例驱动程序类名定义为 Driver9054，而设备对象类定义为 Driver9054Device。关于驱动的框架可参考文献[14][20]。此处仅列出 I/O 端口访问而进行电机控制相关的例程。

```
KIoRange m_IoPortRange1;        //定义一个 KIoRange(I/O 端口)对象
//在 OnStartDevice 例程中初始化 m_IoPortRange1
NTSTATUS Driver9054Device::OnStartDevice(KIrp I)
{
    NTSTATUS status=STATUS_SUCCESS;
    I.Information()=0;
    PCM_RESOURCE_LIST pResListRaw=I.AllocatedResources();
    PCM_RESOURCE_LIST pResListTranslated=I.TranslatedResources();

    KPciConfiguration PciConfig(m_Lower.TopOfStack());      //创建 PCI 配置空间
                                                            //调用初始化成员函数,初始化 m_IoPortRange1
    status=m_IoPortRange1.Initialize(
        pResListTranslated,
        pResListRaw,
        PciConfig.BaseAddressIndexToOrdinal(2)    //指定 2 号基址寄存器为该类的基地址
        );
    if(! NT_SUCCESS(status))
    {
        m_IoPortRange1.Invalidate();
        return status;
    }//通过初始化,就将对象与实际硬件的 I/O 端口基地址联系起来,为底层端口读写打下基础
}

//回调函数 DeviceControl 根据 IRP 中的不同控制码调用读/写例程,完成应用程序请求的操作
NTSTATUS Driver9054Device::DeviceControl(KIrp I)
{
    NTSTATUS status;
```

```
    switch (I. IoctlCode())
    {
      case IOCTL_READ_PORT_UCHAR:                          //读端口控制码
          status=IOCTL_READ_PORT_UCHAR_Handler(I);         //调用读端口例程
          break;
      case IOCTL_WRITE_PORT_UCHAR:                         //写端口控制码
          status=IOCTL_WRITE_PORT_UCHAR_Handler(I);        //调用写端口例程
          break;
      default:
          status=STATUS_INVALID_PARAMETER;
          break;
    }
    if (status==STATUS_PENDING)
    {
        return status;
    }
    else
    {
        return I. PnpComplete(this, status);
    }
}

//读端口例程 IOCTL_READ_PORT_UCHAR_Handler(KIrp I)
//由 DeviceControl 例程调用。由于驱动程序已将从配置空间获取的基地址封装于其中,因此,所有 I/O
//操作的地址都是使用偏移地址
 NTSTATUS Driver9054Device::IOCTL_READ_PORT_UCHAR_Handler(KIrp I)
 {
      NTSTATUS status=STATUS_SUCCESS;
      ULONG   inBufLength;         //输入缓冲区长度
      ULONG   outBufLength;        //输出缓冲区长度
      UCHAR   Value;               //返回值
      PUCHAR CharBuffer;           //临时变量(字节型),指向 I/O 缓冲区首址
      PVOID   ioBuffer;            //临时变量(空值型),指向 I/O 缓冲区首址
      inBufLength=I. IoctlInputBufferSize();    //获取输入缓冲区长度,此值对应 DeviceI-
                                                //OControl 函数中的输入缓冲区变量
      outBufLength=I. IoctloutputBufferSize();  //获取输入缓冲区长度,此值对应 DeviceIo-
                                                //Control 函数中的输出缓冲区变量
      ioBuffer=I. IoctlBuffer();                //获取缓冲区首址,此值对应 DeviceIOCon-
                                                //trol 函数中的输出缓冲区变量
      CharBuffer=(PUCHAR) ioBuffer;             //将输出缓冲区指针强制转换成无符号字符
```

第 12 章 微机接口技术中 PCI 设备驱动程序设计

```
                                        //指针类型
        I.Information()=0;
        if((inBufLength>=1) && (outBufLength>=1))    //判数输入缓冲区的长度和输
//出缓冲区长度是否满足要求,它们都至少应该大于等于1,因为输入的端口地址至少有8位,返
//回的端口值也至少有 8 位,若不满足,则说明函数调用有问题,并在驱动程序中返回缓冲区太小
//的错误状态
        {    (UCHAR)Value=m_IoPortRange1.inb(CharBuffer[0]);  //调用读端口成员函数
                                        //inb()进行底层端口读操作
         CharBuffer[0]=Value;     //将读得的端口值放入到输出缓冲区的第一个字节中,作为驱动
                                        //的返回值
         I.Information()=1;
         status=STATUS_SUCCESS;
        } else status=STATUS_BUFFER_TOO_SMALL;   //返回缓冲区太小的状态值
    return status;
}

//写端口例程 IOCTL_WRITE_PORT_UCHAR_Handler(KIrp I)
//由 DeviceControl 例程调用。同样,所有 I/O 操作的地址都是使用偏移地址
NTSTATUS Driver9054Device::IOCTL_WRITE_PORT_UCHAR_Handler(KIrp I)
{
    NTSTATUS status=STATUS_SUCCESS;
    ULONG      inBufLength;       //输入缓冲区大小
    ULONG      outBufLength;      //输出缓冲区大小
    PUCHAR     CharBuffer;        //临时变量(字节型),输出缓冲区首地址,该缓冲区数据为无
                                  //符号字符型
    PVOID      ioBuffer;          //临时变量(空值型),输出缓冲区首地址,该缓冲区数据为空
                                  //类型
    inBufLength=I.IoctlInputBufferSize();
    outBufLength=I.IoctlOutputBufferSize();        //获取输出缓冲区长度
    ioBuffer =I.IoctlBuffer();                     //获取输出缓冲区首地址
    CharBuffer =(PUCHAR) ioBuffer;                 //将输出缓冲区首地址指针强制转换为
                                                   //无符号字符型指针
    if (inBufLength>=3)       //输入缓冲区的长度必须大于等于3,因为输入缓冲区包含16位
                              //地址值和8位的数据值,一共是3个字节
    {
        m_IoPortRange1.outb((ULONG)CharBuffer[0],(UCHAR)(CharBuffer[2]));
                              //调用写端口成员函数 outb 进行底层端口写操作
        I.Information()=1;
        status=STATUS_SUCCESS;
    }
    else status=STATUS_BUFFER_TOO_SMALL;    //返回缓冲区太小的状态
    return status;
}
```

(4) 程序说明

本例所调用的驱动程序采用 DriverStudio 工具编写，对 DDK 进行了封装，在此例程中看不到获取 PCI 配置空间基地址、获取 I/O 基地址和存储器基地址的过程，这是因为 DriverStudio 的框架已经自动完成了这些事情，而后面所举的例 12.6 是直接使用 DDK 编写，主要为解释如何获取 PCI 配置空间原理和直接利用配置空间中的信息进行 I/O 操作。有了这两种例子的对比，可以对驱动程序的开发工具有一个大致的了解。

12.10 访问存储器的驱动程序

12.10.1 Windows 下存储器读写的方法

在 Windows 下，保护模式对存储器采用分页管理，寻址时有逻辑地址、线性地址与物理地址之分，因此存储器的读写访问有两种方法，一种是在内核模式的驱动程序中读写，即应用程序将要写入存储器中的数据传到驱动程序中，由驱动程序再直接写入存储器物理地址中，或是向驱动程序发送读命令让其直接从存储器的物理地址读入数据放入 2 GB 的系统空间中，再由应用程序从系统空间中读取。在这种方法中，由应用程序调用驱动程序对存储器物理地址进行读写，然后，再由驱动程序将读写操作的结果返回给应用程序。此种方法效率较低，不适用于大量数据的读写，但使用简单方便，对于数据量较少的情况，是一个不错的选择。

另一种是在用户模式的 Win32 应用程序中读写，驱动程序将存储器的物理地址映射为进程地址，应用程序使用映射后的进程地址对该存储器进行读写操作。显然在这种方法中，驱动程序所做的工作仅仅是将存储器的物理地址映射为逻辑地址，不直接参与对存储器的读写，而存储器的读写是在应用程序中进行的。这种方法因为效率高，适用于数据量较大的情况。本实例只介绍第一种方法。

第一种方法访问存储器与访问 I/O 设备一样，也采用 DriverWorks 提供的框架写驱动程序，并且访问存储器的操作和访问 I/O 设备的操作有很多相同点。为实现在驱动程序中访问存储器，DriverWorks 框架提供了一个 KMemoryRange 类，它与 KIoRange 类相比，除了构造函数有不同之处外，其他成员函数完全相同。

12.10.2 访问存储器的驱动程序设计要点

● 资源分配情况。在 PCI 侧，PCI 配置空间的 3 号基地址寄存器作为存放存储器基地址的映射地址（见图 11.8）。在 Local 侧，扩展存储器的基地址为 20000000H，地址范围为 20000000H～20001FFFH，共 128 KB。

● 设计目标。此处目标与 I/O 操作类似，不同的是，它实现的是对存储器地址的映射功能。即将用户对 Local 侧地址范围为 20000000H～20001FFFH 的存储器访问映射成对 PCI 侧以 3 号基地址寄存器中的内容为存储器基地址（如 E9000000H～E9001FFFH，见图 12.5）的存储器访问。PCI 侧 3 号基地址寄存器中的存储器基地址是一个动态值，不同的机器由于配置不同，这个动态地址也不一样。

● 软件实现对象。使用 KMemoryRange 类，通过该类的成员函数可实现存储器读写操作。

12.10.3 驱动程序中创建一个存储器映射对象并进行存储器读写操作过程的程序段

```
KMemoryRange m_MemoryRange1;              //定义一个 KMemoryRange 对象
NTSTATUS Status;
Status=m_MemoryRange1.Initialize(pResListTranslated,   //调用初始化函数 Initialize
    pResListRaw,
    PciConfig.BaseAddressIndexToOrdinal(3)    //指向 PCI 配置空间 3 号基地址寄存器
);
If(! NT_SUCCESS(Status)
{
    m_MemoryRange1.Invalidate();          //若初始化不成功,则释放该对象并返回状态值
    return Status;
}
⋮
m_MemoryRange1.outd(Offset,pOutBuffer,count);  //存储器写成员函数
m_MemoryRange1.ind(Offset,pOutBuffer,count);   //存储器读成员函数
```

从上述程序片段可以看出,创建存储器的 KMemoryRange 类实例及其初始化工作和 I/O 的 KIoRange 类实例的初始化工作相似,不同之处只是将对象(KMemoryRange 类实例)与 PCI 配置空间的 3 号基地址寄存器联系起来。这是因为在 PCI 接口卡中,把配置空间的 3 号基地址寄存器作为存储器映射,故在函数 PciConfig.BaseAddressIndexToOrdinal(3)中的参数为 3。通过初始化,就将对象与实际硬件的存储器基地址空间联系起来,为底层的存储器读写打下基础。

成员函数 m_MemoryRange1.ind 和 m_MemoryRange1.outd 用于在内核驱动程序中,对存储器进行读写。

实际使用时,对于写存储器比较简单。在创建了一个存储器映像的对象并初始化之后,直接调用其成员函数 m_MemoryRange1.outd 即可对存储器进行写操作。

对于读存储器稍微复杂一些,因为应用程序要获取驱动程序读取的数据,所以先要获取应用程序的虚拟地址在系统空间的地址指针,以便传出读取的数据。下面是内核驱动程序读存储器的程序片段。

```
KMemory Mem(I.Mdl());                      //创建内存对象
// 获取应用程序的虚拟地址在系统空间的地址指针
PULONG pOutBuffer=(PULONG) Mem.MapToSystemSpace();   //输出缓冲区指针,该
                                          //缓冲区存放从扩展存储器读入的数据,供应用程序读取
ULONG Offset=0x0;                          //读取数据的偏移地址
ULONG count=256;                           //读取数据的个数
m_MemoryRange1.ind(Offset,pOutBuffer,count);  //对存储器进行读操作
```

在程序段开始,首先创建一个 KMemory 对象,该对象是按照一定的 MDL 描述来创建的。KMemory 类为系统的内存描述符表(MDL)提供服务。MDL 描述的是虚拟内存。在通过 MDL 访问方式中,产生的 IRP 包含了一个指向 MDL 的指针,通过 KIrp::MDL 可以获取

该值,MDL 指向传输数据缓冲区。

PULONG pOutBuffer＝(PULONG)Mem.MapToSystemSpace();

这条语句用于获取应用程序的虚拟地址在系统空间的地址指针,并将其赋予 pOutBuffer 指针。有了该指针,驱动程序就可以直接利用它读取数据了。在应用程序中,也就可以直接通过传递进来的指针读取该数据。

12.10.4 访问存储器的驱动程序设计举例

通常我们所设计的外部设备不仅具有 I/O 功能,而且有时还需要有自己的存储器来临时存放数据,本例介绍一种方法来实现计算机系统访问扩展存储器的方法。

例 12.2 存储器读写的驱动程序设计。

(1) 设计要求

编写对扩展存储器读写的 Win32 程序和驱动程序,其中,存储器读写程序是用户态程序,要求按提示符通过键盘向存储器指定的起始地址写数据并显示,然后从存储器指定的起始地址读数据并显示,写入或读出的字节数不大于 256。驱动程序是内核程序,要求采用 DriverStudio 开发,对存储器进行读写操作。

(2) 设计分析

由于存储器在保护模式下采用分页机制,系统分配的是以页为单位的物理地址,而应用程序都是使用逻辑地址,因此如果在应用程序中直接访问存储器就必须将物理地址映像到逻辑地址。Windows 逻辑地址空间大小为 4 GB,其中又分为 2 GB 的系统空间和 2 GB 的进程空间,系统空间由各进程共享,进程空间由该应用程序专用。

本例采用在内核模式的驱动程序中访问存储器,即应用程序将要写入到存储器中的数据传到驱动程序中,由驱动程序再直接写入存储器的物理地址中,或是向驱动程序发送读命令让其直接从存储器的物理地址读入数据放入到 2 GB 的系统空间中,再由应用程序从系统空间中读取。此种方法使用简单方便,所有工作由驱动程序完成,不需要进行地址映像。

(3) 程序设计

程序由上层应用程序和下层驱动程序两部分组成。

① 存储器读写的 Win32 应用程序。

存储器读写 Win32 应用程序流程图如图 12.8 所示。

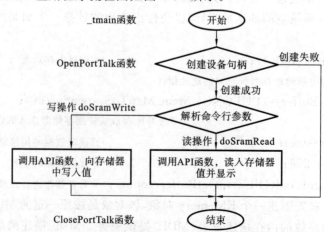

图 12.8 存储器 SRAM 读写 Win32 应用程序流程图

存储器读写的 Win32 应用程序代码如下。
```cpp
// Sram.cpp：定义控制台应用程序的入口点
#include "stdafx.h"
#include <stdlib.h>
#include <stdio.h>
#include <windows.h>
#include <winioctl.h>
//控制代码定义
#define PORTTALK_TYPE 40001
#define PCI9054_IOCTL_802_ReadBase2   CTL_CODE(PORTTALK_TYPE, 0x802, METHOD_IN_DIRECT, FILE_READ_DATA)
#define PCI9054_IOCTL_803_WriteBase2  CTL_CODE(PORTTALK_TYPE, 0x803, METHOD_BUFFERED, FILE_WRITE_DATA)
#define MAX_NUMBER 256
//全局变量定义
HANDLE g_DriverHandle=INVALID_HANDLE_VALUE;
//函数定义
bool OpenPortTalk(LPCTSTR DriverLinkSymbol);
void ClosePortTalk();
void doSramRead(ULONG);
void doSramWrite(ULONG);
void Usage(void);
//入口函数
int _tmain(int argc, _TCHAR* argv[])
{
    int nArgIndex;
    int nArgIncrement=0;
    int nVal;
    bool success=false;
    success=OpenPortTalk(_T("\\.\MPNP1"));//打开设备句柄,建立到设备的连接设备
            //链接名 MPNP1 在驱动程序中定义。此函数与步进电机实例中的函数定义一致,
            //本例中不再列出其函数实现
    if(! success)
    {
        printf("驱动程序加载失败\n");
        return 0;
    }
    if (argc < 2)                              //命令行参数解析
       Usage();
    nArgIndex=1;
```

```c
        while (nArgIndex < argc)
        {
            //命令行参数解析
            if (nArgIndex+1 >= argc)
                Usage();
            if (! isdigit(argv[nArgIndex+1][0]))
                Usage();
            nVal=atoi(argv[nArgIndex+1]);          //获取读写字节个数

            switch (argv[nArgIndex][0])
            {
                case 'r':                          //若按下 r 键或 R 键
                case 'R':
                    doSramRead(nVal);              //调用扩展存储器读函数
                    break;
                case 'w':                          //若按下 w 键或 W 键
                case 'W':
                    doSramWrite(nVal);             //调用扩展存储器写函数
                    break;
            }
            nArgIncrement=2;
            nArgIndex += nArgIncrement;
        }
        ClosePortTalk();
        return 1;
}
//显示程序使用方法函数
void Usage(void)
{
    printf("使用：Sram [r n] [w n]\n");
    printf("r 从存储器读 n 个字节\n");
    printf("w 写 n 个字节到存储器\n");
    printf("示例:\n");
    printf("Sram r 32 w 32\n");
    printf("从存储器读取 32 字节,然后再向其中写 32 个字节\n");
}

//从存储器中读取指定字节数函数
void doSramRead(ULONG ulNumber)
{
```

```
    ULONG    ulBytesReturned;             //实际读取的数据字节数
    ULONG    ulOutBuffer[MAX_NUMBER];     //数据个数
    ULONG    ulInBuffer[2];       //传入读取的参数,其中第一个元素为指定的读取的偏移地
                                  //址,第二个元素为指定的读取的数据个数
    ULONG    ulValue=0;
    ULONG    i=0;

    if (256 < ulNumber)
    {
        printf("\n 溢出！\n");
        return;
    }
    ulInBuffer[0]=0;              //把要读取的偏移地址赋值予 ulInBuffer 数值的第一个元素
    ulInBuffer[1]=ulNumber;       //把要读取的数据个数赋值予 ulInBuffer 数值的第二个元素
    //调用 DeviceIoControl()函数
    if ( ! DeviceIoControl(
                g_DriverHandle,                    //设备句柄
                PCI9054_IOCTL_802_ReadBase2,       //读操作控制码
                ulInBuffer,
                2 * sizeof(ULONG),                 //字节数,即数组 ulInBuffer 的大小
                ulOutBuffer,
                ulNumber * sizeof(ULONG),          // 字节数
                &ulBytesReturned,                  //实际返回的字节数
                NULL
                ) )
    {
        printf("\n 读 SRAM 失败.\n");
        return;
    }
    else
    {
        //显示读出的数据
        for(i=0; i<ulNumber; i++)
        {
            ulValue=ulOutBuffer[i];
            printf("＃%4u：%u\n", i, ulValue);
        }
    }
}
```

```c
//向存储器中写入指定的字节函数
void doSramWrite(ULONG ulNumber)
{
    ULONG ulBytesReturned;
    ULONG ulInBuffer[2 + MAX_NUMBER];   // 前两个字节用于传递参数,后面用于存放
                                        //写入存储器的数据
    ULONG ulValue=0;                    //写入初始数据,以此来产生一个数组
    ULONG i=0;

    if (256 < ulNumber)
    {
        printf("\n 溢出! \n");
        return;
    }
    ulInBuffer[0]=0;            //将要写入的偏移地址赋予 ulInBuffer 数值的第一个元素
    ulInBuffer[1]=ulNumber;     //将要写入的数据个数赋值给 ulInBuffer 数组的第二个元素
    for(i=0; i<ulNumber; i++)
    {
        ulInBuffer[2+i]=ulValue;
        ulValue +=1;
    }
    // 调用 DeviceIoControl()函数
    if( ! DeviceIoControl(
            g_DriverHandle,
            PCI9054_IOCTL_803_WriteBase2,   //写操作控制码
            ulInBuffer,
            (2+ulNumber) * sizeof(ULONG),   //字节数,即数组 ulInBuffer 的大小
            NULL,
            0,
            &ulBytesReturned,
            NULL
            ))
    {
        printf("\n 写 SRAM 失败\n");
        return;
    }
    else
    {
        //显示写入的数据
        for(i=0; i<ulNumber; i++)
```

```
                {
                    ulValue=ulInBuffer[2+i];
                    printf("#%4u：%u\n", i, ulValue);
                }
        }
}
```

② 存储器读写的驱动程序代码。

用 DriverStudio 向导生成的设备驱动程序的两个类——驱动程序类和设备对象类的定义，以及驱动程序类的主要函数与设备类的主要例程，参见文献[20]。

```
    ⋮
KMemoryRange m_MemoryRange1;         //定义一个 KmemoryRange 对象
//在 OnStartDevice 例程中初始化 m_MemoryRange1
NTSTATUS Driver9054Device::OnStartDevice(KIrp I)
{
    NTSTATUS status=STATUS_SUCCESS;
    I.Information()=0;
    PCM_RESOURCE_LIST pResListRaw=I.AllocatedResources();
    PCM_RESOURCE_LIST pResListTranslated=I.TranslatedResources();
    //调用初始化成员函数初始化扩展存储器对象
    status=m_MemoryRange1.Initialize(
        pResListTranslated,
        pResListRaw,
        PciConfig.BaseAddressIndexToOrdinal(3)   //指定 3 号基址寄存器为该类的基地址
        );
    if (! NT_SUCCESS(status))
    {
        Invalidate();
        return status;
    }   //通过初始化,就将对象与实际硬件的存储器基地址联系起来,为底层存储器读写打下基础
        ⋮        //初始化其他对象
}

//回调函数 DeviceControl,根据 IRP 中的不同控制代码,选择执行不同的支持例程完成应用程序请求的操作
NTSTATUS Driver9054Device::DeviceControl(KIrp I)
{
    NTSTATUS status;
    switch (I.IoctlCode())
    {
        case PCI9054_IOCTL_802_ReadBase2:                    //读控制码
            status=PCI9054_IOCTL_802_ReadBase2_Handler(I);   //调用读存储器例程
```

```cpp
            break;
        case PCI9054_IOCTL_803_WriteBase2:                    //写控制码
            status=PCI9054_IOCTL_803_WriteBase2_Handler(I);   //调用写存储器例程
            break;
            ⋮      //其他控制代码
        default:
            //无效的 I/O 控制码
            status=STATUS_INVALID_PARAMETER;
            break;
    }
    if (status==STATUS_PENDING)
    {
        return status;
    }
    else
    {
        return I.PnpComplete(this, status);
    }
}

//读存储器例程 PCI9054_IOCTL_802_ReadBase2_Handler
//由 DeviceControl 调用
NTSTATUS Driver9054Device::PCI9054_IOCTL_802_ReadBase2_Handler(KIrp I)
{
    NTSTATUS status=STATUS_SUCCESS;
    KMemory Mem(I.Mdl());                                       //定义内存对象
    PULONG pOutBuffer=(PULONG) Mem.MapToSystemSpace();          //输出缓冲区指
                          //针,该缓冲区存放从扩展存储器中读入的数据,以供应用程序读取
    PULONG pInBuffer=(PULONG) I.IoctlBuffer();    //输入缓冲区指针,该缓冲区存
                          //放来自应用程序的参数,以指定要读入数据的偏移地址和个数
    ULONG Offset;          //从应用程序中传来的要求读取数据的偏移地址
    Offset = * pInBuffer;
    ULONG count;          //从应用程序中传来的要求读取的数据的个数
    count = * (pInBuffer+1);

    m_MemoryRange1.ind(Offset,pOutBuffer,count);   //调用成员函数 ind 进行存储器读
                //操作,3 个参数的含义:第 1 个是从什么地方开始读,第 2 个是读取的数据存放在何处,
                //第 3 个是读取的个数
    I.Information()=count * sizeof(ULONG);    //读入的总字节数
                //因为读入的字类型,所以总的字节数要用字数乘以 4,此处用 sizeof(ULONG)表示
                //ULONG 类型数据的长度,在 32 位系统中为 4 字节
```

        I. Status()=status;
        return status;
}

//写存储器例程 PCI9054_IOCTL_803_WriteBase2_Handle
//由 DeviceControl 调用
NTSTATUS Driver9054Device::PCI9054_IOCTL_803_WriteBase2_Handler(KIrp I)
{
        NTSTATUS status=STATUS_SUCCESS;
        PULONG pInBuffer =(PULONG) I. IoctlBuffer();   //输入缓冲区,应用程序通过它来
                //指定写入的参数,包括要写入的数据个数和偏移地址。其中 I. IoctlBuffer()数组的结
                //构是:第一个元素是写入数据的起始偏移地址,第二个元素是共写入数据的个数,第
                //三个元素及其他元素,为写入的数据
        ULONG offset;   //从输入缓冲区获取要写入数据的偏移地址
        offset= * pInBuffer;
        ULONG count;   //从输入缓冲区获得的要写入的数据个数
        count= * (pInBuffer+1);
        PULONG pBuffer =pInBuffer+2;   //指向要写入的数据,该数据为传入的数组的第三个元
                //素及其之后的元素
        m_MemoryRange1.outd(offset,pBuffer,count);   //用成员函数 outd()进行存储器写操
                //作,3 个参数的含义:第一个是从什么地方开始写,第二个是将数据写到何处,第三个是写
                //的个数
        I. Information()=count * sizeof(ULONG);   //写出的总字节数
        I. Status()=status;
        return status;
}

12.11 处理中断的驱动程序

处理中断的驱动程序与访问设备 I/O 端口及存储器的驱动程序所做的工作不同,两者所处的地位也不同。访问设备 I/O 端口及存储器的驱动程序的工作是对底层硬件的 I/O 端口及存储器单元进行实际的读写操作,并且是根据应用程序的请求才开始工作,应用程序为主动,驱动程序为被动。处理中断的驱动程序的工作是对应用程序发"中断来了"的信号,去启动应用程序的中断服务程序执行,驱动程序为主动,应用程序为被动。因此,如何解决驱动程序向应用程序报告中断事件就成为中断处理驱动程序的关键,其实质是应用程序与驱动程序之间的通信问题。Win32 应用程序及 MS-DOS 应用程序与驱动程序的通信过程不同,因此要分别讨论。先讨论 Win32 中断处理驱动程序,MS-DOS 中断处理驱动程序放在 12.12 节讨论。

12.11.1 处理 Win32 程序硬件中断的方法

WDM 驱动程序和 Win32 程序采用事件共享来实现通信。其工作原理是:在驱动程序中命名一个共享事件,并在初始化例程中将其设置为无信号状态。在 Win32 程序中,打开该事

件,并创建一个中断事件等待线程,等待事件变为有信号状态。当有硬件中断时,首先被驱动程序截获到,在其中断服务例程中(实际上是在中断延时调用例程中),会将事件置为有信号状态,Win32 程序一旦得知事件为有信号状态,等待线程便立即被唤醒,直接向 Win32 的中断服务程序发出启动信号,从而激活 Win32 的中断服务程序开始执行。这就是利用事件共享来实现底层 WDM 驱动程序与上层 Win32 应用程序之间的通信。

12.11.2　处理 Win32 程序硬件中断的驱动程序设计要点

● 资源分配情况。系统分配的中断引脚与中断线分别存放在 PCI 配置空间中的中断引脚寄存器和中断线寄存器中。

● 设计目标。识别中断源并将中断请求信号传递到 Win32。由于中断线寄存器的内容(中断号)是系统动态分配的(如 0x0B,见图 12.5),所以对于不同的机器,这个中断号是不同的。但在用户的应用程序中的中断都为 IRQ_{10} 中断。

● 软件实现对象。KEvent 类,利用它们的成员函数进行中断的一些相关处理。

12.11.3　处理 Win32 程序硬件中断的过程

下面介绍处理 Win32 应用程序中断的过程,实际上也就是底层 WDM 驱动程序和上层 Win32 程序之间通信的过程。

① 在底层驱动程序 WDM 中,负责初始化具名事件对象,并将具名事件初始化为无信号状态。
#defineDRIVER_EVENT_NAMEL\\BaseNamedObjects\\ProcIntProcessEvent
// 命名一个事件
PKEVENT IntEvent;
IntEvent=IoCreateNotificationEven(KUstring(DRIVER_EVENT_NAME),&hProcessHandle);
// 创建与 Win32 具名的同步事件对象
KeClearEvent(IntEvent);　　　　　　// 初始化为无信号状态

② 在上层 Win32 程序中,首先创建中断事件等待线程。
hThread=CreateThread (NULL,0,SignalInt,NULL,0,NULL);
同时利用 OpenEvent 函数获取同步事件的句柄,这个内核同步事件在 WDM 中已建立,名字为 ProcIntProcessEvent。
HANDLE m_hIntEvent;
m_hIntEVent=OpenEvent(SYNCHRONIZE, FALSE, "ProcIntProcessEvent");
并且在 SignalInt 线程中,利用函数 WaitForSingleObject 把此线程挂起,等待内核驱动程序将中断事件置为有信号状态。

③ 当硬件设备申请中断时,首先被内核驱动程序的中断服务程序截获,在中断服务程序中所做的工作仅仅是将内核同步事件置为有信号状态。
KeSetEvent(IntEvent, 0, FALSE);//设置事件有效,直接启动 Win32 中断等待事件

④ 在 Win32 中正在等待的线程,一旦检测到事件为有信号状态,便立即醒来调用中断服务程序。
Win32 应用程序此时就会进入中断服务程序,从而完成整个中断处理的过程。

12.11.4　处理 Win32 程序硬件中断的驱动程序设计

例 12.3　处理 Win32 程序硬件中断的驱动程序设计。

(1) 设计要求

要求编写 Win32 中断服务程序和相应的驱动程序,实现对外部硬件中断的响应与处理。中断源是一个按钮开关 SW,开关接到中断请求线 IRQ_{10},每按一次开关产生一次中断,在屏幕上打印出该中断的序号,按 Esc 键停止。

(2) 设计分析

对于外部中断的处理最重要的是当中断发生时如何及时跳转到中断服务程序去执行,Win32 应用程序由于特权级不够而不能直接访问底层硬件中断控制器,因而不可能直接将中断源的中断号传到中断控制器,也就不能获得中断向量而转到中断服务程序去。因此,在 Windows 下的中断处理要解决中断发生时怎样转到中断服务程序去执行的问题。为此,需要驱动程序的支持,并采用事件共享的方法。

Win32 应用程序的中断服务程序与 WDM 驱动程序的中断服务例程之间的通信是通过事件共享实现的,应用程序的中断服务程序的任务是实现设计要求所规定的目标,它需要外部触发才能执行。为此,在应用程序中除主线程之外,还要创建一个中断事件(IntEvent)等待线程 Thread,等待中断发生;WDM 驱动程序的中断服务例程 Isr_Irq 的任务是首先识别中断源,然后申请该中断源的中断延时调用例程 DpcFor_Irq。一旦有中断发生,就被驱动程序截获,立即在中断延时调用例程中设置中断事件有效,通知应用程序中的中断事件等待线程,再由该线程发信号去启动应用程序中的中断服务程序,开始执行。

(3) 程序设计

程序分 Win32 应用程序和 WDM 驱动程序两部分。

① 中断处理的 Win32 应用程序代码。

```
//定义头文件
#include "stdafx.h"
#include <stdlib.h>
#include <stdio.h>
#include <conio.h>                                    //kbhit();
#include <windows.h>
#include <winioctl.h>
//控制代码定义
#define PORTTALK_TYPE 40001
#define IOCTL_READ_PORT_UCHAR CTL_CODE(PORTTALK_TYPE, 0x904,
METHOD_BUFFERED, FILE_ANY_ACCESS)
#define IOCTL_WRITE_PORT_UCHAR CTL_CODE(PORTTALK_TYPE, 0x905,
METHOD_BUFFERED, FILE_ANY_ACCESS)
#define IOCTL_GETINTCODE_PORT_UCHAR CTL_CODE(PORTTALK_TYPE,
0x906, METHOD_BUFFERED, FILE_ANY_ACCESS)
//变量定义
HANDLE hThread=NULL;                  //定义一个线程句柄
HANDLE hPortTalk=NULL;                 //定义文件句柄
HANDLE hIntEvent=NULL;                 //定义事件句柄
int nThread=0;                         //线程控制标志
```

```c
    int flag=0;                                    //中断信号标志
//线程定义
DWORD WINAPI SignalInt(LPVOID SignalParm);//中断事件等待线程


//////////////////////////////////////////////////
Main entry point
int __cdecl main(int argc, char * argv[])
{
    DWORD dwError=0;
    int nTimes=0;                                  //中断次数
    int nDo=1;                                     //主线程程序循环控制标志

    //显示提示信息
    printf("Please input pulses to IRQ10. \n");
    printf("Exit with Esc. \n\n");

    if(hThread==NULL)                              //第一次运行时,创建线程
    {
        hThread=CreateThread(NULL,0,SignalInt,NULL,0,NULL);
                                                   //创建一个中断处理线程 SignalInt
    }


    if(hPortTalk==NULL)
    {
        //用符号链接名来打开设备获得设备句柄
        hPortTalk=CreateFile("\\\\.\\MPNP1",       //打开设备句柄,建立到设备的连接
                    GENERIC_READ | GENERIC_WRITE,
                    0,
                    NULL,
                    OPEN_EXISTING,
                    FILE_ATTRIBUTE_NORMAL,
                    NULL
                    );

        if(hPortTalk==INVALID_HANDLE_VALUE)
        {
            dwError=GetLastError();                //若打开设备不成功,则查看最后返回的错误代码
            return -1;
        }
    }
```

```
        if(hIntEvent==NULL)
        { //打开内核同步事件的句柄,这个内核同步事件在 WDM 中建立,名字为 ProcIntProcessEvent
             hIntEvent=OpenEvent(SYNCHRONIZE, FALSE, "ProcIntProcessEvent");
        }
        if(hIntEvent==NULL)
        {
             dwError=GetLastError();
        }


        //应用程序中的中断服务程序
        /////////////////////////////////////
        while(nDo)                                    //循环控制,nDo 为程序运行控制标志
        {
             if(kbhit())
             {
                 if(getch()==0x1b)    nDo=0;    //当有 Esc 键按下,则返回
             }

             if(flag)
             {
                 flag=0;
                 ++nTimes;
                 printf("Interrupt generated:[%d]\n", nTimes);
             }
        }


        /////////////////////////////////////
        if (hThread!=NULL) CloseHandle(hThread);         //线程句柄不为空时,则关闭该句柄
        if (hPortTalk!=NULL) CloseHandle(hPortTalk);     //文件句柄不为空时,则关闭该句柄
        if (hIntEvent!=NULL) CloseHandle(hIntEvent);     //事件句柄不为空时,则关闭该句柄

        return 0;
}

//////////////////////////////////////////////
// SignalInt 中断事件等待线程
// 当中断发生时,处理底层来的中断
        DWORD WINAPI SignalInt(LPVOID SignalParm)
        {
             DWORD dwResult=0;
```

```
            while(nThread==0)
            {    //等待中断信号的到来
                if(WaitForSingleObject(hIntEvent,INFINITE)==WAIT_OBJECT_0)
                {
                    flag=1;                              //中断信号标志
                }
            }
            return(dwResult);
}
```

② 中断处理的驱动程序相关例程代码。

驱动程序中的 3 个例程 DriverEntry、AddDevice、StartIo 见参考文献[20]。

```
#define DRIVER_EVENT_NAME L\BaseNamedObjects\ProcIntProcessEvent
                                        //定义具名对象名 ProcIntProcessEvent

NTSTATUS Driver9054Device::Create(KIrp I)
{
    NTSTATUS status;
    HANDLE hProcessHandle;
    //建立与上层应用程序具名同步事件(直接用 DDK 的函数来做)
    IntEvent=IoCreateNotificationEvent(
        KUstring(DRIVER_EVENT_NAME),
        &hProcessHandle
        );
    if (IntEvent! =NULL)
    {
        KeClearEvent(IntEvent);                //清除事件
    }
    else
    {
        m_Irq.Disconnect();      //断开中断延时调用的连接,关闭中断延时调用,即不响应中断
        status=STATUS_UNSUCCESSFUL;
    }

    // 初始化 INTCSR
                // 写 1 到 INTCSR[8],使能 PCI 中断
                // 写 1 到 INTCSR[10],使能本地总线中断输入
                // 写 1 到 INTCSR[11],使能 PCI 响应本地总线输入中断
                // 写 1 到 INTCSR[18],使能本地 DMA 通道 0 中断
```

```
        m_IoPortRange0.outd(INTCSR,0x0F040D00);    //中断状态寄存器的初始化
        I.Information()=0;
        status=I.PnpComplete(this, STATUS_SUCCESS, IO_NO_INCREMENT);
        return status;
}

// 中断服务例程 Isr_Irq
//在 PCI 总线截获中断信号时,首先进入本例程中,是中断程序的进入点。本例程读取中断命令状态寄
//存器的值,判断中断源,然后调用相应的中断延时调用例程。Isr_Irq 例程起中断服务响应及中断源识
//别的作用
BOOLEAN Driver9054Device::Isr_Irq(void)
{
        ULONG ulStatus1;
        ULONG ulStatus2;

        ulStatus1=m_IoPortRange0.ind(INTCSR);    //读取中断控制与状态寄存器 INTCSR 的
                                                 //值(32 位),判断是否是来自 Local 的外部事件中断
        if(ulStatus1 & 0x00008000)               //若第 15 位为 1,则表示是来自 Local 的外部中断
        {
            if(IntEvent==NULL)
            {
                return FALSE;
            }
            m_IoPortRange0.outd(INTCSR,(ulStatus1 & 0xFFFFF7FF));    //禁止外部中断
            m_DpcFor_Irq.Request();                                  //申请调用外部中断延时调用例程
            m_IoPortRange0.outd(INTCSR,(ulStatus1 | 0x00000800));    //允许外部中断
        }
            ⋮
        else
        {
            //不是 DMA 中断,则交给系统去处理
            return FALSE;
        }
        return TRUE;
}

//外部中断延时调用例程 DpcFor_Irq
//实际的中断服务程序
VOID Driver9054Device::DpcFor_Irq(PVOID Arg1, PVOID Arg2)
```

```
        {
            //设置一个 IntEvent 事件,通知上层应用程序有中断产生,上层应用程序根据此事件进行相应处理
            KeSetEvent(IntEvent, 0, FALSE);      //直接启动应用程序的中断等待事件
            //清除 IntEvent 事件,进程挂起
            KeClearEvent(IntEvent);
        }
```

(4) 程序说明

一旦有外部中断发生时,首先被驱动程序截获,当驱动程序执行到中断延时调用例程时,该例程将设置中断事件 IntEvent,通知上层应用程序事件有效。在应用程序中的中断事件等待线程 SignalInt 收到中断事件 IntEvent 有效后,即进入到 if 语句中执行,将 flag=1,启动应用程序中的中断服务程序。与此同时,驱动程序中的中断延时调用例程又将中断事件 IntEvent 清除,准备接受其他的中断事件。

12.12 处理 MS-DOS 程序硬件中断的驱动程序

驱动程序处理 MS-DOS 程序硬件中断与处理 Win32 程序硬件中断的基本思路是相同的,即都通过事件共享的方法实现应用程序与驱动程序之间的通信,并且两者的底层驱动程序也一样,但有两点不同。一是通信过程不同,Win32 与 WDM 之间是直接通信,而 MS-DOS 与 WDM 之间不能直接通信,必须通过 VDD 中转,即在它们中间要添加 VDD 程序,由 VDD 程序与 WDM 程序进行通信。二是启动应用程序中的服务程序方式不同,Win32 的中断服务程序由中断事件等待线程的标志位直接激活,而 MS-DOS 的中断服务程序是利用虚拟中断函数激活的。

12.12.1 处理 MS-DOS 程序硬件中断的方法

为了在 Windows 下运行 MS-DOS 应用程序中的服务程序,DDK 提供了虚拟中断函数 VDDSimulateInterrupt 模拟中断去激活 MS-DOS 应用程序的中断服务程序。但是,只有中断请求到来时才可调用虚拟中断函数,因此必须做到调用虚拟中断函数与外部硬件中断请求同步。

底层 WDM 驱动程序和上层 VDD 程序可以通过事件共享来实现通信。其工作原理是:在驱动程序中命名一个共享事件,并在初始化例程中将其设置为无信号状态。在 VDD 程序中,打开该事件,并创建一个中断事件等待线程,等待事件变为有信号状态。当驱动程序截获一个硬件中断时,在其中断服务例程中(实际上是在中断延时调用例程中),会将事件置为有信号状态,VDD 程序一旦得知事件为有信号状态,便立即被唤醒,去调用虚拟中断函数 VDDSimulateInterrupt,向 MS-DOS 虚拟机发送虚拟中断信号,从而激活并进入 MS-DOS 中断服务程序。这就是利用事件共享来实现 WDM 驱动程序与 VDD 程序之间的通信,也就是实现调用虚拟中断函数与外部硬件中断请求两者同步的过程。

上述过程,实际上是用事件模拟中断请求。用事件模拟中断请求来处理 MS-DOS 应用程序硬件中断的方案,如图 12.9 所示。该图表示在 Windows 下处理 MS-DOS 程序硬件中断的过程,其中,涉及 MS-DOS 中断服务程序、VDD 程序和 WDM 驱动程序的编写。MS-DOS 中断服务程序的编写方法不变,仍然采用 16 位 MS-DOS 程序对中断处理的编程方法。

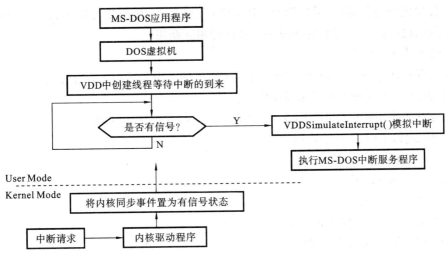

图 12.9 实现 MS-DOS 程序中硬件中断的过程

12.12.2 处理 MS-DOS 程序硬件中断的驱动程序设计要点

- 资源分配情况。系统分配的中断引脚与中断线分别存放在 PCI 配置空间中的中断引脚寄存器和中断线寄存器中。
- 设计目标。识别中断源并将中断请求信号传递到 VDD。由于中断引脚和中断线寄存器中的内容是由系统动态分配的,对于 MS-DOS 程序,为了保证程序的兼容,作了一些处理,就是无论系统分配的中断线怎么变,在 MS-DOS 程序中的中断号都为 IRQ_{10} 中断。
- 软件实现对象 KEvent 类。利用它们的成员函数进行中断的一些相关处理。

12.12.3 处理 MS-DOS 程序硬件中断的过程

下面介绍处理 MS-DOS 应用程序中断的过程,实际上也就是底层 WDM 驱动程序和上层 MS-DOS 程序之间通信的过程。与处理 Win32 程序硬件中断过程不同的是,需要在 MS-DOS 程序与 WDM 程序之间添加 VDD 程序,MS-DOS 程序中断处理经过 VDD 程序与 WDM 驱动程序之间交互来解决,如图 12.9 所示。VDD 程序与 WDM 驱动程序之间处理中断的过程就与前面处理 Win32 程序硬件中断的过程基本上相同。

12.12.4 处理 MS-DOS 程序硬件中断的驱动程序设计

例 12.4 处理 MS-DOS 程序硬件中断的驱动程序设计。

(1) 设计要求

设计要求与第 5 章例 5.2 的要求一样,中断源是拨动开关 SW,中断请求线连到 IRQ_{10}。拨动一次开关申请一次中断,在中断服务程序中显示"OK!",然后返回,程序结束。

(2) 设计分析

由于在 Windows 环境下进行中断传输,涉及对硬件的操作,MS-DOS 程序是无权直接去访问中断控制器的,需通过驱动程序来实现。因此,必须采用一种方法,建立用户态的 MS-DOS 中断服务程序与核心态的 WDM 中断例程之间的关系,其方法是通过虚拟设备驱动程序 VDD 这个中间环节来实现。为什么要采用 VDD,而不像例 12.3 那样,直接在 MS-DOS 程序与 WDM 程序之间进行通信,其原因是 MS-DOS 程序是 16 位应用程序运行在 VDM 环境子系统中,无法直接与 32 位的系统环境子系统进行相互调用。

(3) 程序设计

中断处理程序包括 MS-DOS 应用程序、VDD 程序及 WDM 驱动程序三部分。

① 中断处理的 MS-DOS 应用程序代码。

中断处理的应用程序与第 5 章例 5.2 的完全一样,在此不重复列出。

② 中断处理的 VDD 程序代码。

```
#include "windows.h"
#include <winioctl.h>
#include <vddsvc.h>
//这些定义一定要与 WDM 中的定义一样
    VOID VDDTerminateVDM();              //终止 VDM
    VOID VDDInit( VOID );                //初始化 VDM
    //定义变量
    HANDLE m_hIntEvent=NULL;             //定义事件句柄
    int m_int,m_thread;                  //定义中断和线程标志
    HANDLE hThread=NULL;                 //定义线程句柄
    DWORD WINAPI SignalInt(LPVOID SignalParm);   //定义中断事件等待线程

    BOOL VDDInitialize(                  //VDD 入口函数,在此根据不同的原因进行调用
         IN PVOID DllHandle,
         IN ULONG Reason,                //由系统传来
         IN PCONTEXT Context OPTIONAL
         )
    {
        switch ( Reason )
        {
        case DLL_PROCESS_ATTACH:         //当 DLL 连接到进程时调用,其作用是进行线
                                         //程创建和打开事件句柄
            m_thread=0;                  //令 m_thread=0,赋初值
            if(hThread==NULL)            //当线程为空时,表示是第一次创建线程
            {   //创建一个等待线程
                hThread=CreateThread(NULL,0,SignalInt,NULL,0,NULL);
            }
            if(m_hIntEvent==NULL)        //当事件为空时,表示是第一次创建事件
            {   //打开事件句柄,建立到同步事件的链接。同步事件链接名 ProcIntProcessEvent
                //在驱动程序中定义
                m_hIntEvent=OpenEvent(SYNCHRONIZE,FALSE,
                    TEXT("ProcIntProcessEvent"));    //具名对象名 ProcIntProcessEvent
            }
```

```
            break;
        case DLL_PROCESS_DETACH:        //当 DLL 与进程分离时调用,进行善后处理
            m_thread=1;                 //令 m_thread=1,退出等待线程
            if(hThread!=NULL) CloseHandle(hThread);   //当线程不空时,关闭线程
                                                      //句柄,防止多次开闭时出现错误
            if(m_hIntEvent!=NULL) CloseHandle(m_hIntEvent); //当事件不空时,关
                                                      //闭事件句柄,防止多次开闭时出现错误
            break;
        default:
            break;
    }
    return TRUE;
}


VOID VDDTerminateVDM()                  //结束 VDM
{
    return;
}


VOID VDDInit(VOID)                      //初始化 VDM
{
    return;
}


//中断事件等待线程
//当中断发生时,处理底层来的中断,主要是向 VDM 发虚拟中断信号
DWORD WINAPI SignalInt(LPVOID SignalParm)
{
    DWORD dwResult=0;
    while(m_thread==0)                  //当 m_thread=0
    {   //等待中断信号的到来,即等待来自底层驱动程序的中断事件是否有效
        if(WaitForSingleObject(m_hIntEvent,INFINITE)==WAIT_OBJECT_0)
        {   //当 m_hIntEvent 变为有效时,即调用虚拟中断函数,向 DOS 虚拟机发虚拟中断信号
            VDDSimulateInterrupt(1,2,1);//虚拟中断函数,模拟 10 号中断,在从片的第 3 个
                                        //引脚输入,1 次处理 1 个中断
        }
    }
    return(dwResult);
}
```

③ 中断处理的驱动程序相关例程代码。

```
#define DRIVER_EVENT_NAME L    //BaseNamedObjects\ProcIntProcessEvent 定义具名对象
                               //名 ProcIntProcessEvent
NTSTATUS Driver9054Device::Create(KIrp I)
{
    NTSTATUS status;
    HANDLE hProcessHandle;
    //创建与上层应用程序具名同步事件(直接用 DDK 的函数来做)
    IntEvent=IoCreateNotificationEvent(
        KUstring(DRIVER_EVENT_NAME),
        &hProcessHandle
        );
    if (IntEvent! =NULL)
    {
        KeClearEvent(IntEvent);              //清除事件
    }
    else
    {
        m_Irq.Disconnect();                  //断开中断延时调用的连接,即不进行中断处理
        status=STATUS_UNSUCCESSFUL;
    }

    // 初始化中断控制与状态寄存器 INTCSR
                    // 写 1 到 INTCSR[8],使能 PCI 中断
                    // 写 1 到 INTCSR[10],使能本地总线中断输入
                    // 写 1 到 INTCSR[11],使能 PCI 响应本地总线输入中断
                    // 写 1 到 INTCSR[18],使能本地 DMA 通道 0 中断
    m_IoPortRange0.outd(INTCSR,0x0F040D00);  //INTCSR 的初始化
    I.Information()=0;
    status=I.PnpComplete(this, STATUS_SUCCESS, IO_NO_INCREMENT);
    return status;
}
// 中断服务例程 Isr_Irq
//在 PCI 总线截获中断信号时,首先进入到本例程中,是中断程序进入点。本例程读取中断命令状态寄
//存器的值,判断中断源,然后调用相应的中断延时调用例程。Isr_Irq 例程起中断服务响应及中断源识
//别的作用
BOOLEAN Driver9054Device::Isr_Irq(void)
{
    ULONG ulStatus1;
    ULONG ulStatus2;
```

```
        ulStatus1=m_IoPortRange0.ind(INTCSR);  //读取中断控制和状态寄存器和INTCSR的
                                                //内容,判断是否是外部事件中断
        if(ulStatus1 & 0x00008000)              //若第15位为1,则表示为来自Local的外部中断
        {
            if(IntEvent==NULL)
            {
                return FALSE;
            }
            m_IoPortRange0.outd(INTCSR,(ulStatus1 & 0xFFFFF7FF));
                                                //禁止外部中断申请中断延时调用函数
            m_IoPortRange1.outb(0x0d,0x00); //清中断源的硬件中断信号
            m_DpcFor_Irq.Request();             //调用Local外部中断延时调用函数
            m_IoPortRange0.outd(INTCSR,(ulStatus1 | 0x00000800));  //允许外部中断
        }
        else
        {
            //不是DMA中断,则交给系统去处理
            return FALSE;
        }
        return TRUE;
    }


//Local中断延时调用例程DpcFor_Irq
//实际上是驱动程序WDM的中断服务程序所做的工作
VOID Driver9054Device::DpcFor_Irq(PVOID Arg1, PVOID Arg2)
{
    KeSetEvent(IntEvent, 0, FALSE); //设置IntEvent事件,通知上层应用程序有中断产生,
                    //上层应用程序根据此事件进行相应处理,直接启动VDD中断等待事件
    KeClearEvent(IntEvent);         //清除IntEvent事件,进程挂起,等待处理下一次中断
}
```

(4) 程序说明

下面对处理 MS-DOS 应用程序中断的底层 WDM 驱动程序和上层 MS-DOS 程序通信的过程,作一概括性说明,要特别注意此处 MS-DOS 应用程序与底层 WDM 驱动程序之间的通信,对比前面实例 12.3,Win32 应用程序与底层 WDM 驱动程序之间的通信有什么不同。

① 底层驱动程序 WDM,负责初始化具名事件对象,并将具名事件初始化为无信号状态。
#define DRIVER_EVENT_NAMEL\\BaseNamedObjects\\ProcIntProcessEvent
// 命名一个事件
PKEVENT IntEvent;

IntEvent = IoCreateNotificationEven（KUstring（DRIVER_EVENT_NAME），
&hProcessHandle）； // 创建与VDD具名同步事件对象
KeClearEvent(IntEvent)；   //初始化为无信号状态

② 上层VDD的回调函数中，首先创建中断事件等待线程。
hThread＝CreateThread（NULL,0,SignalInt,NULL,0,NULL）；
同时利用OpenEvent函数获取同步事件的句柄，这个内核同步事件在WDM中已建立，名字为ProcIntProcessEvent。
HANDLE m_hIntEvent；
m_hIntEVent＝OpenEvent(SYNCHRONIZE, FALSE, "ProcIntProcessEvent")；
并且在SignalInt线程中，利用函数waitForSingleObject把此线程挂起，等待内核驱动将中断请求事件置为有信号状态。

③ 当硬件设备申请中断时，首先被内核驱动程序的中断服务程序所截获，在中断服务程序中所做的工作仅仅是将内核同步事件置为有信号状态。
KeSetEvent(IntEvent, 0, FALSE)；   //设置中断事件有效

④ 在VDD中正在等待的线程，一旦检测到事件为有信号状态，便立即醒来调用中断模拟函数VDDSimulateInterrupt以实现向DOS虚拟机发送虚拟中断信号。
if (WaitForSingleObject(m_hIntEvent,INFINITE)==WAIT_OBJECT_0)
VDDSimulateInterrupt(1，2，1)；//模拟10号中断，在从片的第3个中断输入引脚
MS_DOS应用程序此时就会进入DOS中断服务程序，从而完成整个中断过程。

12.13　处理DMA传输的驱动程序

1. PCI设备DMA传输的实现方法

在第11章中讲到，PLX9054提供的两个独立DMA通道是一种设备级的DMA控制器，它与在第6章中所讨论的系统级DMA控制器的编程方式不同。并且，由于在Windows环境下进行DMA传输，所涉及的对硬件的操作，必须通过驱动程序来实现。为此，对于DMA也采用了这种硬件抽象的技术，把对DMA传输的操作归纳为几个类，而将许多硬件细节加以隐藏。因此，如果用户利用DriverStudio提供的类编写DMA驱动程序就会变得相对容易一些。

下面首先介绍在Windows环境下处理DMA传输的几个类，然后讨论如何利用这几个类编写PCI DMA驱动程序。

DriverStudio提供KDmaAdapter、KDmaTransfer和KCommonDmaBuffer三个类来实现DMA操作。其中，KDmaAdapter类用于建立一个DMA适配器，以说明DMA通道的特性，描述DMA传输类型。例如，是设备DMA还是系统DMA，如果是系统DMA，使用哪个DMA信道，DMA信道的宽度是8位还是16位等。KDmaTransfer类用来管理和操纵DMA传输，它能够管理DMA传输的各种操作类型和操作方式。而KCommonDmaBuffer类用于申请系统提供的DMA公用缓冲区，以便暂存要传输的数据。

下面来说明如何利用上述几个类编写DMA驱动程序。

① 创建一个KDmaAdapter类的实例，并且正确地描述要进行的DMA传输的信息。这可通过一个DEVICE_DESCRIPTION结构体变量来初始化KDmaAdapter类的实例，实现对当前DMAC特性的描述。

② 决定驱动程序使用的内存类型。DMA 传输可以使用两种方法暂时存放所要传输的数据，一种是使用 Common Buffer，这种方法称为"Common Buffer"，是由系统预先分配的一块物理地址连续的内存区域，微处理器和设备都能对它进行访问。KCommonDmaBuffer 类对 Common Buffer 进行了描述。另外一种是使用 MDL(Memory Descriptor List)描述的内存区域来作为 DMA 传输数据的源与目标，这种方法称为"Packet DMA"。

③ 创建一个 KDmaTransfer 类的实例，并使用成员函数 Initiate，给实例加入一个回调函数(Callback Function)。例如，在本实例中的回调函数为 OnDmaReady。

④ 编写上面所说的回调函数 OnDmaReady。它通知设备开始进行传输，然后立即返回，并不等待传输结束后再返回。当一次 DMA 传输由于硬件设备的限制或由于缓冲区容量大小的限制而不得不分成多段传输时，这个回调函数将会被调用多次。

⑤ 编写代码来处理分段传输结束。驱动程序应能判定何时 DMA 发送一个分段传输结束。驱动程序必须调用成员函数 Continue 来通知传输对象当前分段传输完毕，如果整个 DMA 传输还未完成，它会设置下一次传输，并调用上面提到的回调函数 OnDmaReady。

2. PCI 设备及 DMA 传输的驱动程序设计要点

● 资源分配情况。设备级 DMA 控制器属于 PCI 桥芯片 PLX9054 的一部分，因此，DMA 控制器的寄存器都在 PLX9054 芯片内部，其物理地址是 Local Conifguration Registers 的基地址（即在 PCI 配置空间中的基地址 0 和基地址 1 寄存器中的内容）加上相应寄存器的偏移量。各寄存器的具体偏移地址可参考文献[18]。

● 设计目标。实现两种传输：从 Local Bus 侧的 I/O 端口到系统内存的数据传输；从系统内存到 Local Bus 侧的扩展内存的数据传输。并且，提供 DMA 操作方式选择的接口，使用户能够在应用层进行传输参数的设置，如传输方向、传输字节数、启动方式。在向扩展内存传输数据时，其基地址设置为 20000000H。

● 软件实现对象。使用 KDmaAdapter、KDmaTransfer 和 KCommonBuffer 三类，前两类是 DMA 传输所必需的，若选用 Buffer 方式传输，则需要用到 KCommonBuffer 类。本接口卡所用的是 Buffer 方式传输，其缓冲区大小设为 2 KB。

3. PCI 设备 DMA 传输的驱动程序流程

在利用 DriverWizard 自动生成 WDM 程序的框架时，如果选择了 DMA 支持，并且创建 Driver9054Device 类时，内存类型选择 Common Buffer，则在程序中会生成声明上述 3 个类的类实例的代码：

```
KDmaAdapter          m_Dma;                //DMA 适配器
KDmaTransfer *       m_CurrentTransfer;    //控制 DMA 的传输
KCommonDmaBuffer     m_Buffer;             //DMA 传输的公用缓冲区
KInterrupt           m_Irq;                //中断
```

由于需要使用中断来通知驱动程序传输结束和启动传输，所以此处也定义了一个 KInterrupt 类实例 m_Irq 来进行中断处理。

为了便于理解，来看看 DMA 驱动程序流程。PCI DMA 驱动程序流程如图 12.10 所示（图中并未包含设备驱动程序中的初始化部分）。

驱动程序是由 IRP 来驱动的，在 ring3 层的 Win32 应用程序中调用 ReadFileAPI 函数来向设备驱动程序发出 DMA 请求，如果 ReadFile 执行成功，则会向驱动程序发出类型为 IRP_MJ_READ 的 IRP。驱动程序收到系统 I/O 管理器发来的 IRP 后，进入驱动程序的 StartIo

例程中。该例程根据 IRP 的类型来调用相应的处理例程,此处为读数据,因此调用 SerialRead 例程。在 SerialRead 例程中创建 KDmaTransfer 类的实例 m_CurrentTransfer,并将回调函数 OnDmaReady 链接到该实例即添加为该类的成员函数,以便每次进行传输时,调用这个回调函数。

在调用并进入回调函数 OnDmaReady 后,立即检查是否有数据需要传输。如果有数据需要传输,则对 DMAC 的硬件进行初始化并启动 DMAC 工作。对于 DMAC 硬件的初始化工作,在第 11 章中已以汇编语言的方式描述了其初始化的操作流程,如图 11.14 所示。此处,在驱动程序中只需改用 C++ 语言来描述该流程即可①;如果没有数据需要传输,则调用 KDmaTransfer 类的成员函数 Terminate 结束 DMA 操作、删除 KDmaTransfer 类的实例,并完成 IRP 的生命周期。

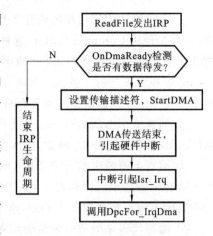

图 12.10 PCI DMA 驱动程序流程图

在 DMA 的传输完一段以后,会产生一个 DMA 中断,进入到中断服务程序 Isr_Irq 中。在中断服务程序中,清除硬件中断信号并判断是不是由 DMA 引起的中断,若是,则调用其中断延时服务例程 DpcFor_IrqDma 来进行后续工作。在 DpcFor_IrqDma 中,采取调用 KDmaTransfer 类的成员函数 Continue 进行后续处理。该函数会判断是否达到设定的传输字节数,若未达到,则设置下一段传输并再次调用回调函数 OnDmaReady;若达到,则结束 DMA 传输。

综上可以看出,除回调函数 OnDmaReady、Isr_Irq、DpcFor_IrqDma 和 DMAC 硬件的初始化工作由用户实现以外,其他大部分都是由处理 DMA 传输的三个类来实现的。从这里可以体会到这三个类在 DMA 传输中起着关键性的作用。

4. PCI DMA 设备驱动程序设计

程序包括 DMA 传输的应用程序与驱动程序。由于整个程序比较长,为节省篇幅,不在本教材中列出,而放到配套教辅去了。

12.14 Win32 应用程序对驱动程序的调用

用户设计驱动程序的主要目的是为上层应用程序提供一套在内核模式下运行的服务例程。前面介绍的一些程序片段都是编写驱动程序中所涉及的一些技术,并不能实际作为驱动程序来运行。在实际编写驱动程序时,应该用模块化的编程思想,利用这些技术编写成完整的,并且能够被上层应用程序灵活调用的例程。要实现这一点,就必须考虑到上层应用程序的请求,因为应用程序是设备的使用者,驱动程序是设备的执行者,驱动程序所处理的数据和各种请求信息都需要从应用程序得来,而它们之间的信息传递是通过 I/O 请求包(IRP)进行的,即以 IRP 的形式向设备驱动程序发送请求,调用设备驱动程序启动 I/O 操作,这就是所谓 ring3 级的应用程序对 ring0 级的设备驱动程序的调用,也就是应用程序与驱动程序之间的通

---

① 因为在驱动程序中可以直接操作 DMAC 的端口,因此可以用 C++语言进行改写。汇编语言编写的程序是为了便于理解,描述的是 DMA 操作的流程,但其实际上是不能直接运行的。

信问题。

用户应用程序分为 Win32 程序和 MS-DOS 程序,它们对驱动程序的调用过程是不同的。下面讨论这两种应用程序是如何调用设备驱动程序的,也就是它们与设备驱动程序之间是如何通信的。其实,这个问题在上面所举的实例中就已经涉及到了,现在再从如何实现调用的角度归纳一下。

12.14.1 Win32 程序对驱动程序的调用过程

Win32 应用程序调用核心态驱动程序时,操作系统为每个用户请求打包成一个 IRP 结构,将其发送至驱动程序并通过识别 IRP 中的物理设备对象 PDO 来识别是发送给哪一个设备的。另外,在 IRP 结构中,每个分开的 I/O 事务都由一个工作指令进行描述,以告诉驱动程序做什么。这些工作指令就是采用叫做 I/O 请求包的数据结构的形式。

下面是 Win32 应用程序对底层驱动程序的调用过程。

① 在 Win32 应用程序中,利用设备的符号链接名,调用 CreatFile 函数,创建一个到设备的链接,获得设备句柄。

```
HANDLE PortTalk_Handle=CreateFile("\\.\MPNP1",
        GENERIC_READ |GENERIC_WRITE,
        0,
        NULL,
        OPEN_EXISTING,
        FILE_ATTRIBUTE_NORMAL,
        NULL);
```

其中,MPNP1 为设备的符号链接名,其他参数可参考文献[15]~[17]的 Windows API 函数说明。

② 在 Win32 应用程序中,调用 API 函数 DeviceIoControl,发出一个 I/O 请求 IRP。I/O 管理器接收这个请求,并构造一个 IRP_MJ_DEVICE_CONTROL 处理程序跟踪该请求,以调用(激活)驱动程序内的 DeviceControl 例程进行处理,就这样实现了 Win32 应用程序对驱动程序的调用。在 DeviceControl 例程中,一般情况下将 IRP 放入设备队列(设备对象堆栈)中排队,如果没有其他参加排队的 IRP,则该 IRP 马上被发送并且被处理。

③ 在调用完设备驱动程序以后,在应用程序中释放 PortTalk_Handle 句柄,关闭设备。

12.14.2 调用过程中所使用的相关 API 函数与例程

下面给出上层 Win32 应用程序中 API 函数 DeviceIoControl 的代码和底层驱动程序中例程 DeviceControl 的代码,以及在驱动程序的处理例程中需要由用户编写的程序代码。

① 上层 Win32 应用程序中,请求写端口的 API 函数 DeviceIoControl 的代码如下。

```
DeviceIoControl(PortTalk_Handle,IOCTL_WRITE_PORT_UCHAR,
        &Buffer,
        3,
        NULL,
        0,
        &BytesReturned,
        NULL);
```

这是一个请求写端口的调用,参数 IOCTL_WRITE_PORT_UCHAR 为请求码。在 3 个字节的 Buffer 中，Buffer[0] 中放入的是双字节端口地址，Buffer[2] 中放入的是要写入端口的值。

请求读端口的 API 函数 DeviceIoControl 的代码与写端口的 API 函数 DeviceIoControl 的代码类似。

② 驱动程序中处理端口读写操作的例程 DeviceControl 代码如下。

```
NTSTATUS Driver9054Device::DeviceControl(KIrpI)
{
    NTSTATUS status;
    switch(I.IoctlCode())
    { //读设备端口 300～30F
    Case IOCTL_READ_PORT_UCHAR：
        status=IOCTL_READ_PORT_UCHAR_Handler(I);
        break;
    //写设备端口 300～30F
    Case IOCTL_WRITE_PORT_UCHAR：
        status=IOCTL_WRITE_PORT_UCHAR_Handler(I);
        break;
        ⋮
    }
    if(status==STATUS_PENDING)
    {
        return status;
    }
    else
    {
        returnI.PnpComplete(this,status);
    }
}
```

③ 驱动程序的例程中，需要由用户编写的程序代码。

在上述驱动程序的处理例程中，需要用户编写的程序代码包括端口读例程和端口写例程与设备相关的功能函数，其中，端口写例程的主体如下。

```
NTSTATUS Driver9054 Device::IOCTL_WRITE_PORT_UCHAR_Handler(KIrp I)
{
    NTSTATUS status=STATUS_SUCCESS;
    ULONG inBufLength, outBufLength;
    PUCHAR CharBuffer;
    PVOID ioBuffer;
    inBufLength=I.IoctlInputBufferSize();
    outBufLength=I.IoctlOutputBufferSize();
    ioBuffer=I.IoctlBuffer();
    CharBuffer=(PUCHAR)ioBuffer;
    if (inBufLength>=3)
```

```
    {
        m_IoPortRange0. outb(CharBuffer[0],(UCHAR)(CharBuffer[2]));
        I. Information()=1;
        status=STATUS_SUCCESS;
    }
    else status=STATUS_BUFFER_TOO_SMALL;
    return status;
}
```

这里 CharBuffer[0]里的内容为端口的偏移地址,CharBuffer[2]中的内容为要写入端口的值,参数顺序的约定可根据用户的习惯而定,不一定是以上的顺序。

端口读例程的主体与端口写例程的类似。

12.14.3 Win32 应用程序对驱动程序的调用举例

Win32 应用程序调用驱动程序的例子请参考例 12.1,在此不再重复。

12.15 MS-DOS 程序对驱动程序的调用

在 Windows 下,一方面 MS-DOS 程序要求访问底层硬件,另一方面出于对系统的保护又必须禁止 MS-DOS 程序对底层硬件的访问,这就产生了矛盾。Windows 系统采用虚拟 DOS 机 VDM(Virtual DOS Machine)的办法来解决这一矛盾,即为每个 16 位 MS-DOS 程序创建一个 VDM,让 MS-DOS 程序在虚拟 DOS 机进程环境中运行。为了让 VDM 执行 I/O 指令而不直接访问任何硬件,Windows 系统使用一个虚拟设备驱动程序 VDD 的软件来进行转换。下面是 MS-DOS 应用程序通过 VDD 对底层驱动程序的调用过程。

12.15.1 MS-DOS 程序对驱动程序的调用过程

MS-DOS 程序在 Windows 下请求访问硬件时,会被 VDM(虚拟 DOS 机)截获这个请求,并把它传递到 VDD。VDD 是一个运行在 Windows 中典型的用户态驱动程序,它解释来自 MS-DOS 程序对硬件访问的请求,并且将 MS-DOS 应用程序对硬件的访问请求转换为一个 Win32 的 API 函数调用,利用 Win32 API 函数向内核驱动程序发出请求,最后由内核驱动程序去操作硬件。

所以,如果在 Windows 下想要 MS-DOS 应用程序通过 I/O 指令访问硬件,就必须截获对硬件的访问,然后由 VDD 把这个访问传到内核驱动程序,让内核驱动程序去直接与硬件打交道。可见,MS-DOS 程序调用驱动程序是通过 VDD 这个中间层来实现的,正如图 12.11 所示的那样,VDD 在 MS-DOS 应用程序与内核驱动程序之间起到承上启下的作用。这也正是与 Win32 应用程序调用驱动程序的差别所在,Win32 调用驱动程序不需要经过 VDD,而是直接调

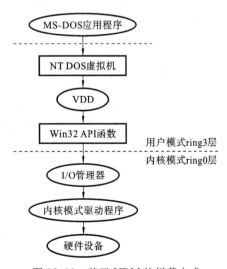

图 12.11 基于 VDM 的拦截方式
访问硬件设备

用的。

从图 12.11 可以看到，MS-DOS 程序访问 I/O 设备时，除编写 MS-DOS 应用程序和内核 WDM 驱动程序之外，还要编写虚拟设备驱动程序 VDD，其中，VDD 是关键。

12.15.2　虚拟设备驱动程序 VDD 的内容

为了截获对端口的访问，VDM 需要知道（确定）MS-DOS 程序试图访问的是哪些端口，这个由 VDD 程序负责。例如，如果 MS-DOS 应用程序要访问硬件的某个端口，则在 VDD 中会利用 DDK 函数告诉 VDM 是哪些 I/O 端口及其 I/O 端口的范围，并且 VDD 为这些范围内的 I/O 端口安装（注册）回调函数。当应用程序执行 I/O 指令 IN 或 OUT 访问该范围内的 I/O 端口时，VDM 截获 IN 和 OUT 指令，由操作系统调用 VDD 提供的回调函数。在回调函数中调用 Win32 API 函数 DeviceIoControl 来将访问权交给内核驱动程序。

虚拟设备驱动程序 VDD 的相关代码如下。
在 VDD 中，初始化函数如下。

```
BOOL VDDInitialize()
{
    ⋮
        VDD_IO_PORTRANGE PortDefs[1]={ {0x300, 0x30f} };      //确定端口范围
        VDD_IO_HANDLERS PortHandlers[1]={
        {com_inb, NULL, NULL, NULL, com_outb, NULL, NULL, NULL}
//注册回调函数
    };
    ⋮
    VDDInstallIOHook (DllHandle, 1, PortDefs, PortHandlers);
                                              //将回调函数和相应的端口钩链起来
}
```

当应用程序执行 mov dx 303h; out dx ,al 时，回调函数 com_outb 被调用。回调函数 com_outb 的内容如下。

```
com_outb()
{
    ⋮
    error=DeviceIoControl(PortTalk_Handle,
            IOCTL_WRITE_PORT_UCHAR,
            &Buffer,
            3,
            NULL,
            0,
            &BytesReturned,
            NULL);
//调用 Win32 API 函数 DeviceIoControl，向内核驱动程序发送写端口的请求控制码
    ⋮
```

}

在底层驱动程序中会响应 VDD 中的 API 函数 DeviceIoControl,并相应识别出控制码 IOCTL_WRITE_PORT_UCHAR,从而对硬件的 303H 端口执行写操作。具体内容可参阅 12.9.4 节例 12.1 的驱动程序中例程 DeviceControl 的代码,这里不再重复。

12.15.3 MS-DOS 程序调用驱动程序举例

下面以 MS-DOS 步进电机控制的驱动程序为例来说明 MS-DOS 应用程序对驱动程序的调用。可与例 12.1 Win32 控制步进电机的驱动程序作比较,分析其调用驱动程序的差别。

例 12.5 MS-DOS 步进电机控制的驱动程序设计。

(1) 设计要求

要求编写步进电机控制的 MS-DOS 程序和相应的 WDM 驱动程序及 VDD 虚拟设备驱动程序。其中,控制程序是用户态程序,与第 7 章例 7.2 步进电机控制接口设计的要求相同;驱动程序是内核程序,与例 12.1 的要求相同。只有 VDD 虚拟设备驱动程序是新添加的。

(2) 设计分析

为了能够在 Windows 环境下利用 DOS 程序操作硬件,微软采用 DOS 虚拟机(VDM)及虚拟驱动程序(VDD)技术来实现此目标。16 位的 DOS 程序运行于 DOS 虚拟机上,DOS 虚拟机提供了一个 16 位程序运行的虚拟环境,并且在 DOS 程序直接访问硬件端口时,产生一个保护异常,若没有相应的虚拟设备驱动程序,此异常将直接导致 DOS 虚拟机弹出一个错误提示,并且中止程序对硬件的访问,实现对系统的保护。若安装相应的虚拟设备驱动程序,则该异常将会转到虚拟设备驱动程序中的相应例程去执行,虚拟设备驱动程序将调用内核设备驱动程序来完成对硬件的访问,并将结果返回给虚拟机,从而让用户能够利用 DOS 程序实现对硬件的访问。

(3) 程序设计

程序包括 MS-DOS 程序、VDD 程序和 WDM 程序三部分。

① 步进电机控制的 DOS 应用程序代码。

该代码与例 12.1 中的步进电机运行函数 runStepM 相同,其差别仅仅是端口地址使用的是全地址而不是偏移地址。

```
//头文件定义
#include <conio.h>
#include <stdio.h>
#include <dos.h>
#include <stdlib.h>
void main()
{
    int xu[8]={0x05,0x15,0x14,0x54,0x50,0x51,0x41,0x45};   //相序表
    unsigned int i=0,j=0;
    printf("按确定运行,按下 SW1 停止,按下 SW2 启动...\n");
    outportb(0x303,0x81);                      //82C55A 初始化
    outportb(0x303,0x09);                      //置 PC$_4$=1,关闭 74LS373
        do{
```

```
            recv=inportb(0x302);
        }while((0x01&recv)!=0);              //查 SW₂ 是否按下
        do{
            outportb(0x300,xu[i]);
            outportb(0x303,0x08);             //置 PC₄=0,打开 74LS373
            i++;
            if(i==8)
                i=0;
            delay(50);                        //延时
        }while((0x02&(inportb(0x302)))!=0);   //查 SW₁ 是否按下
        outportb(0x303,0x09);                 //置 PC₄=1,关闭 74LS373
    }
```

② 步进电机控制的虚拟设备驱动程序代码。

```
//函数声明
HANDLE PortTalk_Handle=NULL;
void com_inb( WORD, BYTE * );
void com_outb( WORD, BYTE );
void outportb(unsigned short PortAddress, unsigned char byte);
unsigned char inportb(unsigned short PortAddress);
//虚拟驱动初始化函数
BOOL VDDInitialize(
    IN PVOID DllHandle,
    IN ULONG Reason,
    IN PCONTEXT Context OPTIONAL
    )
{
    VDD_IO_PORTRANGE PortDefs[1]={ {0x300, 0x30f} }
};//定义所用端口的地址范围
VDD_IO_HANDLERS PortHandlers[1]={
        {com_inb, NULL, NULL, NULL, com_outb, NULL, NULL, NULL}
    };//写端口,读端口的钩链函数,当应用程序读端口时就激发 com_inb 函数,当应用程序写端口时
      //就激发 com_outb 函数
switch ( Reason )
{
    case DLL_PROCESS_ATTACH:
            //将端口范围和端口句柄钩链到 dllhandle:Mfvdd.dll
            VDDInstallIOHook(DllHandle, 1, PortDefs, PortHandlers);
            break;
    case DLL_PROCESS_DETACH:
```

```
            VDDDeInstallIOHook(DllHandle, 1, PortDefs);
            if (PortTalk_Handle! = NULL) CloseHandle(PortTalk_Handle);
            break;
        default:
            break;
        }
    return TRUE;
    }
//虚拟设备驱动程序读端口字节回调函数
void com_inb( WORD port, BYTE * value )
{
    * value=inportb((unsigned short)port);              //输入函数
}
//虚拟设备驱动程序写端口字节回调函数
void com_outb( WORD port, BYTE value)
{
    outportb((unsigned short)port,(unsigned char)value);  //输出函数
}
    ⋮
```

以上的输入函数 inportb 和输出函数 outportb 的实现与例 12.1 中的相同,在此不再重复,可参考前面例 12.1 中这两个函数实现的代码。

③ 步进电机控制的驱动程序代码。

此处步进电机控制的驱动程序代码与例 12.1 的相同,包括例程 DriverEntry、AddDevice、OnStartDevice、回调例程 StartIo、派遣例程 DeviceControl,以及端口读/写 IOCTL_READ_PORT_UCHAR_Handler/ IOCTL_WRITE_PORT_UCHAR_Handler 等,可参考例 12.1,这里不再重复。

12.16 采用 DDK 编写驱动程序

12.16.1 开发工具 DDK

以上的驱动程序是采用 DriverStudio 工具提供的类编写,本节介绍另一种工具——DDK (Device Driver Kit)编写驱动程序的方法。

微软提供的 DDK 软件包,包括编写设备驱动所必需的工具,如有关设备开发的文档、编译需要的头文件和库文件、调试工具和程序范例。在 DDK 中还定义了一些设备驱动可以调用的系统底层服务,像 DMA 服务、中断服务、内存管理服务、可安装文件系统服务,等等。下面以步进电机控制的驱动程序为例,讨论采用 DDK 编写驱动程序的方法。

12.16.2 采用 DDK 编写驱动程序举例

例 12.6 采用 DDK 编写驱动程序实现步进电机控制。

下面以采用 DDK 编写步进电机控制的驱动程序为例来说明使用 DDK 编写驱动程序的方法。可与例 12.1 中采用 DriverStudio 编写驱动程序的方法进行比较，了解与认识其不同之处。

（1）设计要求

要求编写步进电机控制的 Win32 控制程序和相应的驱动程序，其中，控制程序与第 7 章例 7.2 步进电机控制接口设计的要求相同，驱动程序要求采用 DDK 编写，对步进电机 I/O 端口进行读写操作。

（2）设计分析

本例的设计要求和要到达的目标与例 12.1 的相同，其差别是采用的开发工具不同，因此它们的驱动程序各不相同，但实现的功能是一样的。其差别是，在本例采用 DDK 编程的应用程序中，为了建立 PCI 与本地的地址映射关系，需要访问配置空间去获取配置空间信息。而在例 12.1 中采用 DriverStudio 编程，对配置空间的访问进行了封装，就不需要在应用程序中访问配置空间读取配置信息，而是直接调用类实例的初始化成员函数建立地址映射关系。

从 11.7.4 节的 PCI 配置空间的映射关系可知，PCI 配置空间的 2 号基地址寄存器用于 I/O 地址映射，因此，要对步进电机进行控制，首先需要获取该寄存器中的内容作为基地址，然后加上相应的偏移地址，就可以实现对步进电机的控制。

（3）程序设计

程序由 Win32 应用程序和 WDM 驱动程序组成。

① 步进电机控制的 Win32 应用程序。

程序流程图如图 12.12 所示。比较一下图 12.12 和图 12.7，就可以知道采用 DDK 与采用 DriversStudio 不同工具开发驱动程序时，在上层 Win32 应用程序的编写工作有哪些不同。

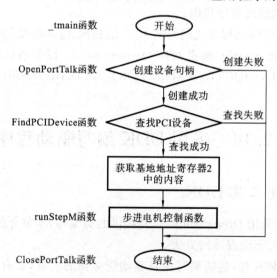

图 12.12 步进电机控制的 DDK 应用程序流程

应用程序代码如下。

本例程中未作说明的函数，可参见例 12.1 中的内容。

```
//头文件定义
#include "stdafx.h"
#include <windows.h>
```

```c
#include <winioctl.h>
#include <dos.h>
#include <conio.h>
//为驱动程序中定义的控制代码，API 函数调用中作为参数传递给驱动程序
#define PORTTALK_TYPE 40000
#define IOCTL_READ_PORT_UCHAR \
    CTL_CODE(PORTTALK_TYPE,0x904,METHOD_BUFFERED,FILE_ANY_ACCESS)
#define IOCTL_WRITE_PORT_UCHAR \
    CTL_CODE(PORTTALK_TYPE,0x905,METHOD_BUFFERED,FILE_ANY_ACCESS)
#define IOCTL_READ_PORT_ULONG \
    CTL_CODE(PORTTALK_TYPE,0x906,METHOD_BUFFERED,FILE_ANY_ACCESS)
#define IOCTL_WRITE_PORT_ULONG \
    CTL_CODE(PORTTALK_TYPE,0x907,METHOD_BUFFERED,FILE_ANY_ACCESS)
#define _PCI9054 0X540610B5
//函数声明
bool OpenPortTalk(LPCTSTR DriverLinkSymbol);
void ClosePortTalk();
int outportd(unsigned long PortAddress, unsigned long m_Word);
unsigned long inportd(unsigned long PortAddress);
bool FindPCIDevice();
void runStepM();
//全局变量定义
HANDLE g_DriverHandle;                          //存放获取的句柄
static DWORD PCIBaseAdd=0;                      //PCI 基地址信息
static DWORD IOBaseAdd=0;                       //I/O 基地址信息

//主函数,程序入口点
int _tmain(int argc, _TCHAR * argv[])
{
    int i;
    bool success=false;
    DWORD pcireg,pcireg1,IntrPin,IntrLine,IntrCsr;   //PCI 配置寄存器
    success=OpenPortTalk(_T("\\.\MFADVWDM1"));
                //打开设备句柄,建立到设备的连接。设备连接名 MFADVWDM1 在驱动程序中定义
    if(! success)
    {
        printf("驱动程序加载失败\n");
        return 0;
    }
    if(! FindPCIDevice())                       //调用寻找 PCI 卡函数
```

```
        {
            printf("未找到指定的 PCI 设备\n");
            return 0;
        }
        outportd(0xcf8,PCIBaseAdd+24);        //+24 表示配置空间的 2 号基地址寄存器
        IOBaseAdd=inportd(0xcfc)-1;            //去掉最低位的 I/O 地址标志,得到 I/O 基地址
        printf("IO 基地址为:%x",IOBaseAdd);    //显示获取的 I/O 基地址值
        runStepM();                            //调用运行步进电机控制函数
        ClosePortTalk();                       //关闭前面打开的设备
        return 1;
    }

    //创建设备句柄的函数
    bool OpenPortTalk(LPCTSTR DriverLinkSymbol)    //打开设备句柄,建立到设备的连接
    {
        g_DriverHandle=CreateFile(DriverLinkSymbol,
                                                   //调用 API 函数 CreateFile,创建设备句柄
            GENERIC_READ|GENERIC_WRITE,
            0,
            NULL,
            OPEN_EXISTING,
            FILE_ATTRIBUTE_NORMAL,
            NULL);
        if(g_DriverHandle==INVALID_HANDLE_VALUE)
        {
            return false;
        }
        return true;
    }

    //关闭设备句柄函数
    void ClosePortTalk()
    {
        CloseHandle(g_DriverHandle);    //调用 API 函数 CloseHandle,关闭句柄 g_DriverHandle
    }

    //读 32 位端口函数
    unsigned long inportd(unsigned long PortAddress)
    {
        unsigned int error;
```

```
    DWORD BytesReturned;
    unsigned long inBuffer[1];
    unsigned long outBuffer[1];
    inBuffer[0]=PortAddress;

    error=DeviceIoControl(g_DriverHandle,
                            //调用 API 函数 DeviceIoControl,实现 32 位的端口读操作
        IOCTL_READ_PORT_ULONG,
        &inBuffer,
        sizeof(ULONG),
        &outBuffer,
        sizeof(ULONG),
        &BytesReturned,
        NULL);

    if (! error)
    {
        printf("读端口失败\n");
        return -1;
    }
    return(outBuffer[0]);
}

//写 32 位端口函数
int outportd(unsigned long PortAddress, unsigned long m_Word)
{
    unsigned int error;
    DWORD BytesReturned;
    unsigned long Buffer[2];
    Buffer[0]=PortAddress;
    Buffer[1]=m_Word;

    error=DeviceIoControl(g_DriverHandle,
                            //调用 API 函数 DeviceIoControl,实现 32 位的端口写操作
        IOCTL_WRITE_PORT_ULONG,
        &Buffer,
        2 * sizeof(ULONG),
        NULL,
        0,
        &BytesReturned,
```

```c
            NULL);
        if (! error)
        {
            printf("写端口失败\n");
            return -1;
        }
        return 0;
    }

//寻找PCI卡获取PCI配置空间基地址函数
bool FindPCIDevice()
{
    DWORD PCI_DeviceVendorID=_PCI9054;   //PCI卡设备号和厂商号
    DWORD IO_Add32;                      //配置空间地址变量
    DWORD IO_Data32;                     //配置空间数据变量
    IO_Add32=0x80000000;    //使能端为1(参见配置地址寄存器格式,第11.7.3节图11.6)
    do
    {
        outportd(0xCF8,IO_Add32);
        IO_Data32=inportd(0xCFC);
        IO_Add32 +=0x800;                //将设备功能号加1
    }while((IO_Data32! =PCI_DeviceVendorID)&&(IO_Add32<0x80FFFF00));
             //直至找到设备或到达最大设备数
    if(IO_Data32==PCI_DeviceVendorID)
    {
        PCIBaseAdd=IO_Add32 - 0x800;     //获得PCI配置空间基地址
        return true;
    }
    else
        return false;
}

//步进电机控制函数
void runStepM()
{
    int xu[8]={0x05,0x15,0x14,0x54,0x50,0x51,0x41,0x45};//相序表
    unsigned int i=0,j=0;
    printf("按SW1运行,按下SW2停止…\n"); //显示提示信息
    outportd(IOBaseAdd + 3,0x81);        //82C55A初始化
    outportd(IOBaseAdd + 3,0x09);        //置PC$_4$=1,关闭74LS373
```

```
    do{
        recv=inportd(IOBaseAdd + 2);
    }while((0x01&recv)! =0);                        //查 SW₂ 是否按下
    outportd(IOBaseAdd + 3,0x08);                   //置 PC₄=0,打开 74LS373
    do{
        outportd(IOBaseAdd,xu[i]);
        i++;
        if(i==8)
        i=0;
        Sleep(50);                                  //延时
    }while((0x02&(inportd(IOBaseAdd + 2)))! =0);   //查 SW₁ 是否按下
    outportd(IOBaseAdd + 3,0x09);                   //置 PC₄=1,关闭 74LS373
}
```

② 驱动程序代码

```
//定义驱动程序中的控制代码
#define PORTTALK_TYPE 40000
#define IOCTL_READ_PORT_ULONG CTL_CODE(PORTTALK_TYPE, 0x906,
METHOD_BUFFERED, FILE_ANY_ACCESS)
#define IOCTL_WRITE_PORT_ULONG CTL_CODE(PORTTALK_TYPE, 0x907,
METHOD_BUFFERED, FILE_ANY_ACCESS)


//驱动程序入口例程
extern "C" NTSTATUS DriverEntry (
        IN PDRIVER_OBJECT pDriverObject,
        IN PUNICODE_STRING pRegistryPath ){
    ULONG ulDeviceNumber=0;
    NTSTATUS status;

    // 声明其他驱动入口点
    pDriverObject->DriverUnload=DriverUnload;
    pDriverObject->MajorFunction[IRP_MJ_CREATE]=DispatchCreate;
    pDriverObject->MajorFunction[IRP_MJ_CLOSE]=DispatchClose;
    pDriverObject->MajorFunction[IRP_MJ_DEVICE_CONTROL]=DeviceControl;
    status=CreateDevice(pDriverObject, ulDeviceNumber);
// 这个例程将会重复调用直到所有的设备都被创建
    return status;
}


//设备创建例程,在此例程中创建符号链接名
NTSTATUS CreateDevice (
```

```
                IN PDRIVER_OBJECT pDriverObject,
                IN ULONG ulDeviceNumber){

    NTSTATUS status;
    PDEVICE_OBJECT pDevObj;
    PDEVICE_EXTENSION pDevExt;

    // 内部设备名
    CUString devName("\Device\MFAdvWDM");
    devName += CUString(ulDeviceNumber);

    // 创建设备对象
    status = IoCreateDevice( pDriverObject,
                    sizeof(DEVICE_EXTENSION),
                    &(UNICODE_STRING)devName,
                    FILE_DEVICE_UNKNOWN,
                    0, TRUE,
                    &pDevObj );
    if (! NT_SUCCESS(status))
        return status;

    // 选择使用 BUFFERED_IO 方式
    pDevObj->Flags |= DO_BUFFERED_IO;

    // 初始化设备扩展
    pDevExt = (PDEVICE_EXTENSION)pDevObj->DeviceExtension;
    pDevExt->pDevice = pDevObj;               // 指向后一个指针
    pDevExt->DeviceNumber = ulDeviceNumber;
    pDevExt->ustrDeviceName = devName;
    pDevExt->deviceBuffer = NULL;
    pDevExt->deviceBufferSize = 0;

    // 定义符号链接名
    CUString symLinkName("\??\MFADVWDM");
    symLinkName += CUString(ulDeviceNumber+1);
    pDevExt->ustrSymLinkName = symLinkName;

    // 创建符号链接名
    status = IoCreateSymbolicLink( &(UNICODE_STRING)symLinkName,
                          &(UNICODE_STRING)devName );
```

```
        if (! NT_SUCCESS(status)) {
            // if it fails now, must delete Device object
            IoDeleteDevice( pDevObj );
            return status;
        }
        return STATUS_SUCCESS;
}
//I/O 端口读写支持例程
NTSTATUS DeviceControl(            //由 API 函数 DeviceIOControl 调用,实现对端口的读/写
    IN PDEVICE_OBJECT DeviceObject,
    IN PIRP pIrp
    )
{
    PIO_STACK_LOCATION irpSp;
    NTSTATUS           ntStatus=STATUS_SUCCESS;
    ULONG              inBufLength;      //输入缓冲区长度
    ULONG              outBufLength;     //输出缓冲区长度
    PULONG             LongBuffer;
    PVOID              ioBuffer;
    ULONG              Value;

    irpSp=IoGetCurrentIrpStackLocation( pIrp );    //以下与 DriverStudio 不同
    inBufLength=irpSp->Parameters.DeviceIoControl.InputBufferLength;
    outBufLength=irpSp->Parameters.DeviceIoControl.OutputBufferLength;
    ioBuffer =pIrp->AssociatedIrp.SystemBuffer;

    LongBuffer =(PULONG) ioBuffer;

    switch ( irpSp->Parameters.DeviceIoControl.IoControlCode )
    {
        case IOCTL_READ_PORT_ULONG:        //读端口控制码(与应用程序中一致)
            if((inBufLength>=sizeof(ULONG))&&(outBufLength>=sizeof(ULONG)))
            {
                Value=READ_PORT_ULONG((PULONG)LongBuffer[0]);  //底层I/O读操作
                LongBuffer[0]=Value;
                ntStatus=STATUS_SUCCESS;
            }
            else
            {
                ntStatus=STATUS_BUFFER_TOO_SMALL;
```

```
                }
                pIrp->IoStatus.Information=sizeof(ULONG);        //输出缓冲区大小
                break;

            case IOCTL_WRITE_PORT_ULONG:    //写端口控制码(与应用程序中一致)
                if(inBufLength>=2*sizeof(ULONG))
                {
                    WRITE_PORT_ULONG((PULONG)LongBuffer[0],LongBuffer[1]);
                                                                 //底层I/O写操作
                    ntStatus=STATUS_SUCCESS;
                }
                else
                {
                    ntStatus=STATUS_BUFFER_TOO_SMALL;
                }
                pIrp->IoStatus.Information=0;        //返回输出缓冲区大小
                break;

        default:
            ntStatus=STATUS_UNSUCCESSFUL;
            pIrp->IoStatus.Information=0;
            break;
    }
    pIrp->IoStatus.Status=ntStatus;
    IoCompleteRequest( pIrp, IO_NO_INCREMENT );
    return ntStatus;
}
```

12.17 驱动程序的开发

设备驱动程序的开发工作包括源程序代码的生成、安装、调试等内容。下面分别进行简要介绍。

12.17.1 开发驱动程序的工具软件

前面举例中介绍的一些驱动程序片段不能实际作为驱动程序来运行,而应该用模块化的编程思想利用上述的技术编写成完整的例程。同时,驱动程序工作在具有最高权限的 ring0 层,程序处于无保护状态,不恰当的驱动程序不仅会使设备工作不正常,而且还会干扰其他设备,严重的还会引起系统崩溃,所以必须保证驱动程序的高可靠性。因此,在实际开发驱动程序时,需要使用专门的软件工具,严格按照规定与步骤进行编写。真正在设计驱动程序时,前面例子中的那些代码多数都不需要用户手动添加,只需要根据软件工具向导程序的步骤,填写相关内容,这些代码会自动生成。

目前,国内外开发 WDM 驱动程序,主要有两种可供选择的工具软件。它们是 Windows DDK(简称 DDK)、DriverStudio。其中,DDK 开发难度较大,而且有很多底层的工作要做,但比较直观;采用 DriverStudio 中的 DriverWorks 来开发,该工具软件已经做了很多基础性的工作,也封装了一些细节,只要按照所要求的操作去做即可,开发难度比较低。

本节以 DriverStudio 为例讨论驱动程序的开发过程。

DriverStudio 是一套用来简化微软 Windows 平台下设备驱动程序的开发、调试和测试的工具包。DriverStudio 并没有对驱动程序开发进行本质上的改变,但对 DDK 进行了封装,在开发驱动程序之前可以通过向导根据硬件生成框架代码,并且也不用开发者仔细考虑底层的实现细节。该工具将 DDK 封装成了完整的 C++ 函数库,在开发中,开发者只需专注于实现程序逻辑即可。并且,DriverStudio 提供了一套完整调试和性能测试工具,加上 SoftIce、DriverMonitor,使开发的代码更稳定。

DriverStudio 本身不具有集成开发环境(IDE),在开发过程中要在 C++ 的 IDE 中完成,而 DriverWorks 则为这个 IDE 提供了一个向导,如图 12.13 所示。通过运行 SetDDKGo.exe 文件即可完成环境设置和启动向导。

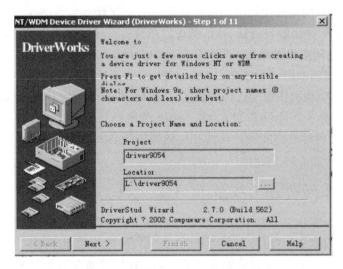

图 12.13　DriverWorks 提供的向导

在利用 DriverWorks 的向导(Driver Wizard)完成驱动程序的框架时共有 11 个步骤,如图 12.14 所示。

在利用 DriverWizard 设计驱动程序框架时应注意以下几点。

① 在第 4 步选择 PCI 总线后,应根据具体硬件填写 PCI Vender ID、PCI Device ID、PCI Subsystem ID 和 PCI Revision ID。系统是根据以上所填写的参数来寻找目标设备的,如果填写不正确,会导致无法安装相应的驱动程序。这些参数可以从硬件设计者(PCI 桥芯片技术资料)那里得到,或者用 SoftIce 中的 PCI 命令进行查询得到。这些参数的含义及其作用已在 11.7 节中进行了讨论。

② 在第 7 步不要选择服务排队,否则会使程序的结构变得相对复杂。

③ 第 9 步是最关键的一步。首先在 Resource 中添加资源,此时一定要熟悉 PCI 设备配置空间的分配情况。添加资源时,在 Name 中输入变量名,在 PCI BaseAddress 中输入 0~5

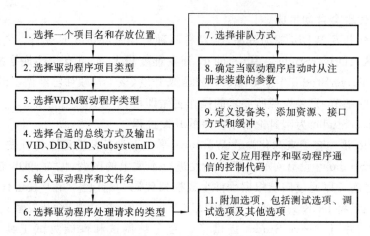

图 12.14 DriverWorks 向导步骤

的序列号,0~5 与 6 个基地址寄存器 BAR_0~BAR_5 是一一对应的。在设置中断对话框的 Name 栏中写入中断服务程序的名称,选择中断服务程序 ISR,选择创建延迟过程调用 DPC,选择 Make ISR/DPC class function,使 ISR/DPC 成为设备类的成员函数。

④ 在 Interface 栏中选择应用程序与驱动程序的交互模式为 Symbolic Link(设备符号链接名),这样用 CreatFile 函数打开设备时,就可以用设备符号链接名作为参数来打开设备。

⑤ 在第 11 步的附加设置中,为了调试方便和更好地了解 WDM 驱动程序的运行过程,最好选择让系统生成控制台测试程序和用 DriverMonitor 调试的跟踪代码(Trace Code)。

经过以上步骤,驱动程序框架已经完成了。DriverWizard 为设计者生成了两个类:一个是设备驱动程序类;另一个是设备对象类。驱动程序类主要完成 WDM 的 DriverEntry 和 AddDevice例程。设备对象类就是与硬件对应的功能设备对象(FDO)类,与硬件交互的例程都是针对于此类的。

12.17.2 驱动程序的安装和调试

设备驱动程序的安装与调试不同于普通的处在 ring3 层的应用程序的调试。而且,在驱动程序的初期开发版本中,不可避免地要产生许多错误,这些错误不是随机事件,而是某个编码或逻辑错误。在这一节中,将结合本设计的实际工作情况来介绍驱动程序的安装和调试。

1. 驱动程序的安装

驱动程序直接与操作系统交互信息,成为操作系统的一个可信任模块。因此,设备驱动程序的安装不同于普通的应用程序安装(只需要进行简单的拷贝文件)。驱动程序安装的时候,是操作系统收集信息的时候,也是用户与系统交互信息的时候。

当总线驱动程序检测到新的硬件,或者用户使用控制面板中的"添加/删除硬件"向导安装一个设备时,系统会安装一个 WDM 驱动程序。在这两种情况下,即插即用管理程序为该设备和它的驱动程序在注册表的配置表中添加一些项目。

驱动程序根据 INF 文件中的指令安装。驱动程序先被复制到正确的位置,通常是在 Windows System32\Drivers 目录下,然后创建各种注册表项。

驱动程序会立即要求分配一些系统资源,如 I/O 端口地址和中断号。即插即用管理程序调整已经分配给已存在设备的资源,使需要的资源对新设备可用,如果必要,还要停止现有的设备,并重新分配它们的资源。

如果驱动程序在系统中不存在,则该驱动程序被装入,并执行它的 DriverEntry 例程。对新的设备调用 AddDevice 例程,然后给设备发送 PnP_Irp。PnP_Irp 告诉驱动程序给它分配了哪些资源,驱动程序使用这些资源启动它的设备,之后正常的 I/O 处理就可以进行了。

Windows 是依靠 INF 文件来得到硬件驱动程序的安装信息的。INF 格式的文件比较复杂,其中,包含安装设备驱动程序需要的所有必需信息,包括将要复制的文件列表和将要创建的注册表项等。DriverWorks 的 DriverWizard 已经在所建工程的 sys 目录下生成一个设备信息文件(INF),只要将文件的双引号中的提示改为相应的内容即可生成自己的设备驱动程序。

[String]
ProviderName="YourcompanyNamehere"   //公司名称
MfgName="NameofManufacturerhere"   //硬件制造商名称
DeviceDesc="DescriptionofDevicehere"   //设备描述
DeviceClassName="DescriptionofDeviceclasshere" //设备类的描述

在 Windows 环境下,设备驱动程序需要作为一个服务安装,这就意味着要在 HKLM\System\CurrentControlSet\Services 中创建一个与驱动程序可执行文件同名的注册表项。Windows 服务键必须有 ServicesType、StartType、ErrorControl 和 ServicesBinary 项,这些项最终分别表现为 Type、Start、ErrorControl 和 IrnagePath 注册表项。通常还要添加一个 DisplayName 值和注册表项。

2. 驱动程序的调试

编写设备驱动程序和调试设备驱动程序都需要对操作系统底层有一定的了解,并且需要有一定的硬件知识。而且,驱动程序工作在具有最高权限的 ring0 层,所以,程序员必须保证驱动程序可靠,驱动程序的调试也就成为开发的难点之一。

本设计采用了 NuMega 公司开发的 SoftIce 作为调试工具,SoftIce 功能强大,可以在单机上运行。

本设计采用的驱动程序基本调试过程分为如下三个步骤。

① 使用 SoftIce 的工具程序 Loader32.exe 加载需要调试的驱动程序,在这里可以加载编译通过的 PLXI9054.sys 驱动程序。但是,要注意的是,如果想在调试时看到源代码,就必须在编译连接驱动程序时选择 Checked 方式,否则,只能看到驱动程序的汇编代码。然后,把加载的驱动程序转换生成 PLX9054.nms 调试符号文件。最后,加载 PLX9054.nms 文件和源代码了。

② Ctrl+D 键激活 SoftIce,输入 SYM 命令检查调试符号,选择合适的调试符号拦截,这里用"BPX DriverEntry"拦截,或者在源码处按 F9 键设置断点,表示在驱动程序加载时就拦截到并且切换到 SoftIce 操作屏幕。当然,也可以选择其他的拦截点。

③ 切换到 SoftIce 界面后,就可以查看寄存器、堆栈、变量等的值,以及各种系统信息来调试驱动程序了。可以按下 F8 键跟踪执行一条指令,也可以按下 F10 键直接执行一条指令。

经反复测试,直到 PCI 接口卡可以正常工作,能顺利进行各种 I/O 读写和 SRAM 读写的实例程序,才达到本 PCI 接口卡设备驱动程序的设计目标。

在调试过程中,可能会遇到很多问题,应该从软件(程序)和硬件(PCI 卡)两个方面分析与寻找问题,并加以解决。

习 题 12

1. 为什么要使用设备驱动程序？什么是设备驱动程序？

2. Windows 体系结构下程序分为哪两类？

3. 设备驱动程序与用户应用程序有哪些不同？

4. 编写设备驱动程序需要了解与处理的技术问题有哪些？

5. PCI 接口卡驱动程序设计的要求与目标是什么？

6. PCI 接口卡软件总体结构包含哪些部分？其中需要用户编写的程序有哪些？

7. 设备驱动程序对 I/O 端口的访问方法是什么？其设备驱动程序的设计要点是什么？

8. 如何编写访问 I/O 端口的驱动程序？（可参考例 12.1）

9. 设备驱动程序对扩展存储器的访问方法是什么？其设备驱动程序的设计要点是什么？

10. 如何编写访问扩展存储器的设备驱动程序？（可参考例 12.2）

11. 处理中断的驱动程序与访问设备 I/O 端口及存储器的驱动程序所做的工作有何不同？

12. 试说明处理 Win32 程序硬件中断的方法与过程？其驱动程序的设计要点是什么？

13. 如何编写处理 Win32 程序硬件中断的驱动程序？（可参考例 12.3）

14. 试说明处理 MS-DOS 程序硬件中断的方法与过程？其驱动程序的设计要点是什么？

15. 如何编写处理 MS-DOS 程序硬件中断的驱动程序？（可参考例 12.4）

16. 处理 DMA 传输的驱动程序的方法？其驱动程序的设计要点是什么？

17. 试说明 Win32 程序对驱动程序的调用过程？调用过程中所使用的相关 API 函数与例程以及驱动程序的例程中，需要用户编写的程序代码有哪些？

18. 试说明 MS-DOS 程序对驱动程序的调用过程？它与 Win32 程序对驱动程序的调用过程有什么不同？为什么会有这种不同？

19. MS-DOS 程序调用驱动程序要利用虚拟设备驱动程序，什么是虚拟设备驱动程序 VDD？内容是什么？

20. 如何处理 MS-DOS 程序对驱动程序的调用？（可参考例 12.5）

21. 目前，开发 WDM 驱动程序的工具软件有哪几种？为什么一般都乐于采用 Driver Studio 中的 Driver Works 工具？它有何优点？

22. 利用 Driver Works 提供的向导完成设备驱动程序框架设计的步骤和应该注意的事项有哪些？

23. 采用 DDK 编写设备驱动程序与采用 DriverStudio 编写设备驱动程序有什么差别？

24. 采用 DDK 如何编写设备驱动程序？（可参考例 12.6）

25. 设备驱动程序的安装与普通的应用程序的安装有何不同？设备驱动程序的安装过程如何？

26. 为什么说设备驱动程序的调试是设备驱动程序开发的难点之一？

27. 采用 SoftIce 工具调试设备驱动程序的基本过程分哪几步？

第 13 章　USB 通用串行总线

13.1　通用串行总线概述

USB 是一种新的通用串行总线接口标准,其主要目的是解决日益增加的 PC 外设与有限的主板插槽及端口之间的矛盾,方便设备与主机之间的连接。其基本思路是采用通用连接器和自动配置及热插拔技术和相应的软件,实现资源共享和外设简单快速连接,关键是提供设备共享接口来解决 PC 机与外部设备连接的通用性。从 USB 可以连接多种不同外设的功能特点来看,也可将其称作总线。

13.1.1　USB 的发展过程

USB(Universal Serial Bus)标准是由 Compaq、IBM、Intel、Microsoft、NEC 等 7 家公司组成的联盟在 1994 年提出的,同年,该联盟成立了实施者论坛(简称 USB IF)。在 1996 年 USB IF 公布了 USB 1.0 规范,这是第一个为 USB 产品设计提出的标准。1998 年,在对以前版本的标准进行阐述和扩充的基础上,发布了 USB 1.1 标准规范。第三个版本的 USB 2.0 发布于 1999 年。2008 年 11 月,由 Intel、微软、惠普、德州仪器、NEC、ST-NXP 等业界巨头组成的 USB 3.0 促进团公开发布了新一代 USB 3.0 标准。目前,市场上广泛应用的是 USB 2.0 标准的产品。随着应用需求的不断变化及 USB 3.0 标准的推广,USB 3.0 将逐渐取代 USB 2.0 成为市场的主流。

USB 1.1 的接口采用全速(12 Mb/s)和慢速(1.5 Mb/s)两种不同的速度。其中,慢速应用于人机接口设备(HID)上,主要用于连接鼠标、键盘等设备。USB 1.1 具有热插拔和即插即用的特点,可同时连接多达 127 台设备。但是,还是有若干缺点:热插拔多次后往往会造成系统死机;连接过多的设备就会导致传输速度变慢等。因此,如何克服这些缺点便成为 USB IF 推广组织所要努力的目标。

在 USB 接口设备被广泛应用后,许多的设备如移动硬盘、光盘刻录机、扫描仪、视频会议的 CCD 及卡片阅读机等便成为 USB 接口非常流行的应用;而 USB 的即插即用的特点又使得这些设备易于安装与使用。然而,对于视频会议的 CCD 而言,若要在 PC 的屏幕上获得高分辨率的图像,则需要 CCD 输出大量的影像数据。若同时将此类设备连接到 PC 机上,将使 USB 1.1 技术面临考验。USB 2.0 的高传输速度能够有效地解决了 USB 1.0 及 USB 1.1 设备的传输瓶颈问题。

USB 2.0 利用传输时序的缩短(微帧)及相关传输技术,将整个传输速度从原本 12 Mb/s 提高到 480 Mb/s。1 GB 的数据在 1 min 之内就可传输完毕,是 USB 1.1 的 40 倍。另外,USB 2.0 与 USB 1.1 一样,也具有向下兼容的特性,更重要的是,在连接端口扩充的同时,各种采用 USB 2.0 的设备仍可维持 480 Mb/s 的传输速度。在 USB 2.0 规范制定出来之后,像 USB 接口视频会议的 CCD 和 CD ROM 光驱读取速度受限制等问题,也都迎刃而解了;已普遍采用 USB 接口的打印机、扫描仪等计算机外围设备,也可以有更快的传输速度。

在兼容性方面,USB 2.0 采用向下兼容的做法,可支持以 USB 1.1 为传输接口的各种外围产品,也就是 USB 1.X 版传输线、USB 集线器(HUB)依旧可使用。不过,若是要达到 480 Mb/s 的速度,还是需要使用 USB 2.0 规范的 USB 集线器。当然,各个外围设备也要重新嵌入新的芯片组及驱动程序才可以达到这个要求。也就是说,若需要使用高速传输设备,则需接到 USB 2.0 版的 USB 集线器,而只有低速传输需求的外围设备(如鼠标、键盘等),则只要接上原有 USB 集线器,便可达到高、低速设备共存的目的。对于原有 USB 1.1 规范设计产品的传输速度最高仍仅能维持 12 Mb/s。

USB 2.0 对许多消费电子的应用,如视频会议 CCD、扫描仪、打印机,以及外部存储设备(硬盘及光驱)来说,拥有相当大的吸引力。采用 USB 2.0 版规范的视频会议摄影机变得更便宜,却拥有更好的分辨率。

USB 3.0 是目前最新的 USB 总线标准,该标准向下兼容各 USB 版本,并采用对偶单纯形四线制差分信号线传输数据(即在原 USB 2.0 四线的基础上增加四根传输线,进行异步双向数据传输,USB 2.0 为半双工传输),将最大传输带宽提升为 5.0 Gb/s,是 USB 2.0 的 10 倍。USB 3.0 还引入了新的电源管理机制,支持待机、休眠和暂停等状态,为需要大电量的设备提供更好的电源管理支持。在实际设备应用中 USB 3.0 将被称为超速 USB(SuperSpeed),顺应此前的全速 USB(FullSpeed)和高速 USB(HighSpeed)的定义。由于 USB 3.0 属于全新技术,本书旨在介绍 USB 基本知识,因此,讲解原理时仍以 USB 1.1 和 USB 2.0 为主。对于 USB 3.0 中使用的新技术未包括在其中。

13.1.2 USB 的设计目标及特点

USB 的设计目标就是使不同厂家所生产的设备可以在一个开放的体系下广泛使用。USB 规范改进了便携商务或家用电脑的现有体系结构,进而为系统生产商和外设开发商提供了足够的空间来创造多功能的产品和开发广阔的市场。USB 的工业标准是对 PC 机现有的体系结构的扩充。USB 的设计:

① 综合了不同 PC 机的结构和体系特点,易于扩充多个外围设备;
② 协议灵活,综合了同步和异步数据传输,且支持 480 Mb/s 的数据传输;
③ 充分支持对音频和压缩视频等实时数据的传输;
④ 提供了一个价格低廉的标准接口,广泛接纳各种设备。

USB 规范提供了多种选择,以满足不同系统和部件及相应的功能,其主要特点如下。

① 有全速、低速和高速 3 种模式供选择。主模式为全速模式,速率为 12 Mb/s;为适应一些不需要很大吞吐量和很高实时性的设备,如鼠标等,USB 还提供低速方式,速率为 1.5 Mb/s;USB 2.0 增加了高速模式,速率达到 480 Mb/s,非常适用于一些视频输入/输出产品,并很有可能替代 SCSI 接口标准。

② 设备安装和配置容易。安装 USB 设备不必再打开机箱,所有 USB 设备支持热插拔,系统对其进行自动配置,彻底抛弃了过去的跳线和拨码开关设置。

③ 易于扩展。通过使用 HUB 扩展可接多达 127 个外设。标准 USB 电缆长度为 3 m(低速为 5 m),通过 HUB 或中继器可以达到 30 m。

④ 使用灵活。USB 共有四种传输模式:控制传输、同步传输、中断传输和块传输,以适应不同设备的需要。

⑤ 能够采用总线供电。USB 工作在 5 V 电压下,总线提供最大达 500 mA 的电流。

⑥ 实现成本低。USB 对系统与 PC 机的集成进行优化,适合于开发低成本的外设。

13.1.3 USB 物理接口与电气特性

USB 电缆由电源线(V_{BUS})、地线(GND)和两根数据线(D_+ 和 D_-)4 线组成。数据在 D_+ 和 D_- 间通过差分方式以全速或低速传输,如图 13.1 所示。

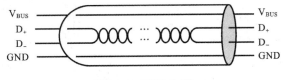

图 13.1 USB 电缆

电缆中 V_{BUS} 和 GND 提供 USB 设备的电源。V_{BUS} 使用+5 V 电源。USB 对电缆长度的要求很宽,最长可为几米。每个 USB 单元通过电缆只能提供有限的能源。主机对那种直接相连的 USB 设备提供电源供其使用,并且每个 USB 设备都可能有自己的电源。那些完全依靠电缆提供能源的设备称作总线供能设备。相反,那些可选择能源来源的设备称作自供电设备,而且集线器也可由与之相连的 USB 设备提供电源。

USB 主机与 USB 系统有相互独立的电源管理系统。USB 的系统软件可以与电源管理系统共同处理电源部件的挂起、唤醒等。

1. USB 输出驱动特性

USB 采用差分驱动输出的方式在 USB 电缆上传输信号。信号的低电平必须低于 0.3 V (可用 1.5 kΩ 电阻串联 3.6 V 电压),信号高电平必须高于 2.8 V,可用 15 kΩ 电阻接地。输出驱动必须支持三态工作,以支持双向半双工的数据传输。

全速设备的输出驱动要求更为严格:其电缆的特性阻抗范围必须在 76.5~103.5 Ω 之间,传输的单向延时小于 26 ns,驱动器阻抗范围必须在 28~44 Ω 之间。对于用 CMOS 技术制成的驱动器,由于它们的阻抗很小,可以分别在 D_+ 和 D_- 驱动器串上一个阻抗相同的、合适的电阻,以满足阻抗要求并使两路平衡。如图 13.2 所示是一个 USB 全速 CMOS 驱动器电路。

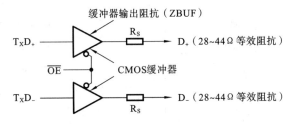

图 13.2 一个 USB 全速 CMOS 驱动器电路

所有 USB 集线器和全速设备的上游端口(Upstream Port)的驱动器都必须是全速的。集线器上游端口发送数据的实际速率可以为低速,但其信号必须采用全速信号的定义。低速设备上游端口的驱动器电路是低速的。

2. USB 接收特性

所有 USB 设备、集线器和主机都必须有一个差分数据接收器和两个单极性接收器。差分接收器能分辨 D_+ 和 D_- 数据线之间小至 200 mV 的电平差。两个单极性接收器分别用于 D_+ 和 D_- 数据线,它们的开关阈值电压分别为 0.8 V 和 2.0 V。

图 13.3(a)、(b)分别是 USB 上游端口和下游端口的收发器电路图。

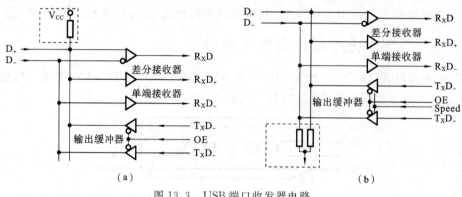

图 13.3 USB 端口收发器电路
(a) USB 上游端口；(b) USB 下游端口

13.1.4 USB 信号定义

表 13.1 从物理上对 USB 各种信号作了一个归纳。表的第二栏表示对信号源端驱动电路的要求，第三栏表示信号接收端的接收电路应具有的灵敏度要求。

表 13.1 信号电平的定义

总线状态		信号电平		
		开始端的源连接器	终端的目标连接器	
			需要条件	接收条件
差分的"1"		$D_+ > V_{oh}(\min)$ $D_- < V_{ol}(\max)$	$D_+ - D_- > 200\,\text{mV}$ $D_+ > V_{ih}(\min)$	$D_+ - D_- > 200\,\text{mV}$
差分的"0"		$D_- > V_{oh}(\min)$ $D_+ < V_{ol}(\max)$	$D_- - D_+ > 200\,\text{mV}$ $D_- > V_{ih}(\min)$	$D_- - D_+ > 200\,\text{mV}$
单终端"0"（SE_0）		D_+ 和 $D_- < V_{ol}(\max)$	D_+ 和 $D_- < V_{il}(\max)$	D_+ 和 $D_- < V_{ih}(\min)$
数据 J 态：	高速 低速	差分的"0" 差分的"1"	差分的"0" 差分的"1"	
数据 K 态：	高速 低速	差分的"1" 差分的"0"	差分的"1" 差分的"0"	
空闲态：	高速 低速	N. A.	$D_- > V_{ihz}(\min)$ $D_+ < V_{il}(\max)$ $D_+ > V_{ihz}(\min)$ $D_- < V_{il}(\max)$	$D_- > V_{ihz}(\min)$ $D_+ < V_{ih}(\min)$ $D_+ > V_{ihz}(\min)$ $D_- < V_{ih}(\min)$
唤醒状态		数据 K 状态	数据 K 状态	
包开始（SOP）			数据线从空闲态转到 K 态	
包结束（EOP）		当 SE_0 近似地为 2 位时，其后紧接着 1 位时的 J 态	当 $SE_0 \geq 1$ 位时，其后紧接着 1 位时的 J 态	当 $SE_0 \geq 1$ 位时，其后紧接着 J 态
断开连接（在下行端口处）		N. A.	SE_0 持续时间 $\geq 2.5\mu s$	
连接（在上行端口处）		N. A.	空闲态持续时间 $\geq 2\text{ms}$	空闲态持续时间 $\geq 2.5\mu s$

总线状态	信号电平		
	开始端的源连接器	终端的目标连接器	
		需要条件	接收条件
复位	D_+ 和 D_- 小于 $V_{ol}(max)$ 的持续时间 $\geqslant$ 10ms	D_+ 和 D_- 小于 $V_{il}(max)$ 的持续时间 $\geqslant$ 10ms	D_+ 和 D_- 小于 $V_{il}(max)$ 的持续时间 $\geqslant$ 2.5μs

从表 13.1 可知，J 和 K 是差分码的两个逻辑状态。对于全速设备和低速设备，它们的 J 态和 K 态的电平刚好相反。如果将一个全速设备插到一个端口，则这一段的 USB 通信不论实际通信的速率如何，它都采用全速信号的定义。只有一个低速设备插到一个端口后，它才采用低速信号的定义。

13.1.5 USB 数据编码与解码

USB 使用一种不归零反向 NRZI(None Return Zero Invert)编码方案。在该编码方案中，"1"表示电平不变，"0"表示电平改变。图 13.4 列出了一个数据流的 NRZI 编码，在图 13.4 所示的第二个波形中，一开始的高电平表示数据线上的 J 态，后面就是 NRZI 编码。

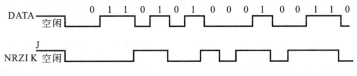

图 13.4 NRZI 编码图例

USB 用总线上电平的跳变作为时钟来保持数据发送端和接收端的时钟同步。因此，在数据传输时总线上电平的跳变必须有足够的频率。根据 NRZI 编码规定，如果发送端要连续发送一串逻辑二进制"1"，则在这期间总线上电平会一直保持不变，通信双方的时钟可能会失步。针对这种可能出现的情况，USB 规定了比特填充(Bit Stuffing)机制。在数据进行 NRZI 编码之前，当数据发送端在连续发送 6 个逻辑"1"后，它自动插入一个逻辑"0"。这样，总线上的电平至少每 6 个比特时间就能跳变一次。

与之对应，在数据接收端也有一个自动识别被插入的"0"并将其舍弃的机制。如果接收端发现有连续 7 个逻辑"1"，则认为是一个比特填充错误。它将丢弃整个数据包，并等待发送端重新发送数据。

图 13.5 是一个比特填充的图例。可以发现，SYNC 信号在逻辑上其实是"10000000B"，数据以 00000001 的顺序在总线上发送。经过比特填充和 NRZI 编码后变为总线上的"KJKJKJKK"信号。

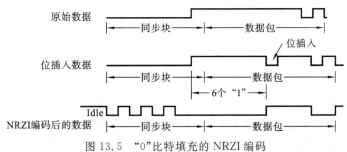

图 13.5 "0"比特填充的 NRZI 编码

13.2 USB系统组成和拓扑结构

13.2.1 USB系统组成

USB系统包括硬件和软件两大部分。

1. 硬件组成

USB系统包括USB主机、USB设备(集线器或功能设备)和连接电缆。

(1) USB主机

在一个USB系统中只有一台主机。主机的USB接口称为USB控制器(HC),如我们所用的PC机上的USB接口就是由USB主机提供的。通过HC主机和外围USB设备进行通信。USB主机是一台带有USB接口的普通计算机,它是USB系统的核心。在设计中USB控制器都必须提供基本相同的功能。控制器对主机及设备来讲都必须满足一定的要求。控制器主要包括以下功能。

① 产生帧:USB系统采用帧同步方式传输数据。在全速方式下,帧时间为1 ms,即每隔1 ms产生一个SOF(Start-of-Frame)令牌标志一个新帧的开始。在高速传输时采用高速微帧,微帧时间为125 μs,1 ms内可产生8个微帧SOF令牌。在EOF(End-of-Frame)期间停止一切传输操作。

② 传输差错控制与错误统计:为了保证USB总线的传输可靠性,USB主机控制器必须能够发现超时错、协议错,以及数据丢失或无效传输等几种错误,并能够统计错误在传输过程中出现的错误次数,以便决定是重新传输还是报告错误。

③ 状态处理:状态处理(State Handling)作为主机的一部分,HC报告及管理它的状态。HC具有一系列USB系统管理的状态。HC的总的状态与根集线器及总体的USB密不可分。对任何一个设备来说,可见的状态改变都应反映设备状态的相应改变,从而保证HC与设备之间的状态是一致的。

④ 串行/并行数据转换:USB采用串行方式传输数据,HC要将主机需要传输的数据信息(并行)转化为串行数据并加上USB协议信息后送到传输单元,而对于接收的数据进行反向操作。不管是作为主机的一部分,还是作为设备的一部分,串行接口引擎(STE)处理USB传输过程中的串行/并行数据转换工作。在主机上,串行接口引擎是主机控制器的一部分。

⑤ 数据处理:HC处理来自主机输入/输出数据的请求;接收来自USB系统的数据并将其传输给USB设备或从USB设备接收数据送给USB系统。USB系统和HC之间进行数据传输时的格式是基于具体的实现系统,同时也要符合传输协议的要求。

从用户的角度看,USB主机所具有的功能包括:
- 检测USB设备的插入和拔出;
- 管理主机与设备之间的数据流;
- 对设备进行必要的控制;
- 收集各种状态信息;
- 对插入的设备供电。

这些功能都由主机上客户软件和USB系统软件(如USB主机驱动程序)来实现。客户软件和与其对应的USB设备进行通信,实现各个USB设备的特殊功能应用。系统软件对USB

设备和客户软件之间的通信进行管理,并完成 USB 系统中一些共同的工作,例如,USB 设备的枚举和配置,参与各种类型的数据传输、电源管理及报告设备和总线的一些状态信息并进行处理等。

(2) USB 设备

简单地来讲,USB 设备是能够理解 USB 协议和支持标准的 USB 操作的各类设备。这类设备通过 USB 总线传递信息,用主机传递的信息控制设备的各种活动,或将设备的状态返回给主机。USB 设备包括 USB 集线器和功能设备两大类。USB 设备还必须具有相应的设备描述信息来表示该设备所需要的资源及如何对其进行操作。

① USB 集线器:它是 USB 实现即插即用的一个关键部分,也是扩展 USB 主机接口的主要部件。如图 13.6 所示,每个 USB 集线器有一个面向主机的端口,称为上游端口。同时,还有多个用于和下端 USB 设备连接的端口,称为下游端口。集线器可以检测到下游端口是否有设备插入,同时也可以禁用某一个或某几个下游端口。每个下游端口可自由连接全速或低速设备。

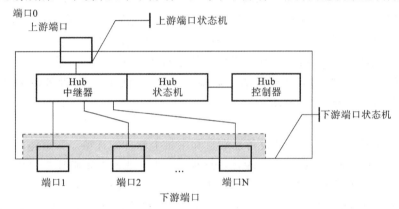

图 13.6 USB 集线器结构图

一个 USB 集线器由控制器和中继器两部分组成。中继器是一个上游端口和下游端口之间由协议控制的开关。它由硬件产生复位、休眠和恢复信号。控制器提供接口寄存器用于与主机通信。根据集线器特定的状态,主机使用一定的控制命令对集线器进行配置,检查各端口并对它们进行控制。

② USB 功能设备:它是具有一定特殊应用功能的设备。它能发送数据到主机,也可以接收来自主机的数据和控制信息。像所熟悉的 USB 鼠标、键盘、数字游戏杆、扬声器和打印机等都属于功能设备。在进行 USB 设备的设计时,有必要搞清楚以下几个概念。

● 端点。

端点(Endpoint)是一个 USB 设备中唯一可寻址的部分,是主机和设备之间数据通信的源或目的。端点在硬件上就是一个有一定深度的 FIFO。每一个 USB 设备都有一组相互独立的端点,如图 13.7 所示。

每一个设备都有一个由主机分配的唯一的地址,而各个设备上的端点都有设备确定的端点号和通信方向。每个端点只支持单向通信,要么是输入端点——数据流方向是从设备到主机;要么是输出端点——数据流方向是从主机到设备。设备地址、端点号和通信方向三者结合起来就唯一确定了各个端点。

在设备配置时,必须告诉主机设备的各个端点的特性,包括端点号、通信方向、端点支持的最大包大小、带宽要求,以及支持的通信方式等。其中,端点支持的最大包大小称为数据有效

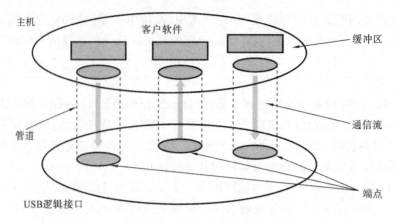

图 13.7 端点和管道模型

负载(Data Payload)，这是一个重要的概念。前面提到的端点 0 比较特殊，它实际是由输入和输出两个端点组成。每个设备都必须有端点 0、主机和它建立的默认管道(Default Pipe)，用于配置设备和实现对设备的一些基本的控制功能。除了端点 0 之外，其余的端点在设备配置之前是不能与主机通信的。只有设备在配置描述符中报告了主机，它有那些端点及这些端点的特性，待主机确认后，这些端点才被激活。除端点 0 之外，低速 USB 设备最多只能有 2 个端点，而全速设备最多只能有 15 个端点。

● 管道。

如图 13.7 所示，管道(Pipe)是设备上端点和主机上软件的连接。管道体现了主机上缓存和端点间传输数据的能力。在一个传输发生之前，主机与设备之间必须先建立一个管道。因此，每条管道与端点的特性都有直接关系，它只能支持一种通信方式。USB 协议规定了流管道(Stream Pipe)和消息管道(Message Pipe)。其中，消息管道有定义的结构，默认控制管道属于消息管道。

流管道中的数据是流的形式，也就是该数据的内容不具有 USB 要求的结构。数据从管道一端流进的顺序与流出时的顺序是一样的，流管道中的通信流总是单方向的。对于在流管道中传输的数据，USB 认为它来自同一个客户。USB 系统软件不能提供同一流管道给多个客户使用。在流管道中传输的数据遵循先进先出的原则。

流管道只能连到一个固定号码的端点上，要么流进要么流出，而具有这个号码的另一个方向的端点可以被分配给其他流管道。流管道支持同步传输、中断传输和批传输。

消息管道与端点的关系同流管道与端点的关系是不同的。首先，主机向 USB 设备发出一个请求，接着就是数据的传输，最后是状态确认。为了能容纳"请求/数据/状态"的变化，消息管道要求数据有一个格式，此格式保证了命令能够可靠地传输和确认。

虽然大多数消息管道的通信流是单方向的，但也允许双向的信息流，例如，默认控制管道也是一个消息管道，它有两个相同号码的端点，一个用于输入，另一个用于输出，但两个号码必须相同。消息管道支持控制传输。

USB 系统软件不会让多个请求同时要求同一个消息管道。一个设备的每个消息管道在一个时间段内，只能为一个消息请求服务，多个客户软件可以通过默认控制管道发出它们的请求，但这些请求到达设备的次序是按先进先出的原则进行的。设备可以在数据传输阶段和状态阶段控制信息流，这取决于这些设备与主机交互的能力。正常情况下，在上一个消息未被处理完之前，是不能向消息管道发下一个消息的。但在有错误发生的情况下，主机会取消这次消息传输,并且不等设备将已收到的数据处理完,就开始下一次的消息传输。

③ USB 设备描述器:每个功能设备必须有自己的配置信息,描述自身的功能和资源要求。这种配置信息可称为描述器。在一个功能设备被启用前,主机必须先对它进行配置。图 13.8 给出了 USB 功能设备的配置信息结构。

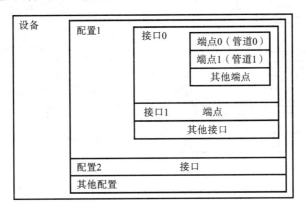

图 13.8 USB 功能设备的配置信息结构

每个设备中有一个或多个逻辑连接点,称为端点(Endpoint)。端点在硬件上其实是一个有一定深度的 FIFO。端点和主机共有四种形式的数据传输类型,在设备配置时每个端点指明它与主机进行何种类型的传输。所有设备都有一个端点 0,主机与它通信,对设备进行配置和基本的控制。一个设备对主机表现为一组合适的端点,一组相关的端点称为一个接口。一个设备可以有多组接口,每一种接口的组合称为一个配置。一个设备可以有多种配置,但在任何时刻系统只允许一种配置有效。在设备插入时,主机通过缺省管道读取设备的各种描述符,选取一种配置。

通常情况下,功能设备是作为一个只有单一功能的外设来被实现的,但有时也可以将几个功能设备和一个 HUB 集成在一起,组成一个复合设备。对主机而言,它将一个复合设备识别为一个 USB HUB 和几个与之不可分离的 USB 功能设备。

(3) USB 电缆

4 芯电缆,分上游插头和下游插头,分别与集线器及外设进行连接。USB 系统使用两种电缆,即用于全速通信的包有防护物的双绞线和用于低速通信的不带防护物的非双绞线(同轴电缆)。

2. 软件组成

USB 设备驱动程序(USB Device Driver)通过 I/O 请求包(IRPs)发送给 USB 设备的请求,而这些 IRPs 则完成对目标设备传输的设置。

USB 驱动程序(USB Driver)在设备设置时读取描述寄存器以获取 USB 设备的特征,并根据这些特征,在请求发生时组织数据传输。

主控制器驱动程序(Host Control Driver)完成对 USB 交换的调度,并通过根 Hub 或其他的 Hub 完成对交换的初始化。

13.2.2 USB 系统拓扑结构

USB 总线连接了 USB 设备和 USB 主机,USB 的物理连接采用如图 13.9(a)所示的阶梯式星形拓扑结构。从图中可看出,每个集线器都在星形的中心,节点代表功能部件和设备,从

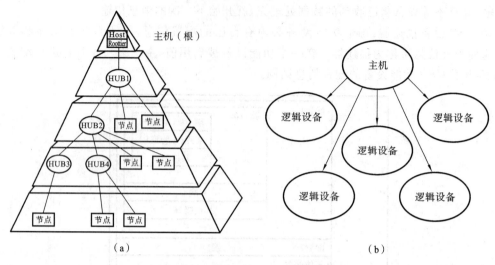

图 13.9 USB 设备和 USB 主机的连接

主机到集线器,或是从集线器到集线器(或设备),每条线段都是点对点连接。这种集线器级联的方式使得外设的扩展很容易。USB 协议规定最多允许 5 级集线器进行级联。而在逻辑上,各个设备好像是与主机直接相连似的,如图 13.9(b)所示。

数据和控制信号在主机和 USB 设备间的交换存在两种管道:单向和双向。USB 的数据传输是在主机软件和一个 USB 设备的指定端口之间。这种主机软件和 USB 设备的端口间的联系称作管道。总的来说,各管道之间的数据流动是相互独立的。一个指定的 USB 设备可以有许多管道。例如,一个 USB 设备存在一个端口,可建立一个向其他 USB 设备端口发送数据的管道,也可建立一个从其他 USB 设备端口接收数据的管道。

13.3 通用串行总线的通信模型与数据流模型

13.3.1 通信模型

现以常用的分层模型来介绍 USB 系统的通信模型。如图 13.10 所示,主机分客户软件层、USB 系统软件层和 USB 主机控制器。USB 系统软件是指在某一操作系统上支持 USB 的软件,它独立于 USB 设备和客户软件。USB 主机控制器是主机方的 USB 接口,是软、硬件的总称。在编程时,客户软件通过 USB 系统软件提供的编程接口操作对应的设备,而不是直接通过操作内存或 I/O 端口来实现。所有 USB 设备只有在被主机承认并配置后才可进入系统工作。不论它们实现多少种功能,面向主机的都是同样的接口。

USB 主机在 USB 系统中是一个起协调作用的实体,它不仅占有特殊的物理位置,而且对于连到 USB 上的设备来说,还负有特殊责任。主机控制所有的对 USB 的访问。一个 USB 设备想要访问总线必须由主机给予它使用权。主机还负责监督 USB 的拓扑结构。

一个 USB 设备的逻辑结构如图 13.10 右侧所示,包括 USB 总线接口、USB 逻辑设备及应用层。可以看出,USB 总线接口层提供主机和设备之间物理的连接。从逻辑上看,USB 设备层与 USB 系统软件层对应,它们完成 USB 设备的一些基本的、共有的工作。功能层与客户软件层通信,它们实现单个 USB 设备特有的功能。USB 设备提供的功能是多种多样的,但面

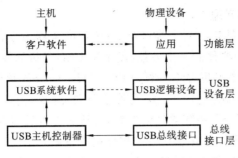

图 13.10　USB 通信模型

向主机的接口却是一致的。所以，对于所有这些设备，主机都可以用同样的方式来管理它们。

为了帮助主机辨认及确定 USB 设备，这些设备本身需要提供用于确认的信息。在某些方面的信息，所有设备都是一样的；而另一些方面的信息，由这些设备具体的功能来决定。信息的具体格式是不定的，由设备所处的设备级决定。

13.3.2　数据流模型

在图 13.10 中，数据在主机端经过客户软件层、USB 系统软件层和主机控制器 3 个逻辑层，在设备端经过 USB 总线接口层、USB 设备层和功能层。在编程时，客户软件通过 USB 系统软件提供的编程接口操作对应的设备，而不是直接操作内存或 I/O 端口来实现。

如图 13.11 所示是主机方详细的数据通信流。在系统软件层和 USB 设备层之间有一条默认管道，主机与设备的端点 0 通信，用于实现一些 USB 设备的基本控制功能。在客户软件层和功能层有多组通信管道，它们实现 USB 设备的特定通信功能。以信号从主机流向设备为例，客户软件经 USBD(USB Driver)传输给系统软件的数据是不具有 USB 通信格式的数据。系统软件对这些数据分帧，实现带宽分配，而后交给 USB 主机控制器。主机控制器对数据按 USB 格式打包，实现传输事务，再经串行接口引擎(SIE)后将数据最终转化为符合 USB 电气特征的差分码从 USB 电缆发往设备。数据到达设备后的操作是一个逆过程：在设备层中将数据解码，发往不同端点的数据包被分开并正确排列，帧结构被拆除，数据成为非 USB 格式的，

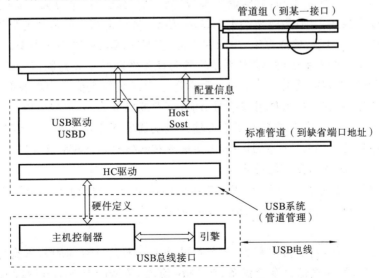

图 13.11　USB 主机的数据通信流

而后数据被送往各端点,实现通信。

在主机方,有 HCD 和 USBD 两个接口层。HCD 的全称为主机控制驱动(Host Control Driver),它是对主机控制器硬件的一个抽象,提供与 USB 系统软件之间的软件接口。不同种类的 PC 的主机控制器硬件实现并不一样,但有了 HCD,USB 系统软件就可以不理会各种 HCD 具有何种资源、数据如何打包等问题,尤其是 HCD 隐藏了怎样实现根集线器的细节。

USBD 是客户软件和 USB 系统软件的接口,能让客户方便地对设备进行控制和通信,是 USB 系统中十分重要的一环。实际上从客户软件的角度看,USBD 控制所有的 USB 设备,而客户对设备的控制和所要发送的数据只要交给 USBD 就可以了。USBD 为客户软件提供命令机制和管道机制。客户软件通过命令机制可以访问所有设备的端点 0 且与默认管道通信,从而实现对设备的配置和其他一些基本的控制工作。管道机制允许客户和设备实现特定的通信功能。USBD 结构如图 13.12 所示。

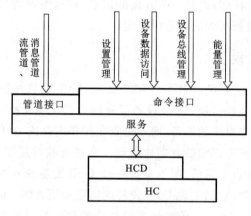

图 13.12　USBD 结构

13.4　USB 传输类型

USB 传输类型,实质是 USB 数据流类型,这是一个问题的两个方面。首先,从管理 USB 系统软件的角度来描述 USB 数据流类型的作用,然后,再讨论相应的传输类型的特点。

USB 支持控制信号流、块数据流、中断数据流、实时数据流 4 种数据类型。控制信号流的作用是:当 USB 设备加入系统时,USB 系统软件与设备之间建立起控制信号流来发送控制信号,这种数据不允许出错或丢失。块数据流通常用于发送大量数据。中断数据流是用于传输少量随机输入信号的,它包括事件通知信号、输入字符或坐标等,它们应该以不低于 USB 设备所期望的速率进行传输。实时数据流用于传输连续的固定速率的数据,它所需的带宽与所传输数据的采样率有关。因为实时数据要求固定速率和低延时,USB 系统专门对此进行了特殊设计,尽量保持低误码率和较大的缓冲区。

与 USB 数据流类型对应,USB 有四种基本的传输类型,即控制(Control)传输、批(Bulk)传输、中断(Interupt)传输和等时(Isochronous)传输。

1. 控制传输

控制传输是双向的,它的传输有 2~3 个阶段:Setup 阶段、Data 阶段(可有可无)和 Status 阶段。在 Setup 阶段,主机送命令给设备;在 Data 阶段,传输的是 Setup 阶段所设定的数据;Status 阶段,设备返回握手信号给主机。

USB 协议规定每一个 USB 设备必须要用端点 0 来完成控制传送,它用于 USB 设备在第一次被 USB 主机检测到时与 USB 主机交换信息,提供设备配置、对外设设定、传送状态这类双向通信。传输过程中若发生错误,则需重新传输。

控制传输主要是作配置设备用的,也可以作设备的其他特殊用途。例如,对数字相机设备,可以传送暂停、继续、停止等控制信号。

2. 批传输

批传输可以是单向,也可以是双向。它用于传送大批数据,这种数据的时间性不强,但要确保数据的正确性。在包的传输过程中,出现错误,则需重新传输。其典型的应用是扫描仪、打印机、静态图片输入。

3. 中断传输

中断传输是单向的,且仅输入主机,它用于不固定的、少量的数据传送。当设备需要主机为其服务时,向主机发送此类信息以通知主机,像键盘、鼠标之类的输入设备采用这种方式。USB 的中断是 Polling 类型。主机要频繁地请求端点输入。USB 设备在全速情况下,其端点 Polling 周期为 1~255 ms;对于低速情况,Polling 周期为 10~255 ms。因此,最快的 Polling 频率是 1 kHz。在信息的传输过程中,如果出现错误,则需将在下一个 Polling 中重新传输。

4. 等时传输

等时(同步)传输可以是单向的也可以是双向的,用于传送连续性、实时的数据。这种方式的特点是要求传输速率固定(恒定),时间性强,忽略传送错误,即传输中数据出错也不重传。因为这样会影响传输速率。传送的最大数据包是 1024 B/ms。视频设备、数字声音设备和数码相机采用这种方式。

以上四种传输类型的实际传输过程分别如下。

● 控制传输类型:总线空闲状态→主机发设置(SETUP)标志→主机传送数据→端点返回成功信息→总线空闲状态。

● 块传输类型:当端点处于可用状态,并且主机接收数据时,总线空闲状态→发送 IN 标志以示允许输入→端点发送数据→主机通知端点已成功收到→总线空闲状态;

当端点处于可用状态,并且主机发送数据时,总线空闲状态→发送 OUT 标志以示将要输出→主机发送数据→端点返回成功→总线空闲状态;

当端点处于暂不可用或外设出错状态时,总线空闲→发 IN(或 OUT)标志以示允许输入(或输出)→端点(主机)发送数据→端点请求重发或外设出错→总线空闲状态。

● 中断传输类型:当端点处于可用状态,总线空闲状态→主机发 IN 标志以示允许输入→端点发送数据→端点返回成功信息→总线空闲状态;

当端点处于暂不可用或外设出错状态时,总线空闲状态→主机发 IN 标志以示允许输入→端点请求重复或外设出错→总线空闲状态。

● 等时传输类型:总线空闲状态→主机发 IN(或 OUT)标志以示允许输入(或输出)→端点(主机)发送数据→总线空闲状态。

13.5 USB 交换包格式

通过 USB 总线的传输包含一个或多个交换(Transaction),而交换又是由所谓"包"组成的,包是组成 USB 交换的基本单位。USB 总线上的每一次交换至少需要 3 个包才能完成。

USB 设备之间的传输总是首先由主机发出标志(令牌)包开始。标志包中有设备地址码、端点号、传输方向和传输类型等信息。其次是数据源向数据目的地发送的数据包或者发送无数据传送的指示信息。在一次交换中,数据包可以携带的数据最多为 1024 个字节。最后是数据接收方向数据发送方回送一个握手包,提供数据是否正常发送出去了的反馈信息,如果有错误,需重发。除了等时(同步)传输之外,其他传输类型都需要握手包。可见,包就是用来产生所有的 USB 交换的机制,也是 USB 数据传输的基本方式。这种方式与传统的专线专用方式不同,在这种方式下,几个不同目标的包可以组合在一起,共享总线,且不占用 IRQ 线,也不需要占用 I/O 地址空间,节约了系统资源,提高了性能又减少了开销。包的种类如表 13.2 所示。

表 13.2 包的类型

Packet 类型		PID 名称	PID_3	PID_2	PID_1	PID_0
令牌包	Token	OUT	0	0	0	1
	Token	IN	1	0	0	1
	Token	SOF	0	1	0	1
	Token	Setup	1	1	0	1
数据包	Data	$DATA_0$	0	0	1	1
	Data	$DATA_1$	1	0	1	1
握手包	Handshake	ACK	0	0	1	0
	Handshake	NAK	1	0	1	0
	Handshake	STALL	1	1	1	0
专用包	Special	PRE	1	1	0	0

表 13.2 中包的分类编码由 PID 表示。8 位 PID 中只有高 4 位用于包的分类编码,低 4 位作校验用,其含义如图 13.13 所示。

| PID_0 | PID_1 | PID_2 | PID_3 | PID_0 ? | PID_1 ? | PID_2 ? | PID_3 ? |

图 13.13 PID 域的格式

从表 13.2 可以看出,通过 PID 域可以识别和确认各种包的不同类型。例如,标志包中有 OUT、IN、Setup 和 SOF 四种类型。若标志包为 OUT 类型,那么设备地址域和端点域就可以确认出接收数据包的 Endpoint;若标志包为 IN 类型,则这两个域可以确认出发送数据包的 Endpoint。

包的种类及格式将在下面讨论。

13.5.1 标志包

USB 总线是一种基于标志(Token)的总线协议,所以,所有的交换都以标志包为首部。标志包定义了要传输的交换的类型,标志包包含包类型域(PID)、地址域(ADDR)、端点域(ENDP)和 CRC 检查域,其格式如图 13.14 所示。

| 8 位 | 8 位 | 7 位 | 4 位 | 5 位 |
| SYNC | PID | ADDR | ENDP | CRC |

图 13.14 标志(令牌)包格式

SYNC:所有包的开始都是同步(SYNC)域,输入电路利用它来同步,以便有效数据到来时识别,长度为 8 位。

PID:包类型域,Token 包有四种类型,它们是 OUT、IN、Setup 和 SOF。
ADD:设备地址域,确定包的传输目的地。7 位长度,可有 128 个地址。
ENDP:端点域,确定包要传输到设备的哪个端点。4 位长度,一个设备可有 16 个端点号。
CRC:检查域,5 位长度,用于 ADD 域和 ENDP 域的校验。

下面分别讨论标志包中的四种类型。

(1) 帧开始包(SOF)

在讨论帧开始包之前,先介绍有关帧的概念。USB 的总线时间被划分为帧,一个帧周期可以描述为:在主机发帧开始标志(帧启动标志)后,总线处于工作状态,主机将发送和接收几个交换,交换完毕,然后进入帧结束间隔区,此时总线处于空闲状态,等待下一个帧启动标志的到来,再开始下一帧。1 帧的持续时间为 1 ms,每一帧都有单独的编号。

SOF 包告诉目标设备一帧的开始。它由主机在每一帧的开始广播到所有的全速设备,并每隔 1.00 ms±0.05 广播一次。由于低速设备不支持同步传输,所以它们不会收到 SOF 包的广播。SOF 包只能包含在标志包中,数据包和握手包是不能与 SOF 放在一起的。SOF 包的格式如图 13.15 所示。其中包括 11 位的帧号。

图 13.15 帧开始(启动)包格式

(2) 接收包(IN)

当系统软件要从设备中读取信息时,便使用接收包,此时,包类型定义为 IN 类型。接收标志包包括 ID 类型域、ID 检查域、USB 设备地址、端点号,以及 5 位 CRC 字节。

接收交换中,有四种 USB 传输类型,即中断传输、批传输、控制传输的数据、同步传输。一个接收交换以根 HUB 广播的接收包为开始,接着是由目标设备返回的数据包,有时根 HUB 会发送给目标设备一个握手包,以确定收到了数据。接收交换中所能传输的数据量依传输类型而定。

(3) 发送包(OUT)

系统软件需要将数据传到目标 USB 设备时,便使用发送包,此时,包类型定义为 OUT 类型。发送标志包包含 PID 域、类型检查域、USB 目标设备地址、端点号和 5 位的 CRC 字节。

发送交换中,只有三种传输类型,即批传输、控制传输的数据、同步传输。发送标志包后面跟着一个数据包,在批传输中还跟有一个握手包。数据携带量与传输类型有关。

(4) 设置包(Setup)

在控制传输开始,由主机发送设置包。设置包只用于控制传输的设置。设置包传送一个需求让目标设备完成,根据需求,设置包后面可能有一个或多个接收和发送交换执行,或者只包含一个从端点传向主机的状态。设置交换类似于发送交换,设置包后面紧跟一个数据包和一个应答包。

13.5.2 数据包

若主机请求设备发送数据(Data),则送 IN Token 到设备某一端点,设备将以数据包形式加以响应。若主机请求目标设备接收数据,则送 OUT Token 到目标设备的某一端点,设备将接收数据包。一个数据包包括 PID 域、DATA 域和 CRC 域三个部分,其格式如图 13.16 所示。PID 域能确认 DATA0 和 DATA1 两种类型数据包。

8 位	8 位	0-1023 位	5 位
SYNC	PID	DATA	CRC

图 13.16　数据包格式

13.5.3　握手包

握手(Handshake)包由设备用来报告交换的状态,通过三种不同类型的握手包可以传送不同的结果报告。握手包是由数据的接收方(可能是目标设备,也可能是根 HUB)发向数据的发送方的。同步传输,没有握手包。握手包只有一个 PID 域,其格式如图 13.17 所示。另外,从表 13.2 可以看出,握手包有 ACK、NAK 和 STALL 三种类型。

(1) 应答包(ACK)

表示接收数据正确。目标设备会收到一个 ACK。

(2) 无应答包(NAK)

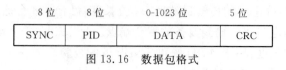

图 13.17　握手包格式

表示功能设备不能接收来自 Host 的数据,或者没有任何数据返回给 Host。NAK 包告诉根 HUB 和主控设备,无法返回数据。

(3) 挂起包(STALL)

表示功能设备无法完成数据传输,并且需要主机插手来解决故障,以使设备从挂起状态中恢复正常。

13.5.4　预告包

当主机希望在低速方式下与低速设备通讯时,主机将送预告包,作为开始包,然后与低速设备通信。预告包由一个同步序列和一个全速传送的 PID 域组成,PID 之后,主机必须在低速包传送前,延迟 4 个全速字节时间,以便让 HUBS 打开低速端口并准备接收低速信号。低速设备只能支持控制和中断传输,而且在交换中携带的数据仅限在 8 字节。

13.6　USB 设备状态和总线枚举

一个 USB 设备可以在逻辑上分为三层:总线接口层、设备层和功能层。总线接口层处于最底层,它的工作是发送和接收数据包。设备层是中间层,它的功能有点像一个路由器,把总线接口层的数据分发到各个端点。最上层是功能层,实现设备特定的功能。本节主要讲述所有 USB 设备的中间层的一些共同特征和操作。实际上,设备的功能层正是通过调用这些特征和操作来实现与主机的通信的。

USB 设备有几个可能的状态值,其中某些状态是可见的,而有些是不可见的。对于 USB 的实现者,要关心的是那些可见的状态。

USB 设备的可见状态有:插入、上电、默认、地址、被配置和挂起。图 13.18 所示是 USB 设备的状态图。下面结合 USB 的总线枚举过程,就这些状态的转化作一下说明。

(1) 插入

设备插入(Attached)USB 集线器或主机根集线器的下游端口后,设备端的程序应让 D_+ 和 D_- 数据线发出一个大于 2.5 μs 的闲置(Idle)信号,让主机知道有设备插入。全速设备的闲

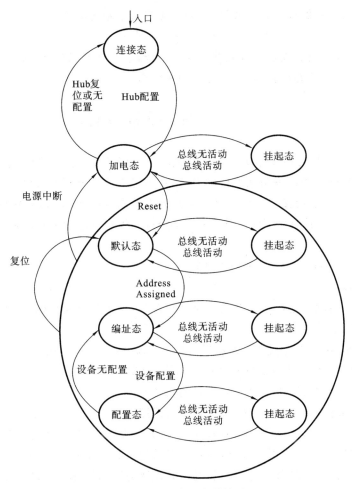

图 13.18 设备状态转换图

置信号是 D+ 高电平、D− 低电平;低速设备则与之相反。这样,主机不仅能检测到是否有设备插入,也能同时辨别插入的是全速设备还是低速设备。

(2) 上电

USB 协议允许设备有总线供电和自供电两种供电方式。对于自供电的设备,它自带的电源可以在被插入之前就对设备供电。但无论哪种方式,设备的 USB 接口都是由主机或集线器通过 V_{BUS} 总线对其供电的。这里所指的上电状态就是指 V_{BUS} 开始对设备 USB 接口供电的状态。

(3) 默认

设备上电后,它等待接收来自主机的复位(Reset)信号。复位后,设备处于默认状态。它具有一个默认地址 0,等待主机给它分配一个唯一的非 0 地址,并对它进行配置。

(4) 地址

主机分配给设备一个非 0 的唯一地址,使设备进入地址状态。在分配地址的过程中,主机仍然用默认地址 0 与设备进行通信,读取设备的设备描述符。在设备描述符中,设备报告主机它的默认管道端点 0 的有效数据负载。

(5) 配置

一个设备在被正式起用之前必须被主机配置。设备先报告主机它的配置描述符,其中包括接口和端点的信息;而后,主机根据配置描述符,向设备写一个配置值。这时,设备就可以正常工作了。当主机要对设备重新配置时,它必须先取消原来的配置。

(6) 挂起

当设备发现 3 ms 内总线上没有数据传输时,自动进入挂起状态,保持原有的内部状态值。当总线上有动作时,设备退出挂起状态,返回原来状态。

13.7 USB 设备设计

与传统的基于 ISA 或 PCI 总线开发外设模块的思想类似,基于 USB 总线的设备开发包括总线接口模块的设计和设备功能模块的设计,其不同之处在于 USB 总线接口模块的设计。

设计 USB 设备的总线接口一般包括以下几方面的内容:USB 接口方案的选择、USB 设备电路的设计、USB 设备驱动程序的设计。其中,USB 总线接口芯片的选择是关键,它决定了后续的设计工作。

USB 接口方案一般有以下几种可供选择。

一是根据实际应用需求,实现 USB 协议和相应的应用接口逻辑,此方案可选用 FPGA 这类可编程逻辑器件实现。这种方案的优点是针对性强,硬件电路设计简单,所有接口功能集成于一块芯片上。缺点是成本高。

二是采用 USB 接口的专用 IC,此方案也是将 USB 协议与应用接口逻辑集成在一块专用 IC 中,实现特定的功能,其优点是针对性强,硬件设计简单,不需要设计固件,只需要完成接口电路的设计和设备驱动程序的设计。缺点是通用性太差。

三是选用通用的 USB 接口芯片,此方案将应用接口逻辑与 USB 接口逻辑分离,接口芯片仅完成 USB 总线接口功能,应用逻辑需另外设计,并且 USB 接口芯片需要微控制配合完成相关的 USB 总线操作。为了应用的方便,现在许多微控制器中集成了 USB 接口,使得应用电路设计得更加简洁。此方案的优点是:通用性强,开发周期短,开发时只需要关注应用接口逻辑,不需要了解 USB 底层协议的实现。其缺点是需要用户设计固件来处理 USB 总线事务,并且需要额外增加微控制。这种方案是一般 USB 接口应用设计中最常用的一种。

根据 USB 和微控制器实现方式的不同,可将其分为两类:一类是带 USB 接口的微控制器(MCU),这些微控制器有些是从底层专用于 USB 控制的,如 Cypress 半导体公司的 CY7C63xxx(低速)、CY7C64013(全速),这类微控制器有自己的系统结构和指令,有些微控制器只是增加了 USB 接口的通用芯片(基于 8051 内核),如 Intel 公司的 8x931、8x930,Cypress 半导体公司的 EZUSB;另一类是纯粹的 USB 接口芯片,它需要一个外部微控制器控制,如朗讯公司的 USS820/825,National 半导体公司的 USBN9602,NetChip 公司的 NET2888,Philips 公司的 PDIUSBD11(I2C)和 PDIUSBD12(并行接口)。

在 USB 设备开发之前必须根据具体要求选用合适的 USB 接口芯片,以降低开发成本、减少开发时间。

13.8 USB 总线接口芯片 PDIUSBD12

13.8.1 PDIUSBD12 外部特性及内部结构

PDIUSBD12 是一款完全符合 USB 1.1 规范设计的芯片,支持基本速度(低速或全速,不支持高速)传输。该芯片适合大多数设备类规范的设计,如成像类、大容量存储类、通信类、打印类和人工输入设备等。通常用于基于微控制器的系统开发。

一、基本特性

① 支持 3 个 USB 端点,1 个端点能保存 128 B,另外 2 个能保存 256 B。

② PIDUSBD12 芯片通过高速通用并行接口与微控制器进行通信,支持多路复用、非多路复用和 DMA 并行传输。

③ PIDUSBD12 内部含有集成收发器接口,可通过端口电阻直接连接到 USB 通信电缆。

④ PIDUSBD12 片内集成有 3.3 V 调节器,可给收发器提供电源。该电压可外接 1.5 kΩ 的上拉电阻作为输出,也可以连接内部集成的 1.5 kΩ 的上拉电阻作为 SoftConnectTM 的内部电源。

⑤ SoftConnect 可通过 MCU 将指令发到 D_+(全速设备)来实现。PDIUSBD12 的初始化在 MCU 发命令之前完成,下一次连接无须拔出 USB 线就可完成。

⑥ PDIUSBD12 片内集成了 6~48 MHz 倍频 PLL,因此只需外接低频晶振就可工作,EMI 会相应降低。

⑦ 多种中断方式方便于块传输(Bulk)和同步传输(Isochronous),使用块传输方式时的速度可达 1 Mb/s,同步传输的速度可达 1 Mb/s。

二、PIDUSBD12 的外部引线与内部结构

PIDUSB12 是 +5 V 电源供电,有 28 个引脚,其外部引线如图 13.19 所示。

1. 外部引线

(1) 地址数据线

地址数据线为 $D_0 \sim D_7$,双向,用于向控制器传送命令或读取数据和状态。

(2) 控制线

A_0:地址位 $A_0=1$ 表示选择命令,$A_0=0$ 表示选择数据。在多路复用地址和数据总线配置时,这一位将不予以考虑,应接高电平。

ALE:地址锁存信号线。地址锁存允许在多路复用地址/数据总线中,ALE 下降沿用于锁存地址信息;在独立地址/数据总线中,将 ALE 永久接地。

CS_N:片选信号线,低电平有效。

SUSPEND:挂起控制线。

RD_N:读选通信号,低电平有效。

WR_N:写选通信号,低电平有效。

DMREQ:DMA 请求信号。

DMACK_N:DMA 应答信号,低电平有效。

EOT_N:DMA 传输结束低电平有效,另一个功能是 VBUS 感知器。

RESET_N:复位信号,复位低电平有效,异步有片内上电复位电路,该引脚可以用 10 kΩ 上拉电阻接高电平。

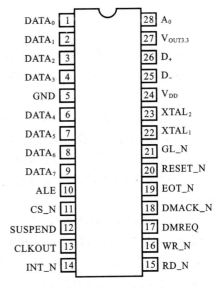

图 13.19　PDIUSBD12 外部引线图

（3）USB 总线连接线

VDD：+5 V 电源。

GND：地线。

D_+：USB D_+ 数据线。

D_-：USB D_- 数据线。

（4）其他引线

CLKOUT：可编程时钟输出。

$V_{OUT3.3}$：3.3 V 输出。

INT_N：中断输出，低电平有效。

GL_N：GoodLink 发光二极管指示器，低电平有效。

$XTAL_1$、$XTAL_2$：连接 6 MHz 外部晶振。

2．内部结构

PDIUSBD12 的内部结构如图 13.20 所示。

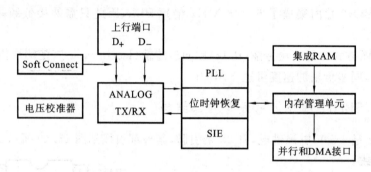

图 13.20　PDIUSBD12 内部结构图

① SoftConnect：软件连接模块，此模块可通过 MCU 发出的指令用软件的方式来实现 USB 设备与 USB 主机的连接，而不用插拔 USB 线缆。PDIUSBD12 的初始化在 MCU 发命令之前完成。

② 电压校准器：PDIUSBD12 片内集成有 3.3 V 电压校准器，可给收发器提供电源。该电压可以外接 1.5 kΩ 的上拉电阻通过 $V_{OUT3.3}$ 引脚输出，也可以连接内部集成的 1.5 kΩ 的上拉电阻作为 SoftConnectTM 的内部电源。

③ 模拟收发器：集成的收发器直接通过终端电阻与 USB 电缆接口，完成物理层的数据传输。

④ PLL（锁相环）：内部集成的 6～48 MHz 倍频锁相环使得外部仅用 6 MHz 的低频晶振就可满足 PDIUSBD12 接口芯片低速和全速传输时的时钟要求，外部采用低速的时钟源可有效地减小芯片的 EMI。PLL 的工作不需要外部器件支持。

⑤ 位时钟恢复：位时钟恢复电路用 4 倍于采样频率的速度从输入的 USB 数据流中恢复时钟，它能跟踪 USB 规范中指出的信号抖动和频率漂移。

⑥ SIE（串行接口引擎）：Philips 的 SIE 完全实现 USB 协议层，考虑到速度，它是全硬件的不需要固件微程序介入，这个模块的功能包括同步模式识别并/串转换、位填充/不填充、CRC 校验、PID 确认、地址识别及握手鉴定。

⑦ 集成 RAM 与内存管理单元：MMU 和集成 RAM 能缓冲 USB 工作在 12 Mb/s 的数据，传输和微控制器之间并行接口之间的速度差异，这允许微控制器以自己的速度读写

USB 包。

⑧ 并行和 DMA 接口:并行接口容易使用,速度快且能直接与主微控制器接口。对于微控制器而言,PDIUSBD12 可以看成是一个有 8 位数据总线和 1 位地址线的存储设备。PDIUSBD12 支持多路复用和非多路复用的地址和数据总线。在主端点 2 和局部共享存储器之间,也可以使用 DMA 方式传输,它支持单周期和块传送两种 DMA 传输模式。

13.8.2 PDIUSBD12 命令字

对 PDIUSBD12 的初始化和控制是通过其提供的并行接口实现的。该接口提供了三种类型的命令字,分别为初始化命令字、数据流命令字和通用命令字。各命令字有其相应命令码,PDIUSBD12 数据手册上给出了各种命令的代码。另外,PDIUSBD12 提供了两个端口来实现各种操作,即命令端口和数据端口。向 PDIUSBD12 芯片发命令是通过向命令端口中写入命令码来实现的。所有读取或发送数据是通过读或写数据端口来实现的。单片机先给 PDIUSBD12 的命令地址发命令,根据不同命令的要求再发送或读出不同的数据。

PDIUSBD12 提供了两种端口编址方式:一种是独立编址方式,另一种是多路复用方式。对于第一种方式,命令端口和数据端口是由 A_0 引脚的电平决定的。当 $A_0=0$ 时,表示是命令端口,$D_0 \sim D_7$ 上传输的是命令;当 $A_0=1$ 时,表示是数据端口,$D_0 \sim D_7$ 上传输的是数据。此时,ALE 信号不用,且必须拉低。对于第二种方式,数据线 $D_0 \sim D_7$ 既作地址线,又作数据线,此时,PDIUSBD12 通过 MCU 的外部总线进行扩展,其端口相当于一个外部的扩展存储器,仅用 MCU 地址总线的低 8 位(LSB)共 256 字节的空间,但由于 PDIUSBD12 仅有两个端口,因此定义此范围内的所有奇地址表示命令端口,所有偶地址表示数据端口。MCU 的 ALE 与 PDIUSBD12 的 ALE 引脚相连,实现数据和端口地址分时复用,此时,A_0 不用,且要拉为高电平。在了解了如何实现对 PDIUSBD12 芯片的操作后,下面介绍各命令字的格式及用法,详见表 13.3。

表 13.3 PDIUSBD12 命令字说明

	名 称	目 标	代 码	传 输	说 明
初始化命令	Set Address/Enable	设备	D_0	写 1 个字节	设置地址使能
	Set Endpoint Enable	设备	D_8	写 1 个字节	设置端点使能
	Set mode	设备	F_3	写 2 个字节	设置工作模式
	Set DMA	设备	FB	写/读 1 个字节	设置 DMA
数据流命令	Read Interrupt Register	设备	F_4	读 2 个字节	读中断寄存器
	Select Endpoint	控制端点(输出)	00	读 1 个字节(可选)	设置控制端点(输出)
		控制端点(输入)	01	读 1 个字节(可选)	设置控制端点(输入)
		端点 1(输出)	02	读 1 个字节(可选)	设置端点 1(输出)
		端点 1(输入)	03	读 1 个字节(可选)	设置端点 1(输入)
		端点 2(输出)	04	读 1 个字节(可选)	设置端点 2(输出)
		端点 2(输入)	05	读 1 个字节(可选)	设置端点 2(输入)

续表

名 称	目 标	代 码	传 输	说 明
Read Last Transaction Status	控制端点（输出）	40	读1个字节	读各端点最后一次传输状态
	控制端点（输入）	41	读1个字节	
	端点1(输出)	42	读1个字节	
	端点1(输入)	43	读1个字节	
	端点2(输出)	44	读1个字节	
	端点2(输入)	45	读1个字节	
Read Buffer	选择的端点	F_0	读n个字节	从某端点读n个字节
Write Buffer	选择的端点	F_0	写n个字节	向某端点写n个字节
Set Endpoint Status	控制端点（输出）	40	写1个字节	设定各端点的状态
	控制端点（输入）	41	写1个字节	
	端点1(输出)	42	写1个字节	
	端点1(输入)	43	写1个字节	
	端点2(输出)	44	写1个字节	
	端点2(输入)	45	写1个字节	
Acknowledge Setup		F_1	无	响应Setup事务
Clear Buffer		F_2	无	清缓冲区
Validate Buffer		FA	无	置缓冲区有效
通用命令				
Send Resume		F_6	无	发送复位信号
Read Current Frame Number		F_5	读1个或2字节	读取当前帧号

13.8.3 PDIUSBD12的典型连接方式

从图13.21中可以看出PDIUSBD12是利用82C59A作为其MCU配合完成相关的控制。

本电路中PDIUSBD12采用多路复用的编址方式，即A_0无效，接高电平MCU低8位地址线和数据线分时复用，高8位地址未使用。其中，奇地址表示命令端口，偶地址表示数据端口。在向PDIUSBD12中写入命令时，先在表5中选择相应的命令码写入命令端口（奇地址），再将命令数据写入数据端口（偶地址），即可完成一个命令的发送，读操作与此类似。

P1.6控制PDIUSBD12的片选信号，低电平有效，ALE用于地址和数据的分时复用，在地址周期内，ALE将地址锁存到PDIUSBD12的地址寄存器中，数据周期无效。P1.5控制PDIUSBD12的挂起，P1.7控制PDIUSBD12芯片的复位，P3.2连接PDIUSBD12的中断请求线，即使用MCU的外部中断0(INT_0)。P3.6、P3.7分别控制PDIUSBD12芯片的写和读操作。DMACK_N和EOT_N拉为高电平，表示不使用DMA功能。USB/I为面向主机的接头。MCU中未使用的I/O端口可作为设备的控制信号。

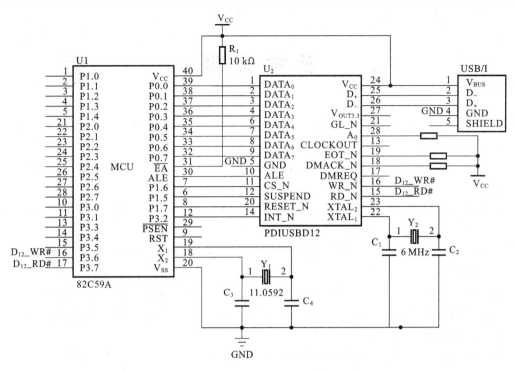

图 13.21　PDIUSBD12 与 MCU 典型连接图

通常称 MCU 中的程序为固件,在固件中需要存储设备的配置信息完成对 PDIUSBD12 芯片的初始化、响应主机的各种命令与请求,进行数据的传输,控制 PDIUSBD12 芯片的工作状态,另外还可能需要实现对外部设备的控制逻辑。

对于固件的设计,一般都有标准的流程及大量的参考程序。至于接收到数据后如何对其进行处理,则是应用程序和设备功能中需要考虑的问题。从这里可以看出,无论是设计一个基于 PCI 总线的外部设备,还是设计一个基于 USB 总线的外部设备,都无须从最底层协议开始,可采用商品化、通用化的器件来降低开发的难度。这就要求我们不仅需要掌握基本的理论知识,了解某项技术中的名词术语和相关概念,而且还要了解一些实际的芯片功能及使用方法,这样才能更加深刻地理解抽象的技术。

习　题　13

1. 采用 USB 接口有哪些优点？试举例说明？
2. USB 总线标准有哪几个版本？其特点各是什么？
3. USB 总线设计的目标是什么？
4. USB 信息在数据线是以何种方式进行传输？各种信号状态是如何区分的？
5. 什么是 USB 主机？USB 主机在 USB 系统中有何作用？
6. 什么是 USB 设备？USB 集线器有何作用？
7. 如何理解端点、管道及设备描述器的概念？
8. USB 有哪几种数据传输方式？各传输方式的特点是什么？
9. 简述 USB 总线的枚举过程。
10. USB 总线接口应用设计包括哪几方面的内容？

参 考 文 献

[1] [美]Barry B Brey. Intel 微处理器全系列：结构、编程与接口[M]. 5 版. 金惠华,艾明晶,译. 北京：电子工业出版社,2001.

[2] 刘乐善,周功业,杨柳. 32 位微型计算机接口技术及应用[M]. 武汉：华中科技大学出版社,2006.

[3] 刘乐善,欧阳星明,刘学清. 微型计算机接口技术及应用[M]. 武汉：华中科技大学出版社,2000.

[4] 曾家智,周小华,黄克军,等. 现代微机系统和接口[M]. 成都：电子科技大学出版社,1999.

[5] 谢瑞和. 奔腾系列微型计算机原理及接口技术[M]. 北京：清华大学出版社,2002.

[6] [美]Walter A Triebel. 80X86/pentium 处理器硬件、软件及接口技术教程[M]. 王克义,王均,方晖,等译. 北京：清华大学出版社,1998.

[7] 周明德. 保护模式下的 80386 及其编程[M]. 北京：清华大学出版社,1997.

[8] Triebel W A. The 80386,80486,and Pentium Processor Hardware,Software,and Interfacing[M]. Engelewood Cliffs,NJ：Prentice Hall,1998.

[9] 王元珍,曹忠升,韩宗芬. 80X86 汇编语言程序设计[M]. 武汉：华中科技大学出版社,2005.

[10] 徐建民. 汇编语言程序设计[M]. 北京：电子工业出版社,2001.

[11] [美]Tom Shanley,Don Anderson. PCI 系统结构[M]. 4 版. 刘晖,冀然然,夏意军,译. 北京：电子工业出版社,2000.

[12] Tom Shanley,Don Anderson. PCI System Architecture[M]. Boston：Addison Wesley Longman Publishing Co. ,2002.

[13] Haruyasu Hayasaka,Hiroaki Haramiishi,Naohiko Shimizu. The Design of PCI Bus Interface[J]. IEEE. 2003,15(2).

[14] 武安河. Windows 2000/XP WDM 设备驱动程序开发[M]. 北京：电子工业出版社,2003.

[15] [美]坎特. Windows WDM 设备驱动程序开发指南[M]. 孙义,陈剑瓯,译. 北京：机械工业出版社,2000.

[16] 张帆,史彩成. Windows 驱动开发技术详解[M]. 北京：电子工业出版社,2008.

[17] Chris Cant. Writing Windows WDM Device Driver[M]. R&D Press,1999.

[18] PCI9054 Date Book. PLX Technology,Inc. ,2000.

[19] PCI SDK-LITE. V3. 4. PLX Technology,Inc. ,2000.

[20] Compuware DriverStudio. V3. 1 Help Document. Compuware Corporation. ,2003.

[21] [美]David Solomon,Mark M Russionvich. Windows 2000 内部揭密[M]. 詹剑锋,译. 北京：机械工业出版社,2001.

[22] 周立功. PDIUSBD12 USB 固件编程与驱动开发[M]. 北京：北京航空航天大学出版

社,2003.
- [23] 肖踞雄,翁铁成,宋中庆,等.USB技术及应用[M].北京：清华大学出版社,2003.
- [24] 王朔,李刚.USB接口器件PDIUSBD12的接口应用设计[J].单片机与嵌入式系统,2002.
- [25] Universal erial Bus specification compaq. Intel,Microsoft,NEC Revision 1.1 September 23,1998.
- [26] 汪德彪,郭杰,王玉松,等.MCS-51单片机原理及接口技术[M].北京：电子工业出版社,2007.
- [27] 邵时.微机接口技术[M].北京：清华大学出版社,2001.